美式家具图集

上海大师建筑装饰环境设计研究所
康海飞　编著

中国建筑工业出版社

图书在版编目（CIP）数据

美式家具图集/康海飞编著. —北京：中国建筑工业出版社，2012.12
ISBN 978-7-112-14906-3

Ⅰ.①美… Ⅱ.①康… Ⅲ.①家具-美国-图集
Ⅳ.①TS666.712-64

中国版本图书馆 CIP 数据核字（2012）第 276638 号

美式家具源于欧洲文化，由欧洲文艺复兴后期各国移民所带来的生活方式演变而成，它是欧洲皇室古典家具平民化的产物。把欧洲风格优美高雅的艺术造塑、浪漫的贵族格调、舒适的功能效果糅合在一起，营造出奢华、大气的美式家具风格。

本书内容包括门厅家具、客厅家具、餐厅家具、书房家具、卧室家具、起居室家具、卫浴室家具等，还附有大量的家具纹样图。每件家具均用主视图、左视图、俯视图及透视图表示。为便于读者制作，每页图纸均附有比例尺供参考。并附有光盘1张。

本书对家具生产、科学技术与艺术文化研究提供了宝贵的参考资料，可供国内外建筑设计师、室内设计师、家具设计师、工艺美术师、画家、雕塑家、大专院校师生及广大爱好者学习、欣赏、参考。

责任编辑：朱象清　吴　绫
责任校对：姜小莲　陈晶晶

美式家具图集
上海大师建筑装饰环境设计研究所
康海飞　编著
*
中国建筑工业出版社出版、发行（北京西郊百万庄）
各地新华书店、建筑书店经销
霸州市顺浩图文科技发展有限公司制版
北京中科印刷有限公司印刷
*
开本：880×1230毫米　1/16　印张：20　字数：620千字
2013年1月第一版　2013年1月第一次印刷
定价：**88.00**元（含光盘）
ISBN 978-7-112-14906-3
(22987)

本书编委会

编 者 的 话

自从《明清家具图集》和《欧式家具图集》出版以来，本编委会接到国内外读者的数千个咨询电话，大家殷切希望我们再出版新作。在广大读者的热情鼓励下，这次同时出版《美式家具图集》与《新中式家具图集》，今后还将出版《新欧式家具图集》，希望得到广大读者的继续支持。

现代美国式家具是在欧洲古典风格基础上根据美国移民文化和居住特点所作的改良创新作品。现代美式家具与欧洲式古典风格家具一脉相承，比较突出的特点在于采用适应大批量生产的新材料、新结构、新纹样。它注重家具功能、家具的尺寸和体量较大，粗犷大气的家具轮廓，巧妙融合精美雅致的雕花风格，在点点滴滴间展现雕刻艺术风华，将古典、精致、内敛与知性发挥到极致，演绎了贵族们的高雅生活。美国式家具最迷人之处在于造型、纹理、雕饰和色调细腻高贵，堪称家具制造业的一朵“奇葩”，近年盛行于世。

因美式家具内容涉及不同风格、不同形式，所以编著与绘图设计的难度相当大。为了便于读者读图，生动显现家具形象，本书少量家具图样并未严格按照三向制图原理绘制，而是灵活地使主视图与左视图的投影成45°角或60°角或120°角，但仍通称为左视图。务请读者注意。由于我们专业水平有限，难免有错误和不足之处，希望国内外广大读者提出宝贵意见，我们将不胜感激。

本书附送的光盘包含大部分常用优秀家具的主视图、侧视图、俯视图的三视轮廓图。它既可作为创意设计时的参考，现成的图块又可直接借鉴、直接使用，既加快了家具设计制图的速度，又提高了创意设计的水平，也可以指导家具加工，实用性强，为美式家具设计、制图、生产加工提供了方便快捷的工具。书中的图形均编页码，读者可查询本书所附光盘中相应的页码文件，用CAD2006以上版本打开文件，即可取得相应图块。附书光盘必须与本书配合才能使用。

本书由教授级高级设计师康海飞编著并主持设计，且由他培养的设计人员完成全书编绘工作，得到各地专家热情指导；得到上海市商业学校张大成校长、臧福军副教授的支持；得到宁波安邦木业有限公司毛安邦董事长的帮助，在此谨表示衷心感谢！

美式家具种类繁多，形式多样，本书因篇幅有限，难以全部收进。如读者需要美国式家具系列的施工图，可与本书编委会取得联系。咨询电话：021-56310018。

前　言

美式家具根系于欧洲文化，由欧洲文艺复兴后期各国移民所带来的生活方式演变而成，它是欧洲皇室古典家具平民化的产物。在18世纪里，美国家具模仿的都是英国样式，但是又受到法国、意大利、荷兰以及西班牙等国艺术风格的影响。随着新兴资产阶级在美洲的崛起，他们要求对欧洲古典文化有所扬弃，体现在家具上就是将象征皇室权利的复杂装饰简化，而注重实用性。在吸取欧洲传统家具精髓的同时，摒弃了巴洛克和洛可可风格所追求的过于张扬和浮华的表现形式，提取其中最具代表性的设计元素，将富有感染力的优美曲线框架与实木雕花工艺相对集中表现，使得家具在视觉上不失华贵的整体感。把欧洲风格优美高雅的艺术造型、浪漫的贵族格调、舒适的功能效果，巧妙地糅合在一起，营造出奢华、大气而浪漫的美式家具风格。

美式家具的设计与制作在于技术与美学的结合中，将当今时代的需求和传统风格的连贯有机地融合在一起。美式家具常用实木为木雕框架，以流畅的线条、栩栩如生的植物花果和叶饰为主题雕花。裙板和腿脚以刳槽、涡卷、莨苕叶及贝壳等精巧纤细的鲜活雕刻纹样，加上华丽的树丫和树瘤薄木贴面，精彩内敛的木皮嵌花，璀璨夺目的金箔装饰和镀金铜饰件点缀，晶莹剔透、润滑亮丽的漆面及色彩艳丽的软包，尽显秀丽典雅的艺术风格，洋溢着时尚的新潮气息。

美式家具在美国文化的自由创新环境下，设计师们不断追求家具设计艺术灵感，以专业眼光打造有生命的艺术家具，古典与现代结合，传统与创新交融，用智慧诠释美式家居生活的至高境界，诞生一种别样的尊贵与霸气。美式家具以其舒适与品位完美结合，将优雅高贵的贵族气质诠释得淋漓尽致，令人心醉，堪称当代家具设计的典范。

近年来，我国家具业获得巨大发展，2011年我国家具行业总产值达到10100亿元，目前出口总量居世界第一。美国是中国最大的出口目的地，美式家具几乎占木制家具出口总量的50%以上，而且此类家具出口量还将继续攀升。无论是欧式的还是美式的家具文化，都应属于全人类共享的成果，既然如此，我们应该深入研究，积极地开发和应用它们，专注于创造最有价值的家具产品，努力于打造中国创造的国际品牌。编著本书的目的是希望对我国家具业研发设计创新产品有所帮助。

目　录

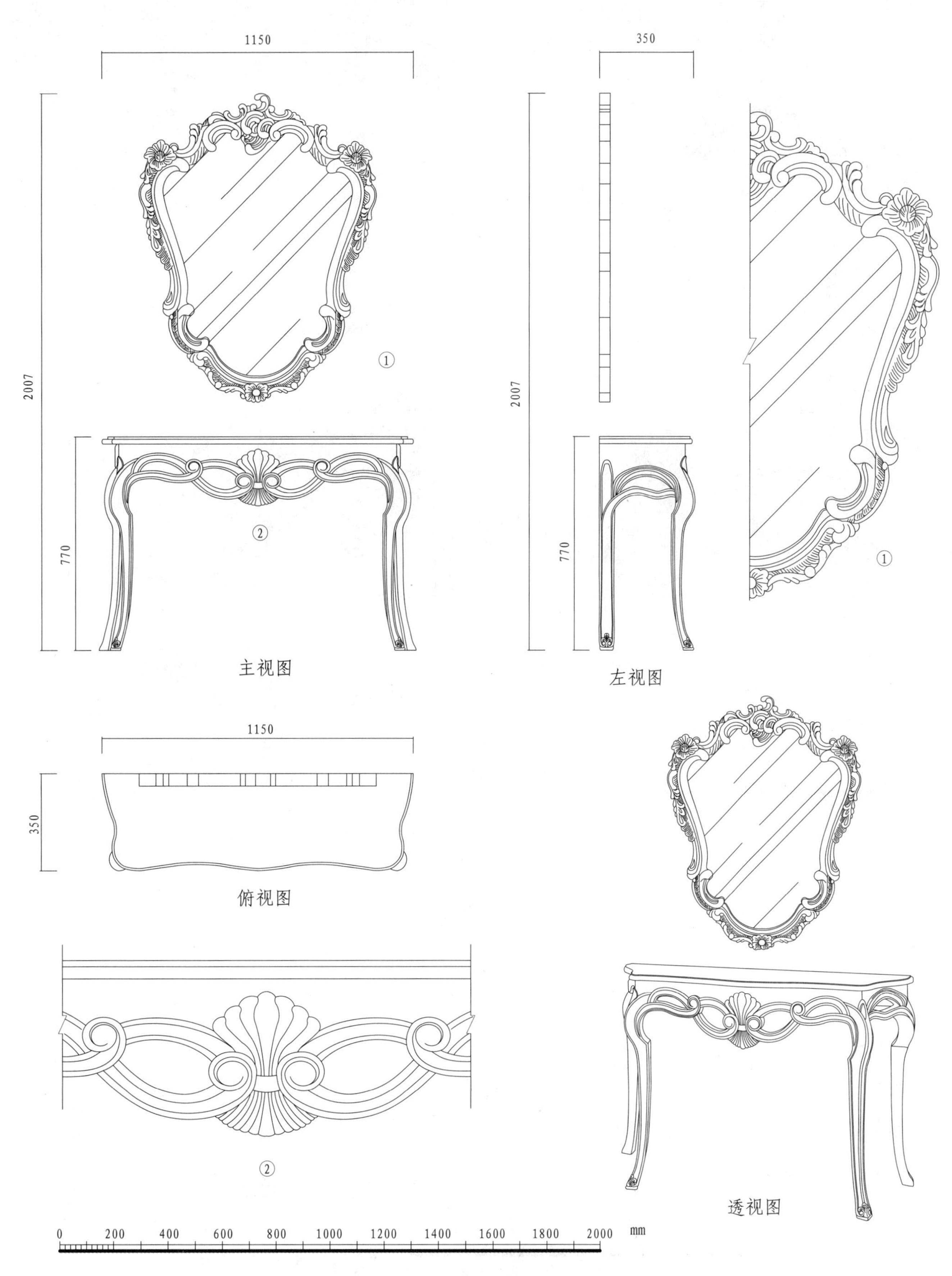
1150
350
2007
2007
770
770
①
②
①
主视图
左视图
1150
350
俯视图
②
透视图
0
200
400
600
800
1000
1200
1400
1600
1800
2000
mm

缠藤束卷饰弯腿卷叶足门厅桌

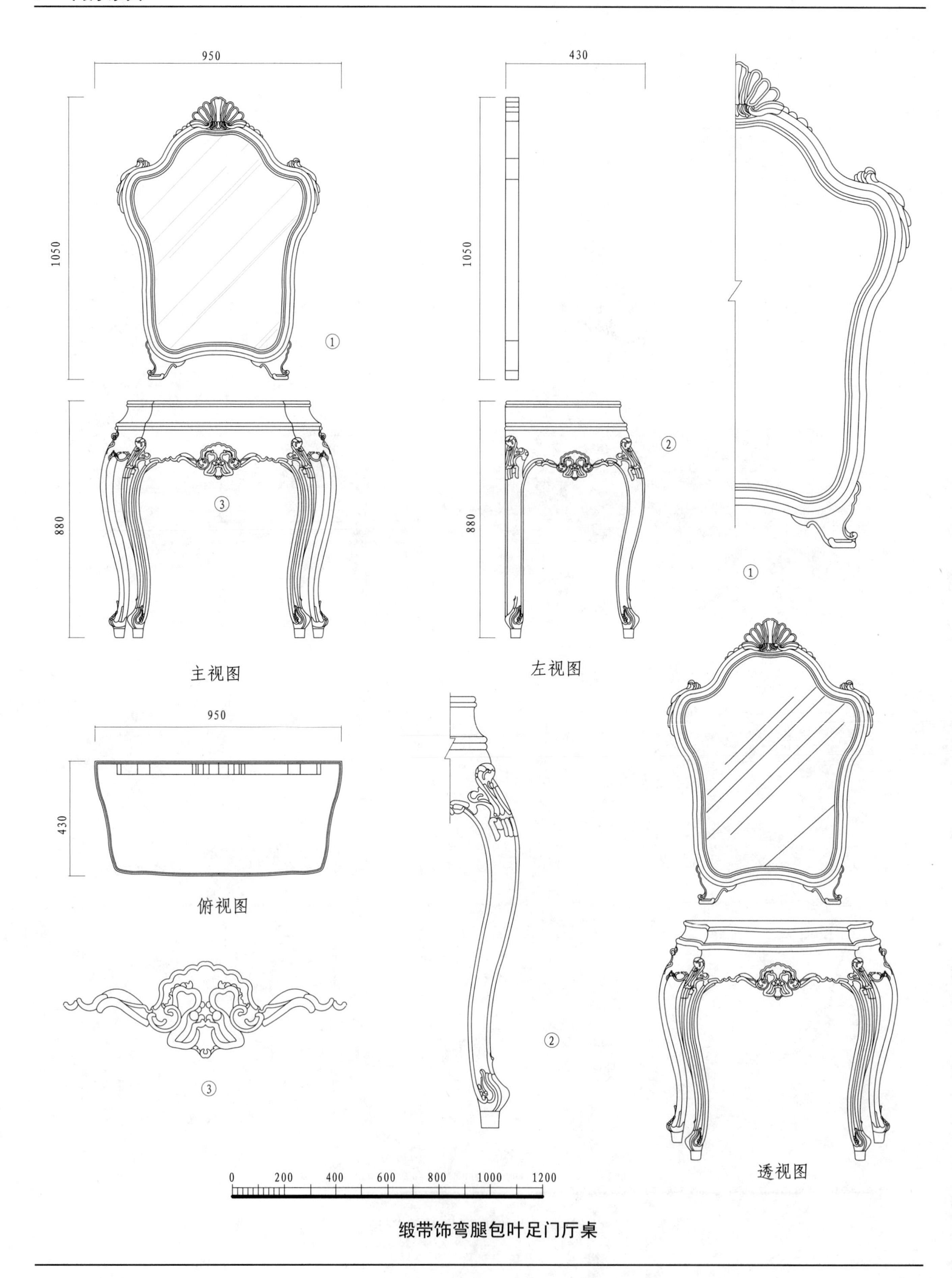
950
430
1050
1050
①
②
880
880
③
主视图
左视图
950
430
①
俯视图
②
③
透视图
0 200 400 600 800 1000 1200

缎带饰弯腿包叶足门厅桌

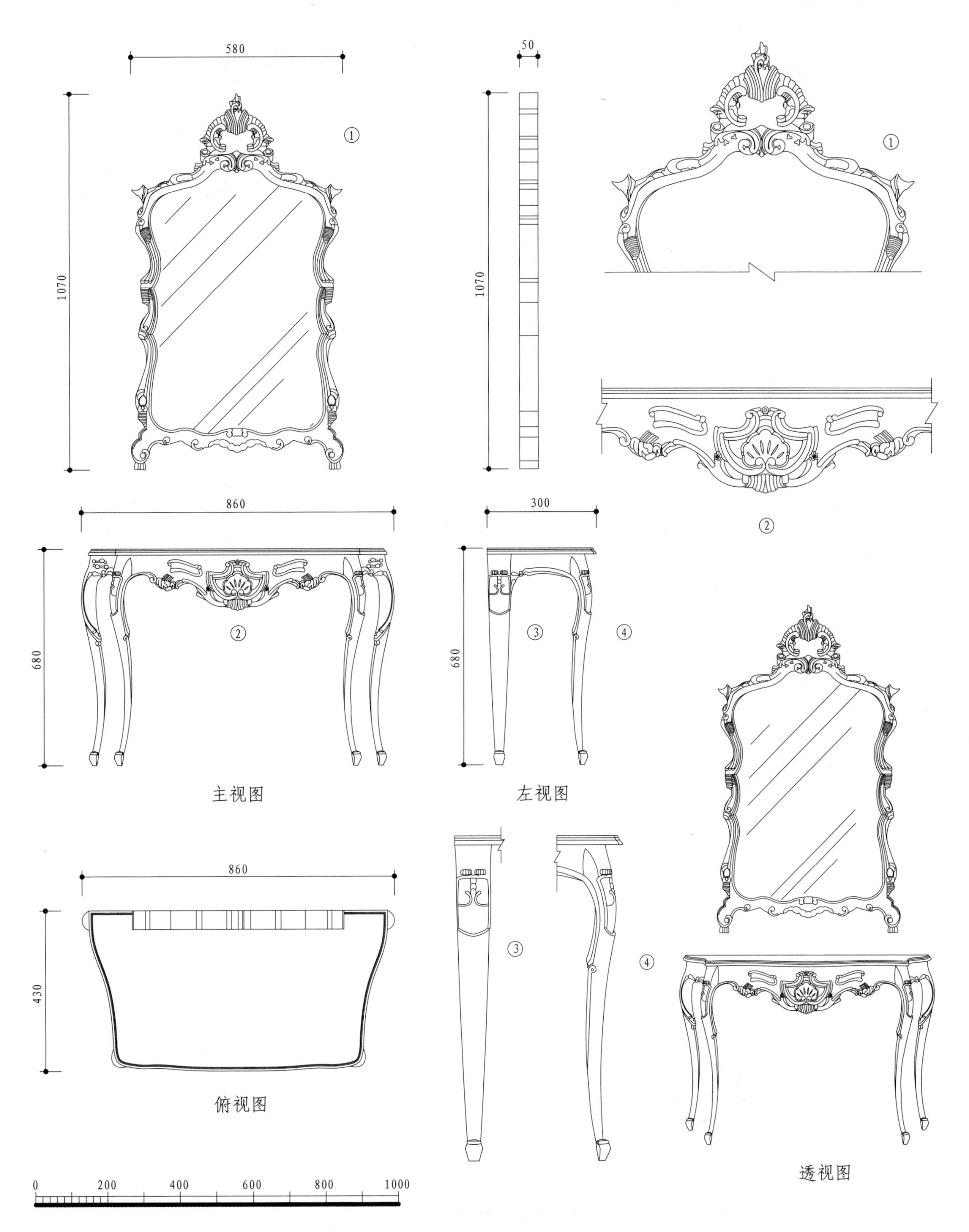

580
50
1070
1070
①
①
②
860
300
680
680
②
③
④
主视图
左视图
860
430
③
④
俯视图
透视图
0
200
400
600
800
1000

扇贝壳饰弯腿羊蹄足门厅桌

1285
400
1610
1610
①
870
870
②
③
主视图
左视图
1285
400
俯视图
①
③
②
0 200 400 600 800 1000 1200 1400 1600 1800 2000
透视图

花果饰弯腿凤冠足门厅桌

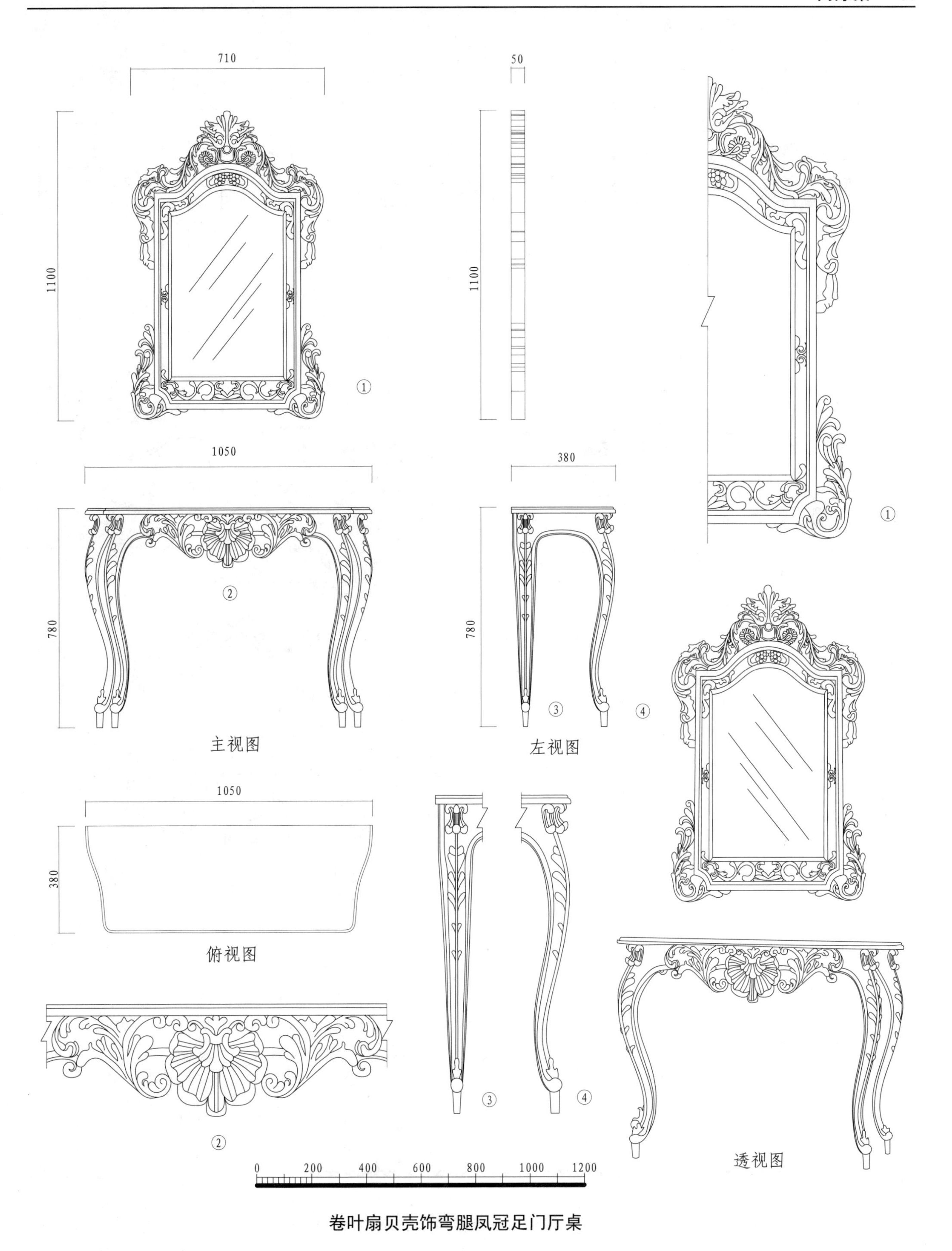
710
50
1100
1100
①
①
1050
380
780
780
②
③
④
主视图
左视图
1050
380
俯视图
②
③
④
透视图
0
200
400
600
800
1000
1200

卷叶扇贝壳饰弯腿凤冠足门厅桌

1350
540
1000
1000
①
②
③
④
主视图
左视图
透视图
0
200
400
600
800
1000
1200
1400

艮召叶束卷饰梯形三屉两门门厅柜

1300
470
920
920
①
②
③
④
主视图
左视图
②
③
④
①
透视图
0
200
400
600
800
1000
1200
1400

轮纹花边饰梯形四门门厅柜

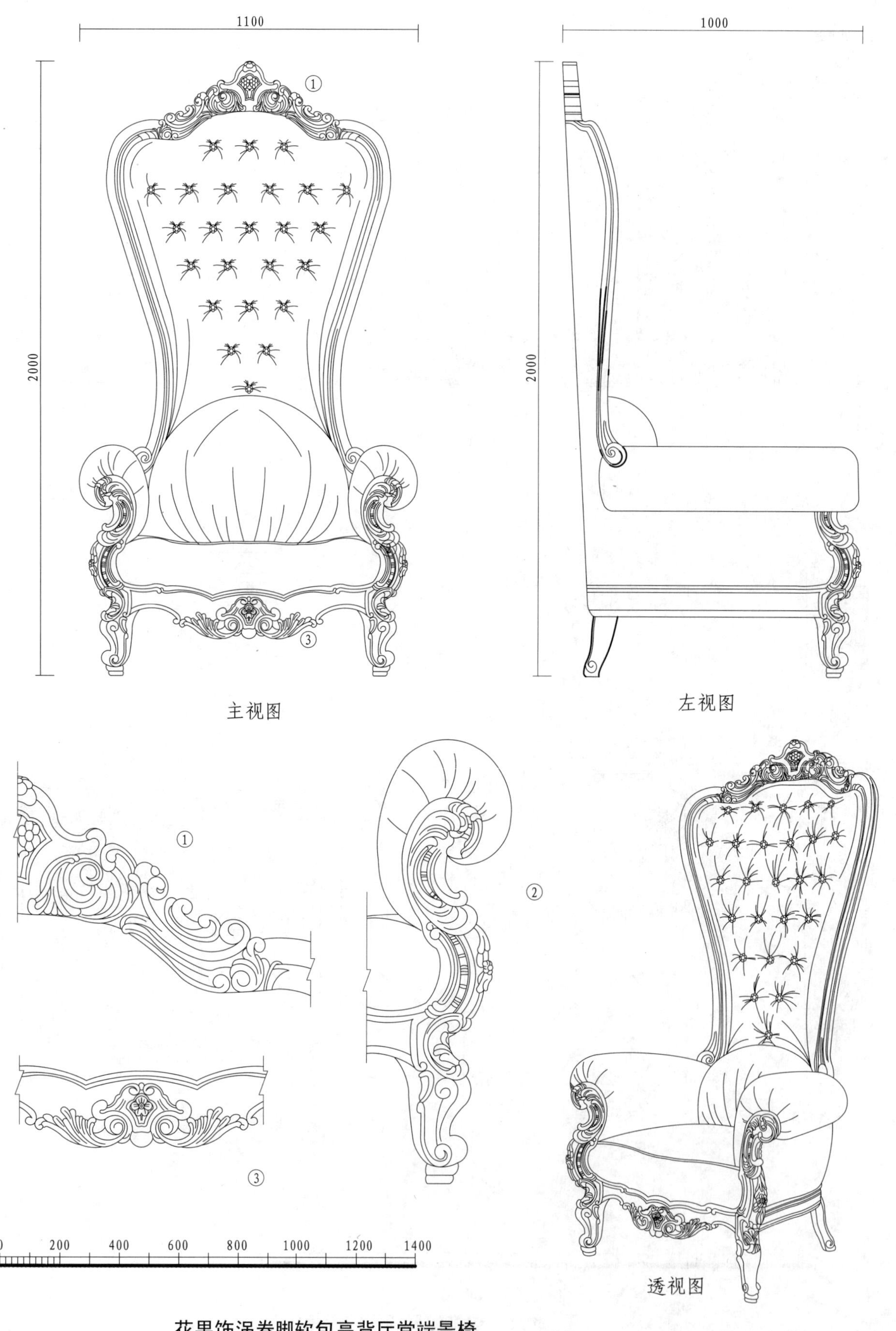
1100
1000
2000
2000
①
③
主视图
左视图
①
②
③
透视图
0
200
400
600
800
1000
1200
1400

花果饰涡卷脚软包高背厅堂端景椅

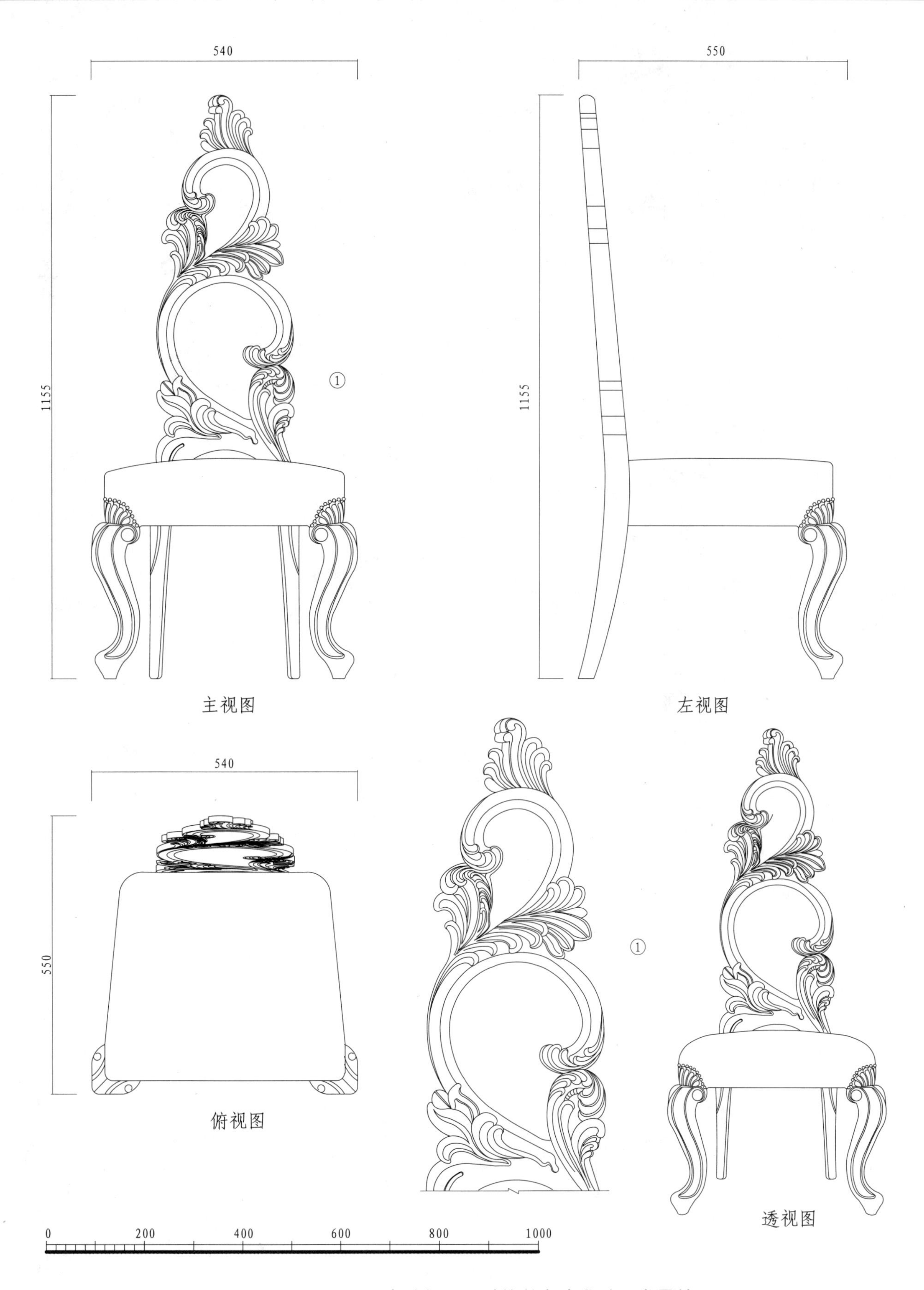
540
550
1155
①
1155
主视图
左视图
540
550
俯视图
①
透视图
0
200
400
600
800
1000

卷动的艮召叶饰软包高背端厅堂景椅

客厅家具组合

客厅家具组合

客厅家具组合

1100
830
1120
740
①
②
③
主视图
左视图
俯视图
透视图
0
200
400
600
800
1000
1200

卷叶束卷饰翼状背涡卷扶手弯足沙发

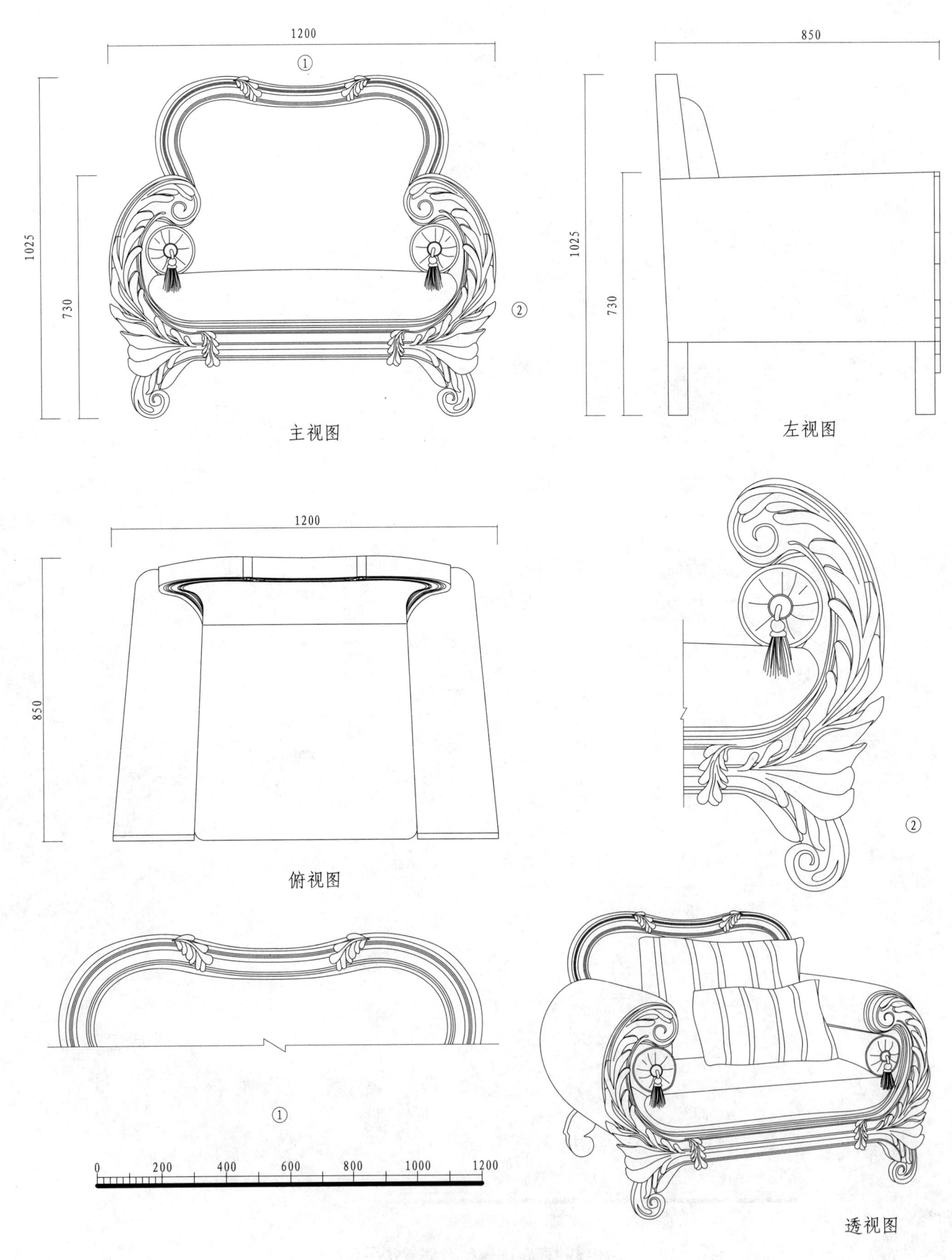
1200
①
1025
730
②
主视图
850
1025
730
左视图
1200
850
俯视图
②
①
0 200 400 600 800 1000 1200
透视图

大卷叶饰涡卷扶手有靠枕螺纹足沙发

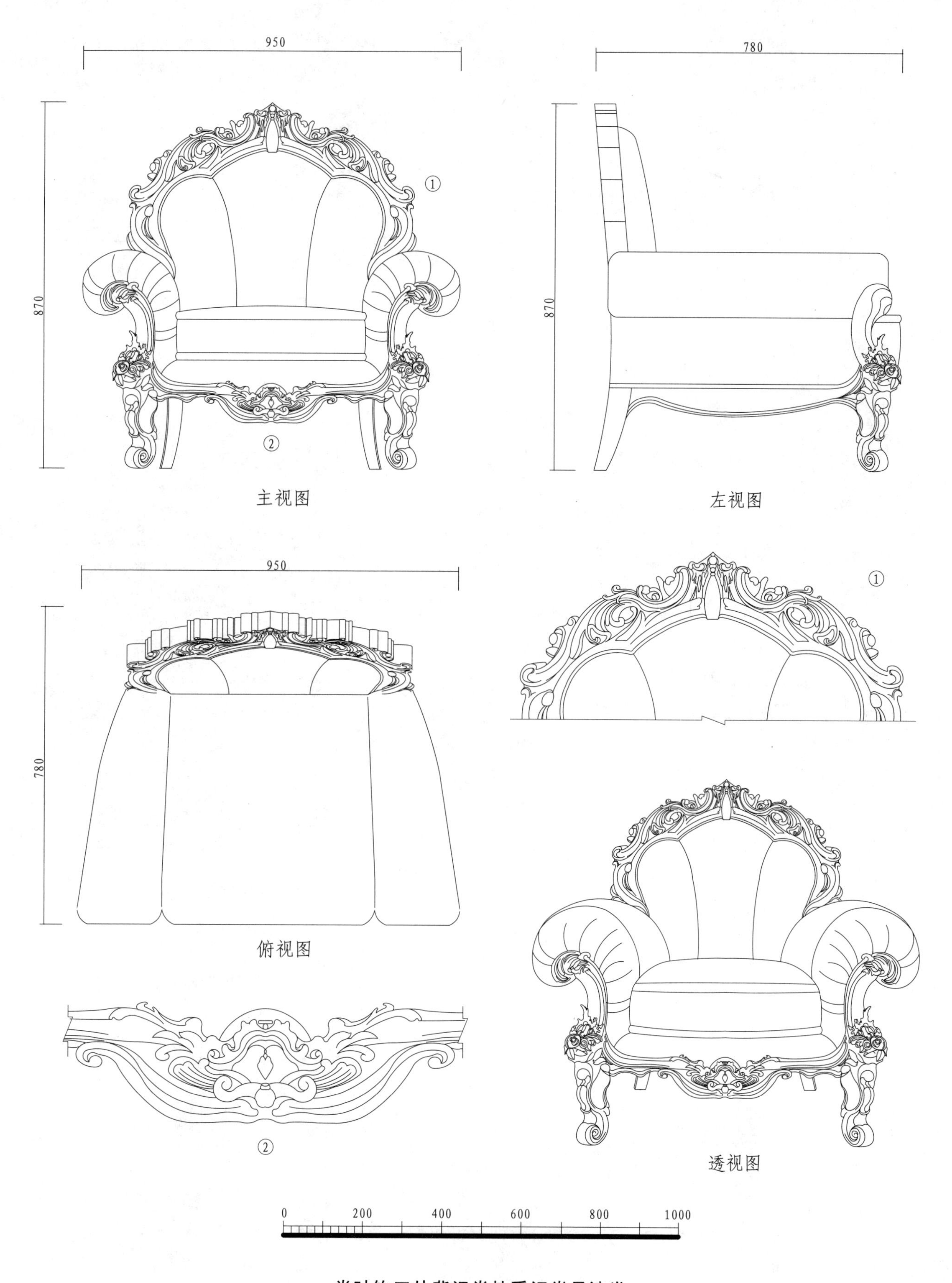
950
780
870
870
①
②
主视图
左视图
950
780
①
俯视图
②
透视图
0
200
400
600
800
1000

卷叶饰三片背涡卷扶手涡卷足沙发

950
780
①
1020
1020
②
主视图
左视图
950
780
①
俯视图
②
透视图
0 200 400 600 800 1000 1200

叶果饰纽扣背涡卷扶手鹅冠足沙发

980
780
1168
①
②
主视图
左视图
980
780
俯视图
①
②
透视图
0
200
400
600
800
1000
1200

花果饰纽扣背涡卷扶手鹅冠足沙发

1280
890
1150
1150
780
①
②
主视图
左视图
1280
890
俯视图
①
②
透视图
0
200
400
600
800
1000
1200
1400

卷叶饰翼状三片背涡卷扶手弯足沙发

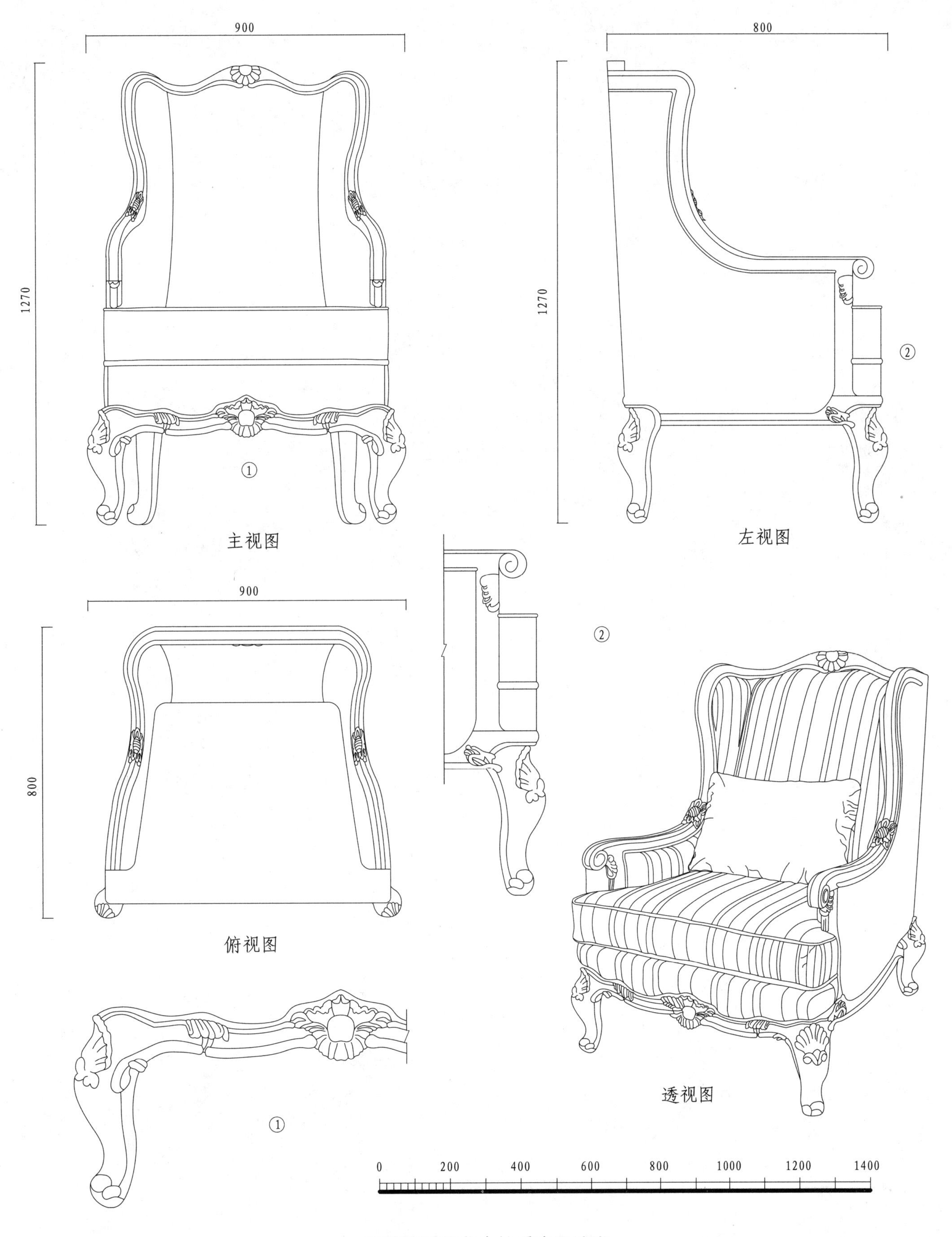
900
800
1270
1270
①
②
主视图
左视图
900
800
②
俯视图
透视图
①
0
200
400
600
800
1000
1200
1400

花叶饰翼状背木扶手弯足沙发

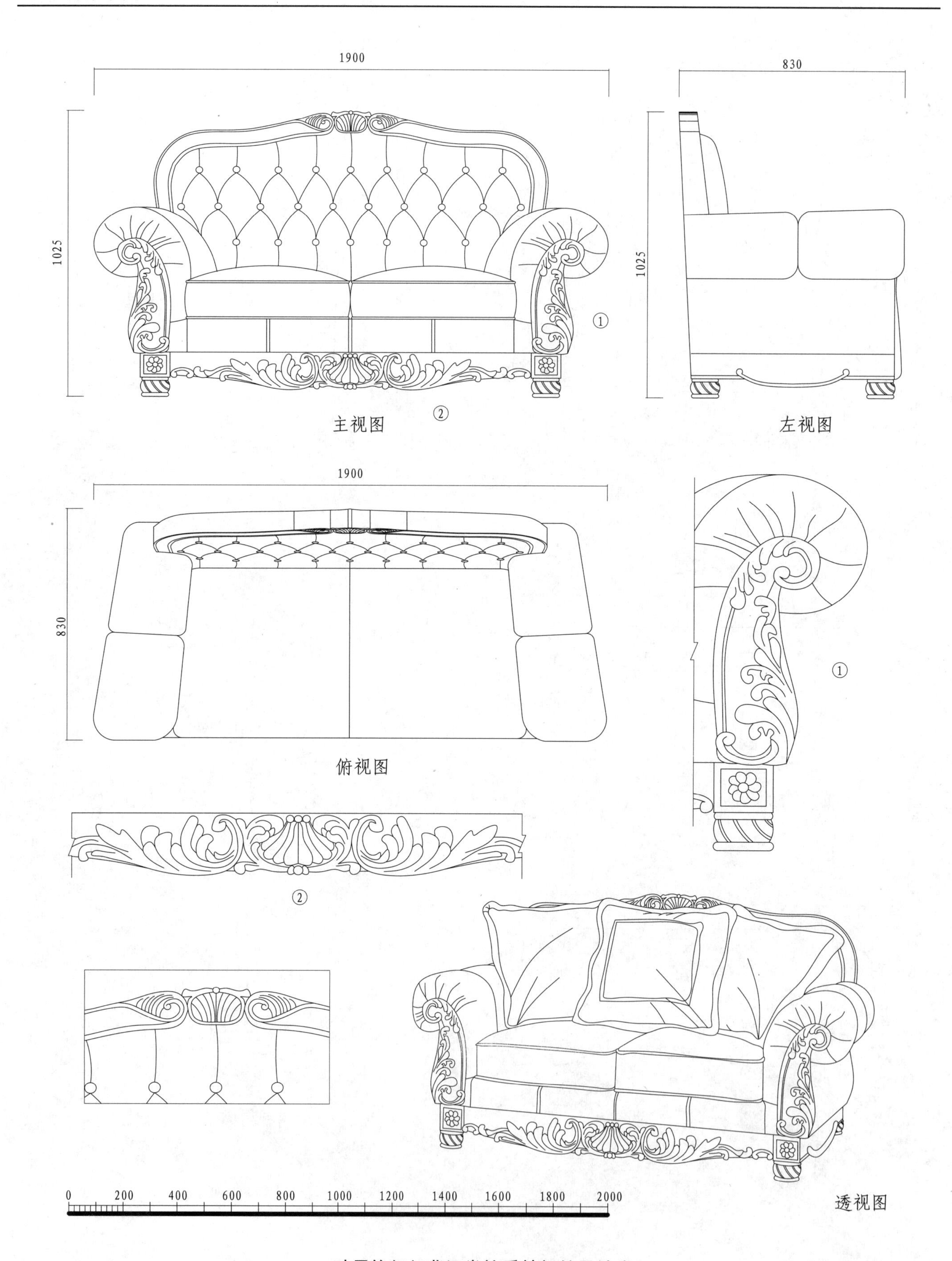
1900
830
1025
1025
①
②
主视图
左视图
1900
830
俯视图
①
②
0
200
400
600
800
1000
1200
1400
1600
1800
2000
透视图

叶果饰纽扣背涡卷扶手椅扭纹足沙发

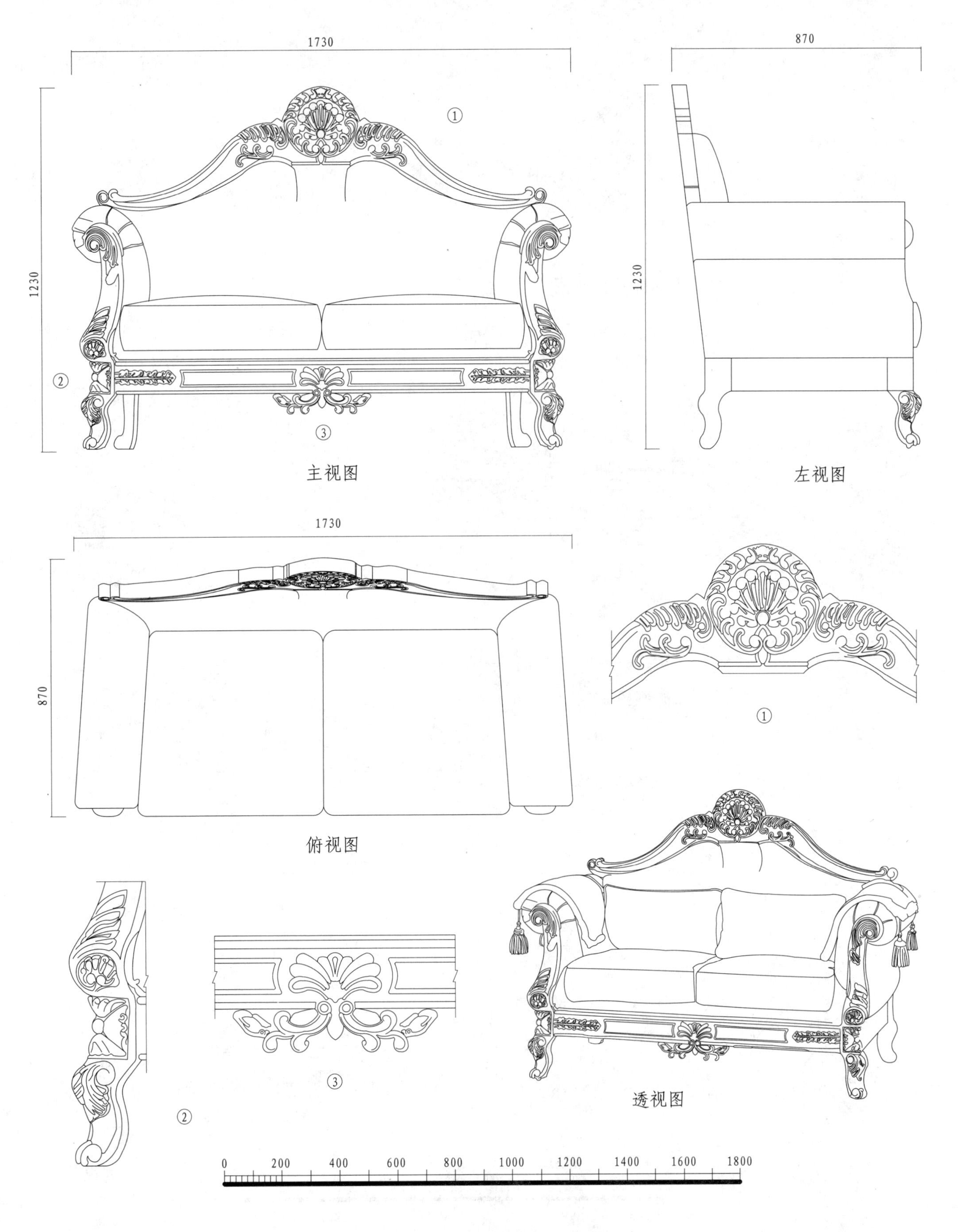
1730
870
1230
1230
①
②
③
主视图
左视图
1730
870
俯视图
①
②
③
透视图
0
200
400
600
800
1000
1200
1400
1600
1800

叶花饰弓形背涡卷扶手椅弯足沙发

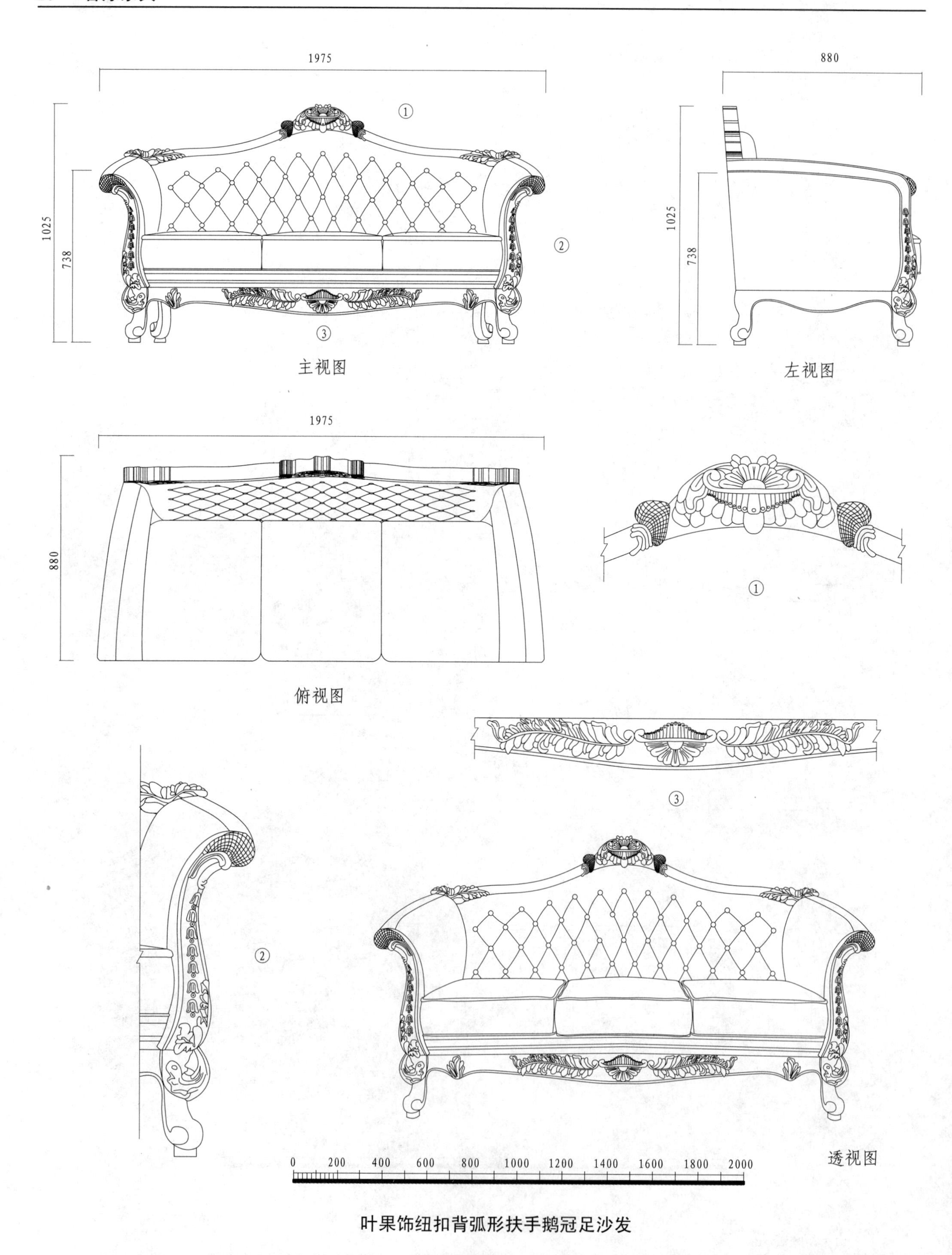
1975
880
①
②
③
1025
738
主视图
左视图
1975
880
俯视图
①
③
②
透视图
0 200 400 600 800 1000 1200 1400 1600 1800 2000

叶果饰纽扣背弧形扶手鹅冠足沙发

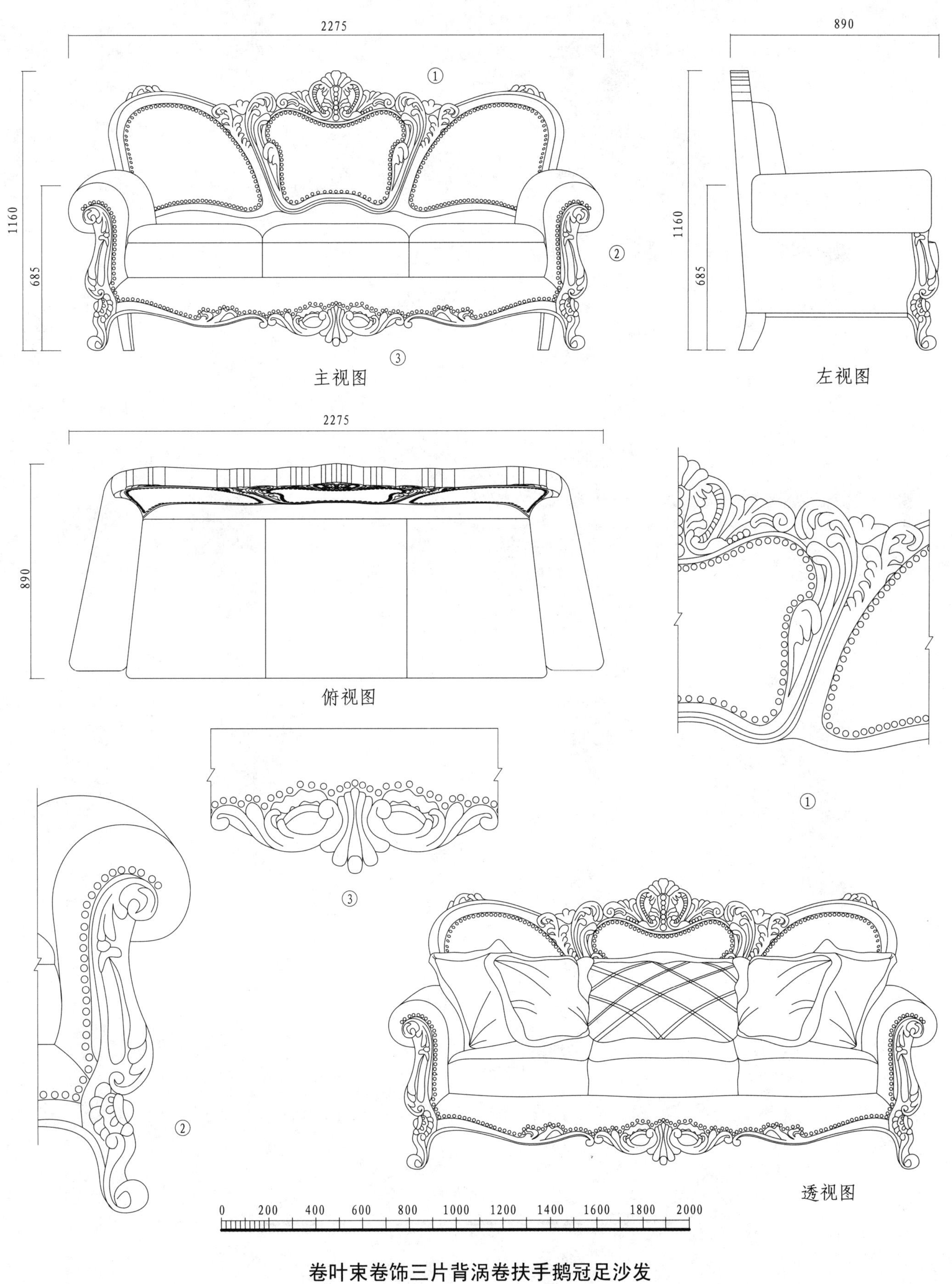
2275
890
①
1160
685
②
③
主视图
左视图
俯视图
透视图
0 200 400 600 800 1000 1200 1400 1600 1800 2000

卷叶束卷饰三片背涡卷扶手鹅冠足沙发

2050
860
1220
①
②
③
主视图
左视图
俯视图
透视图
0
200
400
600
800
1000
1200
1400
1600
1800
2000

花叶饰三片背涡卷扶手弯足沙发

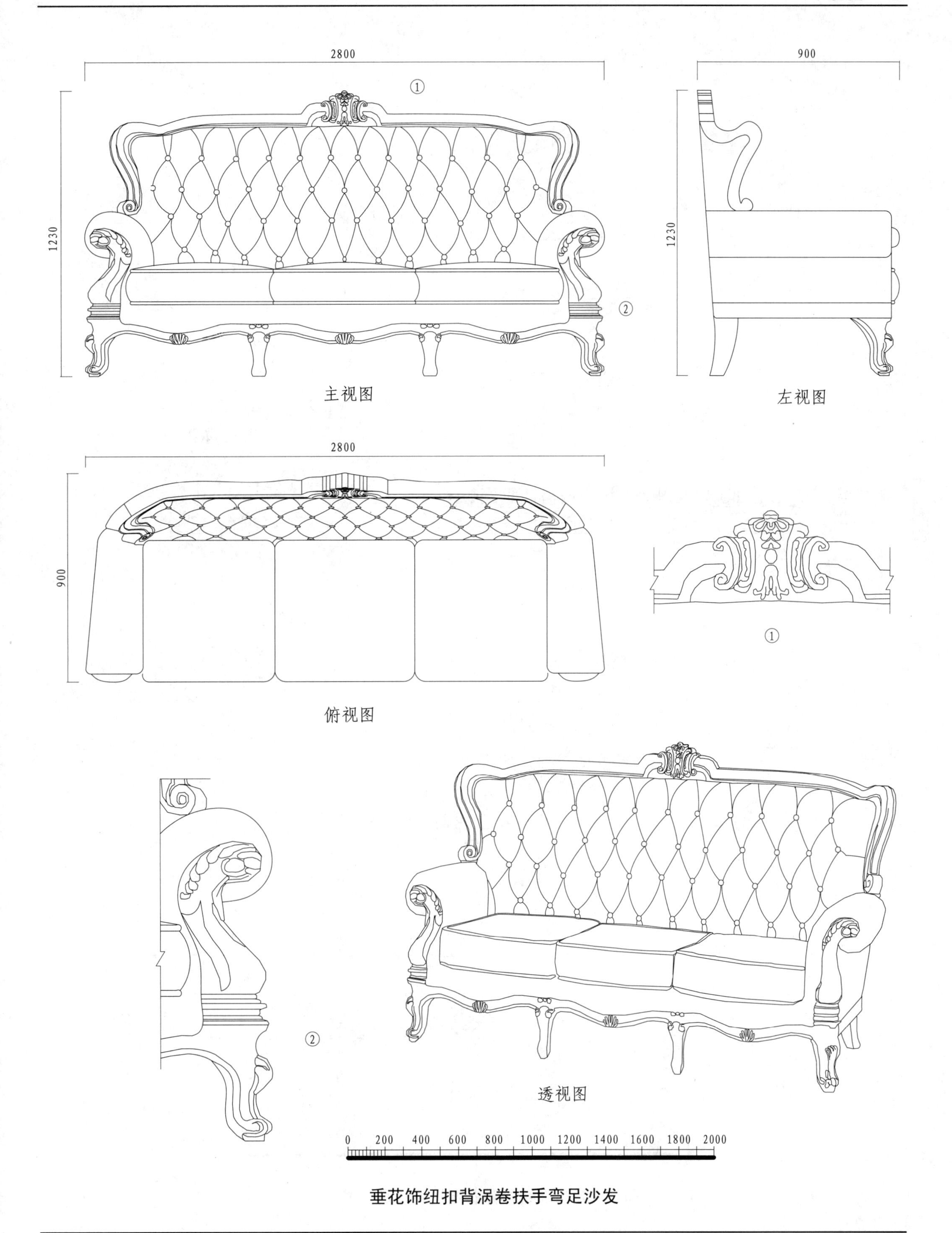
2800
900
1230
①
②
主视图
左视图
俯视图
透视图
0 200 400 600 800 1000 1200 1400 1600 1800 2000

垂花饰纽扣背涡卷扶手弯足沙发

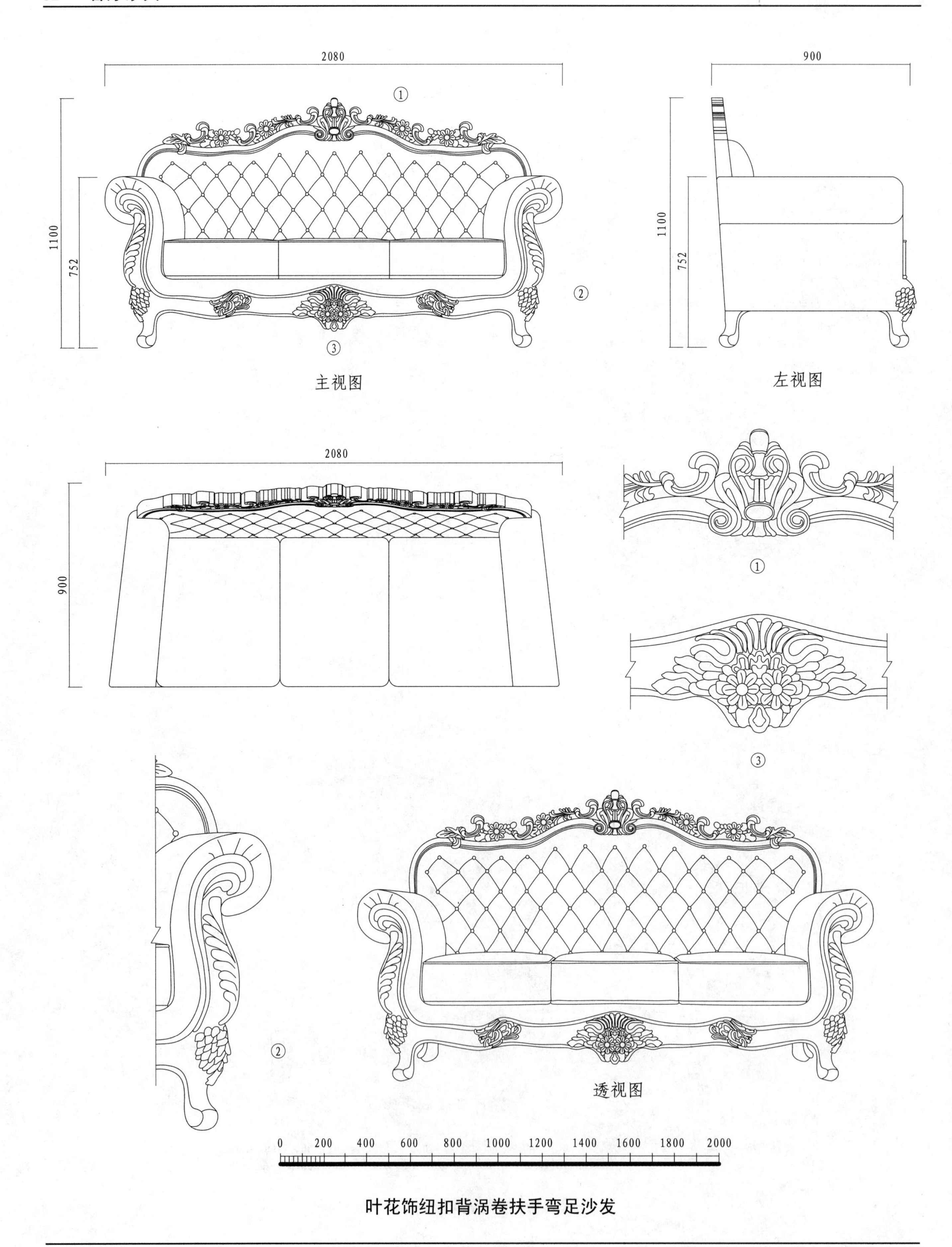
2080
900
①
②
③
1100
752
主视图
左视图
透视图
0 200 400 600 800 1000 1200 1400 1600 1800 2000

叶花饰纽扣背涡卷扶手弯足沙发

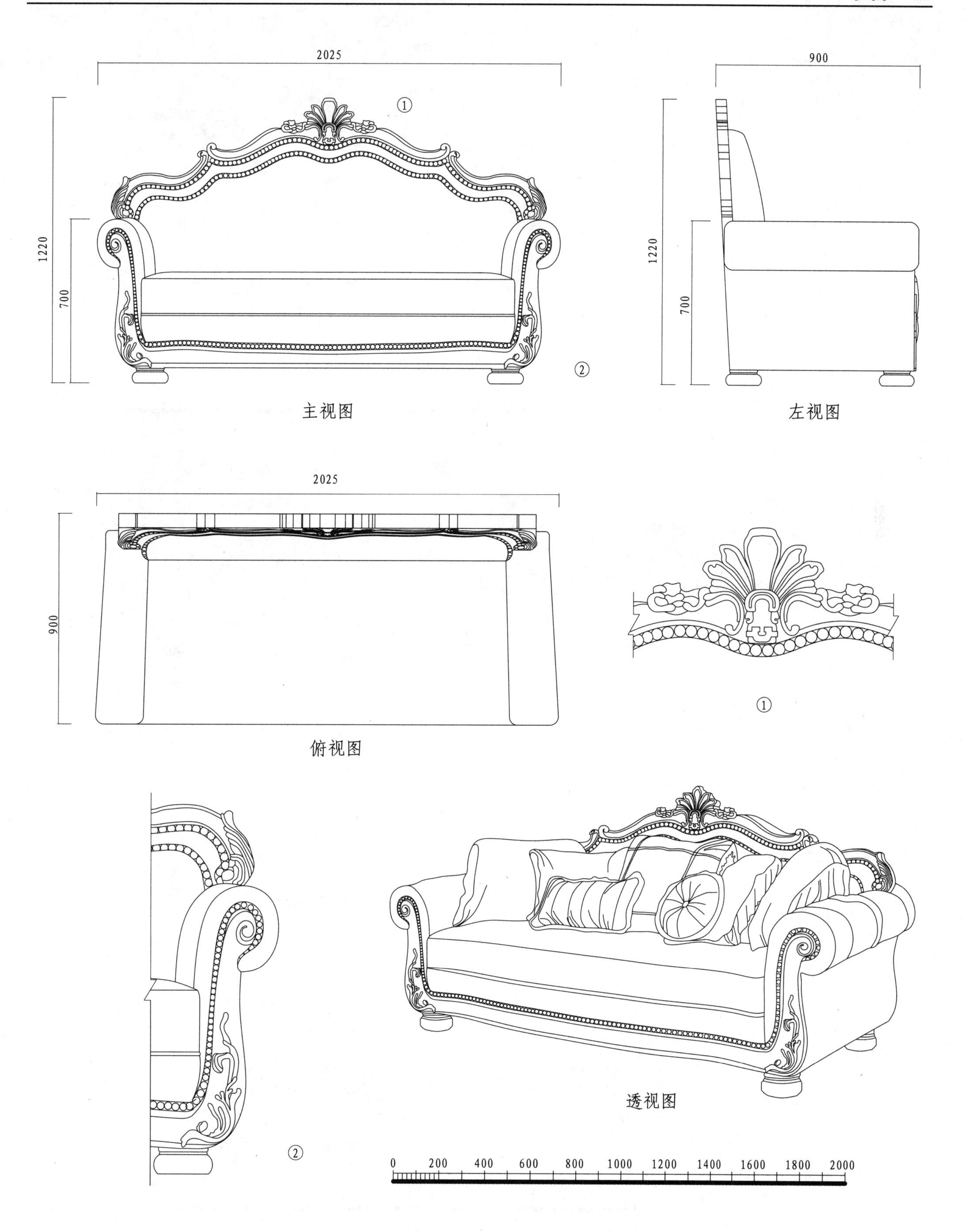
2025
900
1220
700
①
②
主视图
左视图
2025
900
俯视图
①
②
透视图
0
200
400
600
800
1000
1200
1400
1600
1800
2000

叶簇花形饰三拱背涡卷扶手扁圆足沙发

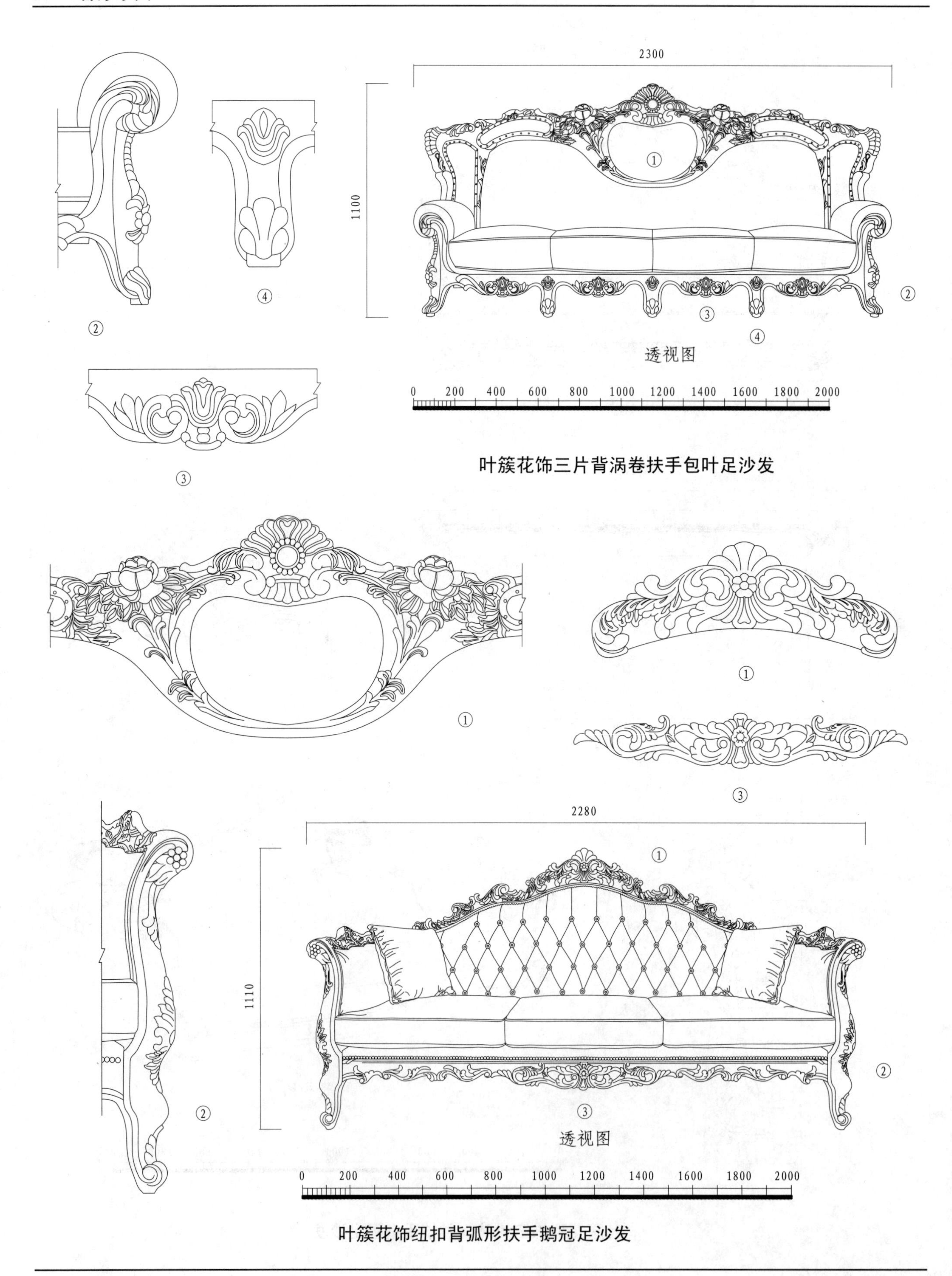
2300
1100
①
②
③
④
透视图
0 200 400 600 800 1000 1200 1400 1600 1800 2000
2280
1110

叶簇花饰三片背涡卷扶手包叶足沙发

叶簇花饰纽扣背弧形扶手鹅冠足沙发

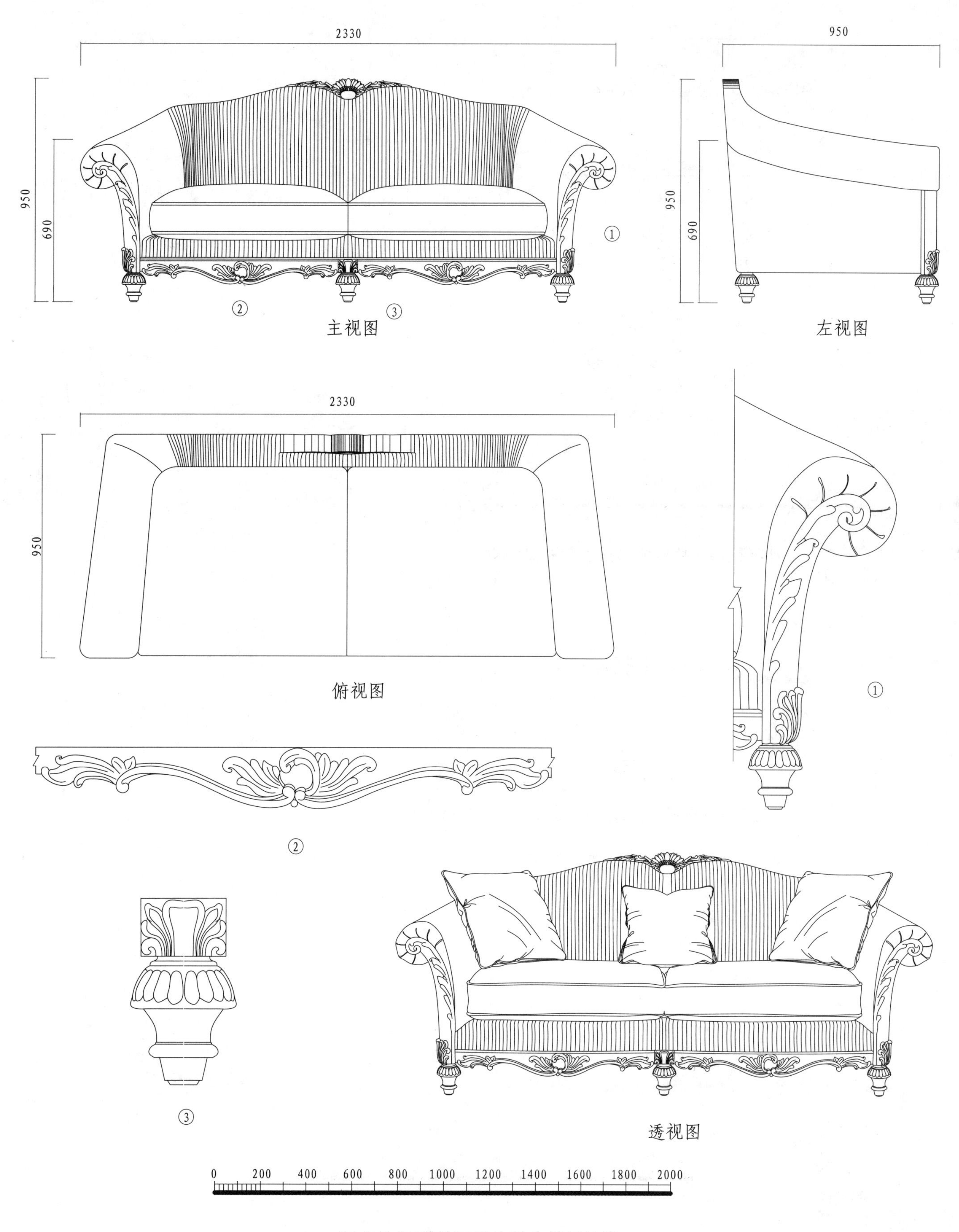
2330
950
950
690
①
②
③
主视图
950
950
690
左视图
2330
950
俯视图
①
②
③
透视图
0 200 400 600 800 1000 1200 1400 1600 1800 2000

阳光饰拱形背涡卷扶手伞状足沙发

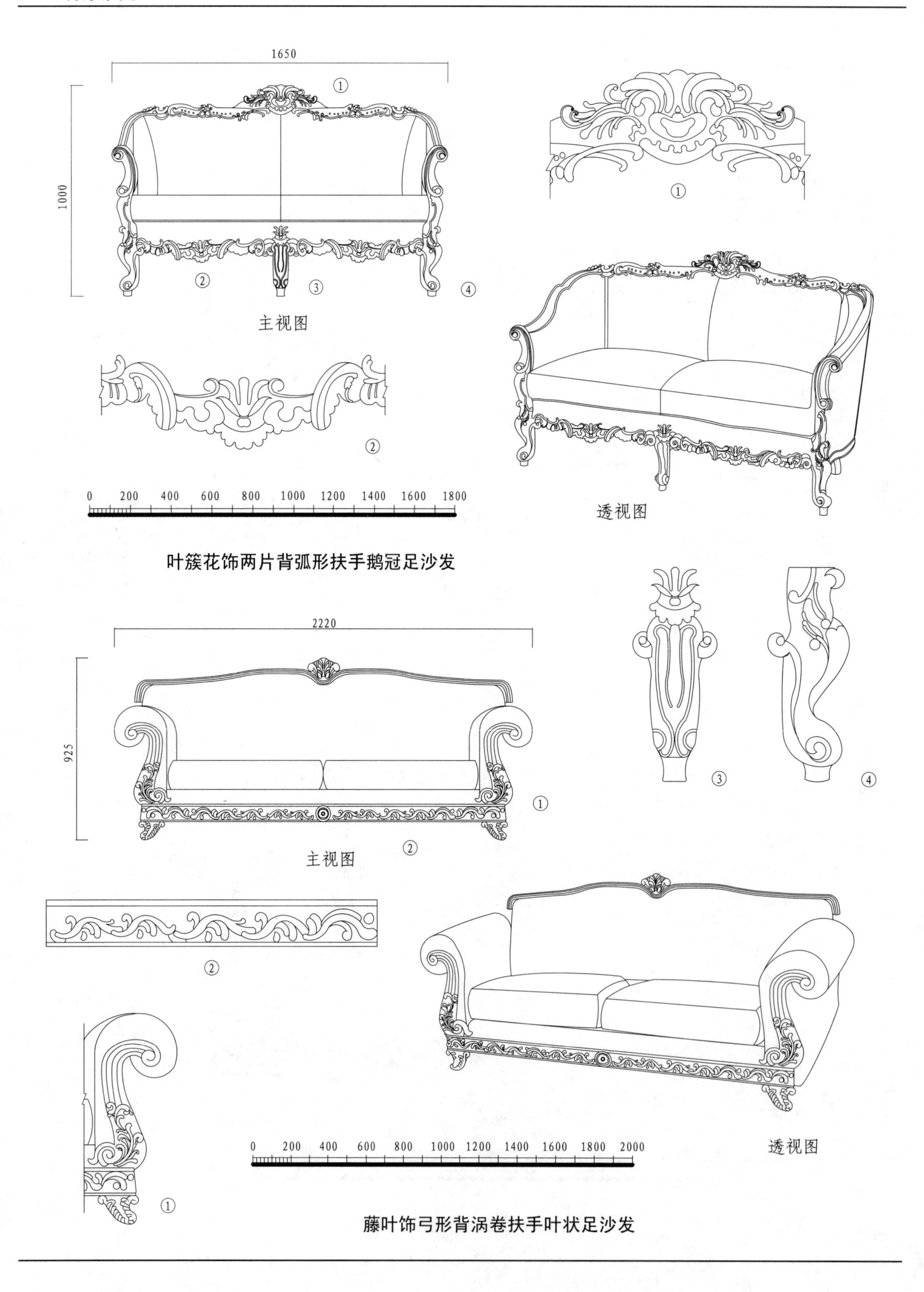
1650
1000
①
②
③
④
主视图
透视图
0 200 400 600 800 1000 1200 1400 1600 1800
2220
925
主视图
透视图
0 200 400 600 800 1000 1200 1400 1600 1800 2000

叶簇花饰两片背弧形扶手鹅冠足沙发

藤叶饰弓形背涡卷扶手叶状足沙发

1200
550
500
500
①
②
主视图
左视图
1200
550
俯视图
②
①
台面线型
透视图
0
200
400
600
800
1000
1200

涡卷叶饰弯腿涡卷足长方茶几

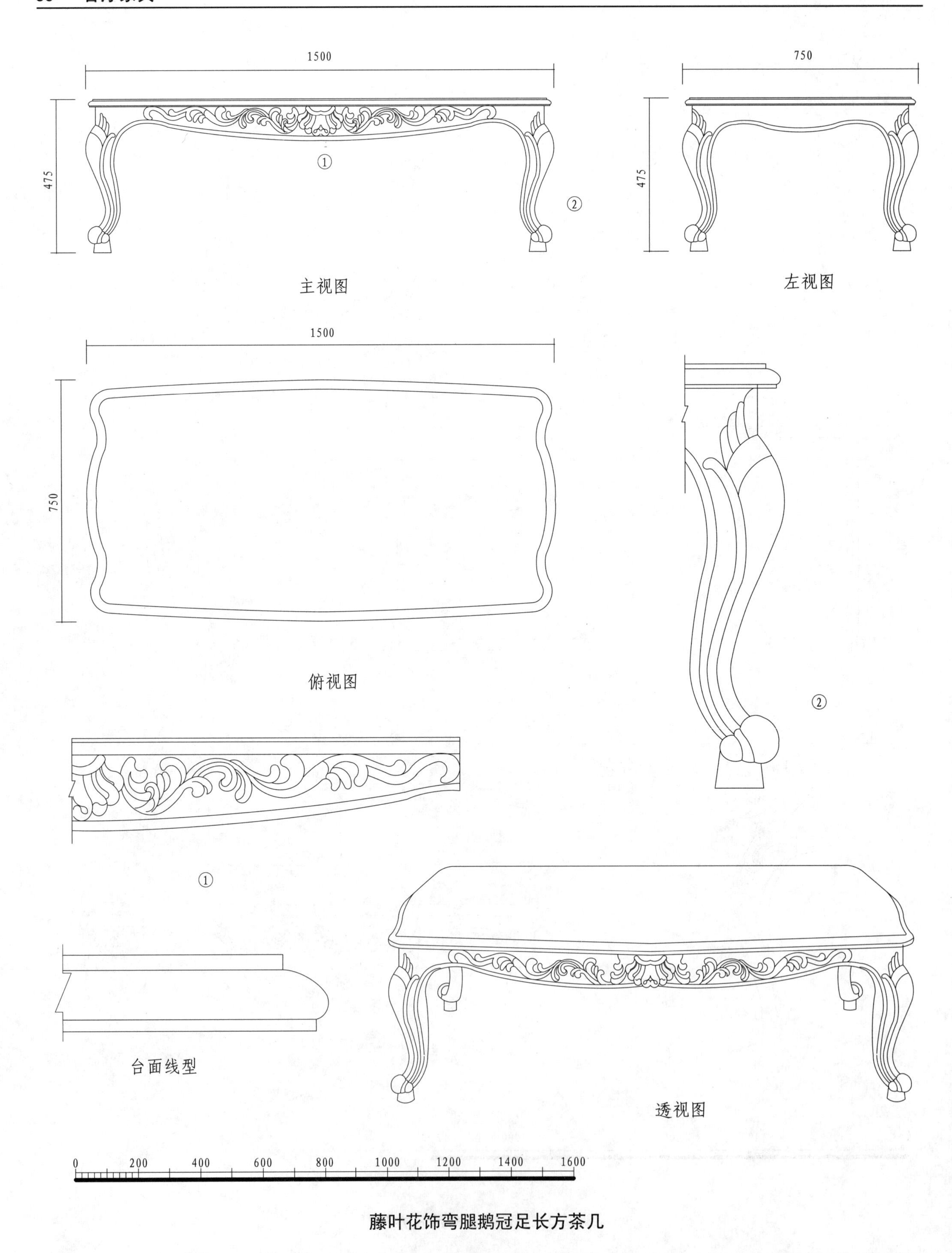
1500
475
①
②
750
475
主视图
左视图
1500
750
俯视图
②
①
台面线型
透视图
0
200
400
600
800
1000
1200
1400
1600

藤叶花饰弯腿鹅冠足长方茶几

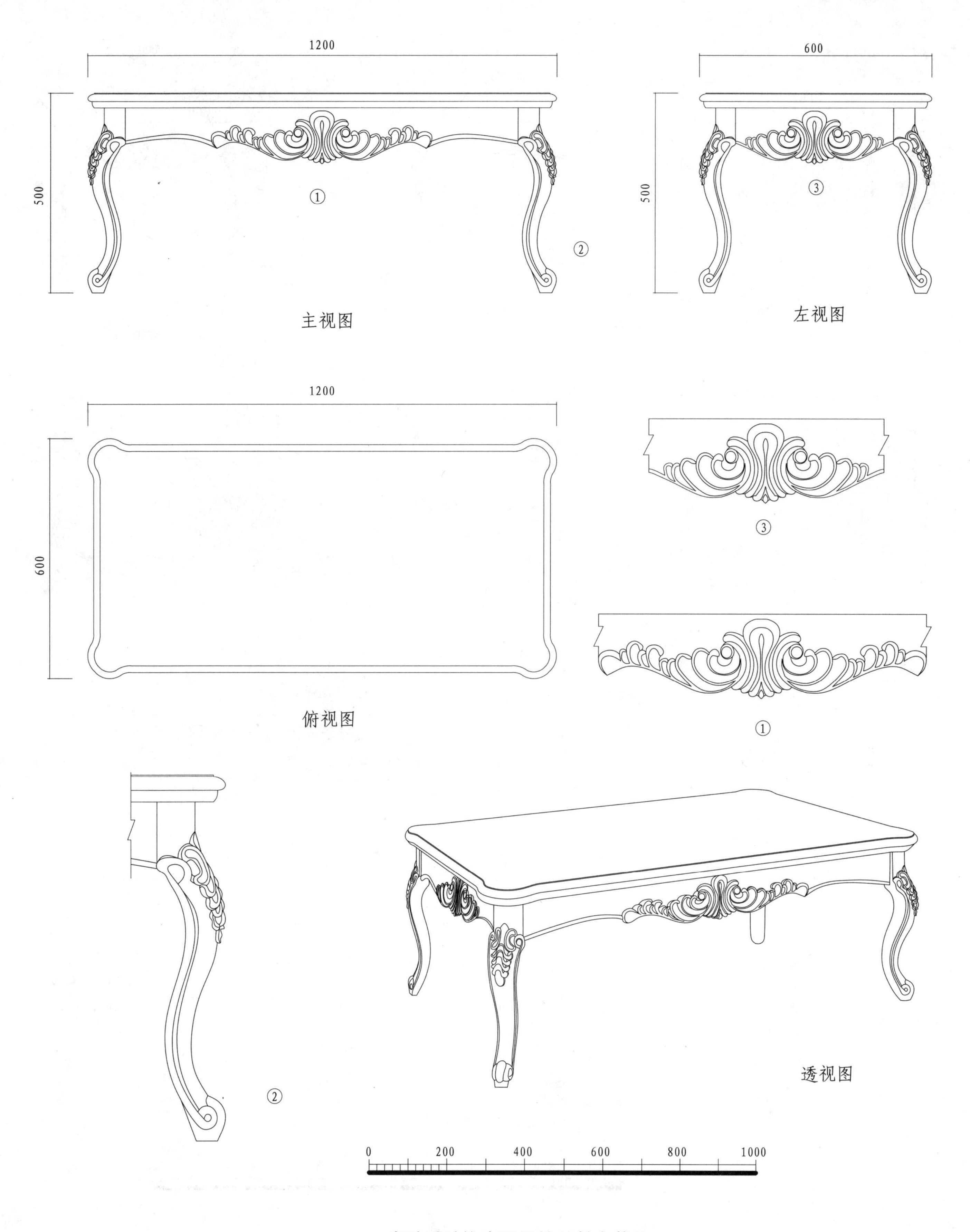
1200
500
①
②
主视图
600
500
③
左视图
1200
600
俯视图
③
①
②
透视图
0
200
400
600
800
1000

卷叶垂叶饰弯腿螺纹足长方茶几

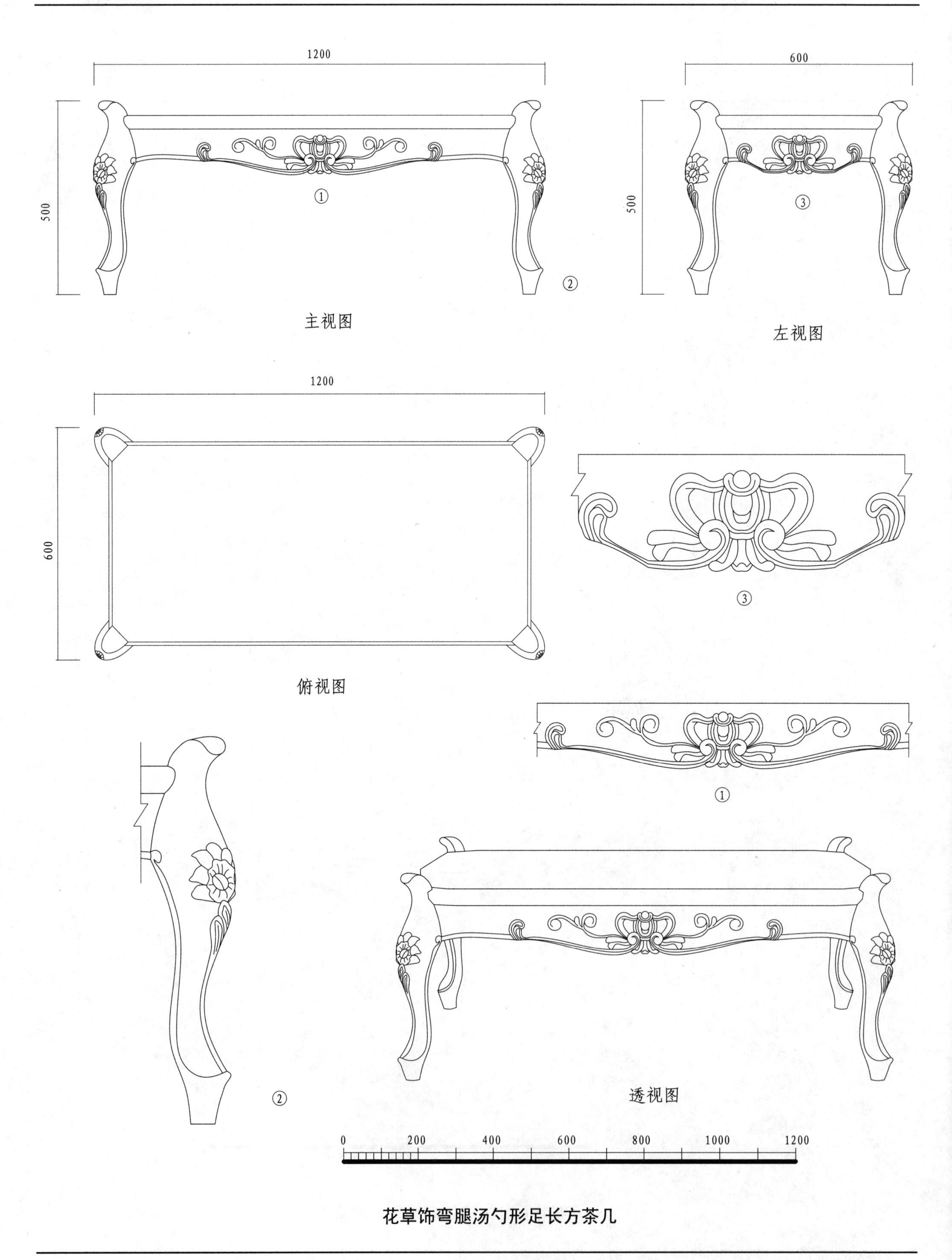
1200
500
①
②
主视图
600
500
③
左视图
1200
600
俯视图
③
①
②
透视图
0
200
400
600
800
1000
1200

花草饰弯腿汤勺形足长方茶几

1300
550
500
500
①
②
主视图
左视图
1300
550
俯视图
②
①
透视图
0 200 400 600 800 1000 1200 1400

卷叶束卷饰弯腿螺纹足玻璃面方茶几

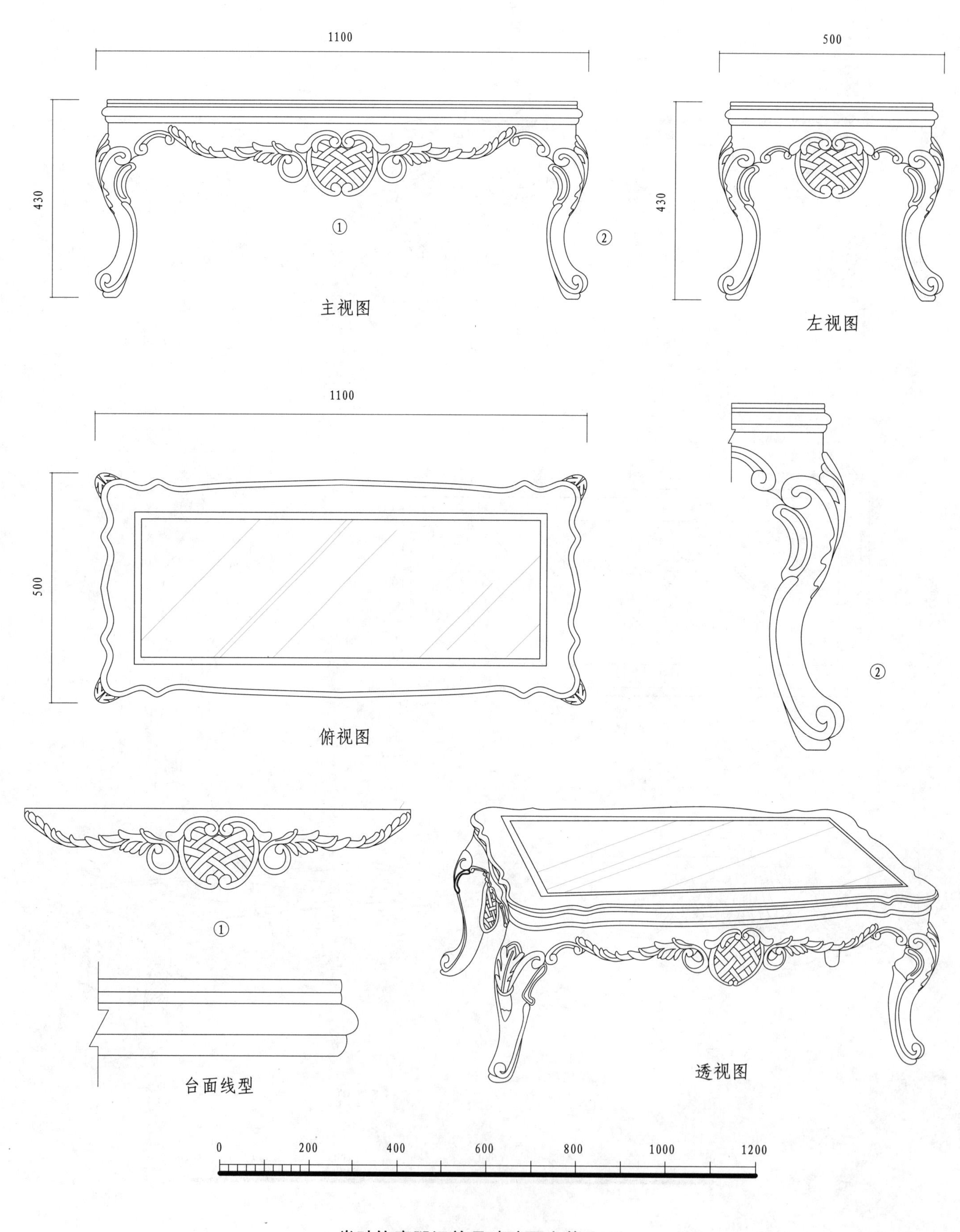
1100
500
430
430
①
②
主视图
左视图
1100
500
俯视图
②
①
台面线型
透视图
0
200
400
600
800
1000
1200

卷叶饰弯腿涡旋足玻璃面方茶几

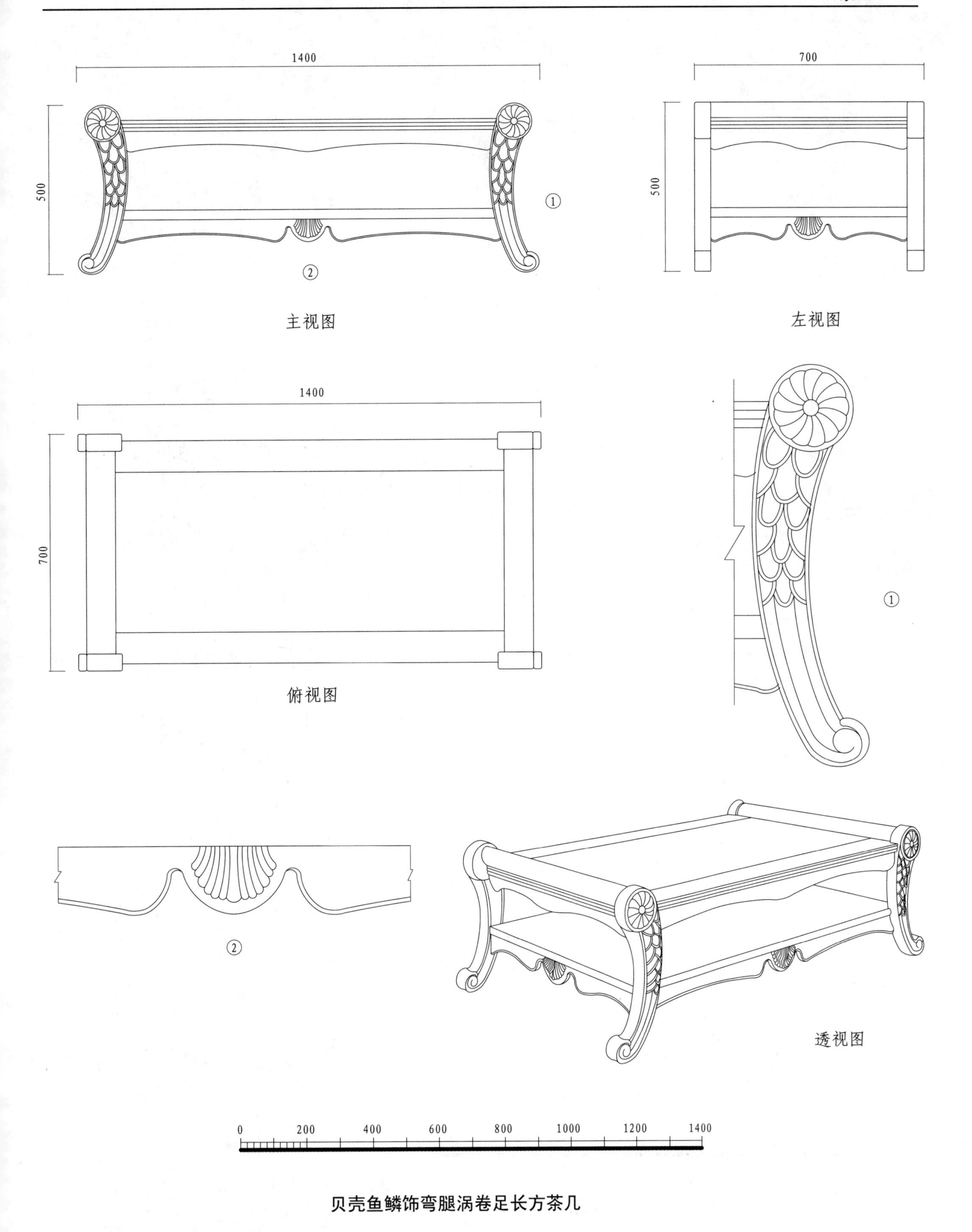
1400
700
500
500
①
②
主视图
左视图
1400
700
俯视图
①
②
透视图
0
200
400
600
800
1000
1200
1400

贝壳鱼鳞饰弯腿涡卷足长方茶几

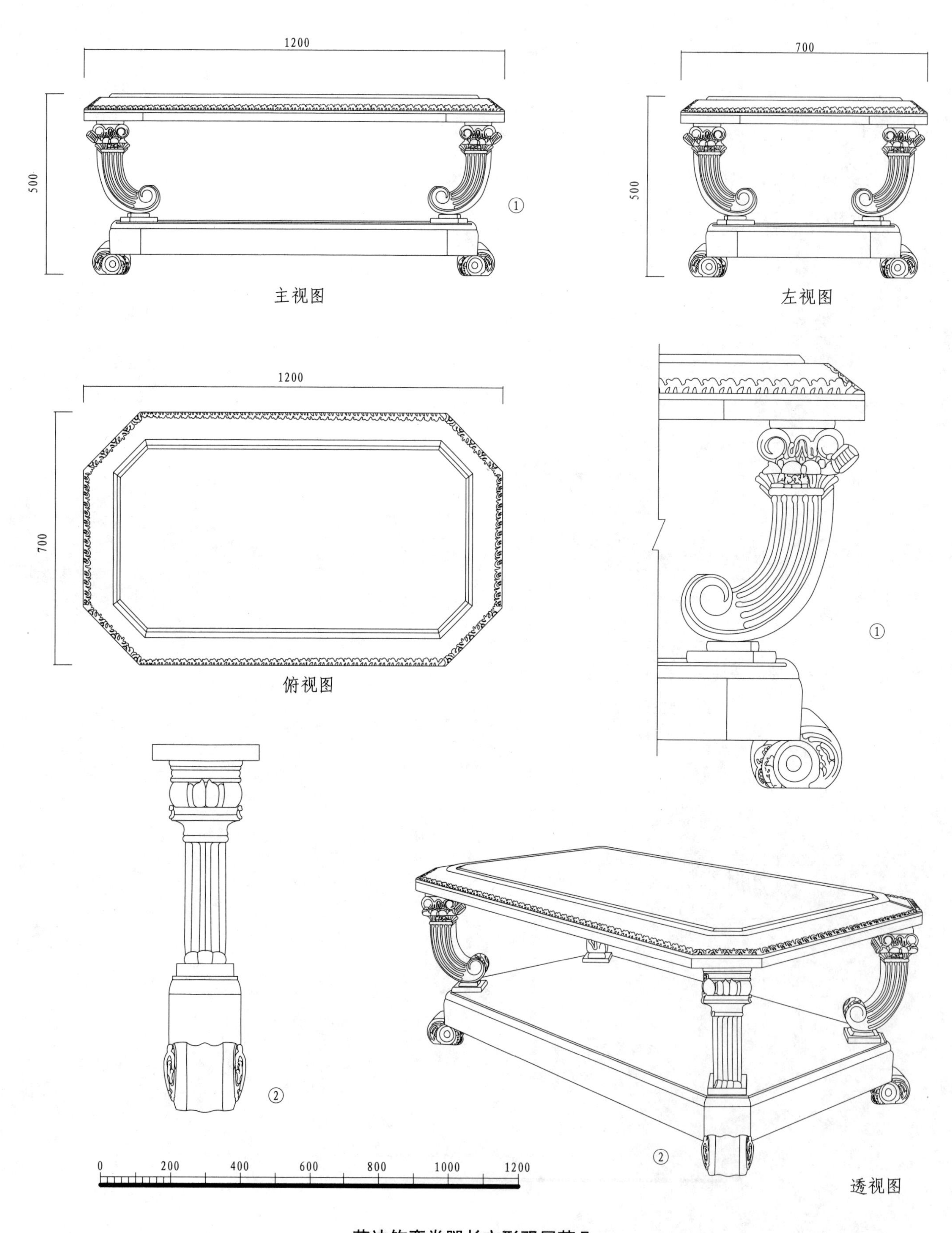
1200
700
500
500
①
主视图
左视图
1200
700
俯视图
①
②
②
透视图
0
200
400
600
800
1000
1200

花边饰弯卷腿长方形双层茶几

1440
650
460
460
①
②
主视图
左视图
1440
650
俯视图
①
台面线型
②
透视图
0
200
400
600
800
1000
1200
1400
1600

卷叶束花饰弯腿鹅冠足长方茶几

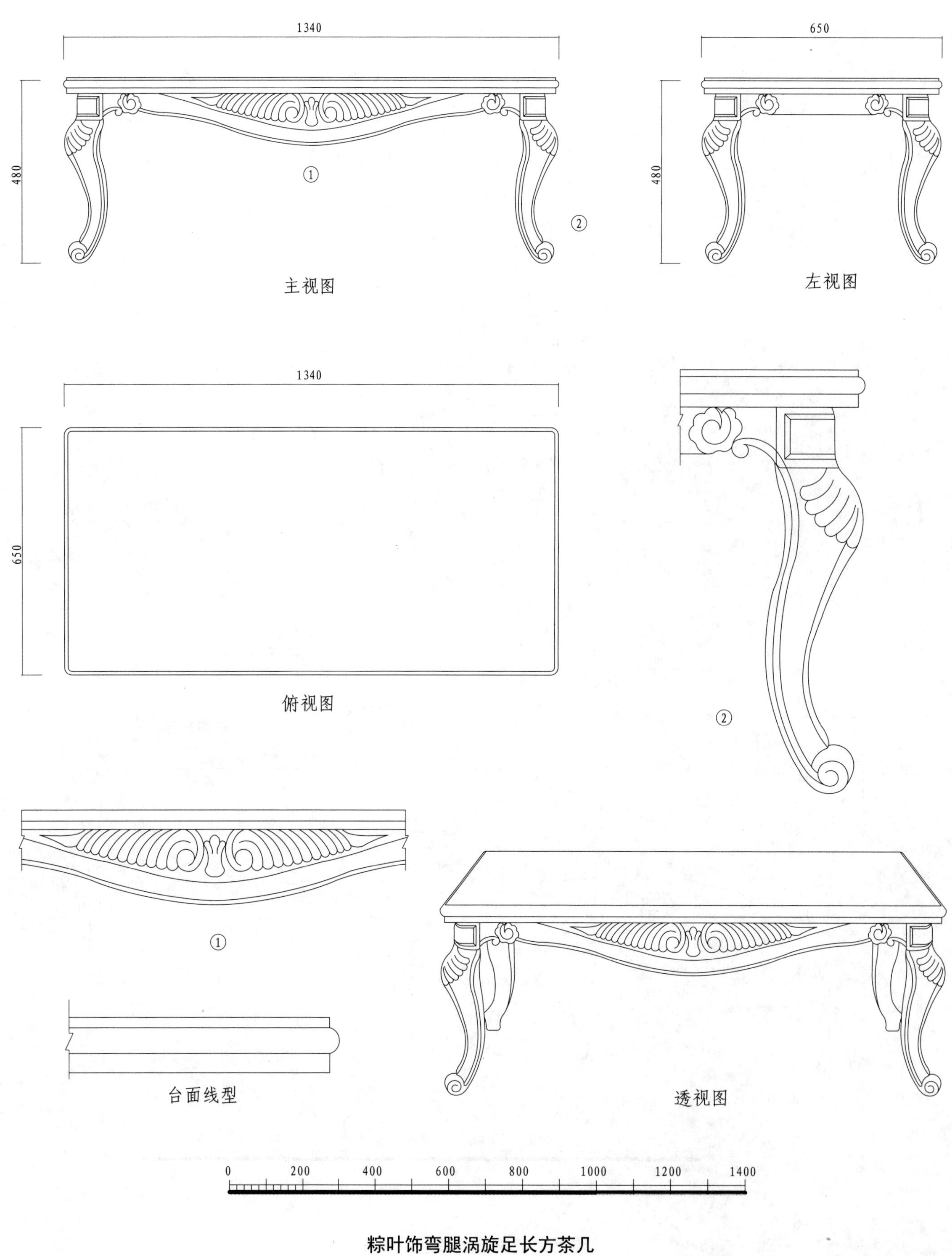
1340
480
①
②
主视图
650
480
左视图
1340
650
俯视图
②
①
台面线型
透视图
0
200
400
600
800
1000
1200
1400

粽叶饰弯腿涡旋足长方茶几

1500
650
450
450
②
①
主视图
左视图
1500
650
俯视图
①
②
台面线型
透视图
0
200
400
600
800
1000
1200
1400
1600

宝石花饰弯腿鹅冠足长方茶几

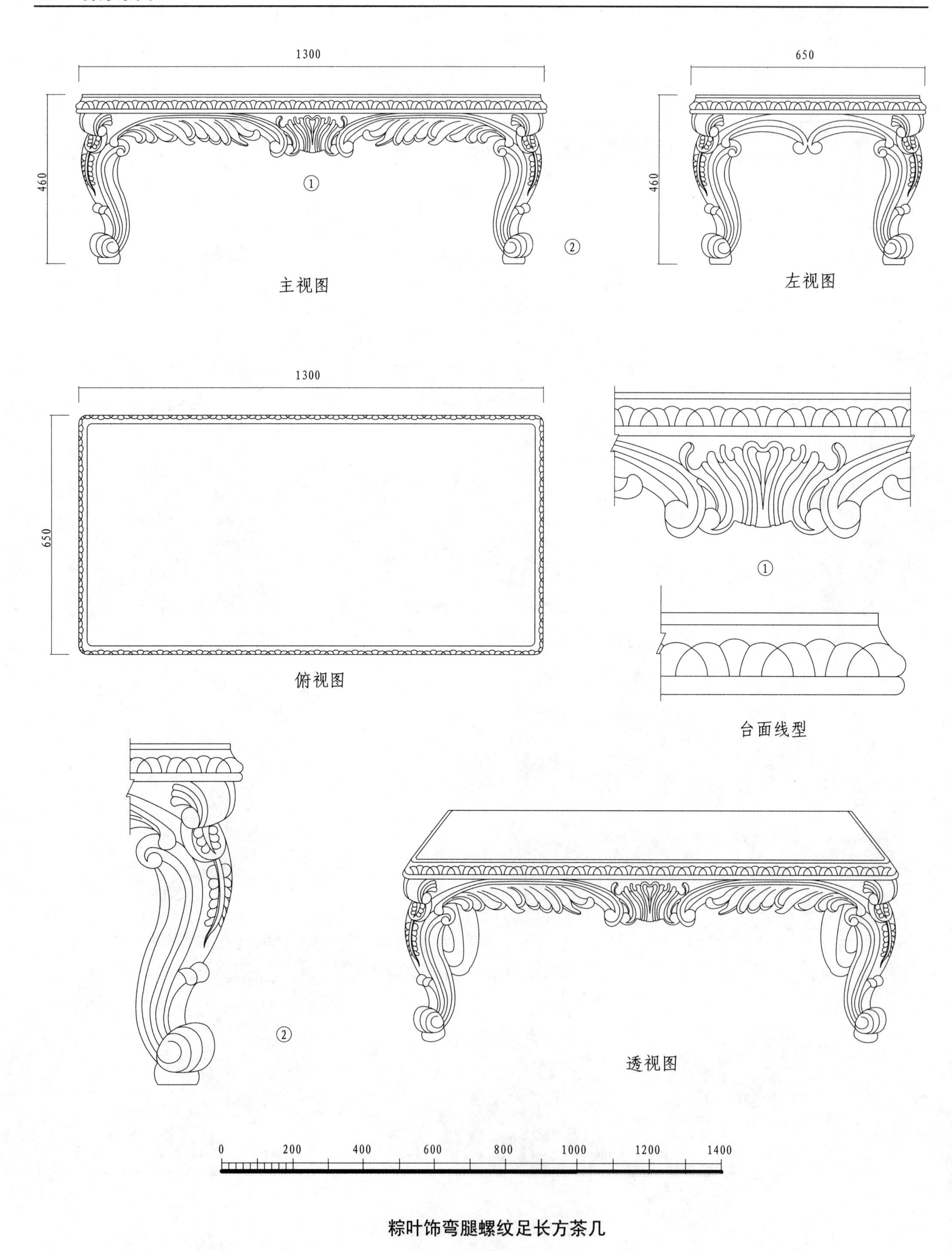
1300
650
460
460
①
②
主视图
左视图
1300
650
俯视图
①
台面线型
②
透视图
0
200
400
600
800
1000
1200
1400

粽叶饰弯腿螺纹足长方茶几

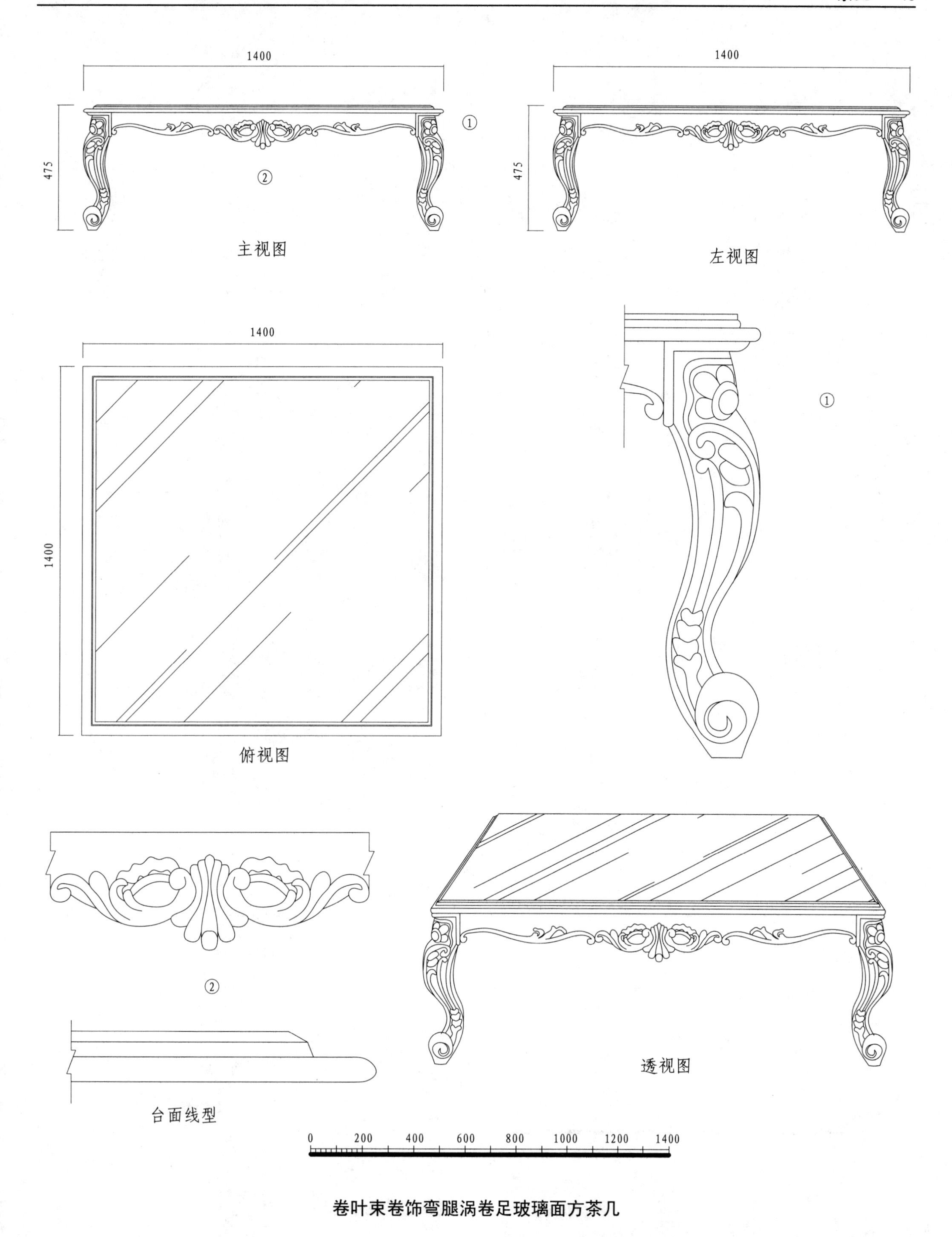
1400
475
①
②
主视图
1400
475
左视图
1400
1400
俯视图
①
②
透视图
台面线型
0 200 400 600 800 1000 1200 1400

卷叶束卷饰弯腿涡卷足玻璃面方茶几

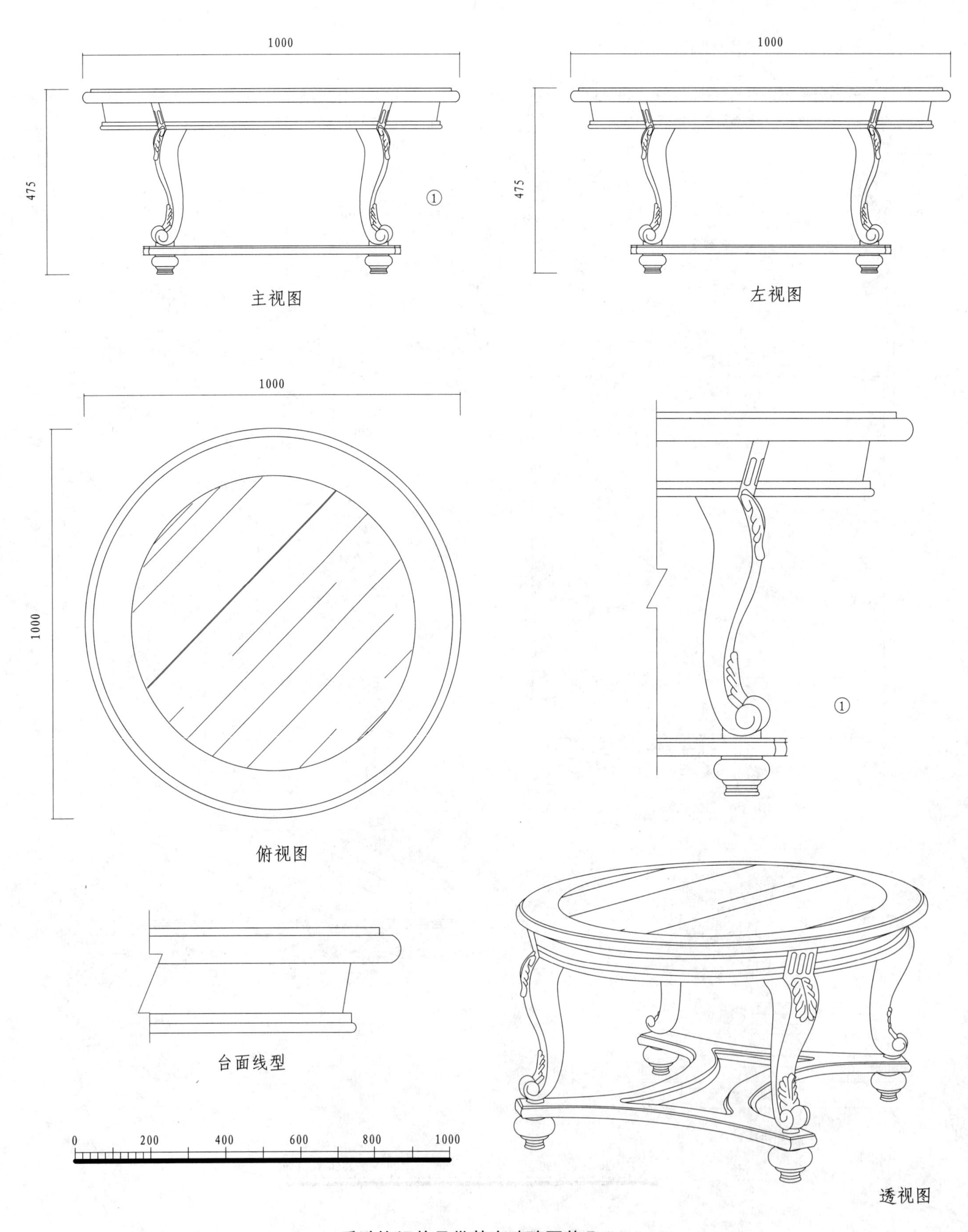
1000
475
主视图
1000
475
左视图
1000
1000
俯视图
台面线型
0
200
400
600
800
1000
透视图

垂叶饰涡旋足带基座玻璃圆茶几

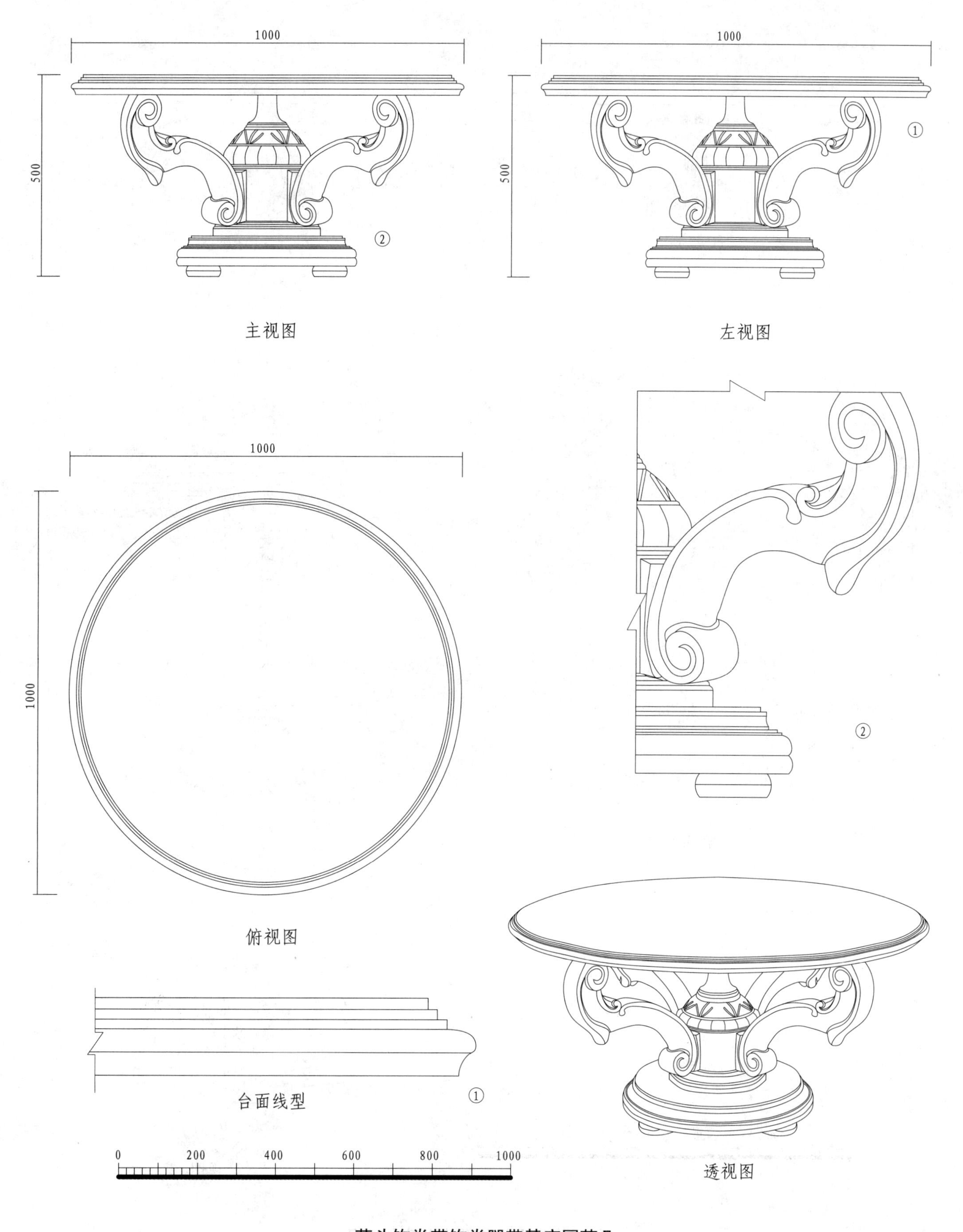
1000
1000
500
500
①
②
主视图
左视图
1000
1000
②
俯视图
台面线型
①
透视图
0
200
400
600
800
1000

蒜头饰卷带饰卷腿带基座圆茶几

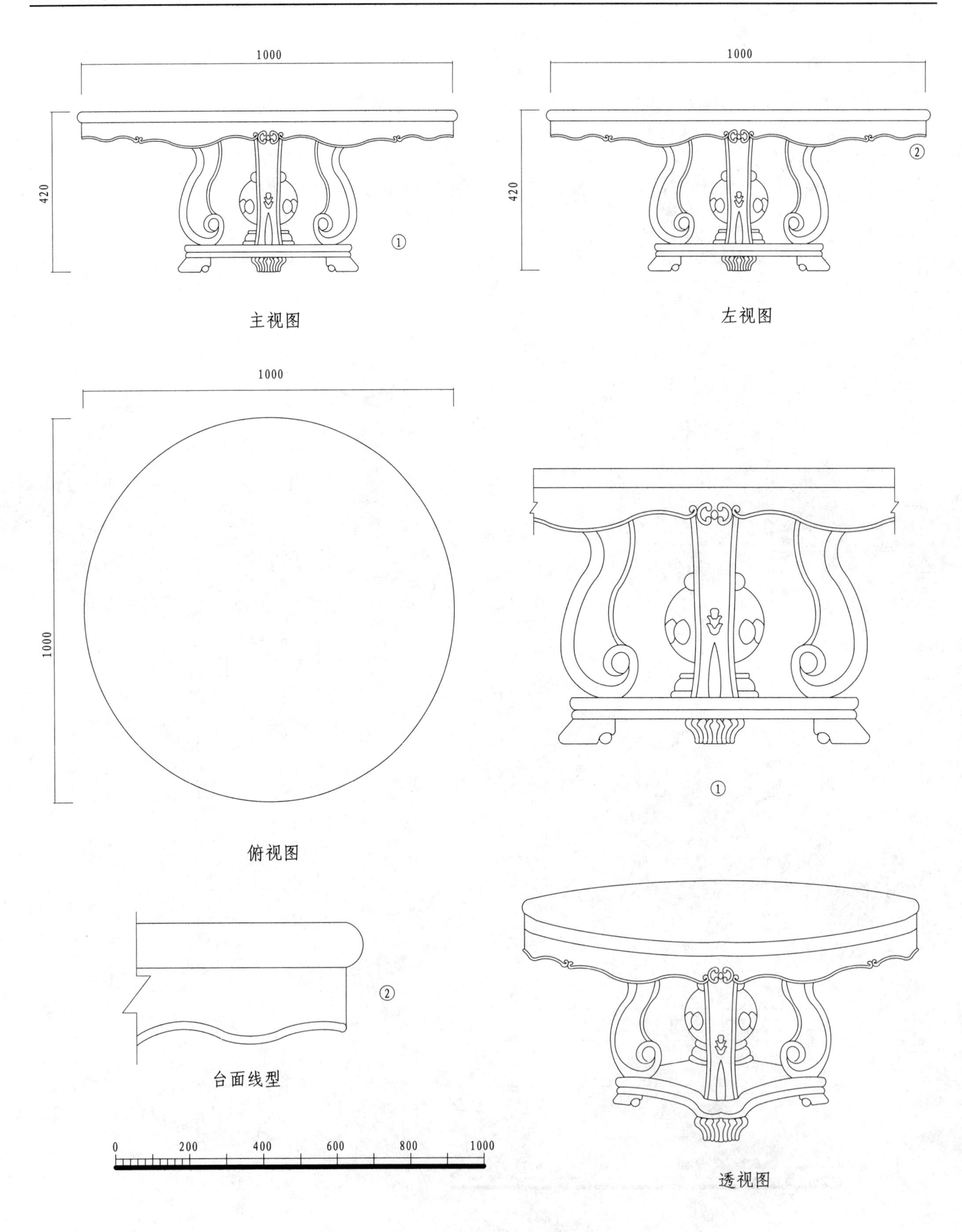
1000
420
①
主视图
1000
420
②
左视图
1000
1000
俯视图
①
②
台面线型
0
200
400
600
800
1000
透视图

圆球饰弯形涡旋腿带基座圆茶几

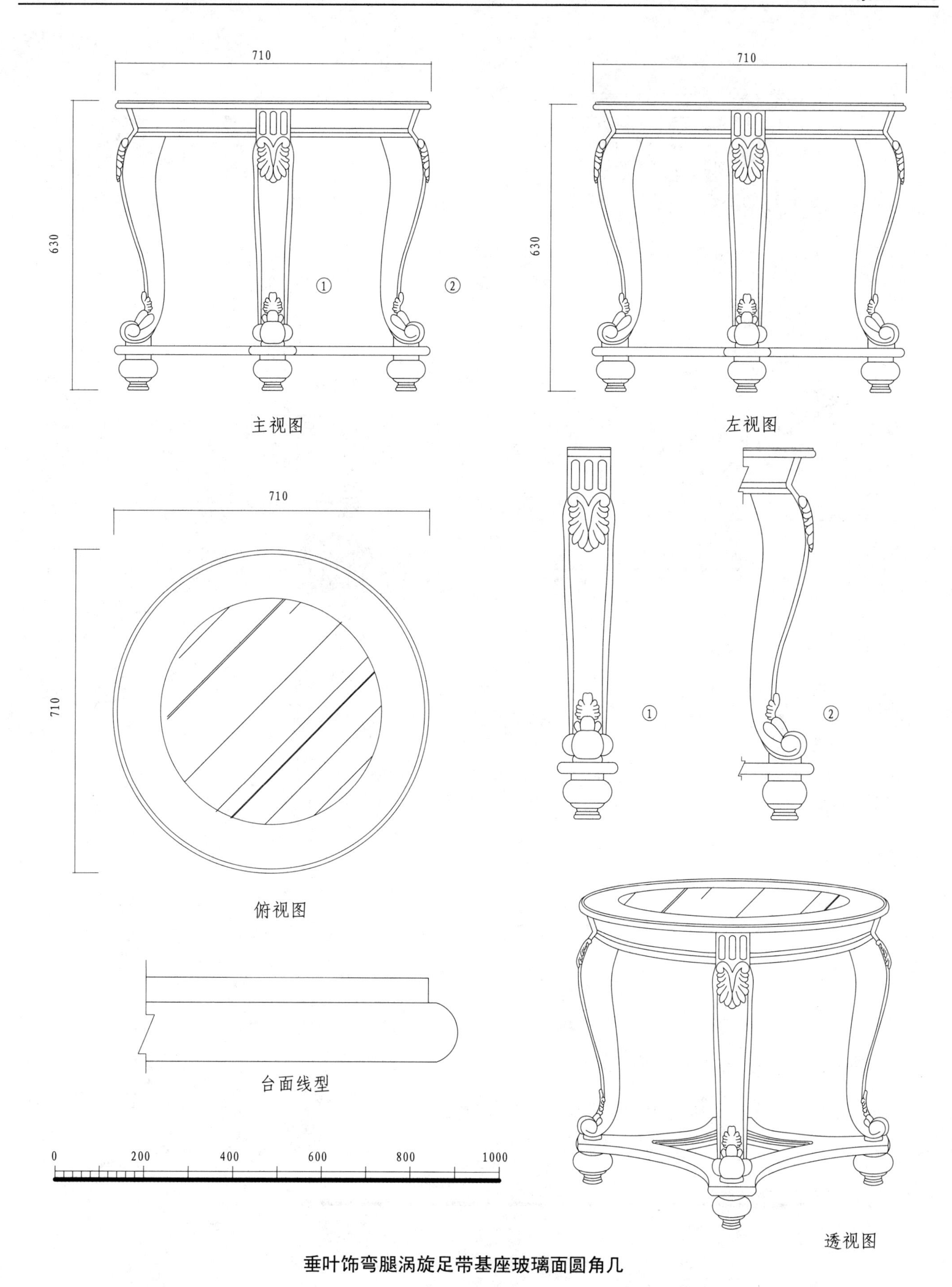
710
630
①
②
主视图
710
630
左视图
710
710
俯视图
①
②
台面线型
0
200
400
600
800
1000
透视图

垂叶饰弯腿涡旋足带基座玻璃面圆角几

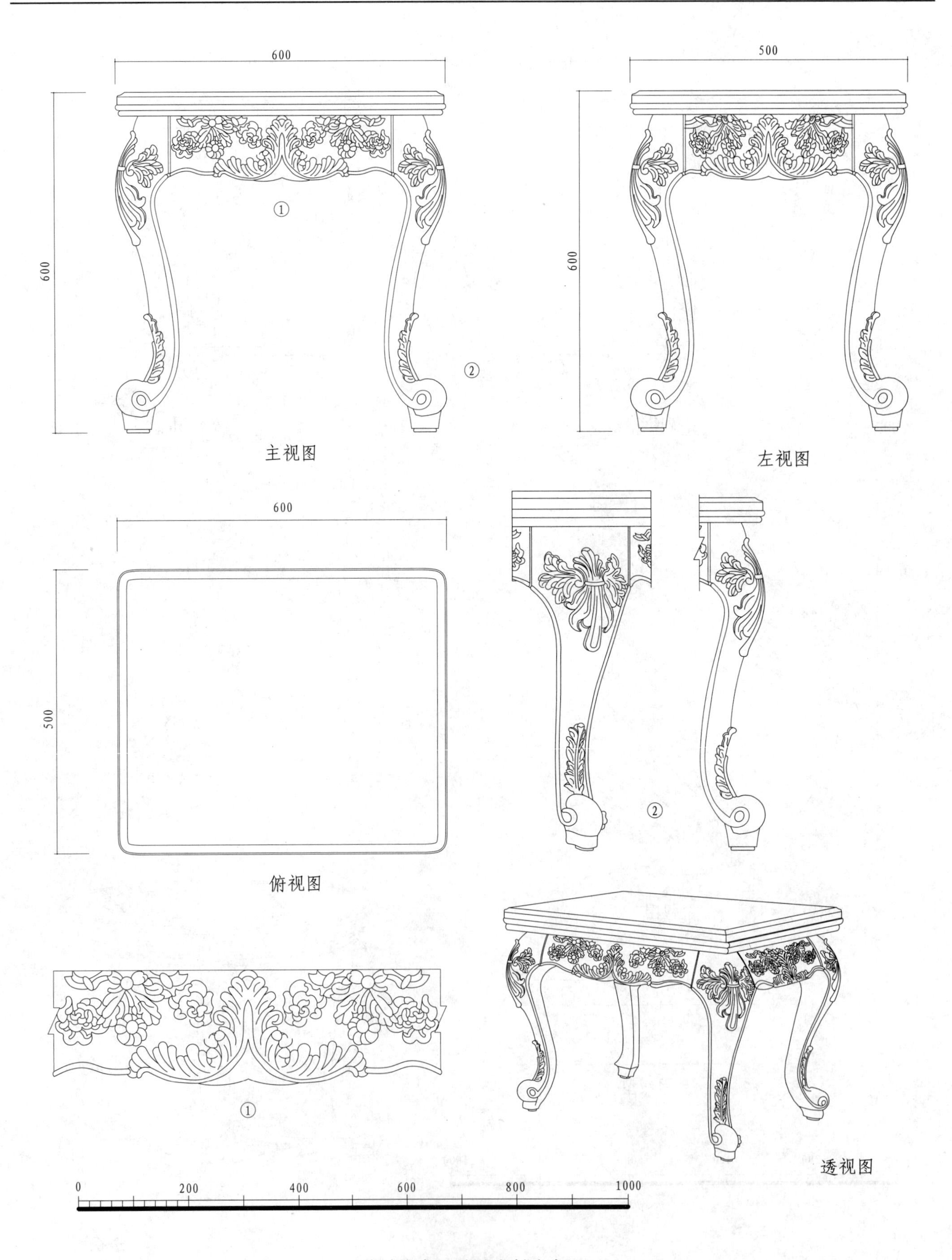
600
600
①
②
主视图
500
600
左视图
600
500
俯视图
②
①
透视图
0
200
400
600
800
1000

花叶饰弯腿鹅冠脚长方角几

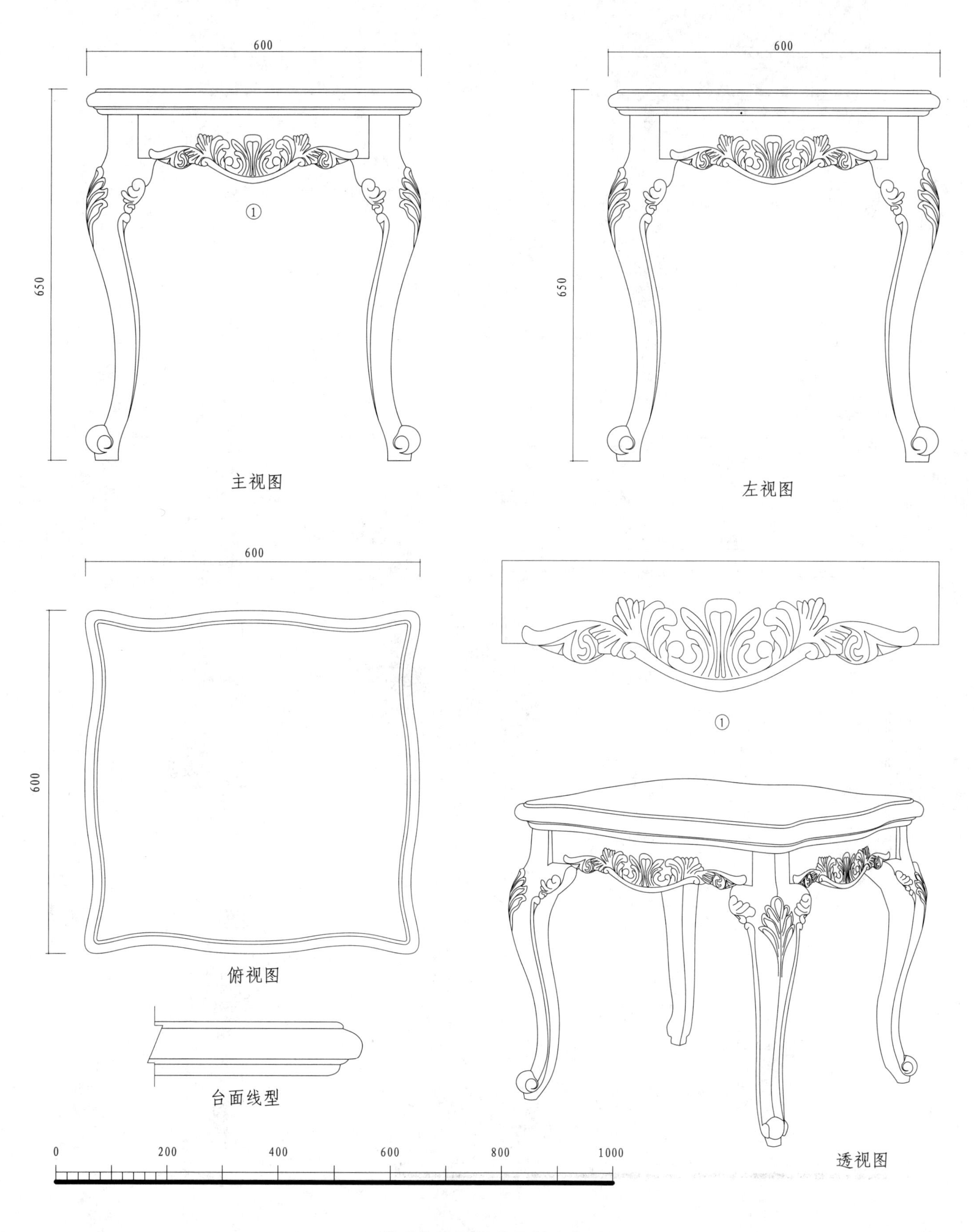
600
650
①
主视图
600
650
左视图
600
600
俯视图
①
台面线型
0
200
400
600
800
1000
透视图

卷叶饰弯腿螺纹足长方角几

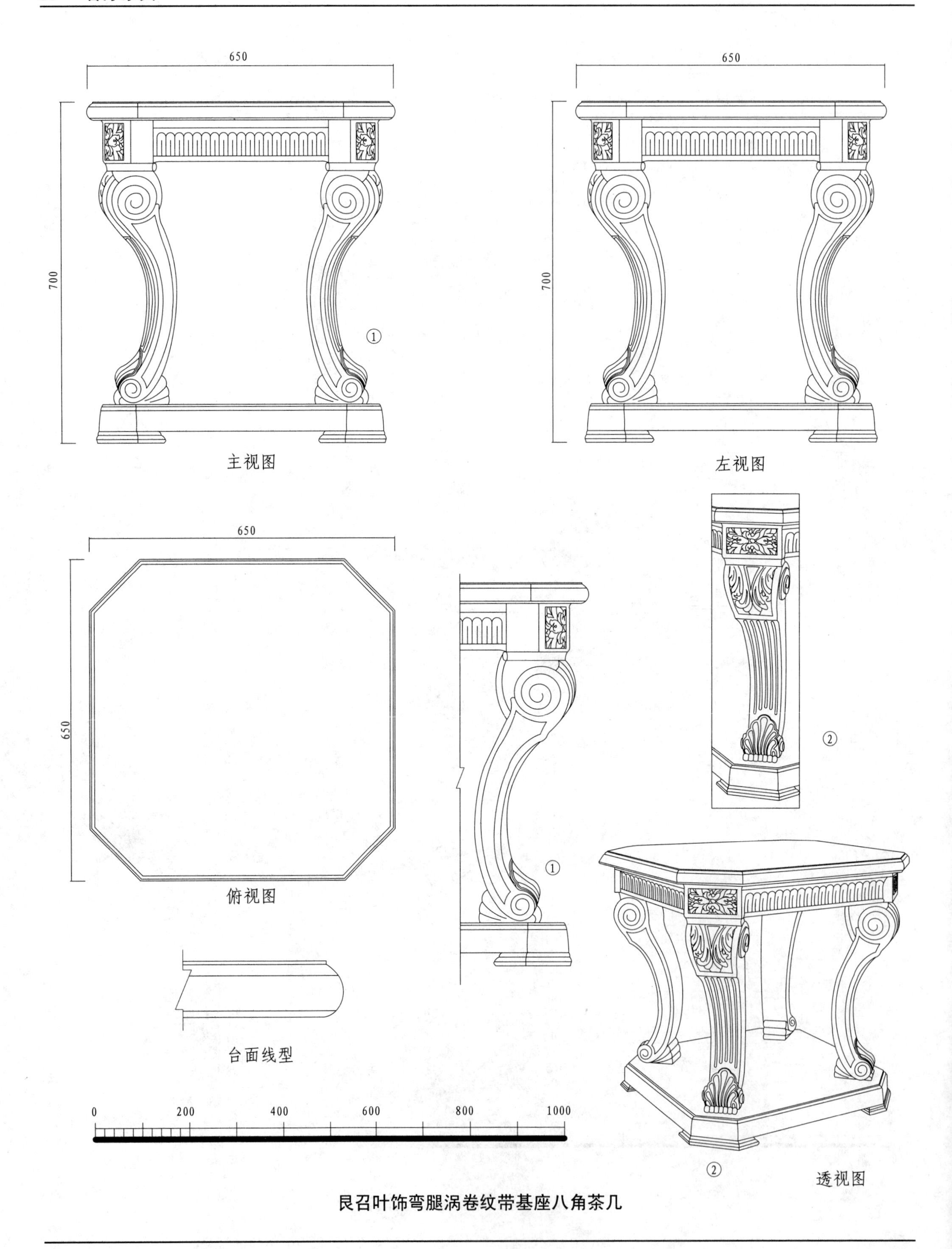
650
700
主视图
650
700
①
左视图
650
650
俯视图
①
②
台面线型
0
200
400
600
800
1000
②
透视图

艮召叶饰弯腿涡卷纹带基座八角茶几

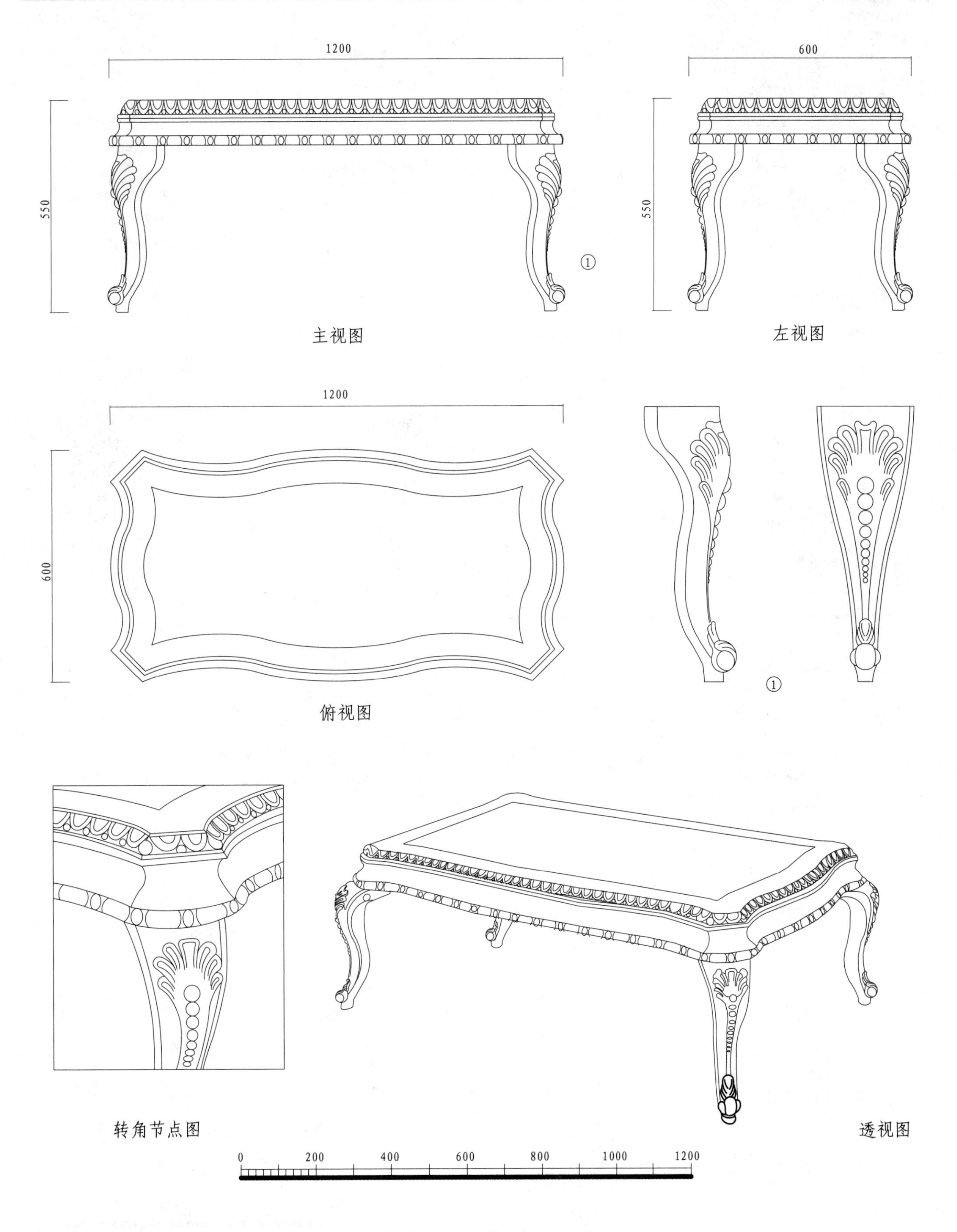
1200
550
主视图
600
550
左视图
1200
600
俯视图
①
①
转角节点图
透视图
0
200
400
600
800
1000
1200

棕叶饰花边台面鹅冠足长方茶几

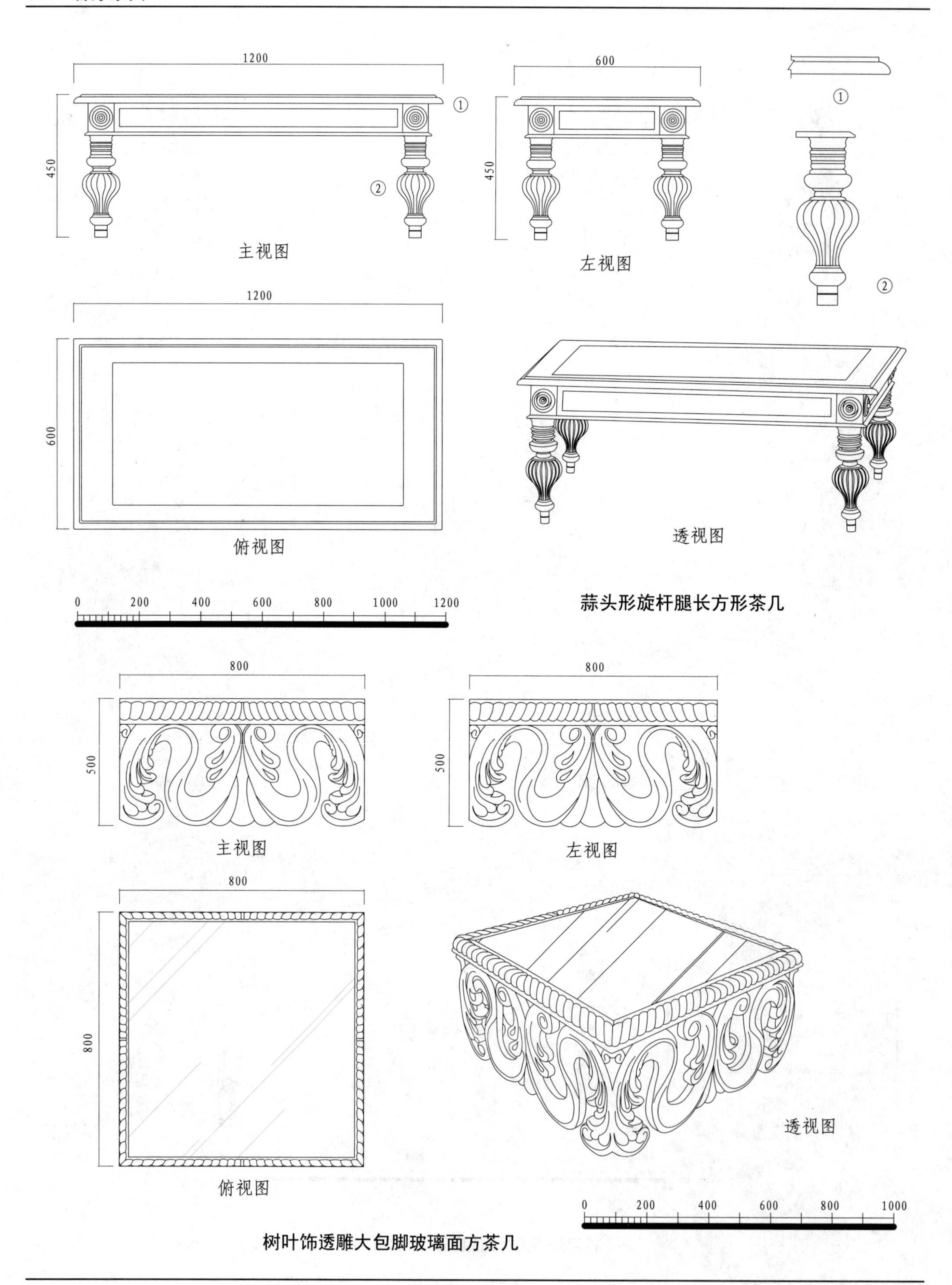
1200
①
450
②
主视图
600
450
左视图
①
②
1200
600
俯视图
透视图
0 200 400 600 800 1000 1200
800
500
主视图
800
500
左视图
800
800
俯视图
透视图
0 200 400 600 800 1000

蒜头形旋杆腿长方形茶几

树叶饰透雕大包脚玻璃面方茶几

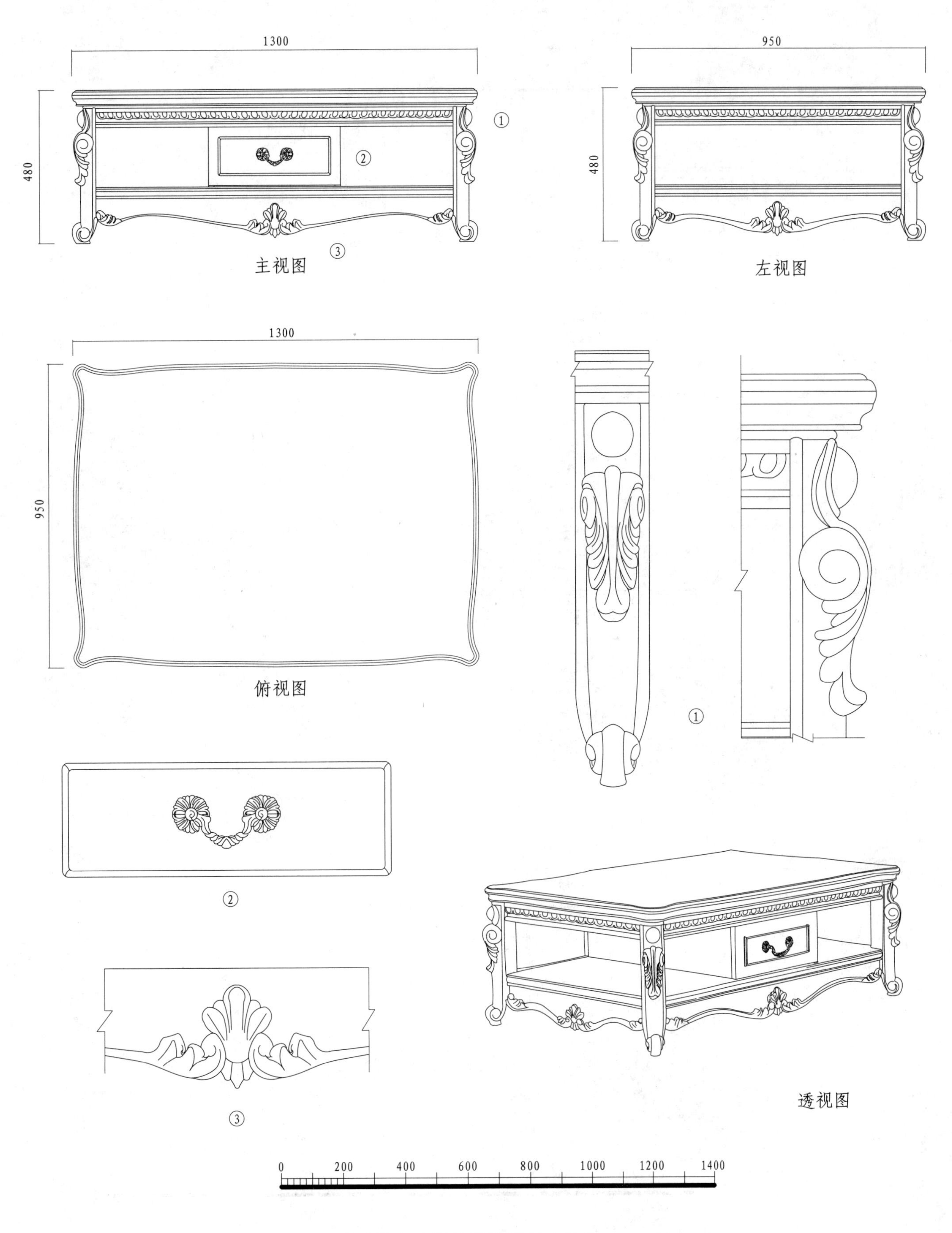
1300
480
①
②
③
主视图
950
480
左视图
1300
950
俯视图
①
②
③
透视图
0
200
400
600
800
1000
1200
1400

垂叶饰直腿螺纹足双层长方茶几

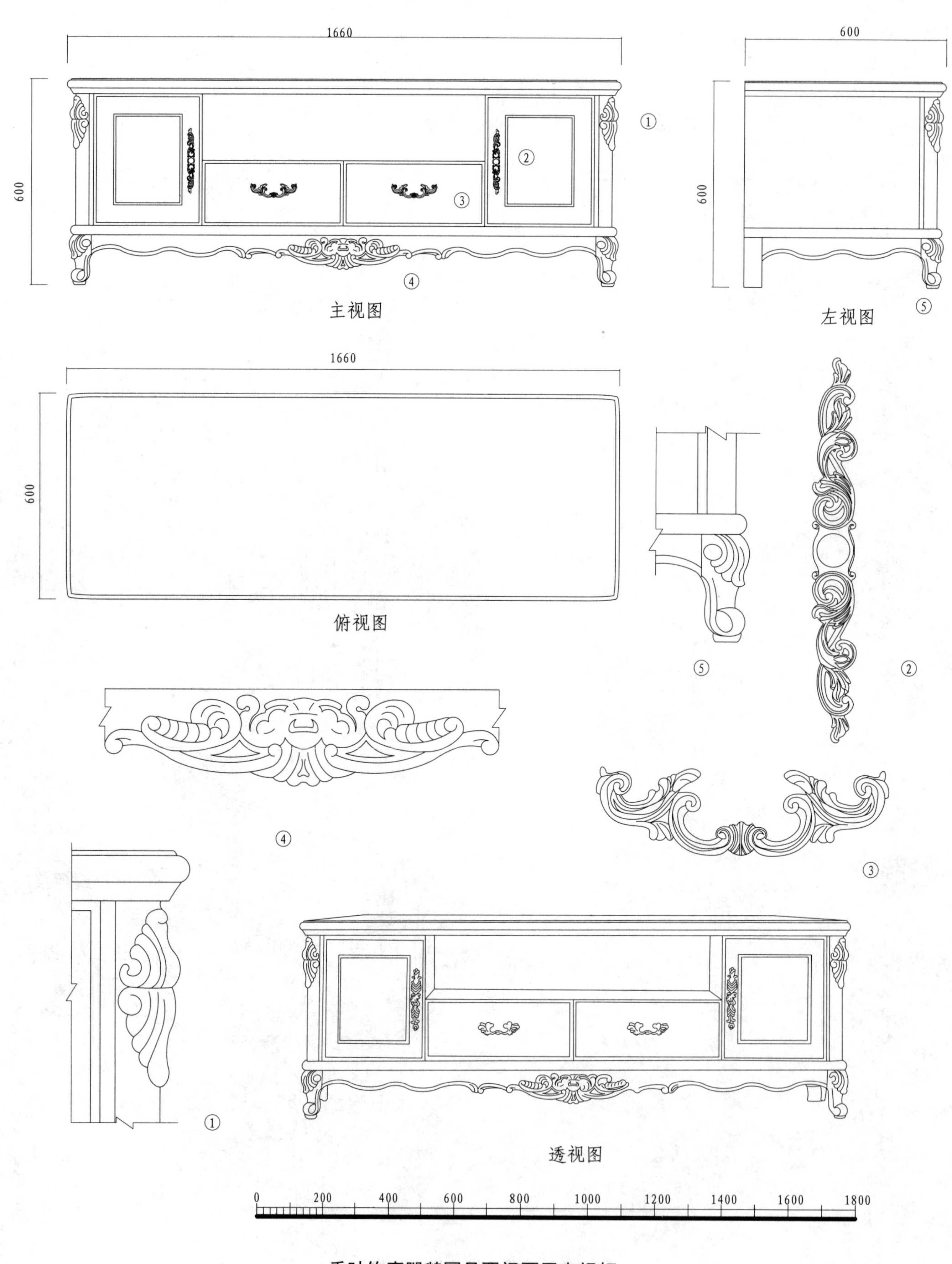
1660
600
①
②
③
④
主视图
600
600
左视图
⑤
1660
600
俯视图
⑤
②
④
③
①
透视图
0
200
400
600
800
1000
1200
1400
1600
1800

垂叶饰弯腿鹅冠足两门两屉电视柜

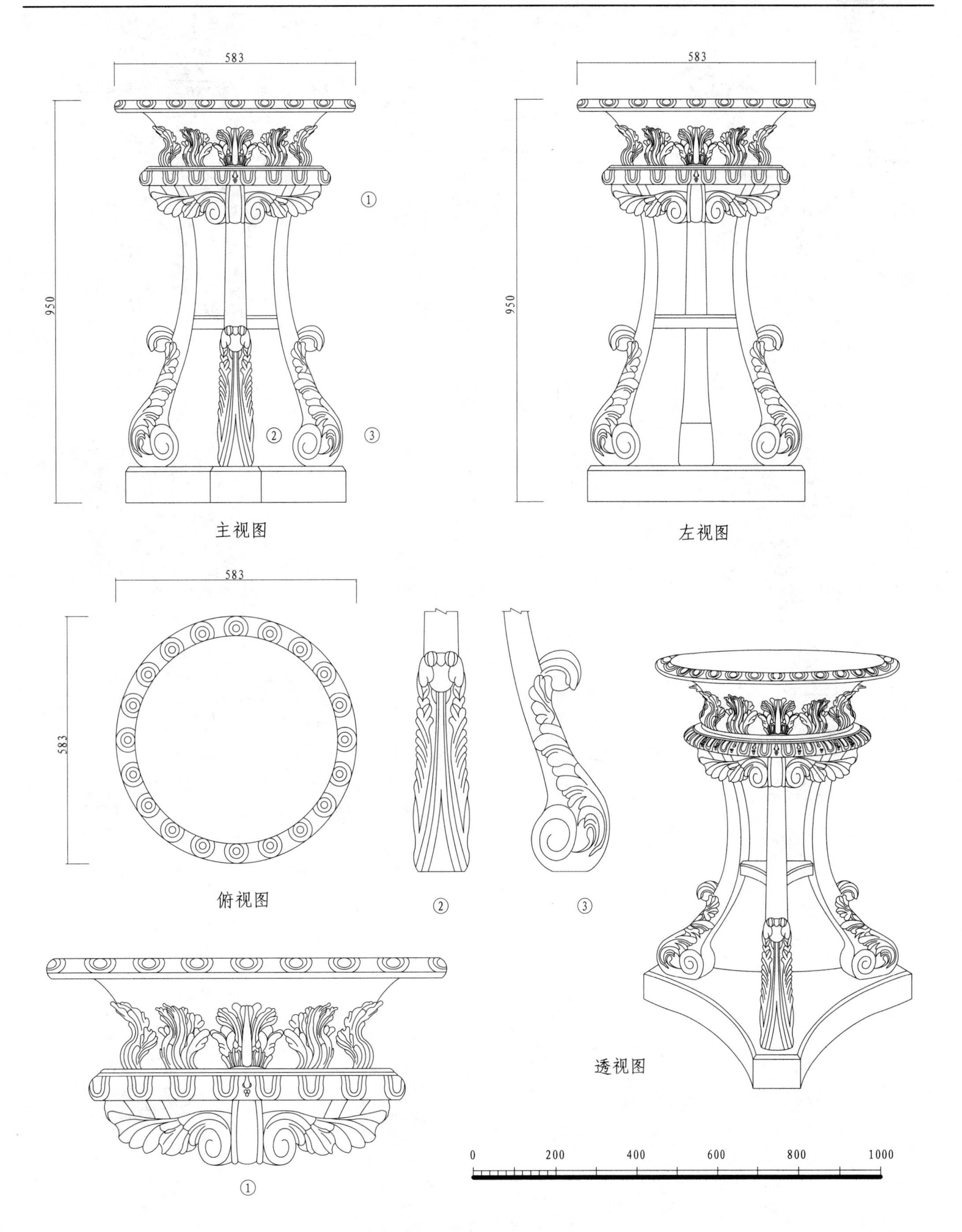
583
950
①
②
③
主视图
583
950
左视图
583
583
俯视图
②
③
透视图
①
0
200
400
600
800
1000

艮召叶饰弯腿涡卷足三角基座花盆架

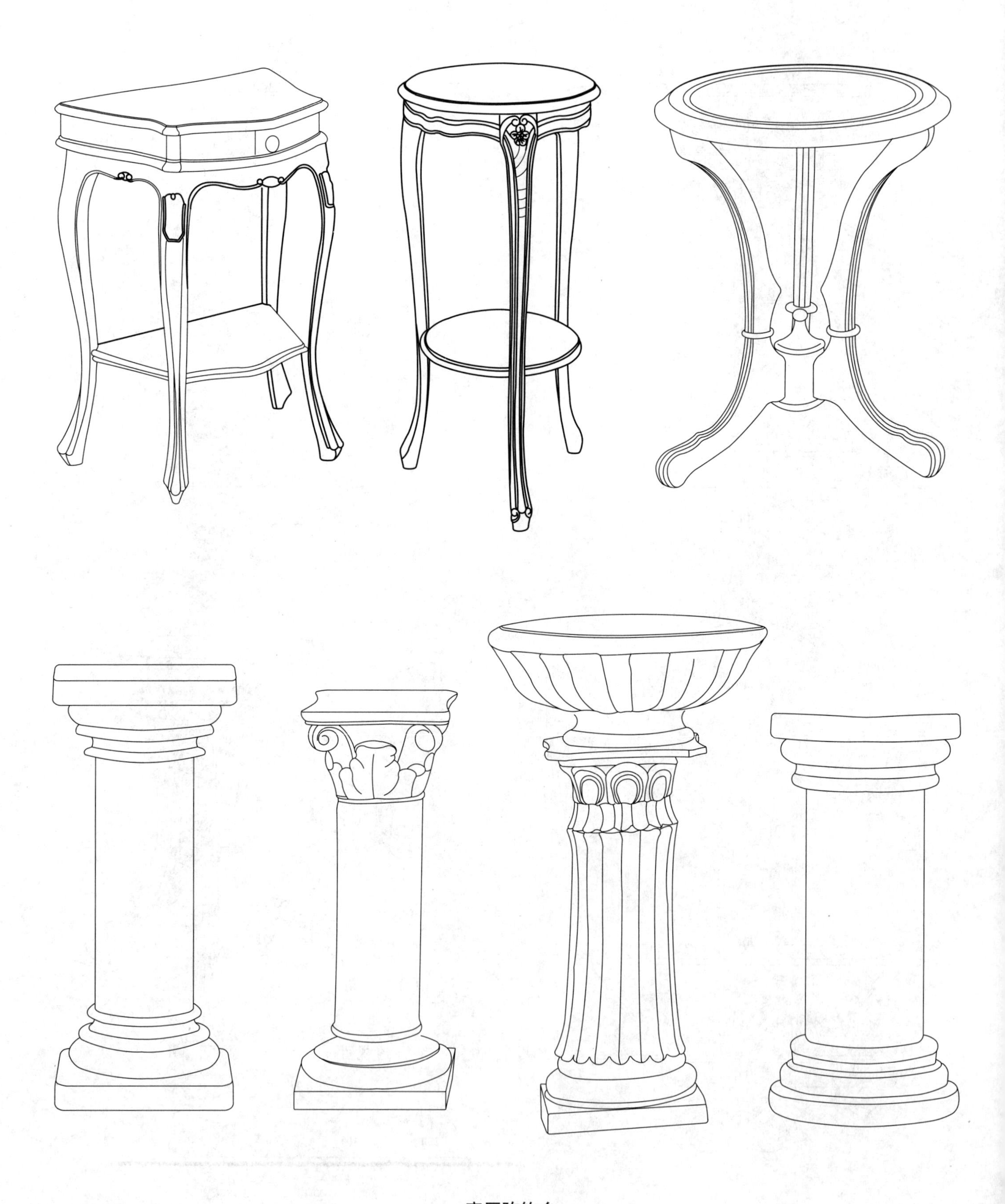

客厅陈饰台

客厅陈饰台

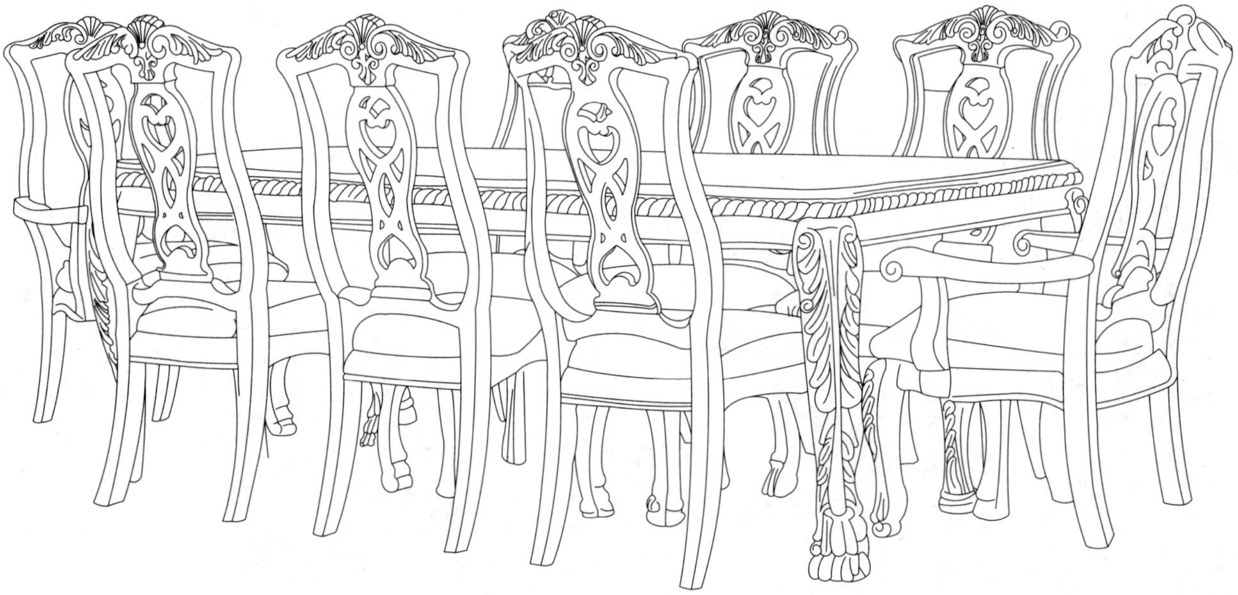

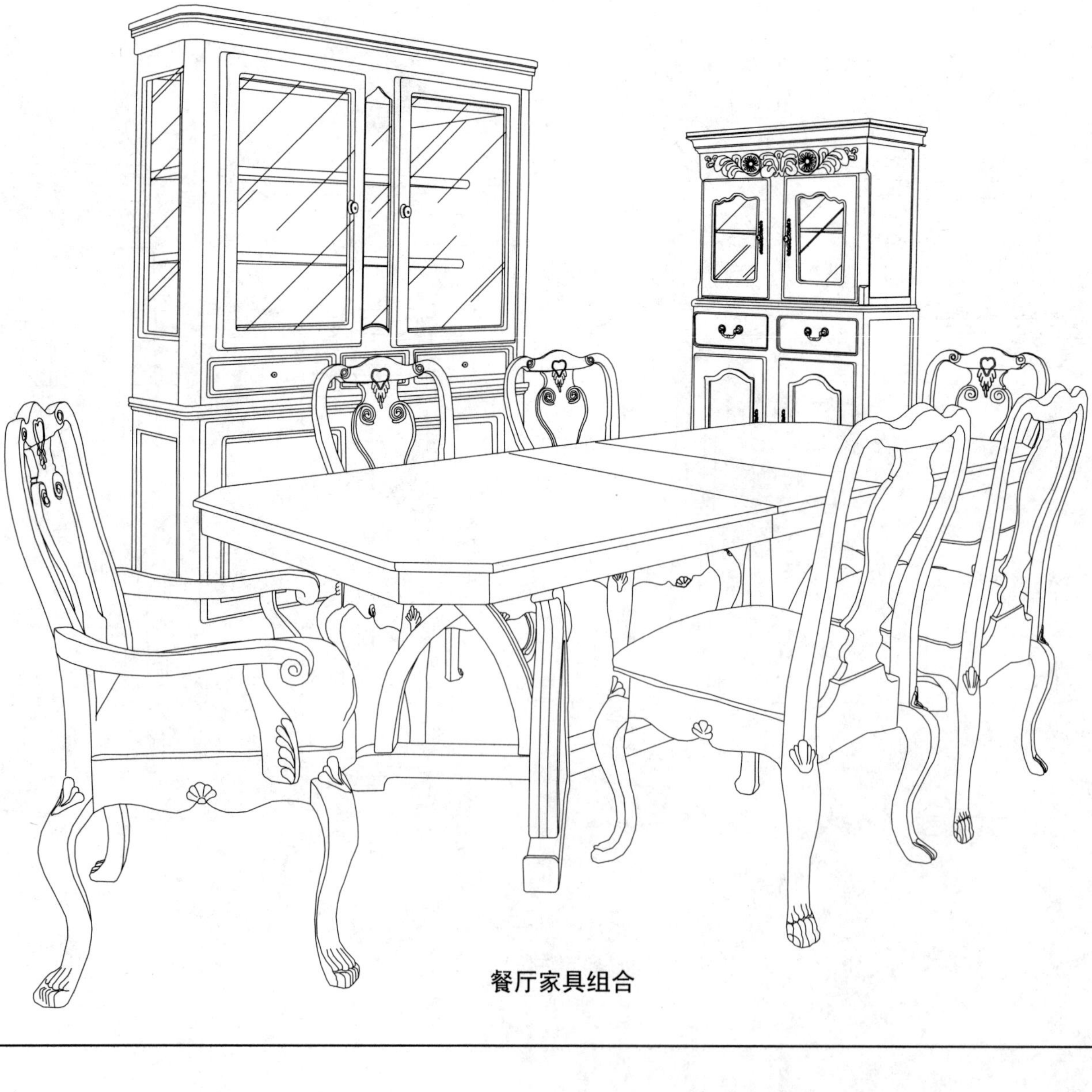

餐厅家具组合

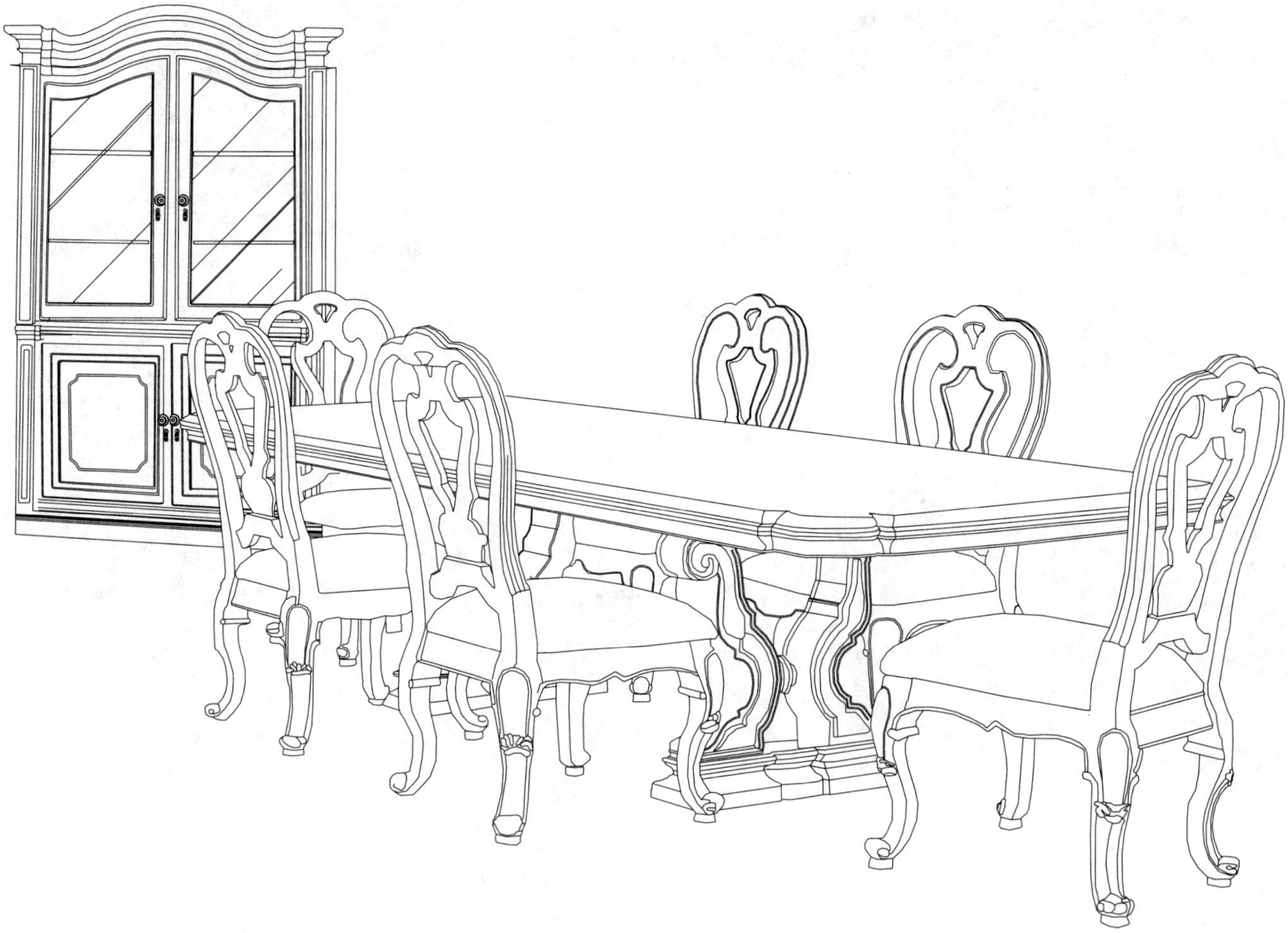

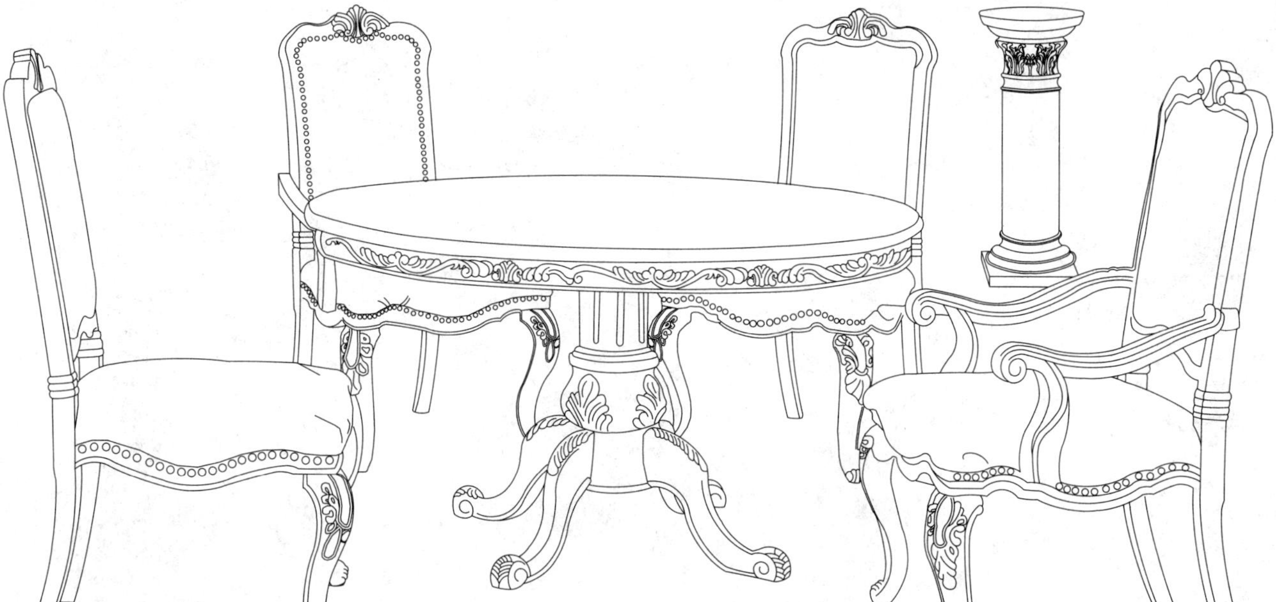

餐厅家具组合

餐厅家具组合

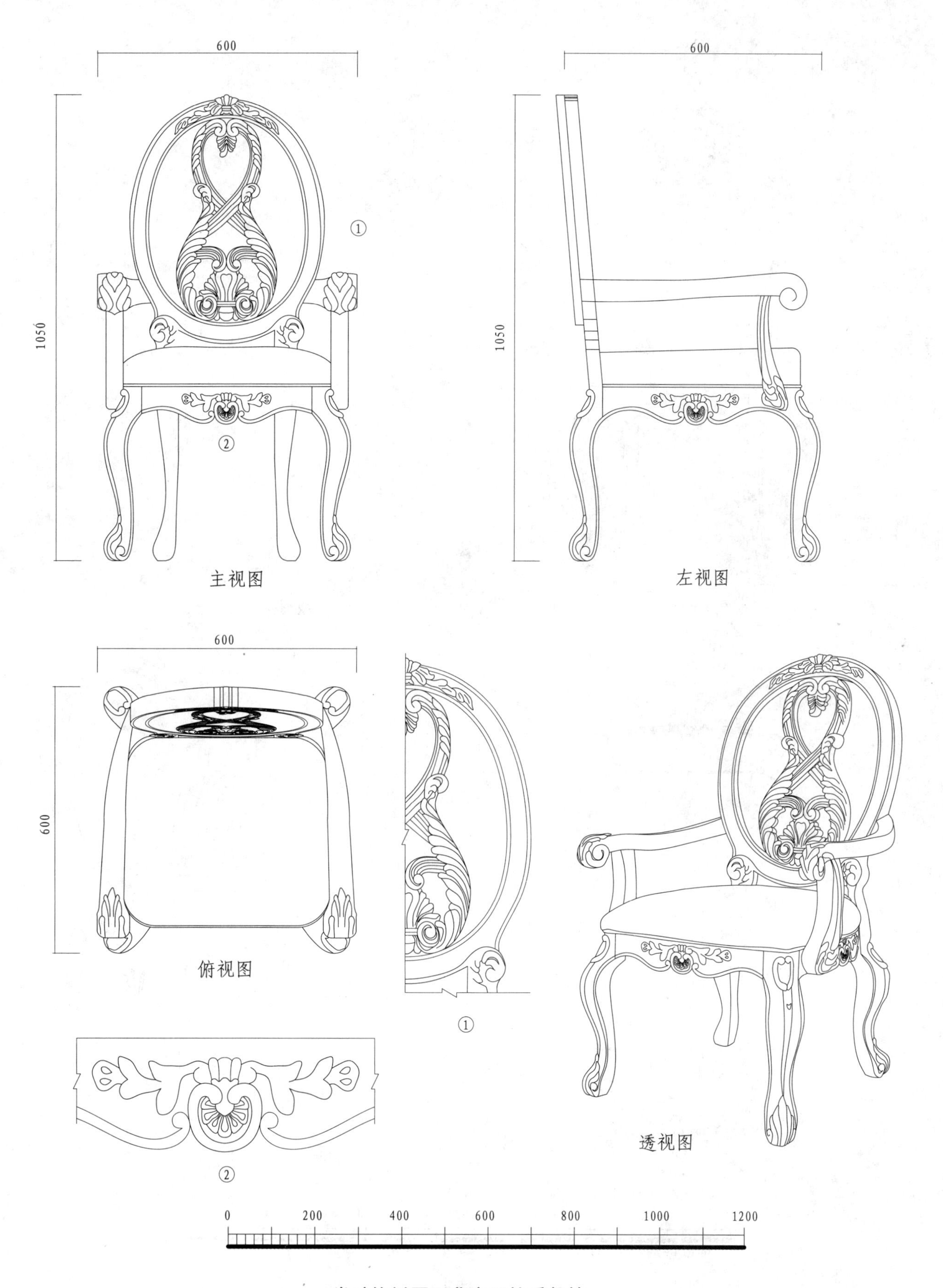
600
600
1050
1050
①
②
主视图
左视图
600
600
俯视图
①
透视图
②
0
200
400
600
800
1000
1200

卷叶饰椭圆形背弯腿扶手餐椅

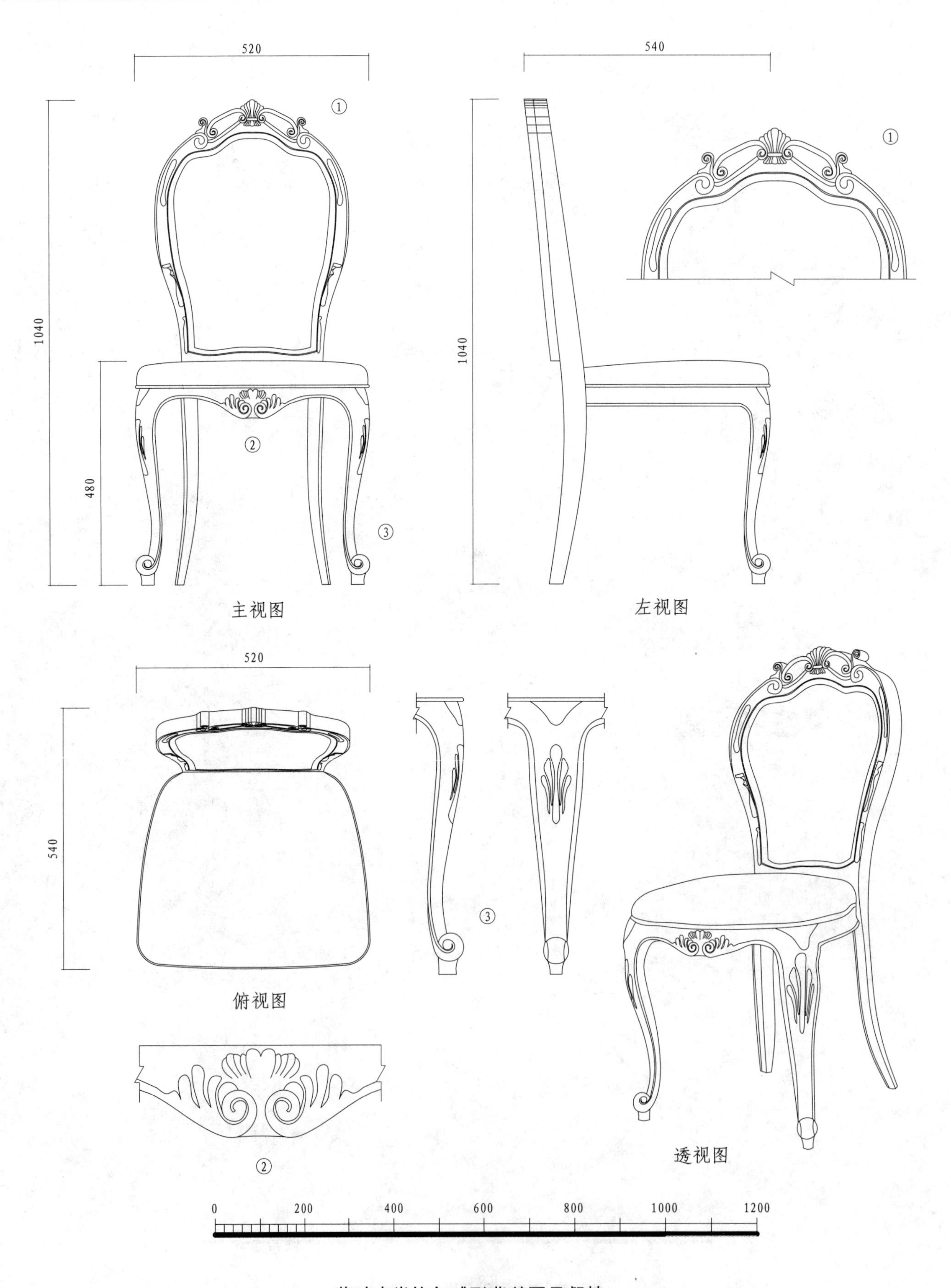
520
540
1040
480
1040
①
①
②
③
主视图
左视图
520
540
③
俯视图
②
透视图
0
200
400
600
800
1000
1200

藤叶束卷饰气球形背鹅冠足餐椅

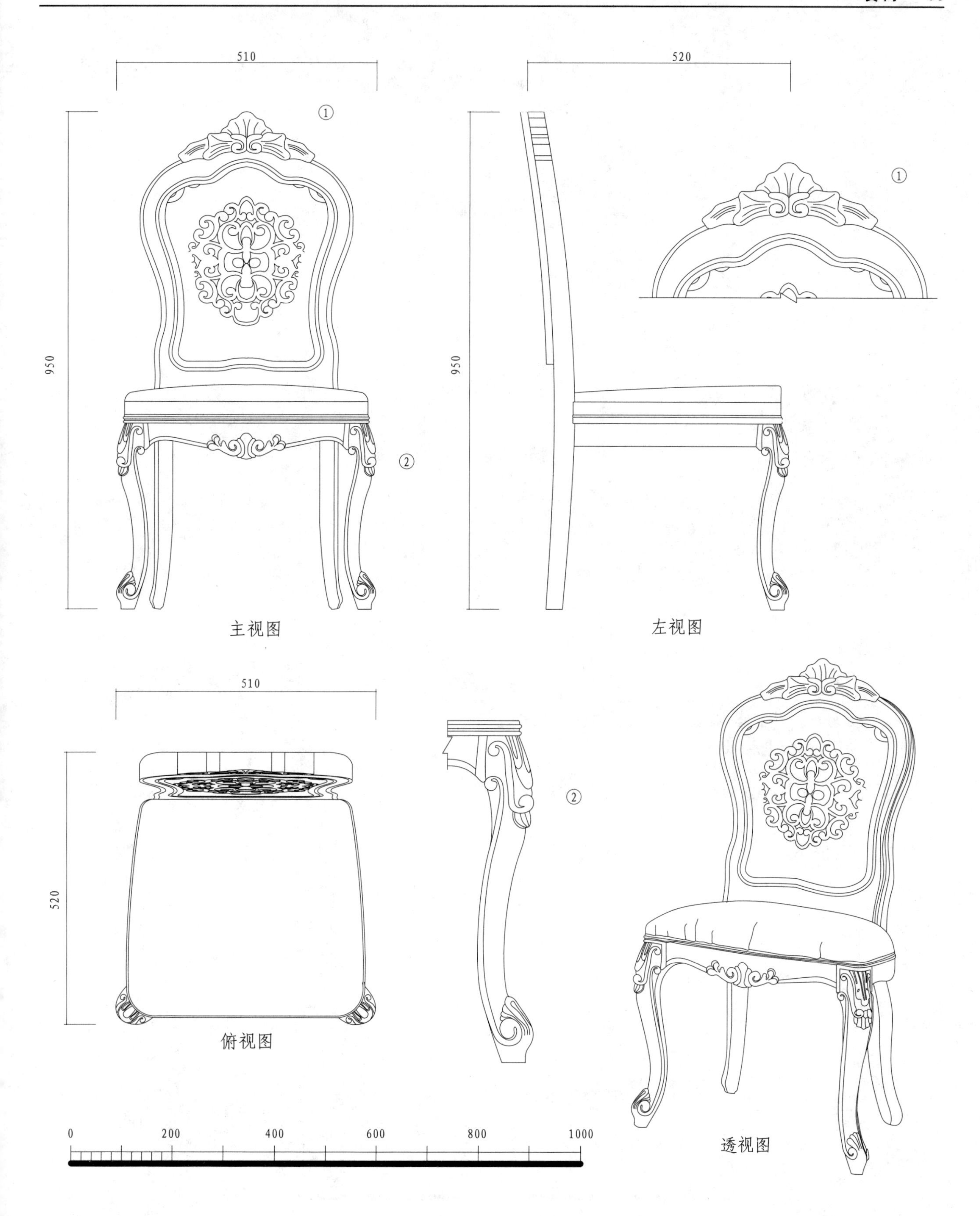

510
520
950
950
①
①
②
②
主视图
左视图
510
520
俯视图
透视图
0
200
400
600
800
1000

卷叶饰提琴形背鹅冠足餐椅

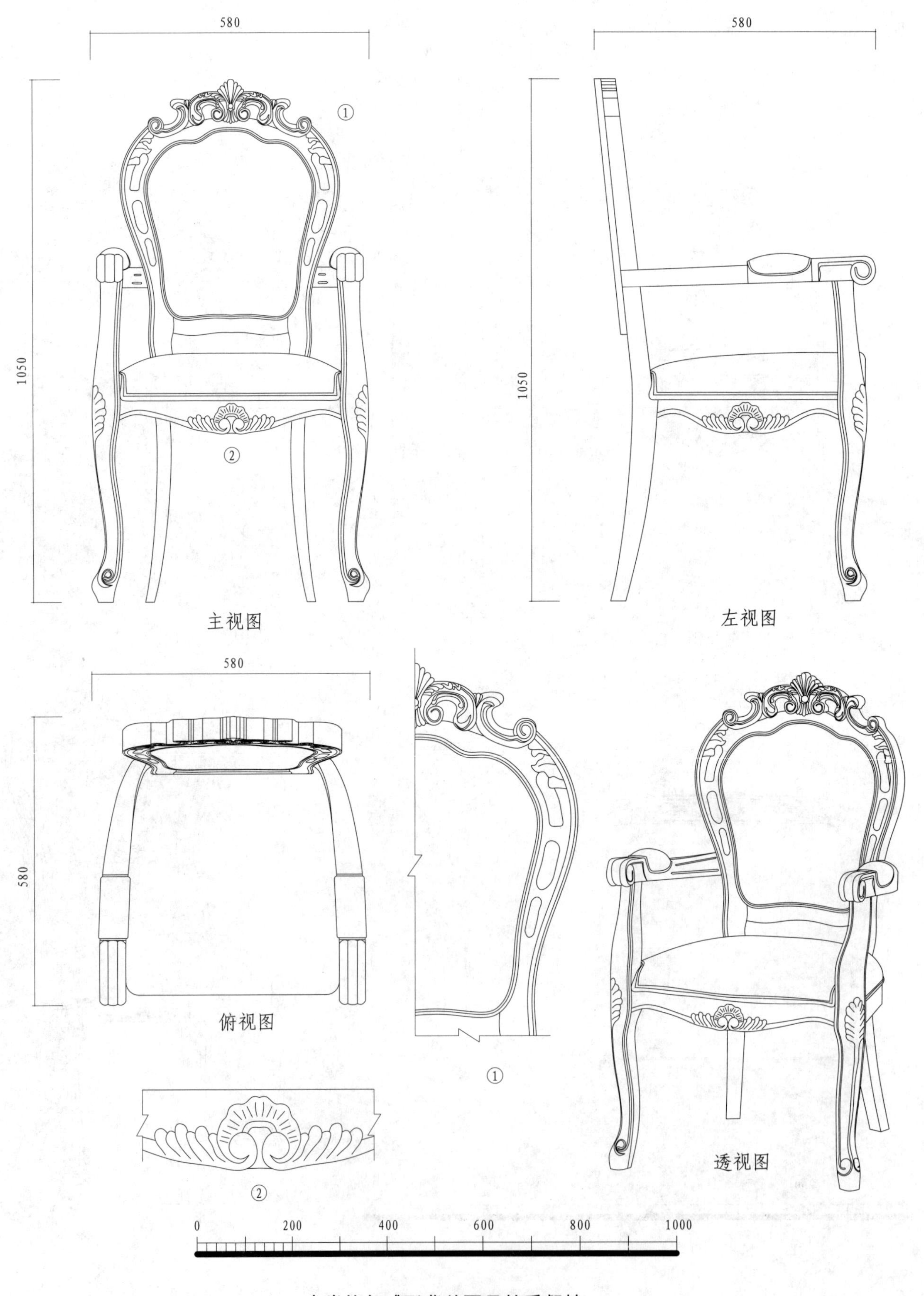
580
580
①
1050
1050
②
主视图
左视图
580
580
俯视图
①
透视图
②
0
200
400
600
800
1000

束卷饰气球形背鹅冠足扶手餐椅

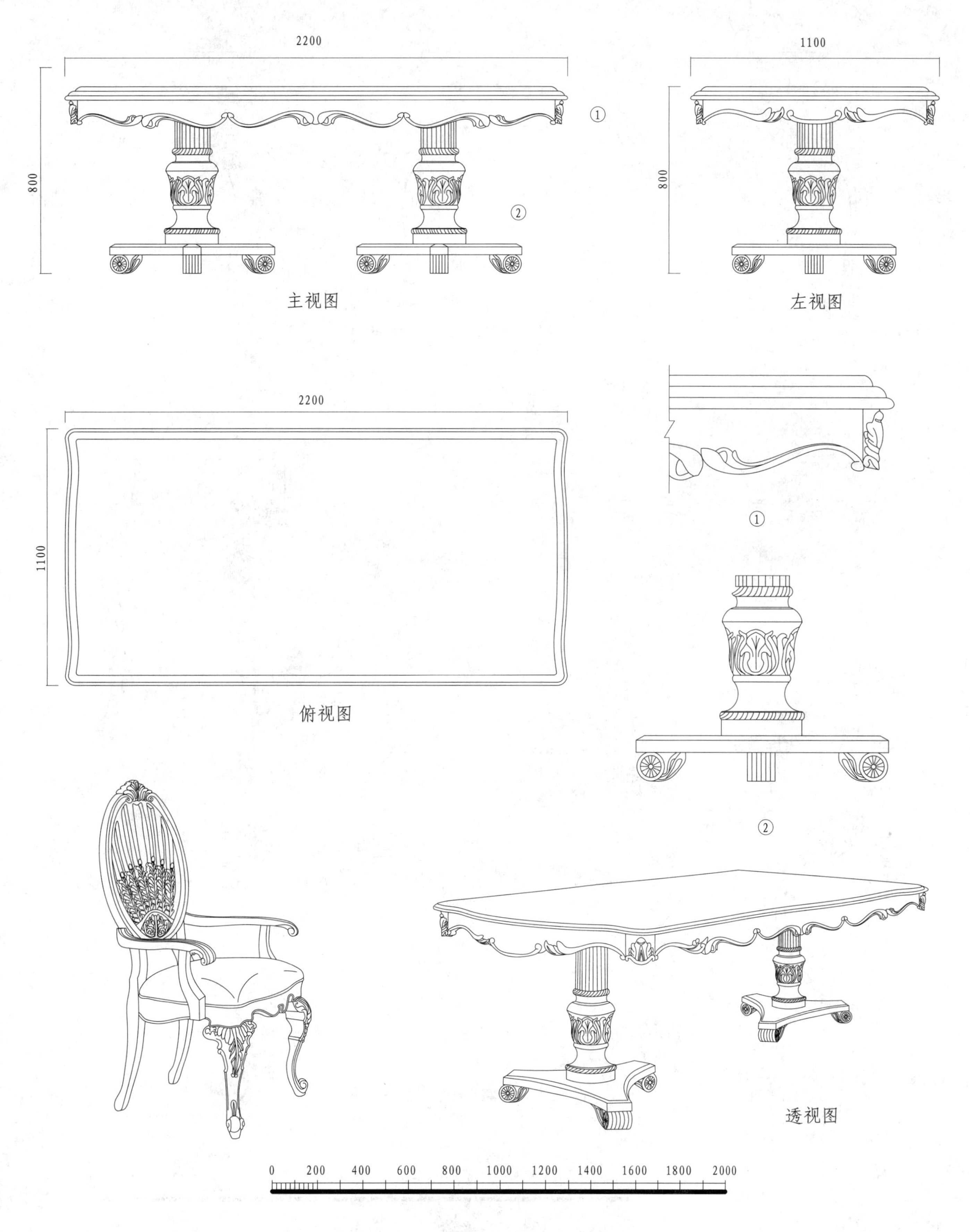
2200
1100
800
①
②
主视图
左视图
2200
1100
俯视图
①
②
透视图
0 200 400 600 800 1000 1200 1400 1600 1800 2000

卷叶花心饰圆柱三角基座足长餐桌

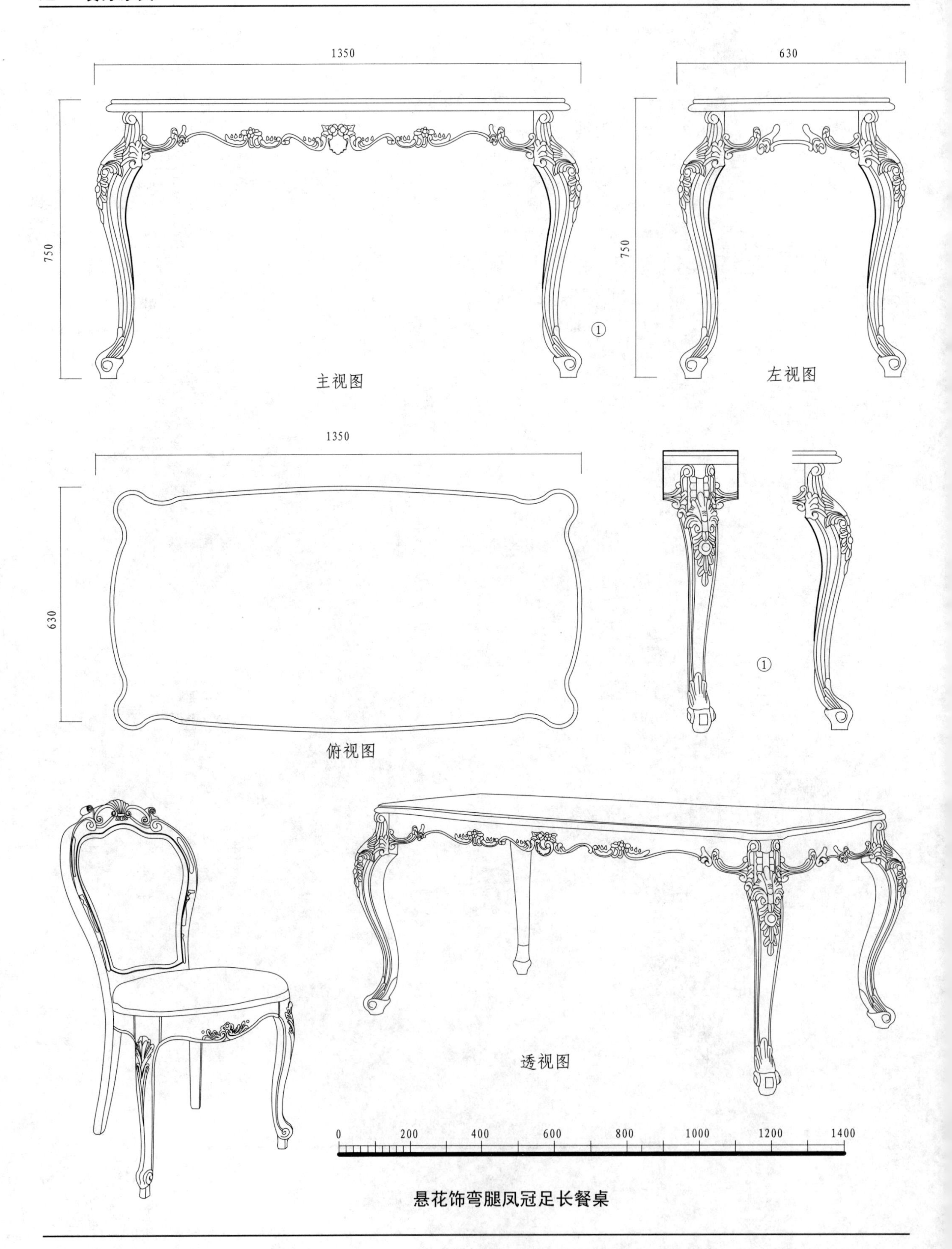
1350
630
750
750
①
主视图
左视图
1350
630
①
俯视图
透视图
0
200
400
600
800
1000
1200
1400

悬花饰弯腿凤冠足长餐桌

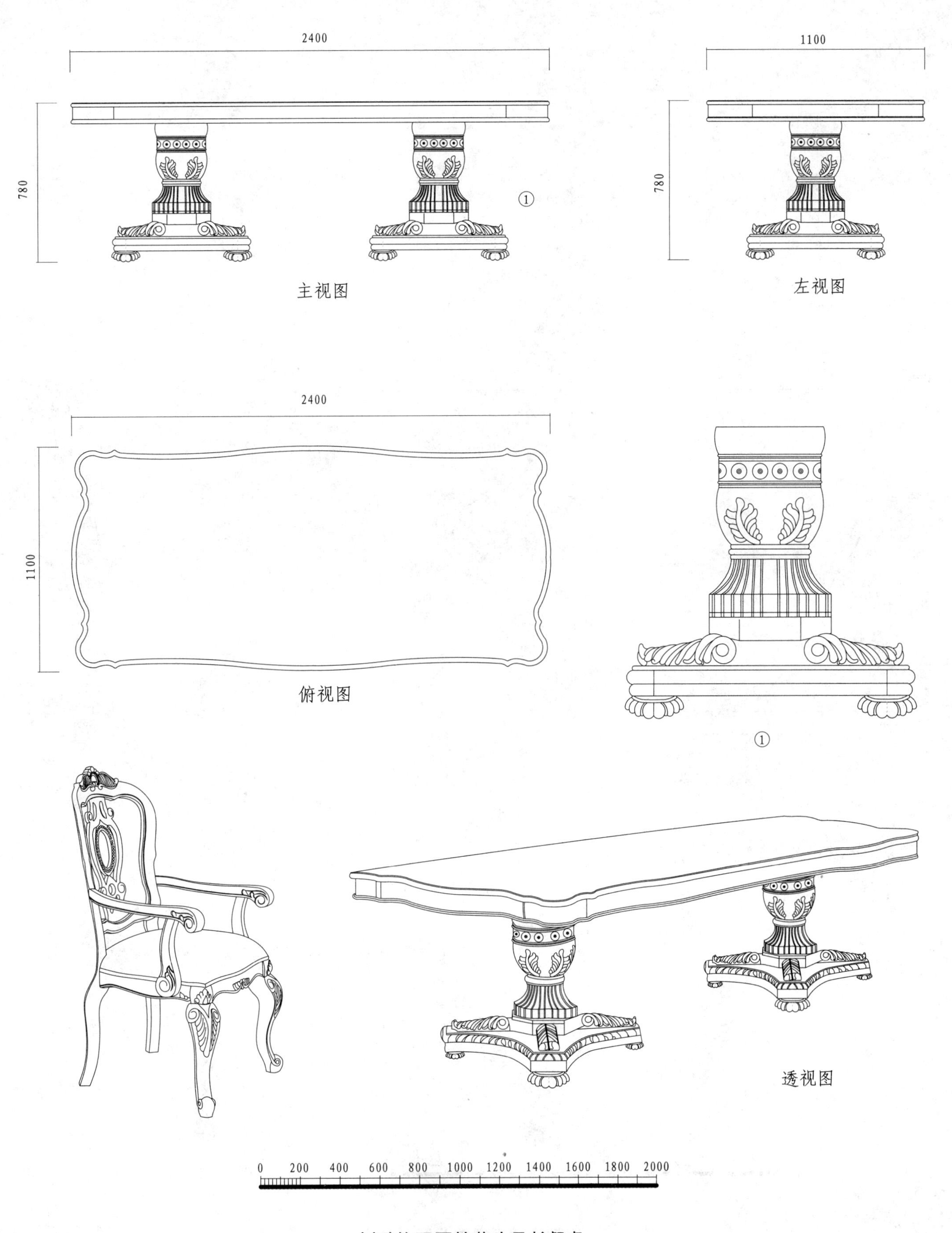
2400
1100
780
780
①
主视图
左视图
2400
1100
俯视图
①
透视图
0 200 400 600 800 1000 1200 1400 1600 1800 2000

树叶饰双圆柱蒜头足长餐桌

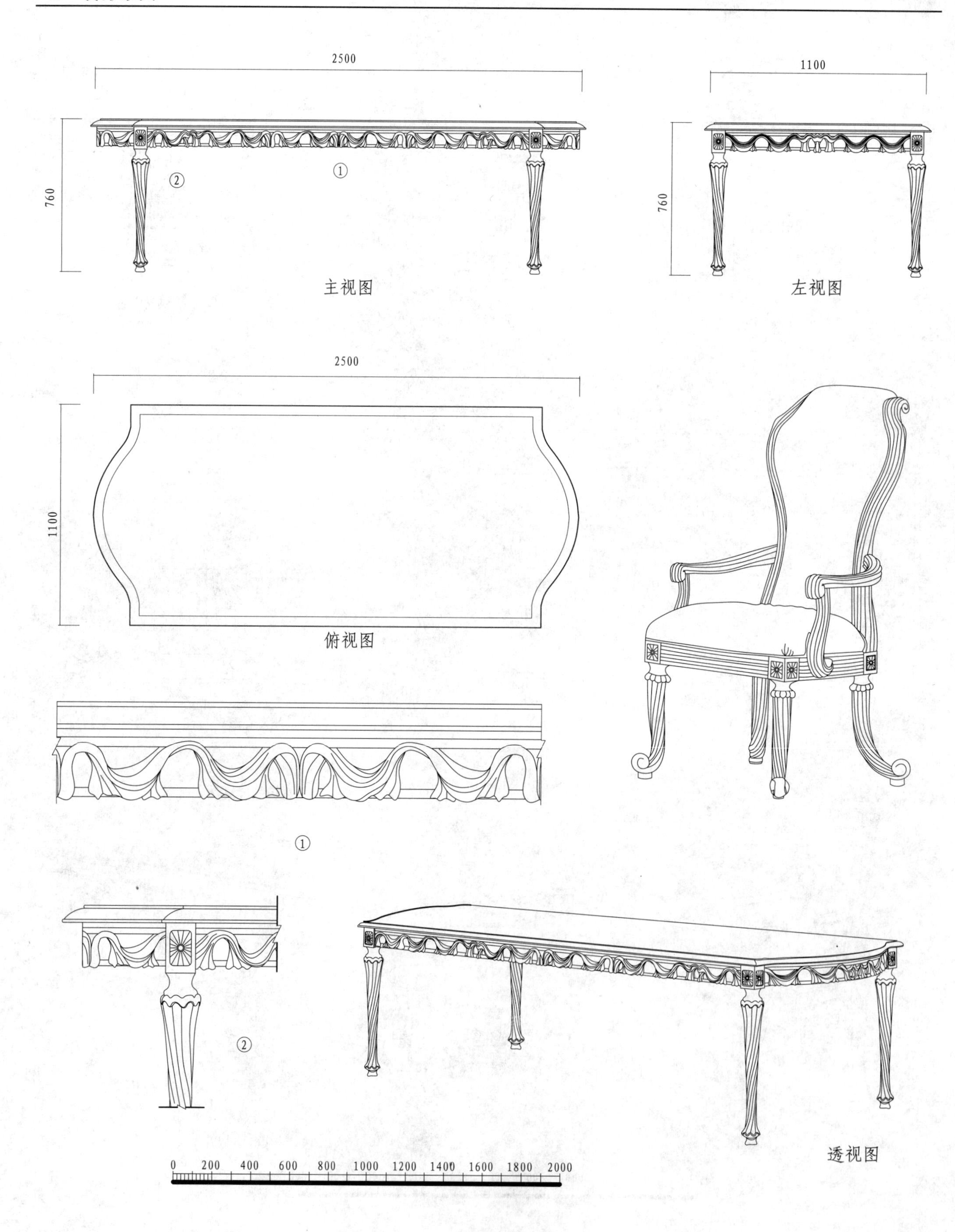
2500
760
1100
760
①
②
主视图
左视图
2500
1100
俯视图
①
②
透视图
0 200 400 600 800 1000 1200 1400 1600 1800 2000

缎带饰裙板螺纹式腿长餐桌

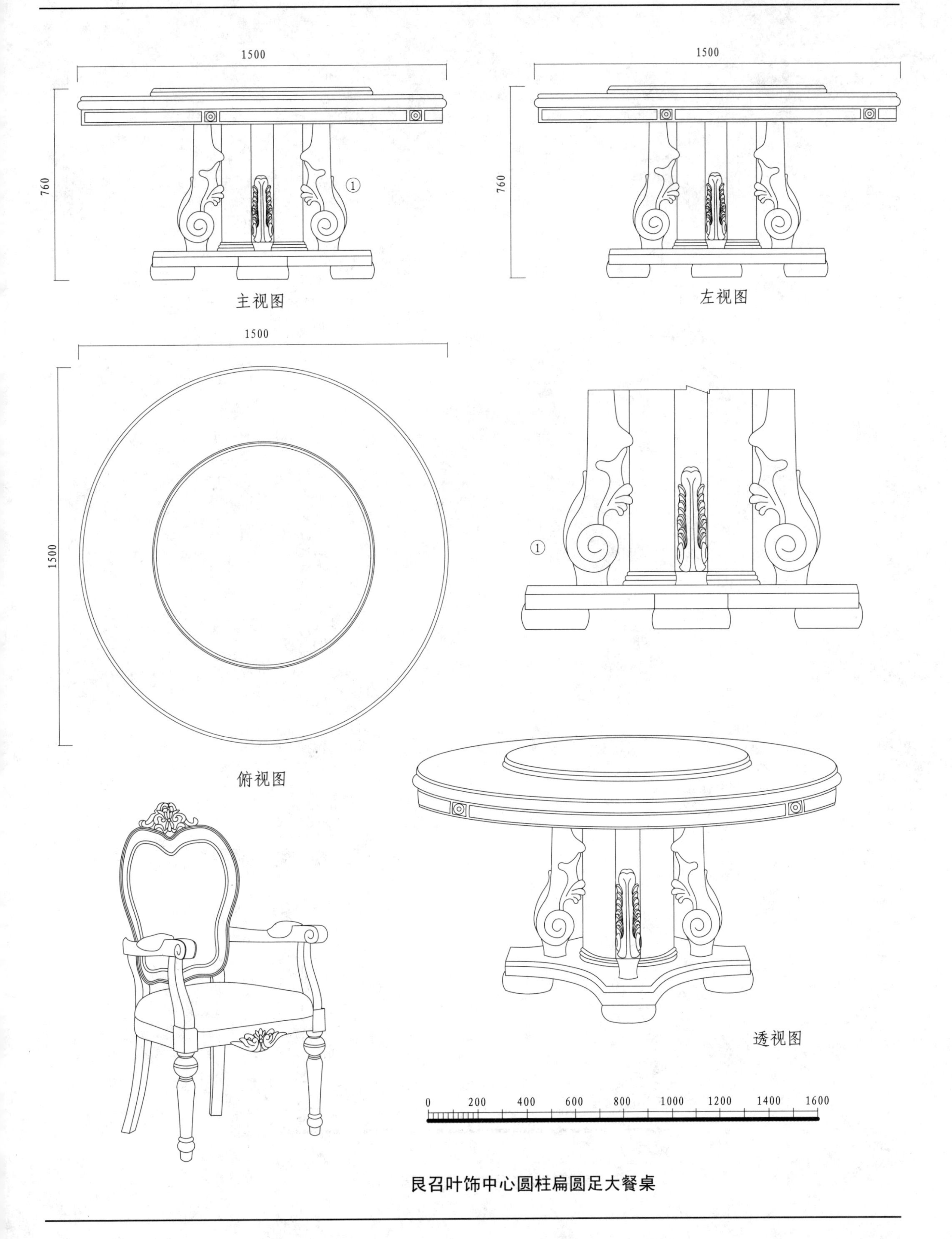
1500
760
①
主视图
1500
760
左视图
1500
1500
俯视图
①
透视图
0
200
400
600
800
1000
1200
1400
1600

艮召叶饰中心圆柱扁圆足大餐桌

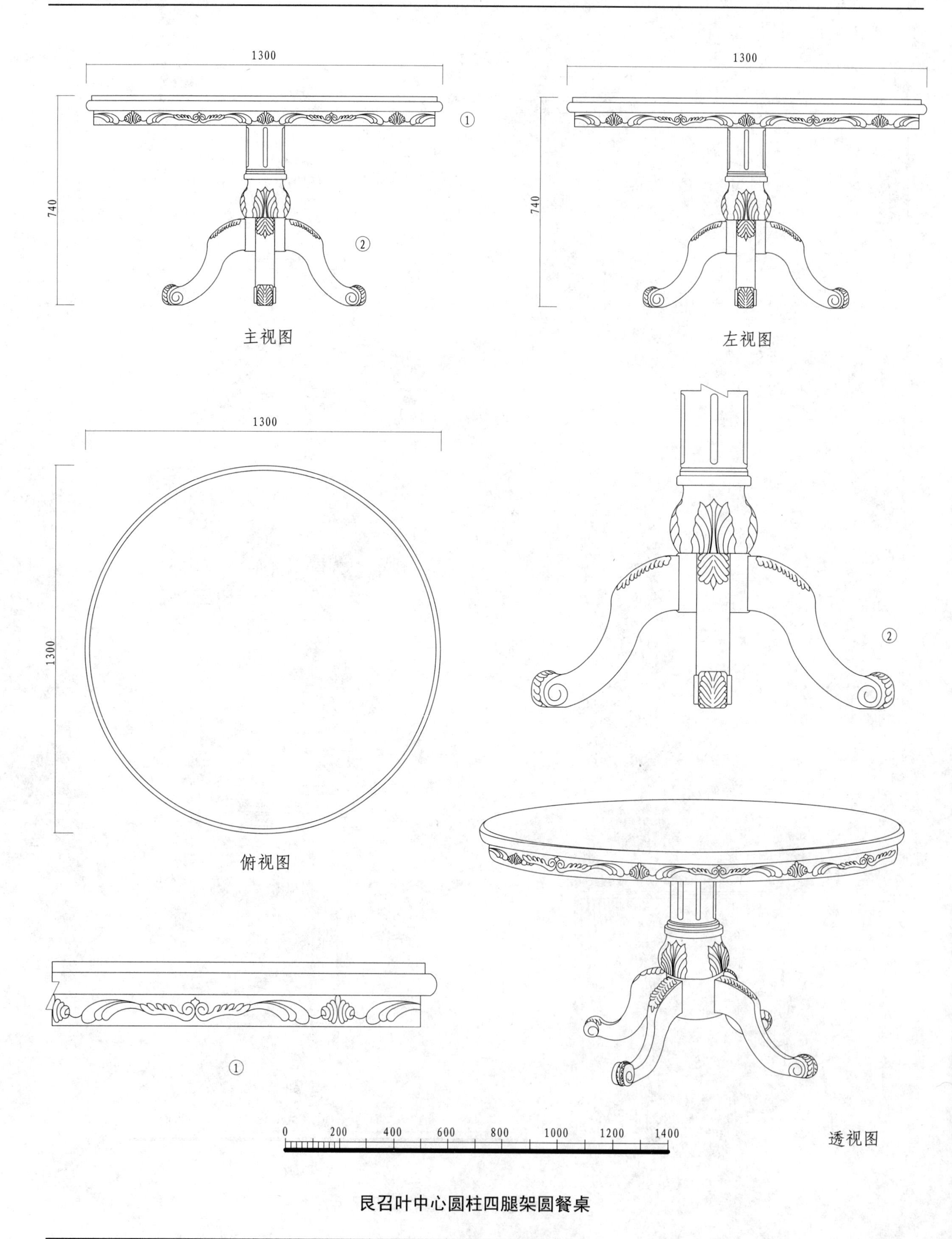
1300
1300
740
740
①
②
主视图
左视图
1300
1300
俯视图
②
①
0
200
400
600
800
1000
1200
1400
透视图

艮召叶中心圆柱四腿架圆餐桌

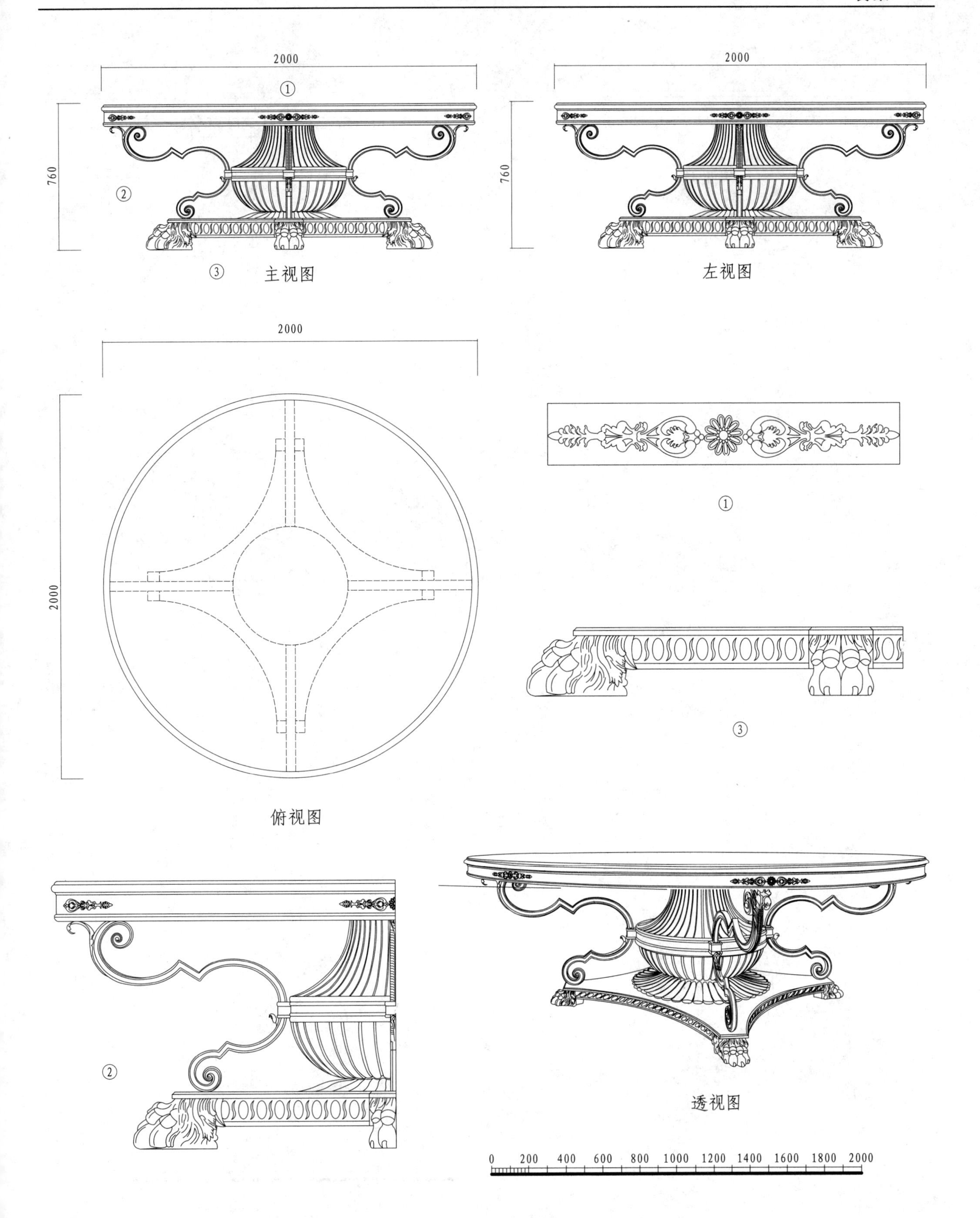
2000
①
760
②
③
主视图
2000
760
左视图
2000
2000
俯视图
①
③
②
透视图
0 200 400 600 800 1000 1200 1400 1600 1800 2000

荷叶饰中心圆柱狮爪足大圆餐桌

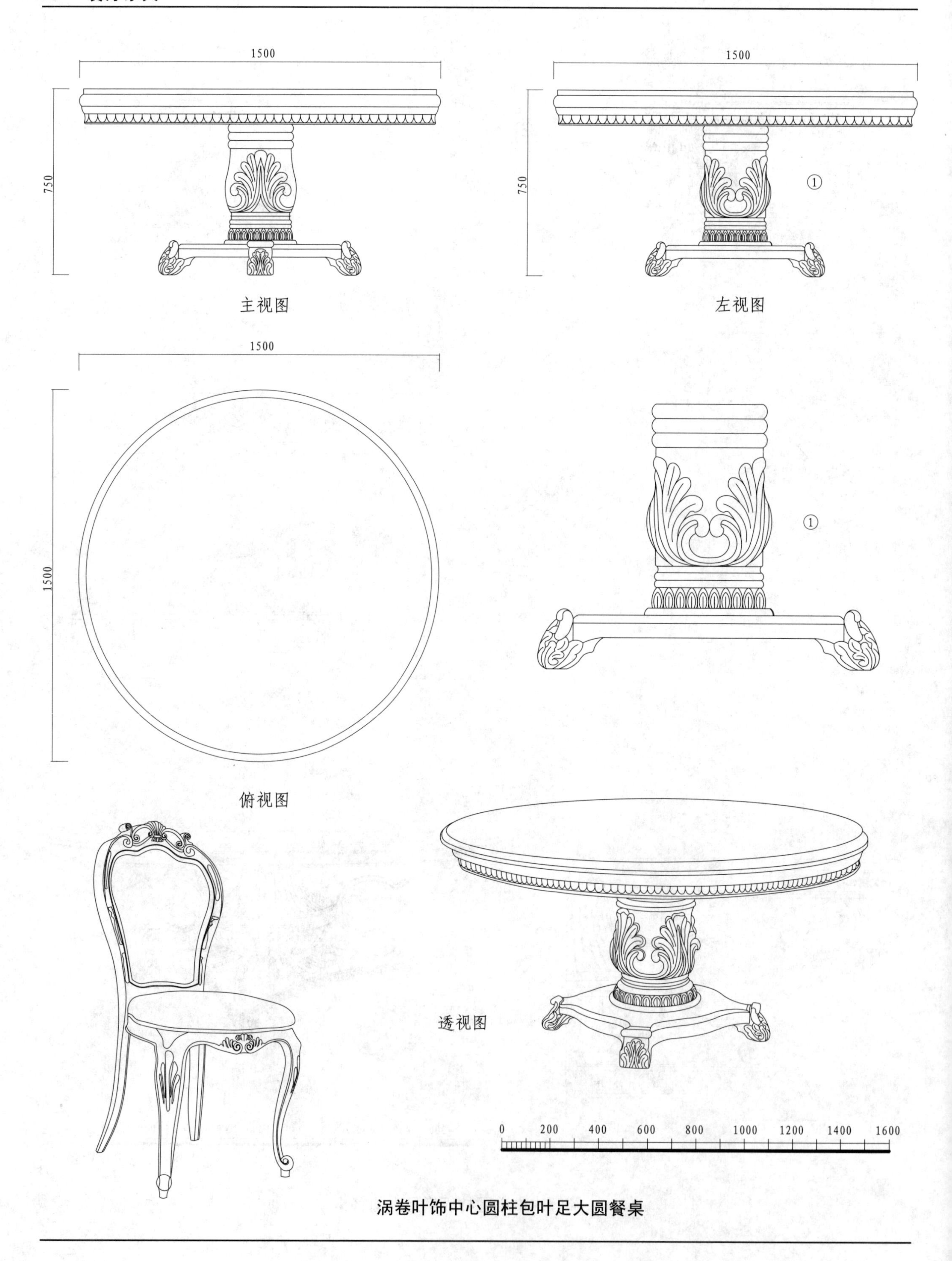
1500
750
主视图
1500
750
①
左视图
1500
1500
俯视图
①
透视图
0 200 400 600 800 1000 1200 1400 1600

涡卷叶饰中心圆柱包叶足大圆餐桌

1230
1230
780
780
①
②
③
④
主视图
左视图
1230
1230
俯视图
①
②
③
④
透视图
0
200
400
600
800
1000
1200
1400

艮召叶饰科林斯式柱腿圆餐桌

2200
1100
750
750
①
主视图
左视图
2200
1100
俯视图
①
透视图
0 200 400 600 800 1000 1200 1400 1600 1800 2000

卷叶花心饰双花篮式卷叶足长餐桌

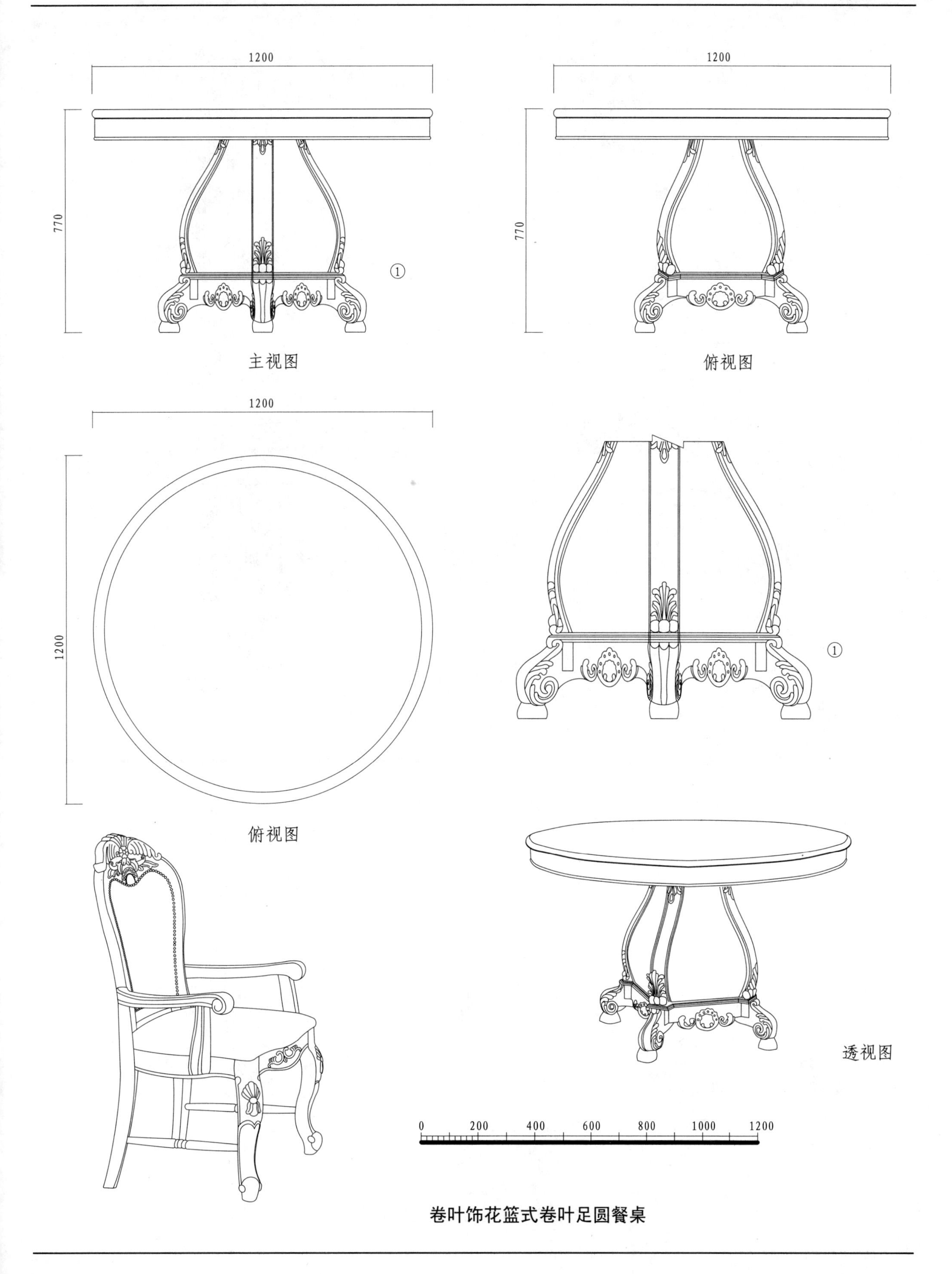
1200
770
①
主视图
1200
770
俯视图
1200
1200
俯视图
①
透视图
0
200
400
600
800
1000
1200

卷叶饰花篮式卷叶足圆餐桌

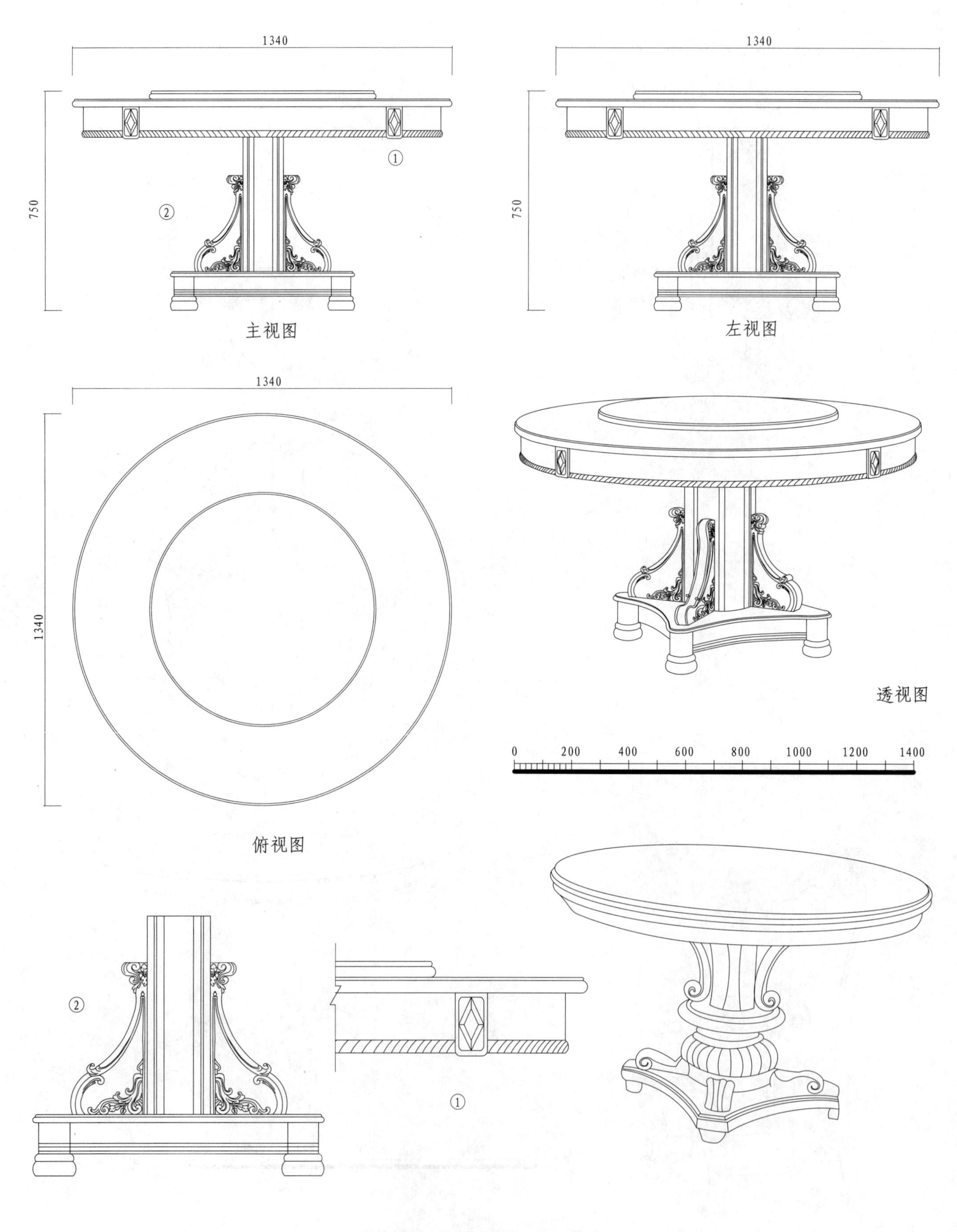
1340
750
①
②
主视图
1340
750
左视图
1340
1340
俯视图
透视图
0
200
400
600
800
1000
1200
1400
②
①

树叶饰六角柱式旋制足圆餐桌

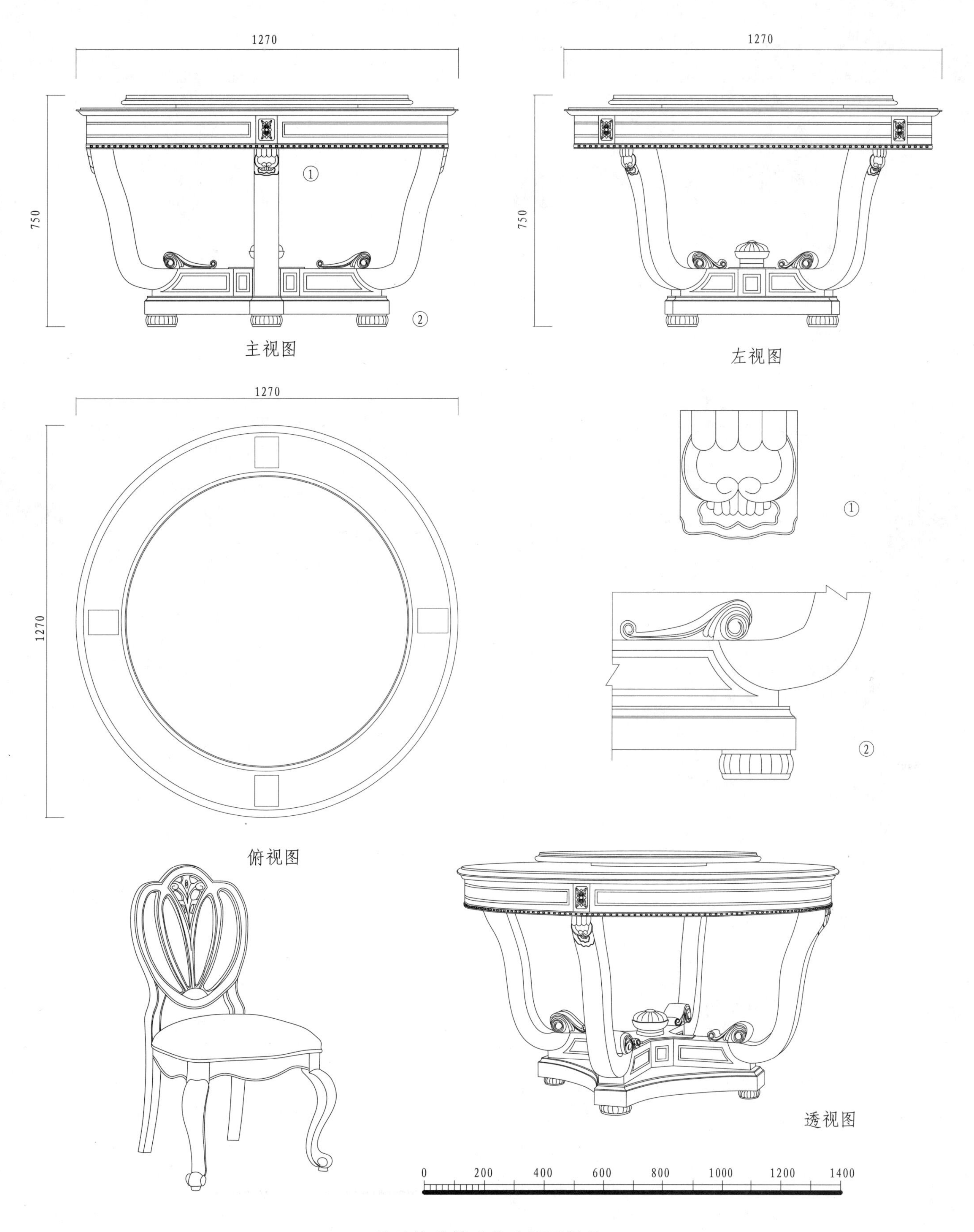
1270
1270
750
750
①
②
主视图
左视图
1270
1270
①
②
俯视图
透视图
0
200
400
600
800
1000
1200
1400

卷叶饰花篮式蒜头足圆餐桌

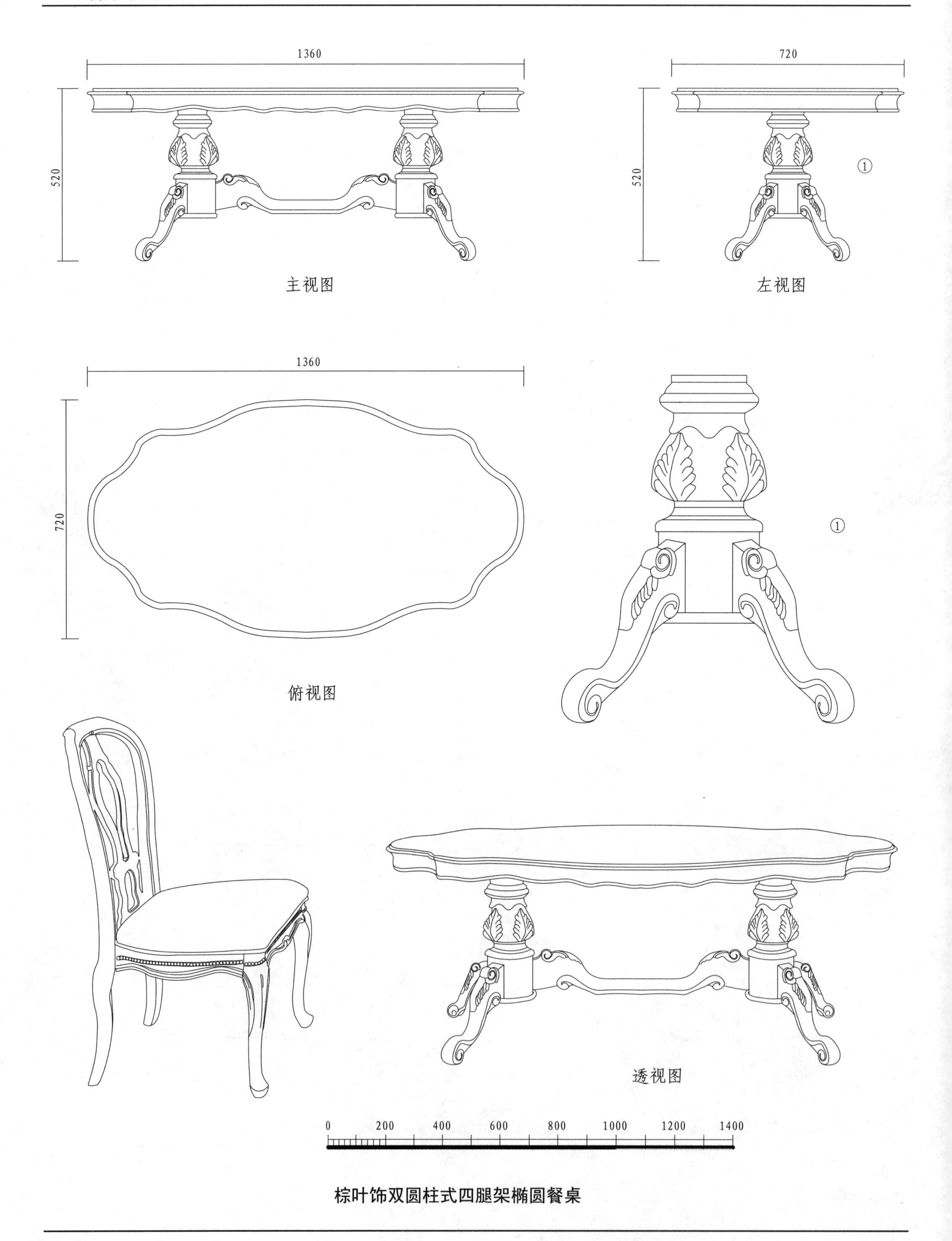
1360
520
主视图
720
520
①
左视图
1360
720
俯视图
①
透视图
0
200
400
600
800
1000
1200
1400

棕叶饰双圆柱式四腿架椭圆餐桌

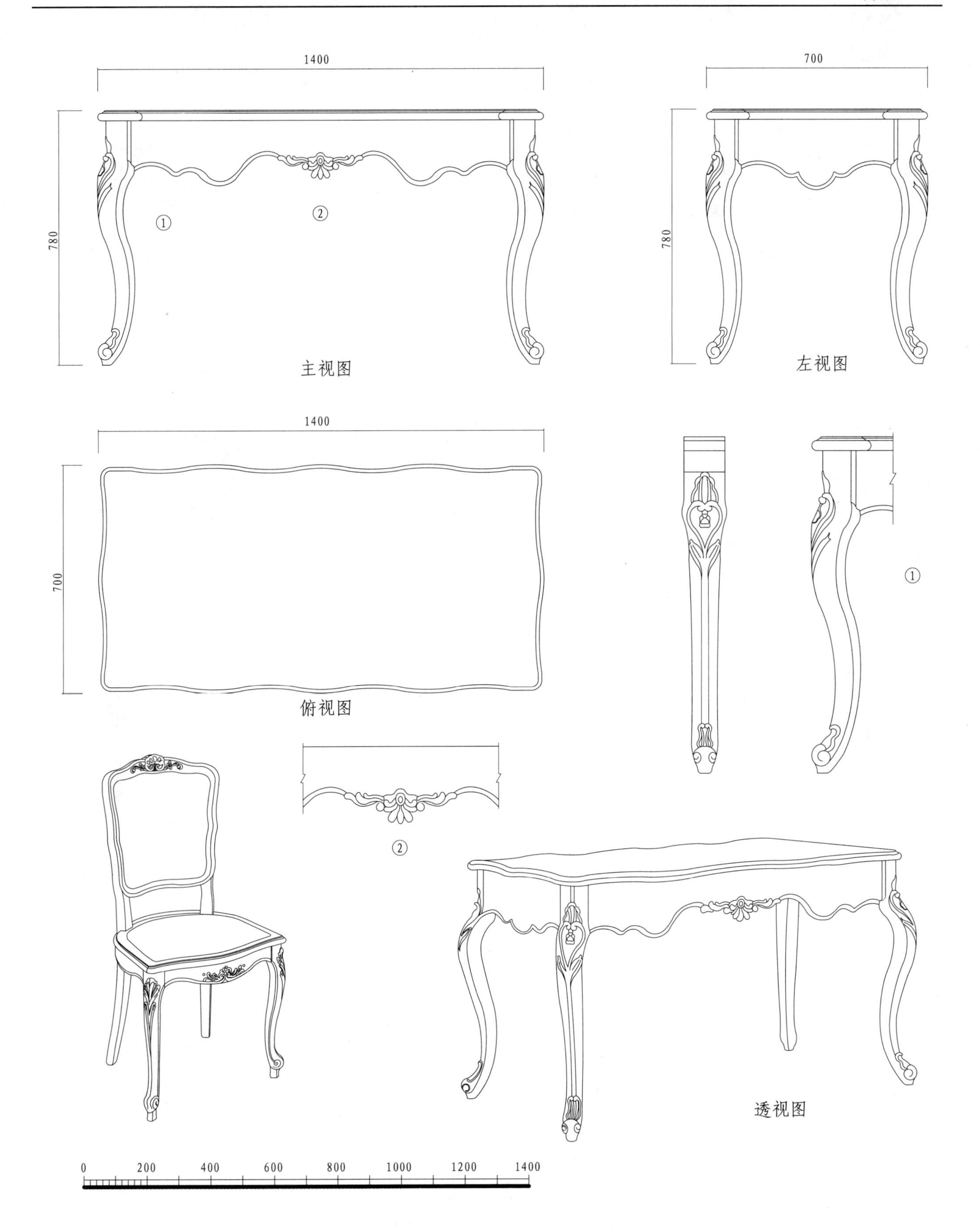
1400
700
780
780
①
②
主视图
左视图
1400
700
俯视图
①
②
透视图
0
200
400
600
800
1000
1200
1400

艮召叶饰花边面弯腿鹅冠足备餐桌

2200

780

主视图

①

1100

780

左视图

2200

1100

俯视图

①

0 200 400 600 800 1000 1200 1400 1600 1800 2000

透视图

卷叶饰双花篮式腿椭圆餐桌

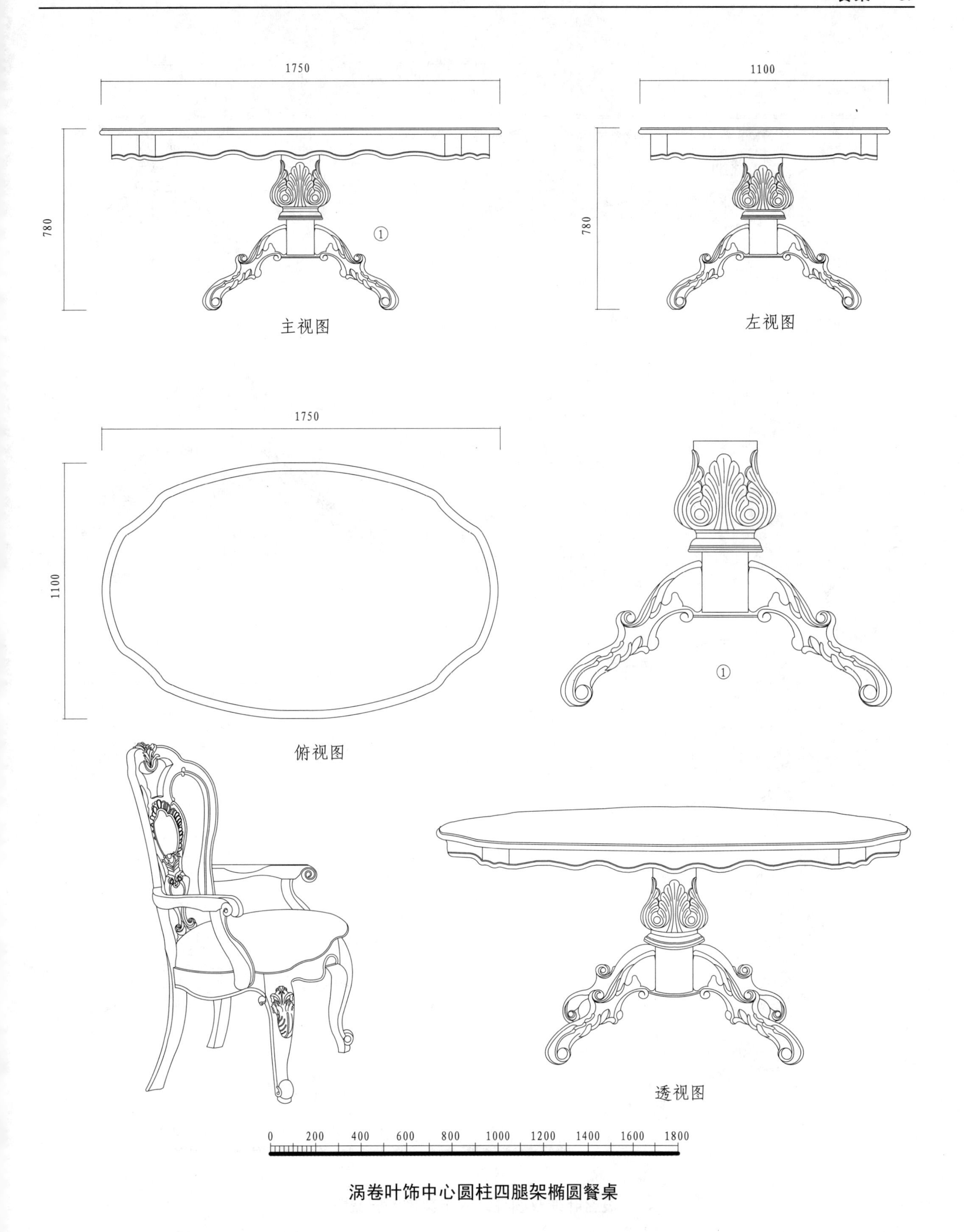
1750
1100
780
780
①
主视图
左视图
1750
1100
①
俯视图
透视图
0 200 400 600 800 1000 1200 1400 1600 1800

涡卷叶饰中心圆柱四腿架椭圆餐桌

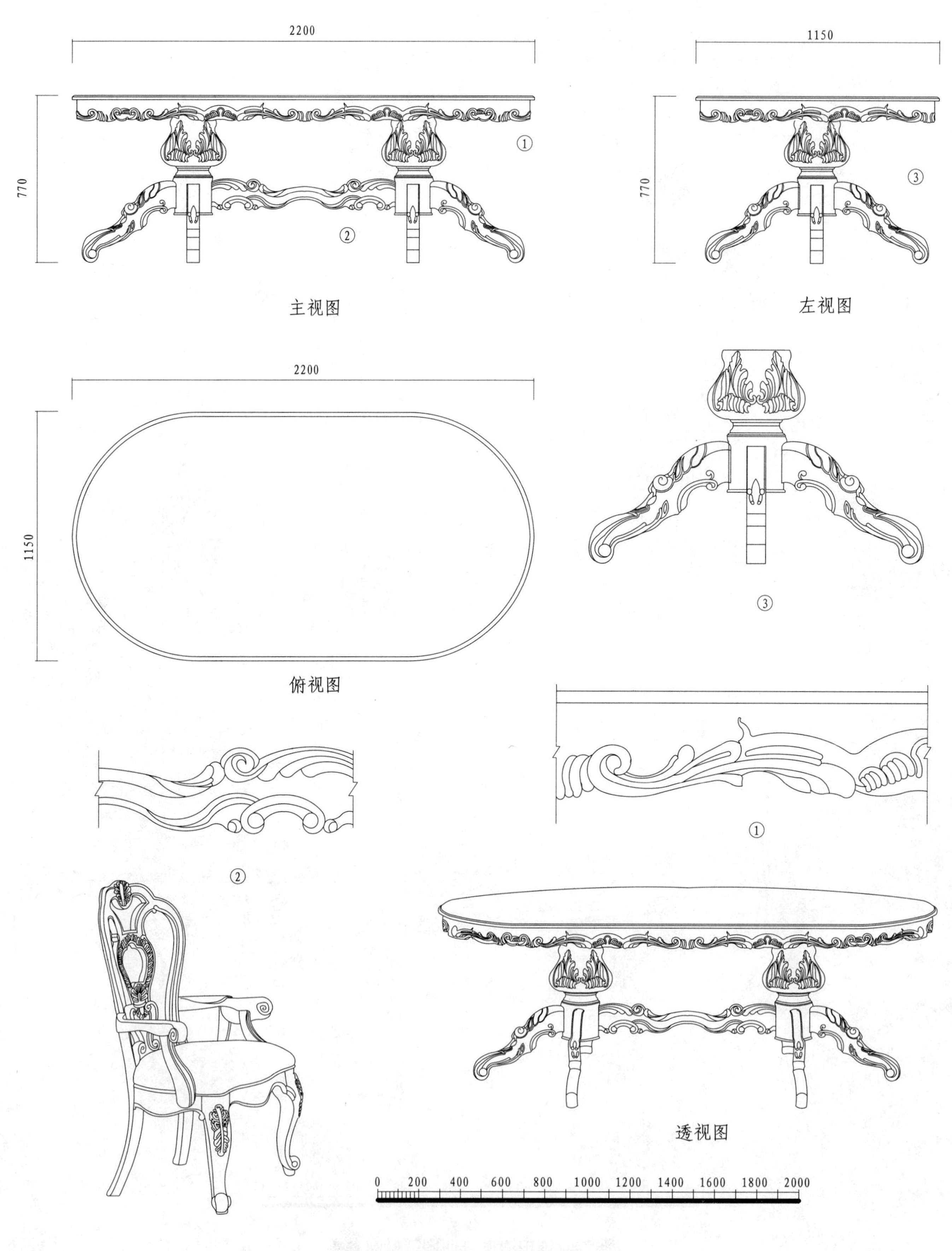
2200
1150
770
770
①
②
③
主视图
左视图
2200
1150
俯视图
③
①
②
透视图
0 200 400 600 800 1000 1200 1400 1600 1800 2000

艮召叶饰双圆柱饰六腿架椭圆餐桌

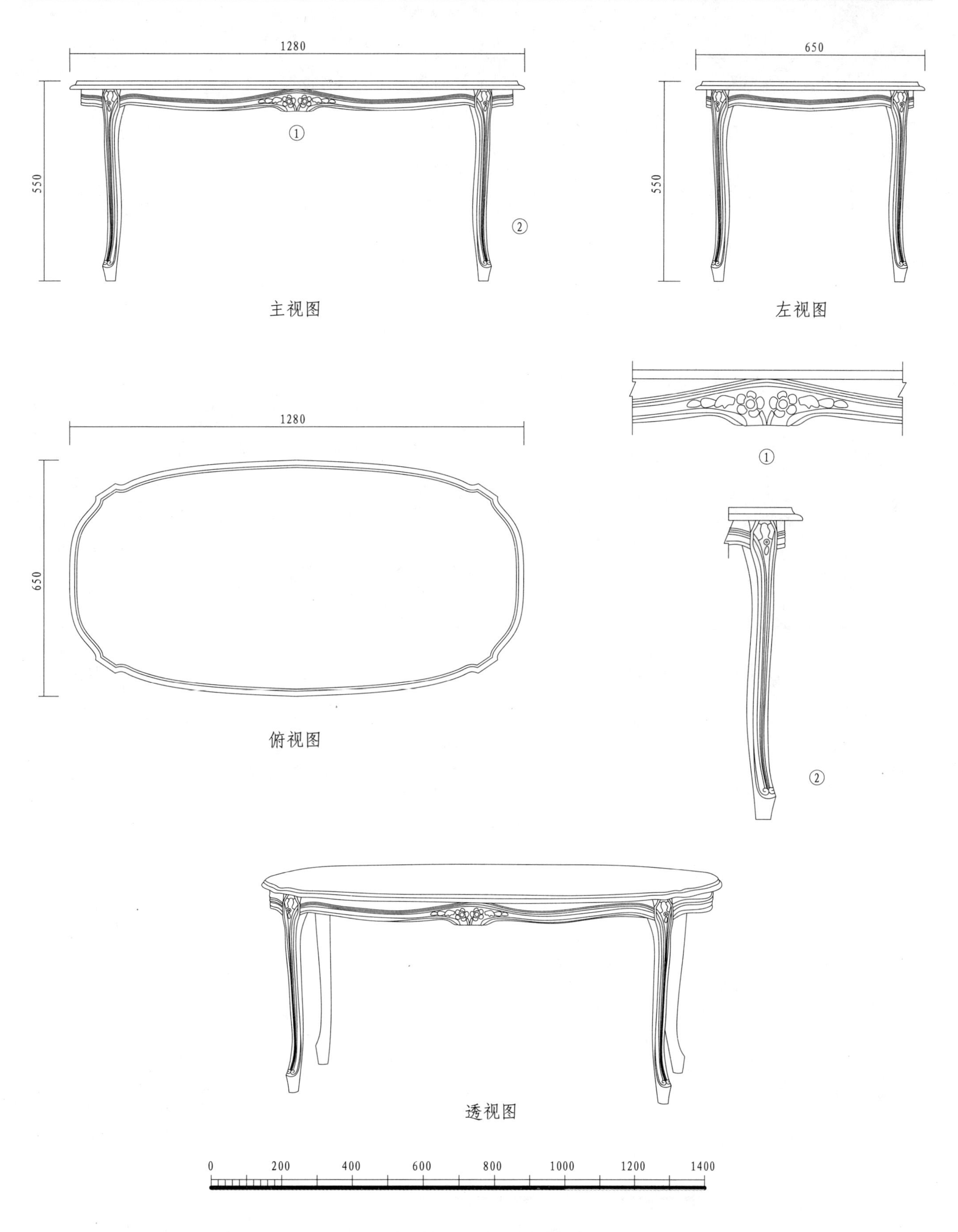
1280
550
①
②
主视图
650
550
左视图
1280
650
俯视图
①
②
透视图
0
200
400
600
800
1000
1200
1400

叶果饰汤勺式腿椭圆餐桌

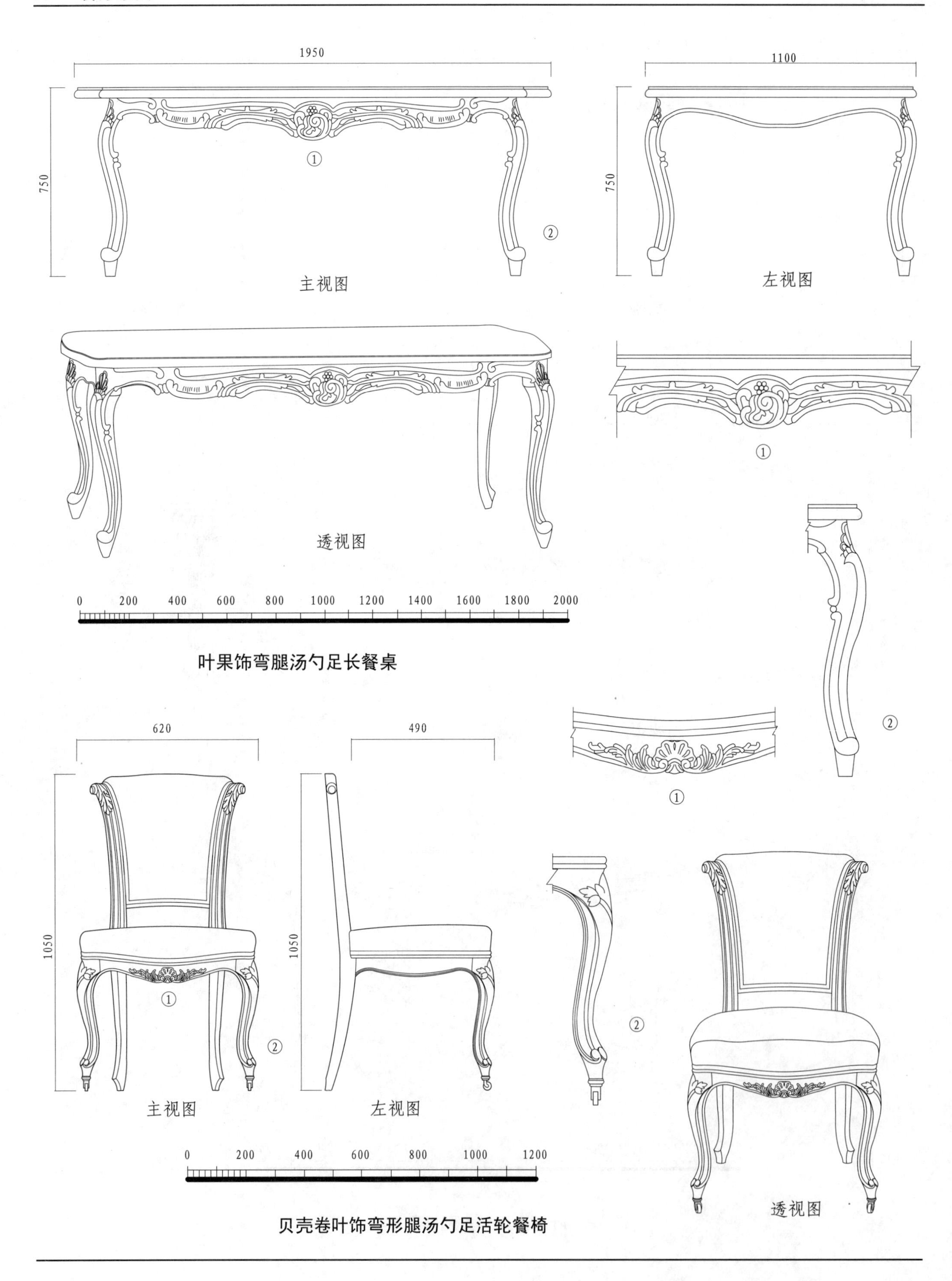
1950
1100
750
750
①
②
主视图
左视图
透视图
①
②
0 200 400 600 800 1000 1200 1400 1600 1800 2000
620
490
1050
1050
①
②
①
②
主视图
左视图
透视图
0 200 400 600 800 1000 1200

叶果饰弯腿汤勺足长餐桌

贝壳卷叶饰弯形腿汤勺足活轮餐椅

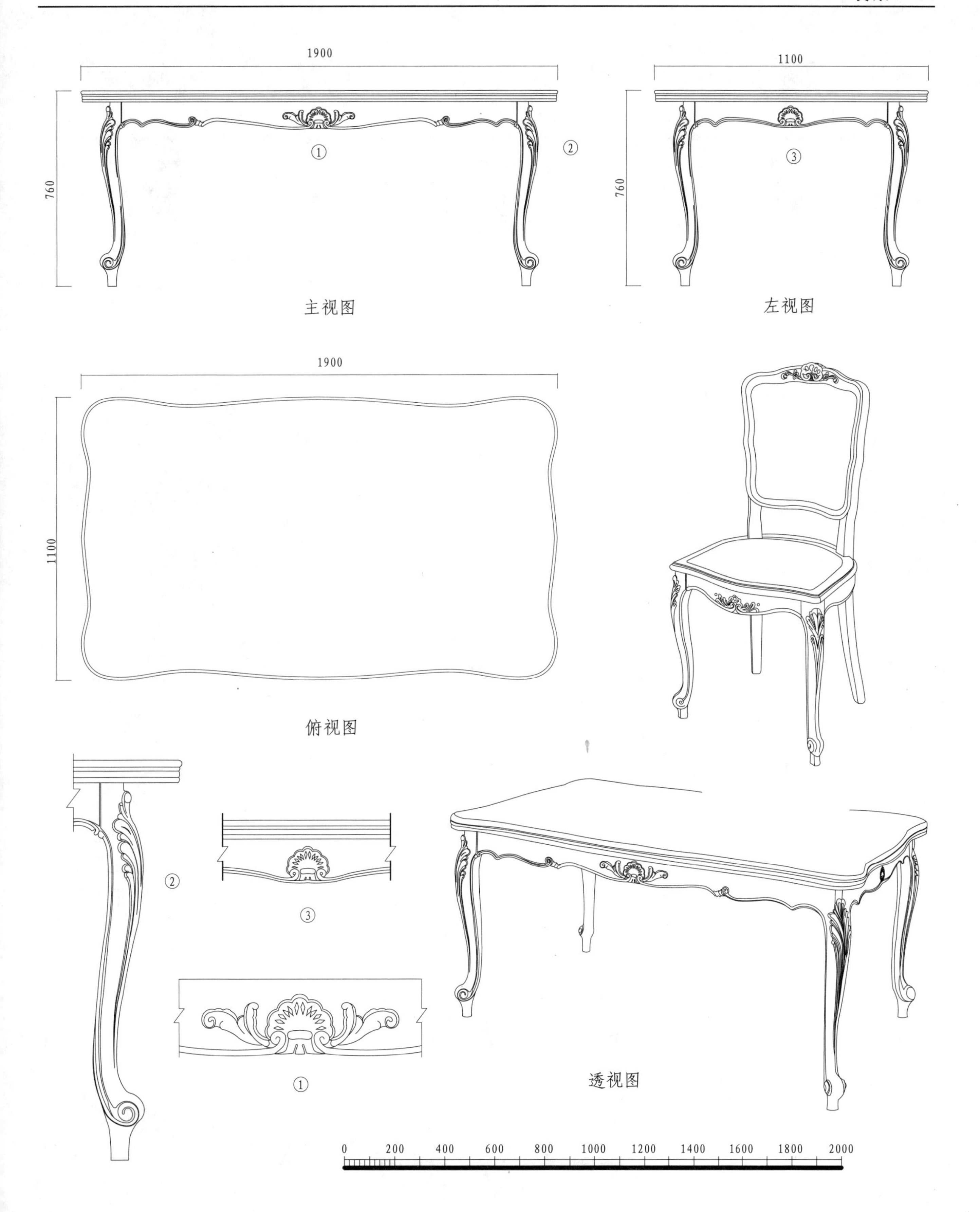
1900
1100
760
760
①
②
③
主视图
左视图
1900
1100
俯视图
②
③
①
透视图
0 200 400 600 800 1000 1200 1400 1600 1800 2000

贝壳卷叶饰曲边面弯腿鹅冠足长餐桌

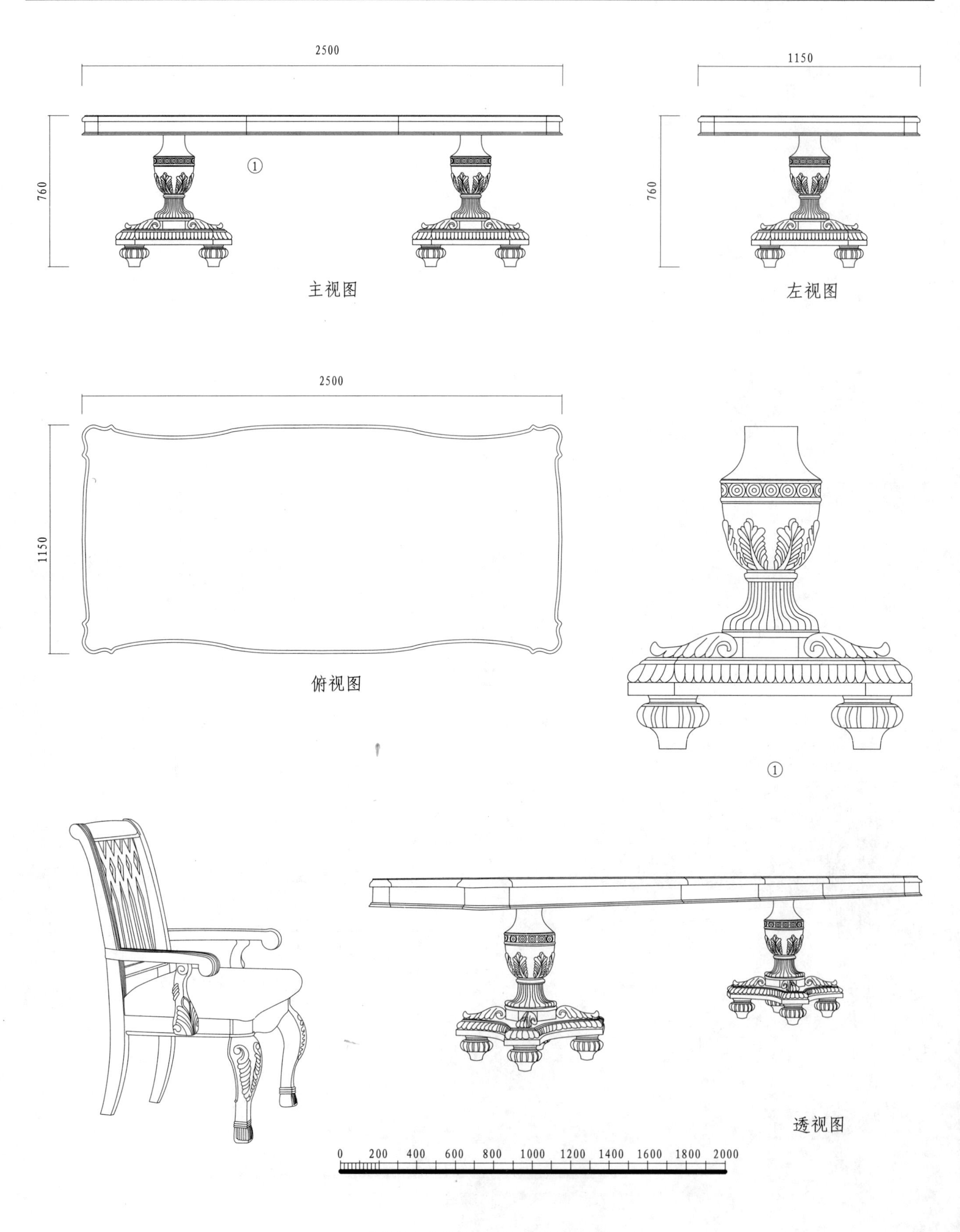
2500
1150
760
760
①
主视图
左视图
2500
1150
俯视图
①
透视图
0 200 400 600 800 1000 1200 1400 1600 1800 2000

树叶饰中心圆柱蒜头足长餐桌

2000
1000
760
760
①
②
主视图
左视图
2000
1000
俯视图
②
①
透视图
0 200 400 600 800 1000 1200 1400 1600 1800 2000

卷叶花果饰弯腿鹅冠足长餐桌

1660
1040
750
750
①
②
③
主视图
左视图
1660
1040
俯视图
①
②
③
透视图
0
200
400
600
800
1000
1200
1400
1600
1800

叶花饰曲边面弯腿涡卷足中心桌

1200
550
750
750
①
②
主视图
左视图
1200
550
①
②
俯视图
透视图
0
200
400
600
800
1000
1200

宝石卷叶饰弯腿叶包足长方餐桌

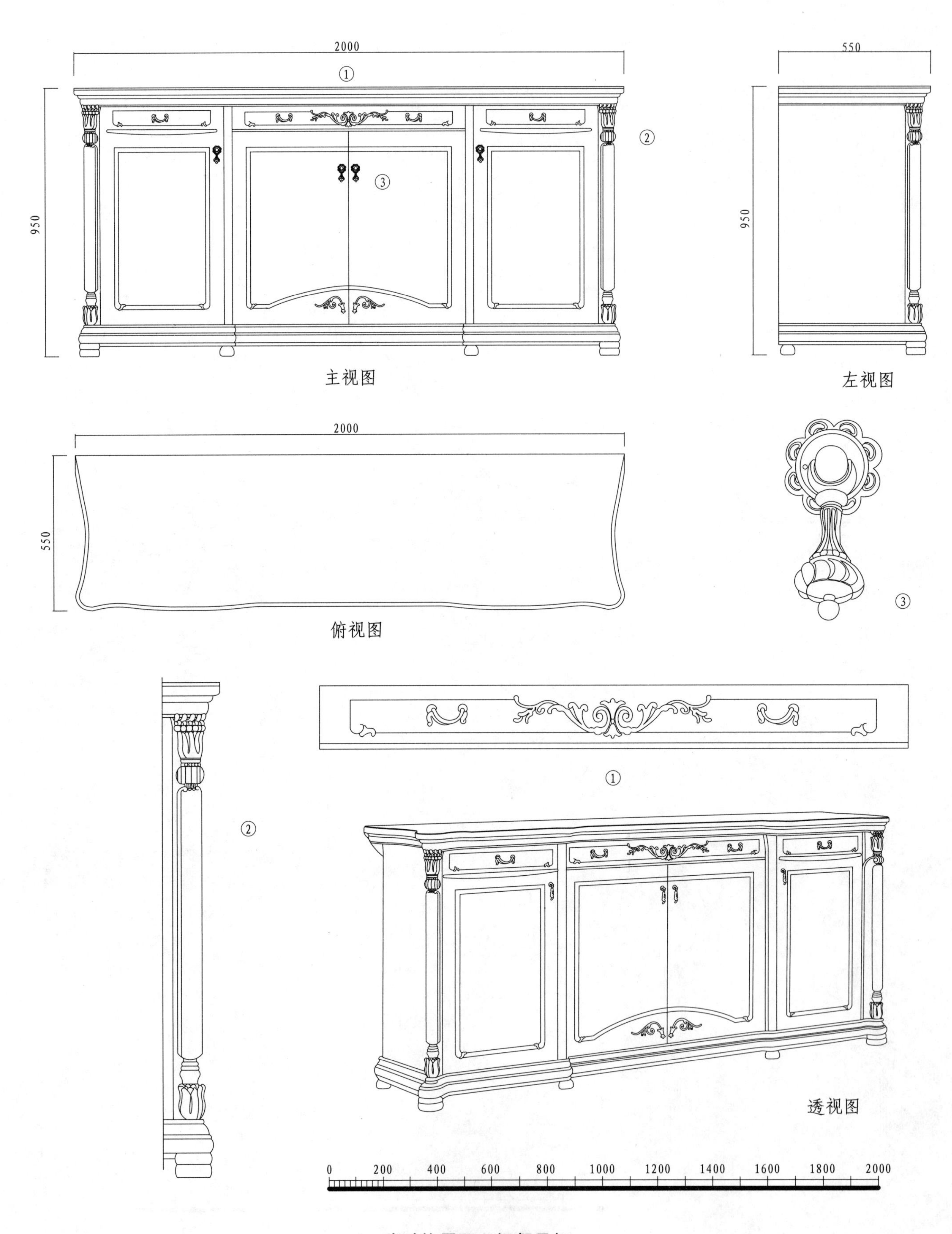
2000
①
②
③
950
主视图
550
950
左视图
2000
550
俯视图
③
①
②
透视图
0
200
400
600
800
1000
1200
1400
1600
1800
2000

卷叶饰平面四门餐具柜

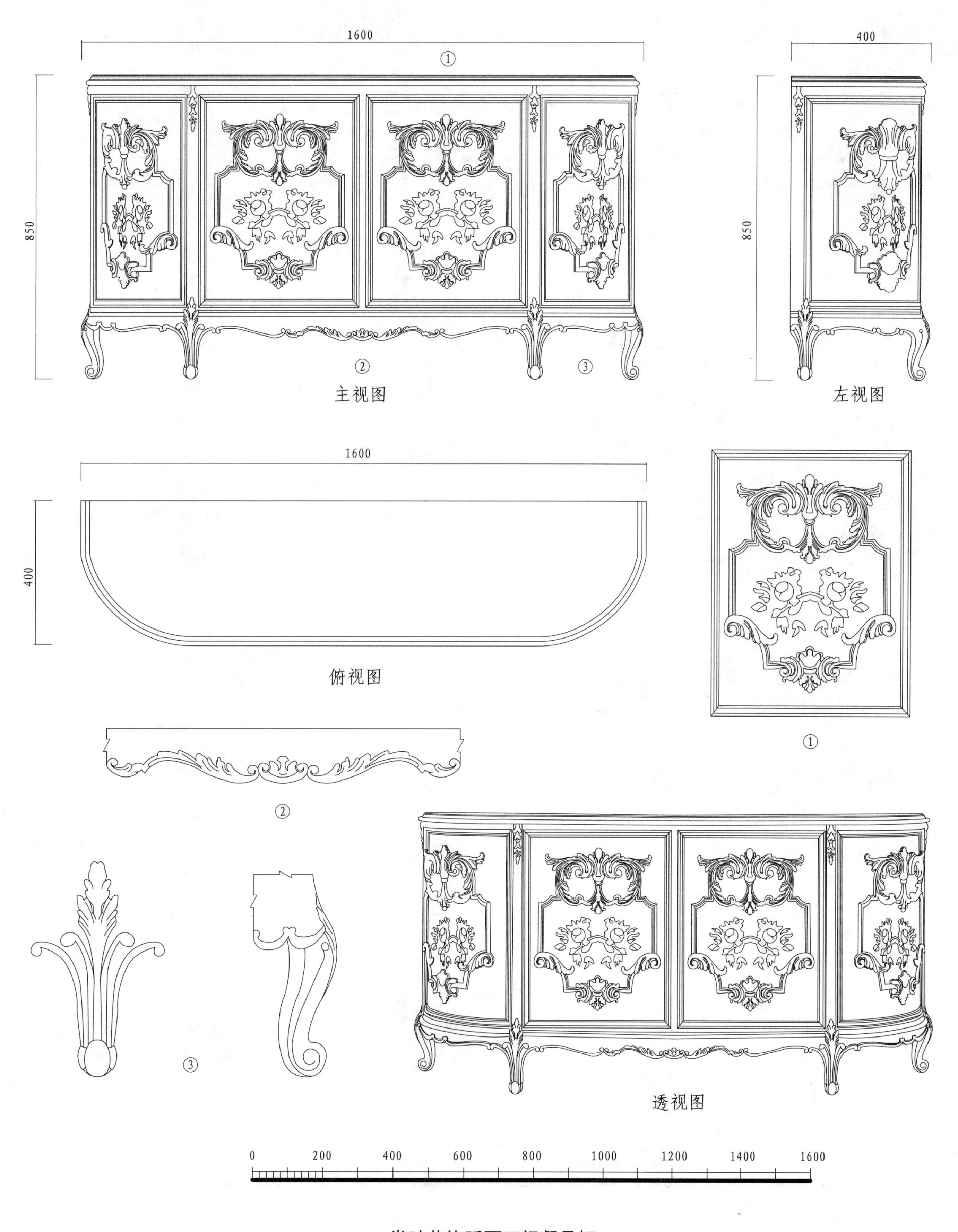
1600
①
850
②
③
主视图
400
850
左视图
1600
400
俯视图
①
②
③
透视图
0
200
400
600
800
1000
1200
1400
1600

卷叶花饰弧面四门餐具柜

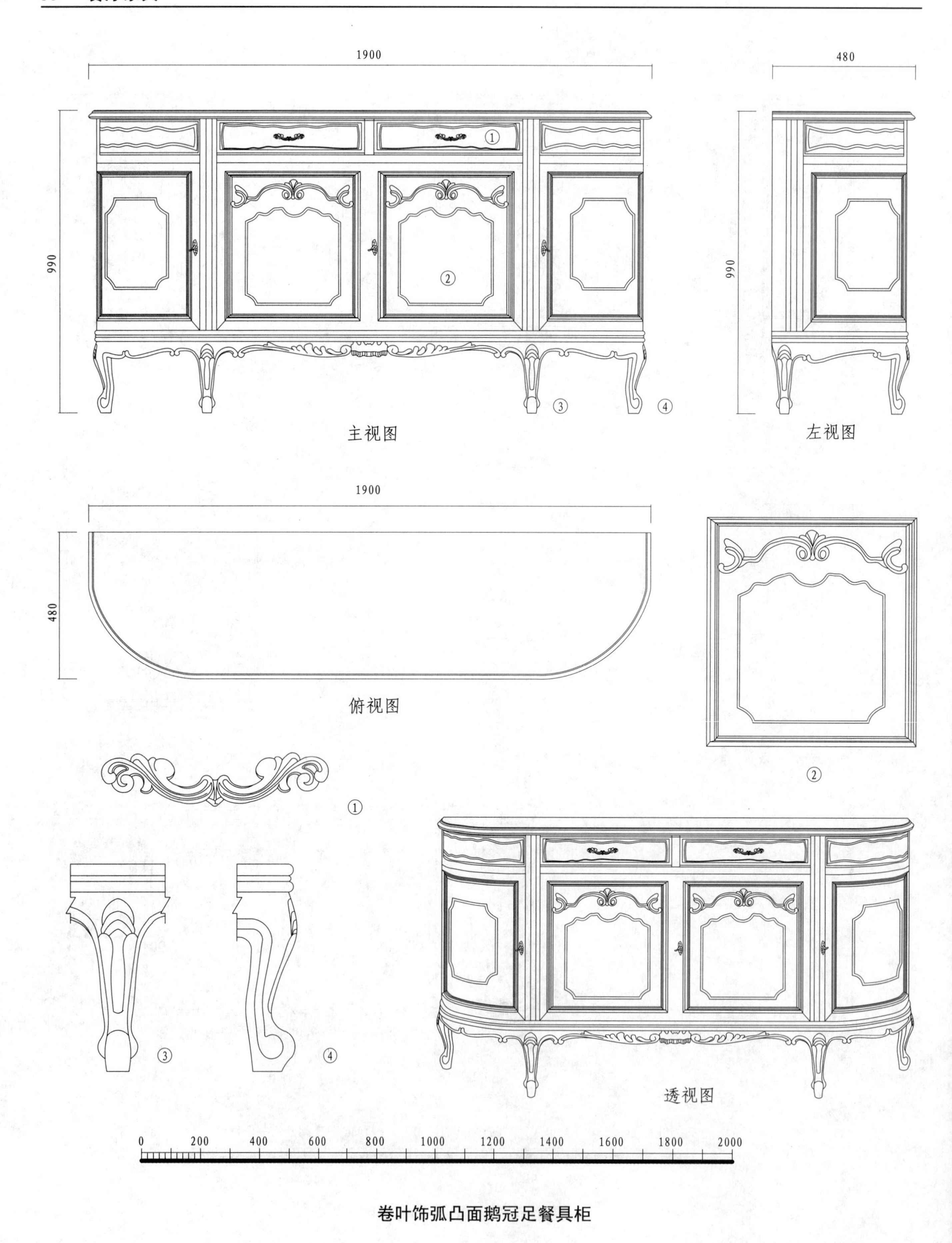
1900
480
990
990
①
②
③
④
主视图
左视图
1900
480
俯视图
②
①
③
④
透视图
0
200
400
600
800
1000
1200
1400
1600
1800
2000

卷叶饰弧凸面鹅冠足餐具柜

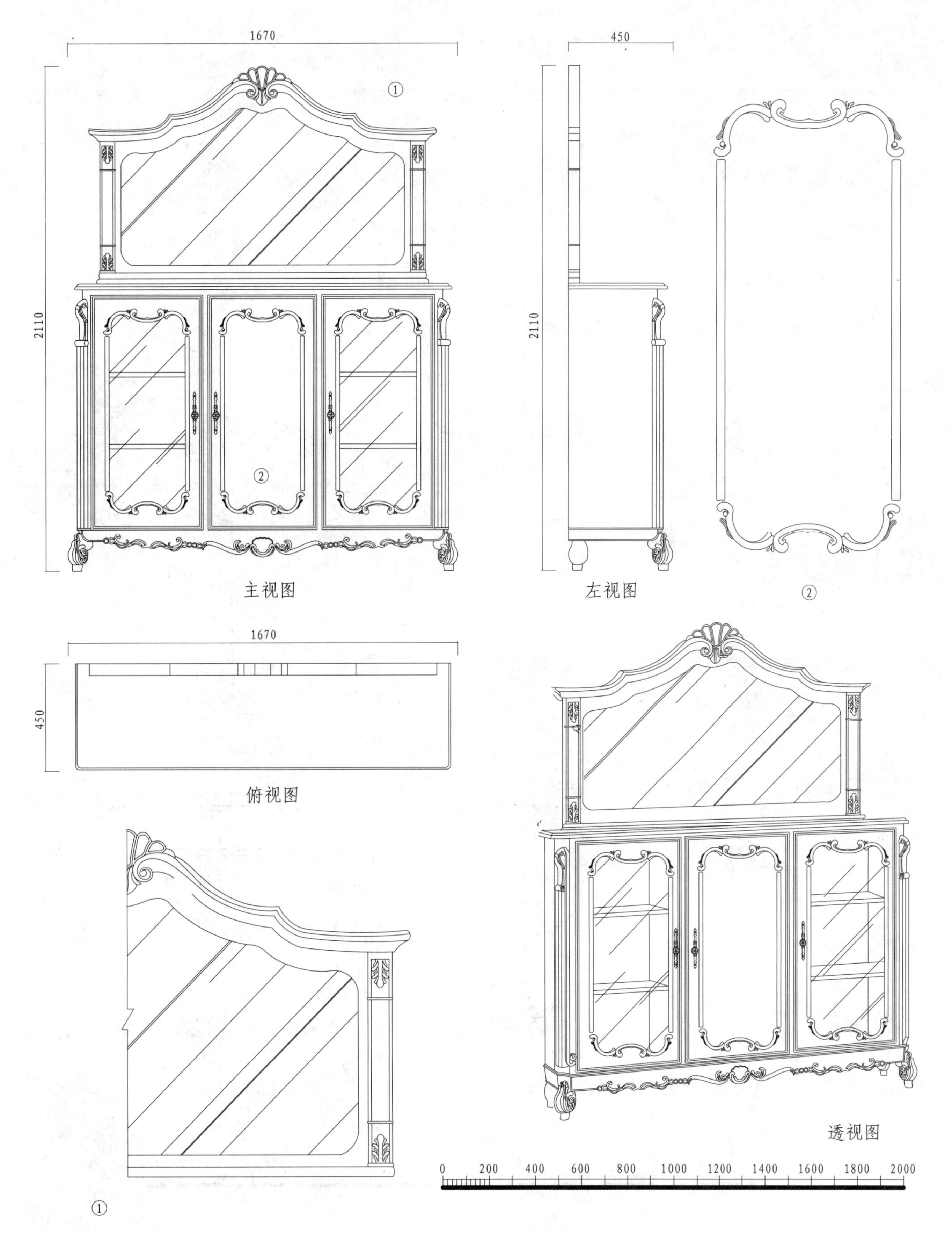
1670
450
2110
2110
①
②
主视图
左视图
②
1670
450
俯视图
透视图
①
0 200 400 600 800 1000 1200 1400 1600 1800 2000

束卷花饰平面三门餐具柜

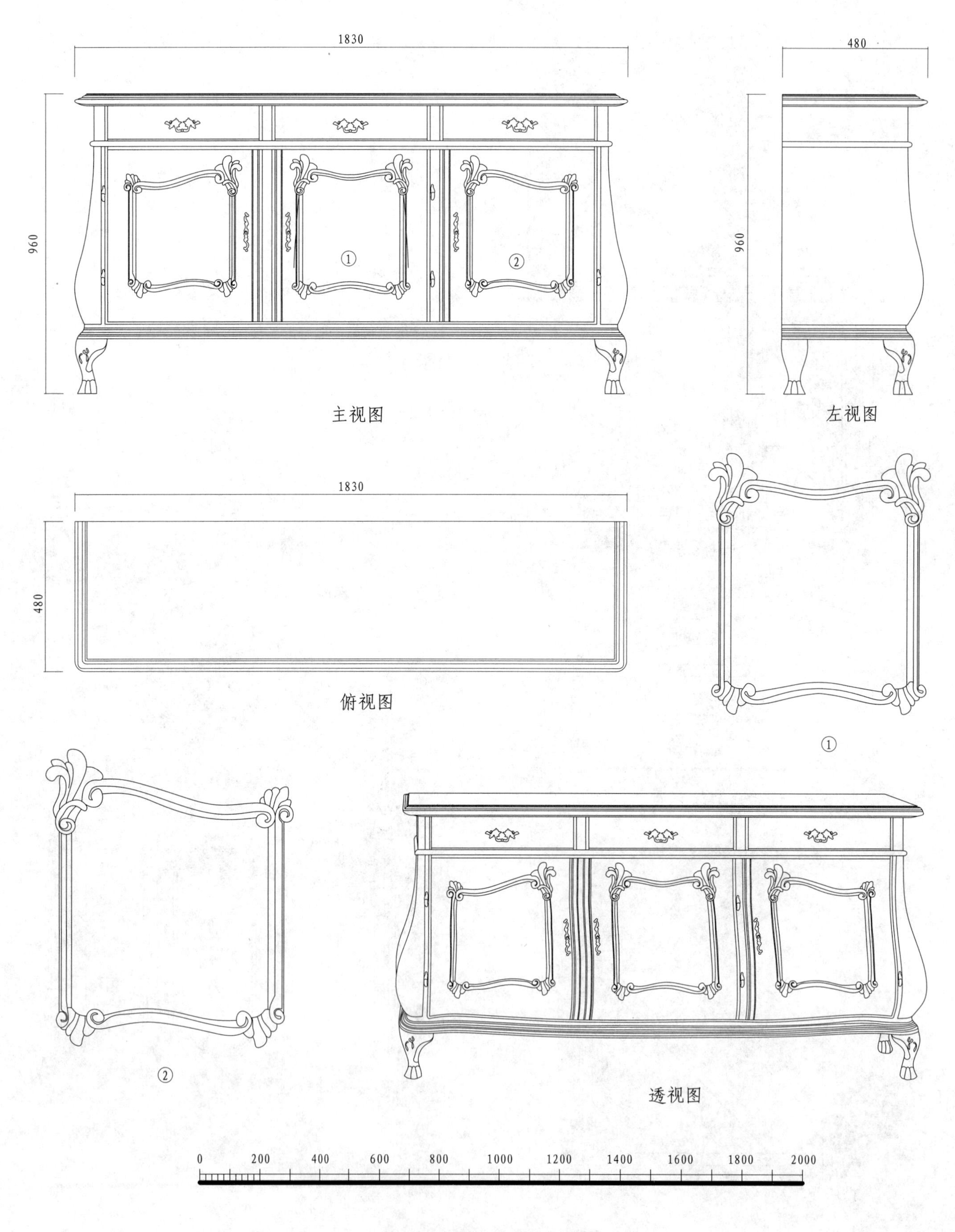
1830
480
960
①
②
主视图
左视图
1830
480
俯视图
①
②
透视图
0
200
400
600
800
1000
1200
1400
1600
1800
2000

藤叶盘线饰平面三门餐具柜

1800
500
900
900
① ② ③
主视图
左视图
1800
500
俯视图
①
③
②
透视图
0 200 400 600 800 1000 1200 1400 1600 1800

花叶饰平面二屉二门餐具柜

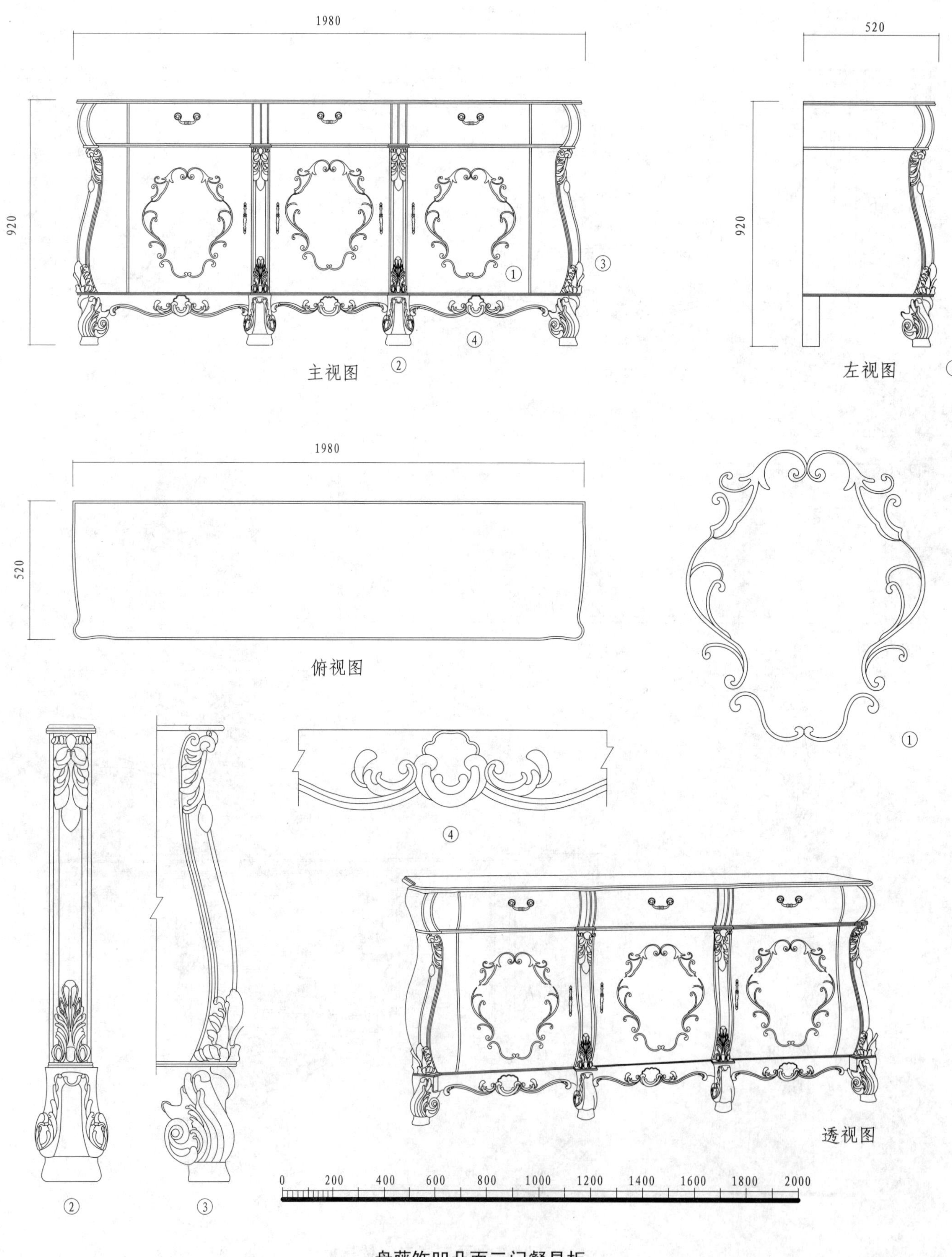
1980
520
920
920
① ② ③ ④
主视图
左视图
1980
520
俯视图
透视图
0 200 400 600 800 1000 1200 1400 1600 1800 2000

盘藤饰凹凸面三门餐具柜

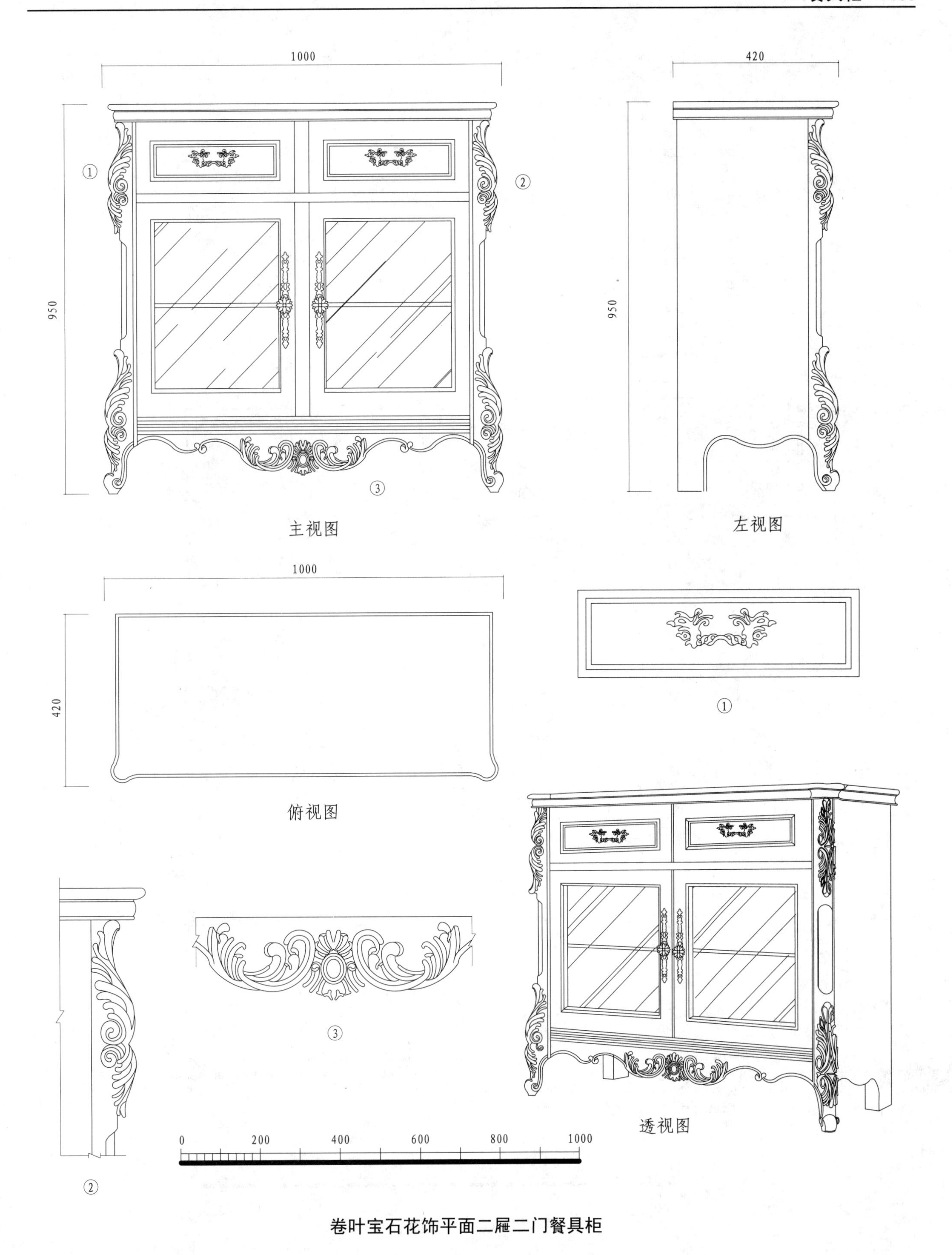
1000
950
①
②
③
主视图
420
950
左视图
1000
420
俯视图
①
③
②
透视图
0
200
400
600
800
1000

卷叶宝石花饰平面二屉二门餐具柜

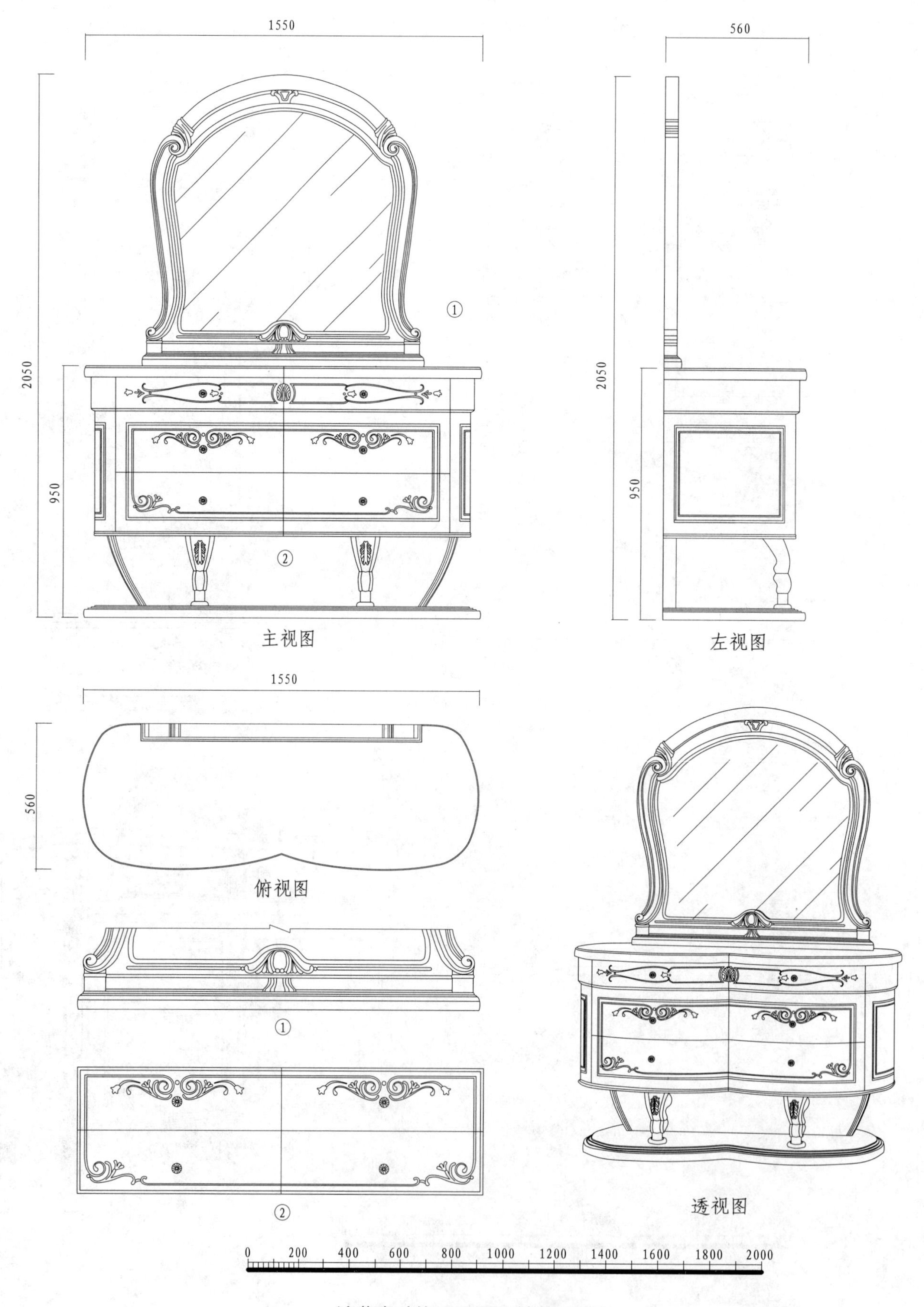
1550
560
2050
950
①
②
主视图
2050
950
左视图
1550
560
俯视图
①
②
透视图
0 200 400 600 800 1000 1200 1400 1600 1800 2000

缠藤卷叶饰双凸面立镜餐具柜

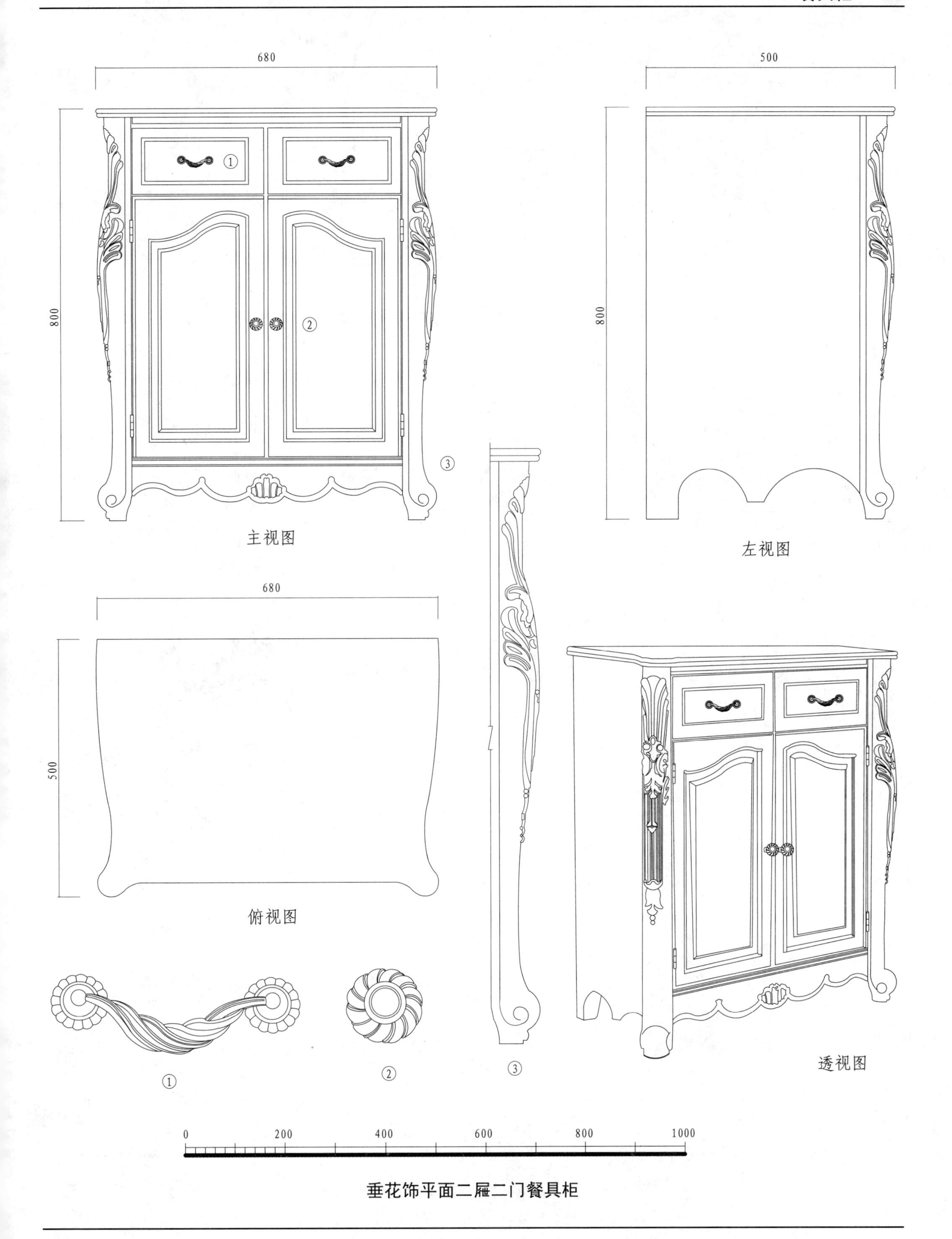
680
500
800
800
①
②
③
主视图
左视图
680
500
俯视图
透视图
①
②
③
0
200
400
600
800
1000

垂花饰平面二屉二门餐具柜

1500
550
1850
920
①
②
③
④
⑤
主视图
左视图
1500
550
俯视图
透视图
0 200 400 600 800 1000 1200 1400 1600 1800 2000

束花饰立镜两门鹅冠足餐具柜

1920
950
①
②
③
主视图
520
950
左视图
1920
520
俯视图
①
②
③
透视图
0
200
400
600
800
1000
1200
1400
1600
1800
2000

垂叶饰四门四屉伞形足餐具柜

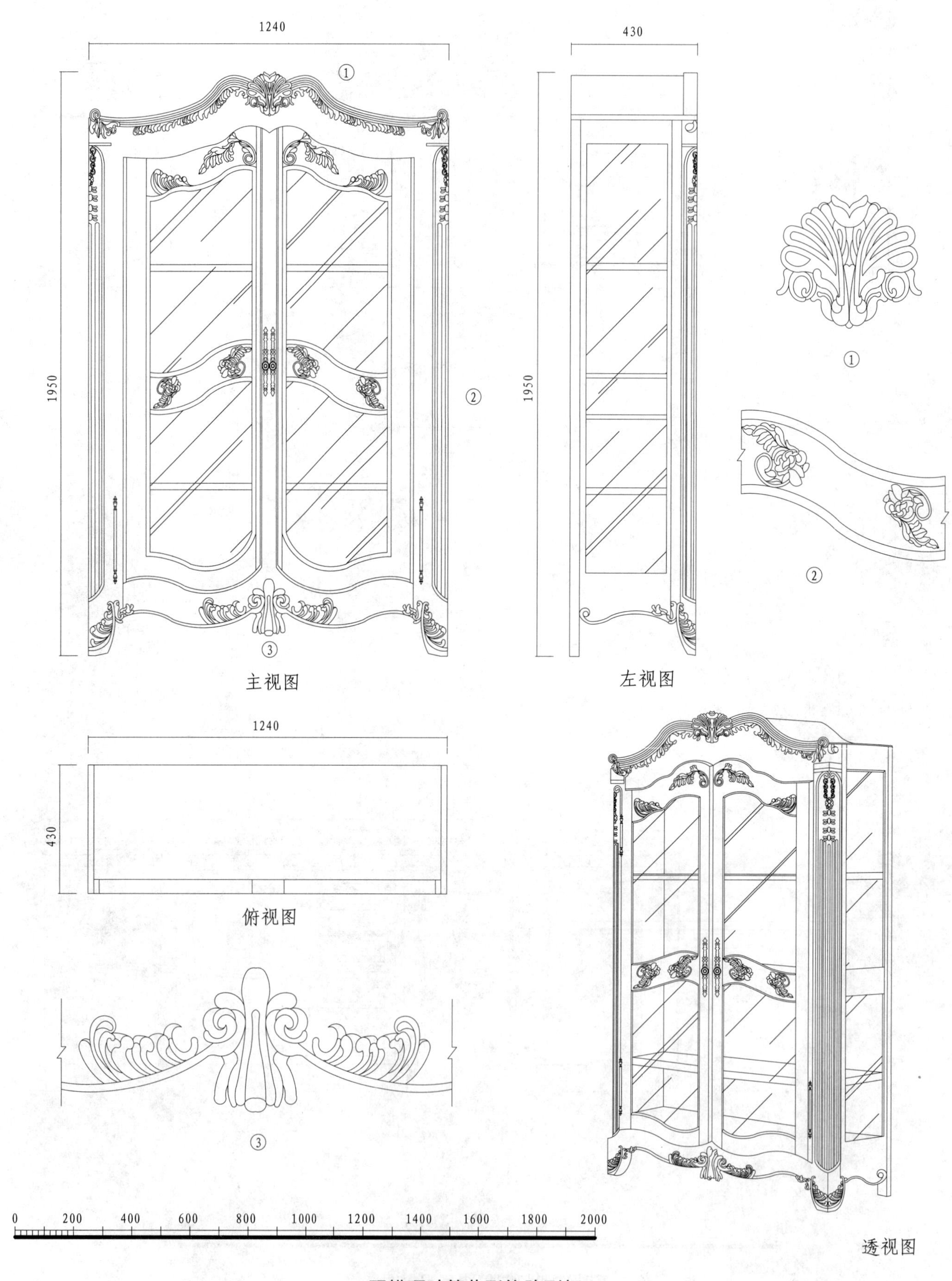
1240
①
1950
②
③
主视图
430
1950
左视图
①
②
1240
430
俯视图
③
0 200 400 600 800 1000 1200 1400 1600 1800 2000
透视图

双拱顶叶簇花形饰陈列柜

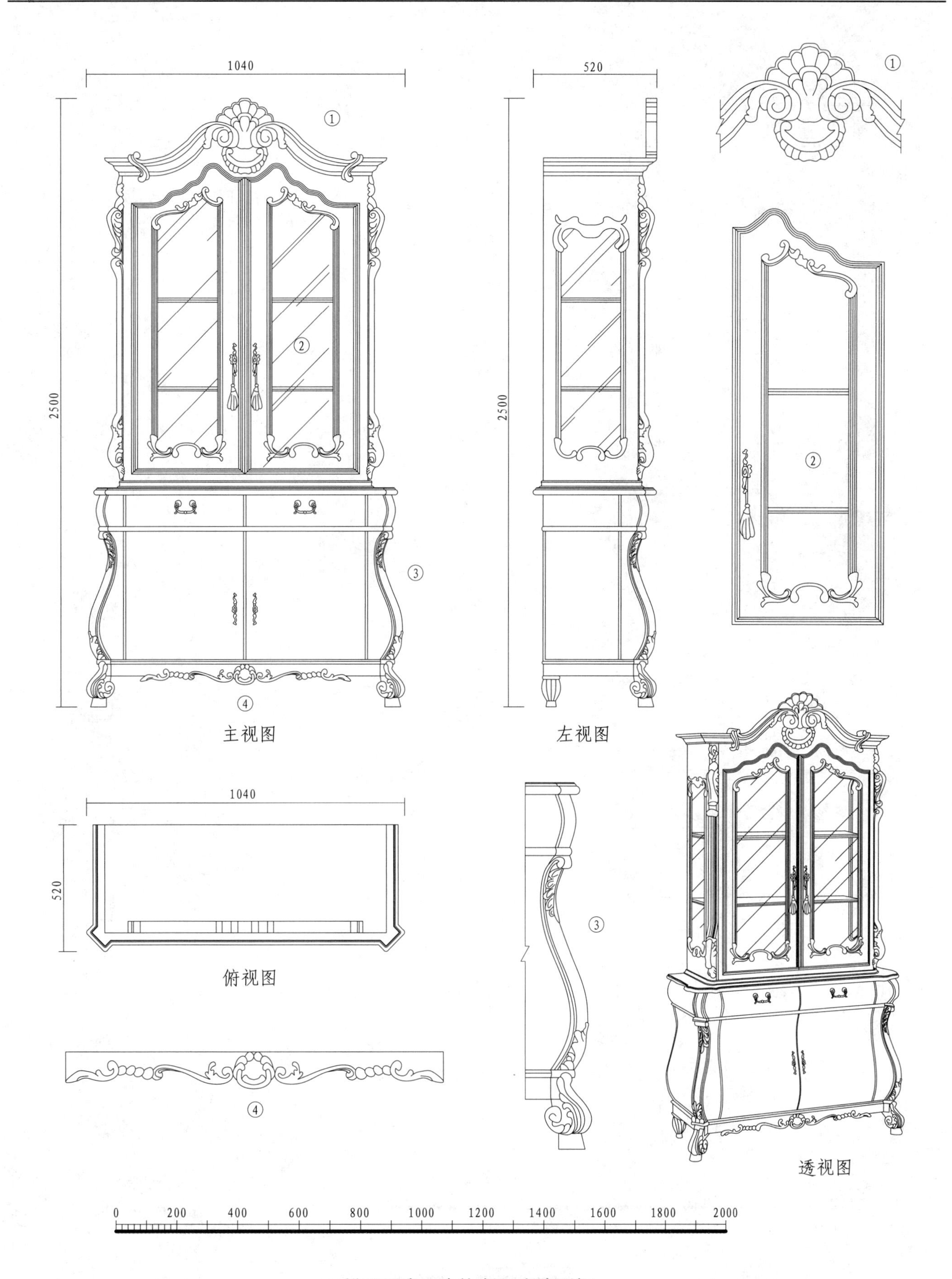
1040
520
2500
①
②
③
④
主视图
左视图
1040
520
俯视图
透视图
0
200
400
600
800
1000
1200
1400
1600
1800
2000

拱顶形扇贝壳饰断层式陈列柜

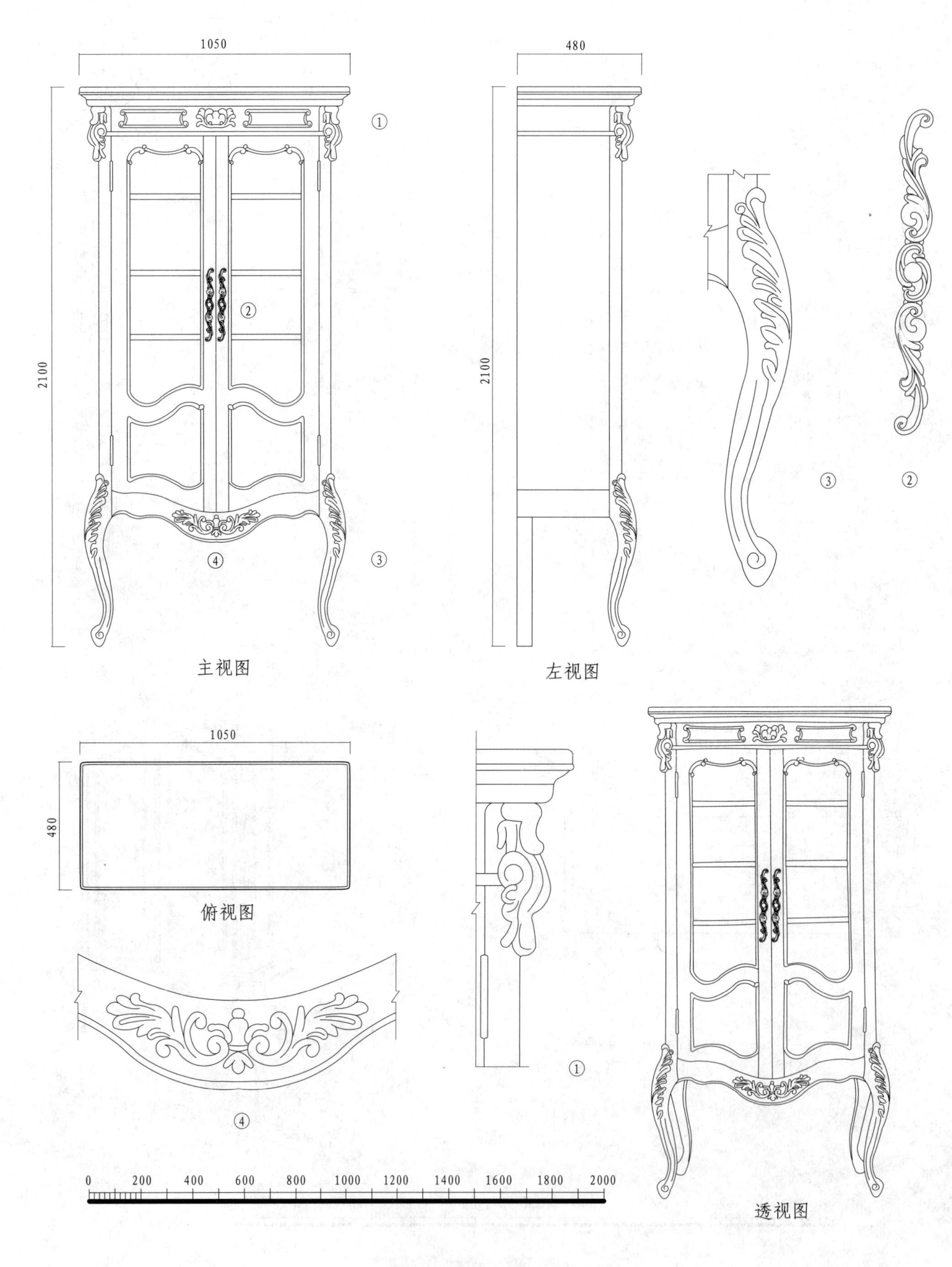
1050
480
2100
2100
①
②
③
④
③
②
主视图
左视图
1050
480
俯视图
①
④
透视图
0 200 400 600 800 1000 1200 1400 1600 1800 2000

平顶卷叶饰弯腿鹅冠足陈列柜

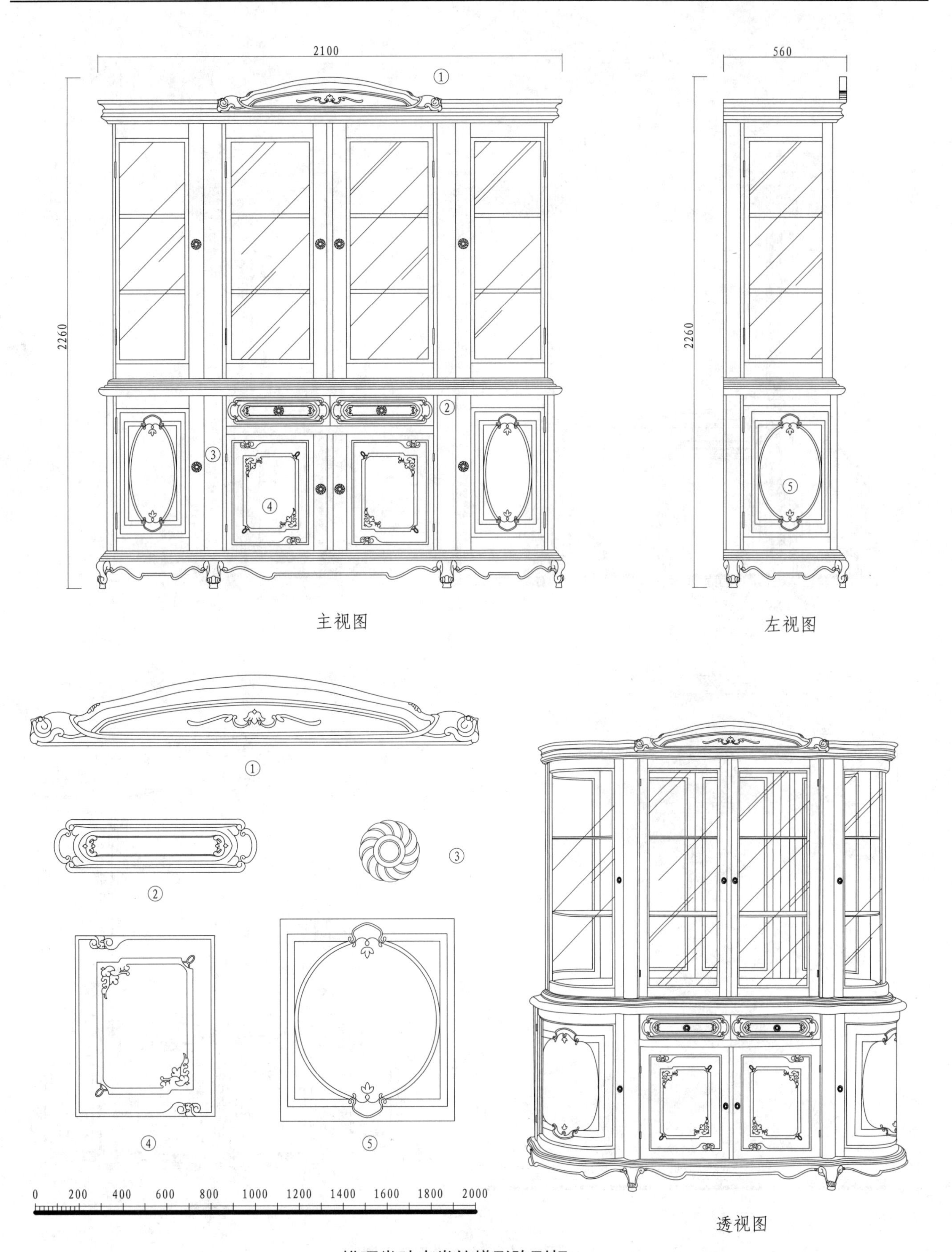
2100
560
2260
2260
①
②
③
④
⑤
主视图
左视图
透视图
0 200 400 600 800 1000 1200 1400 1600 1800 2000

拱顶卷叶束卷纹梯形陈列柜

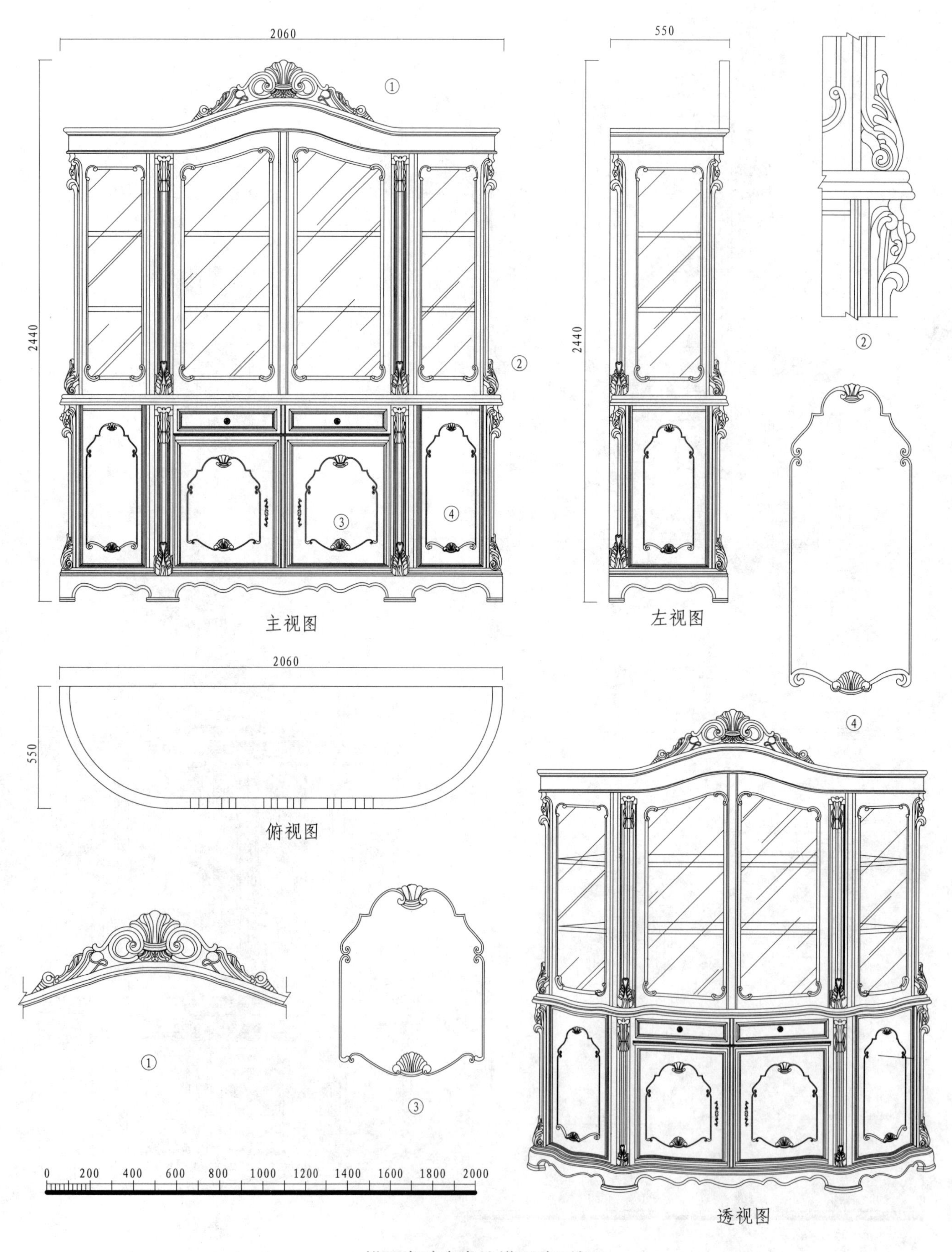
2060
550
①
2440
②
2440
③
④
主视图
左视图
②
2060
550
④
俯视图
①
③
0 200 400 600 800 1000 1200 1400 1600 1800 2000
透视图

拱顶卷叶束卷纹梯形陈列柜

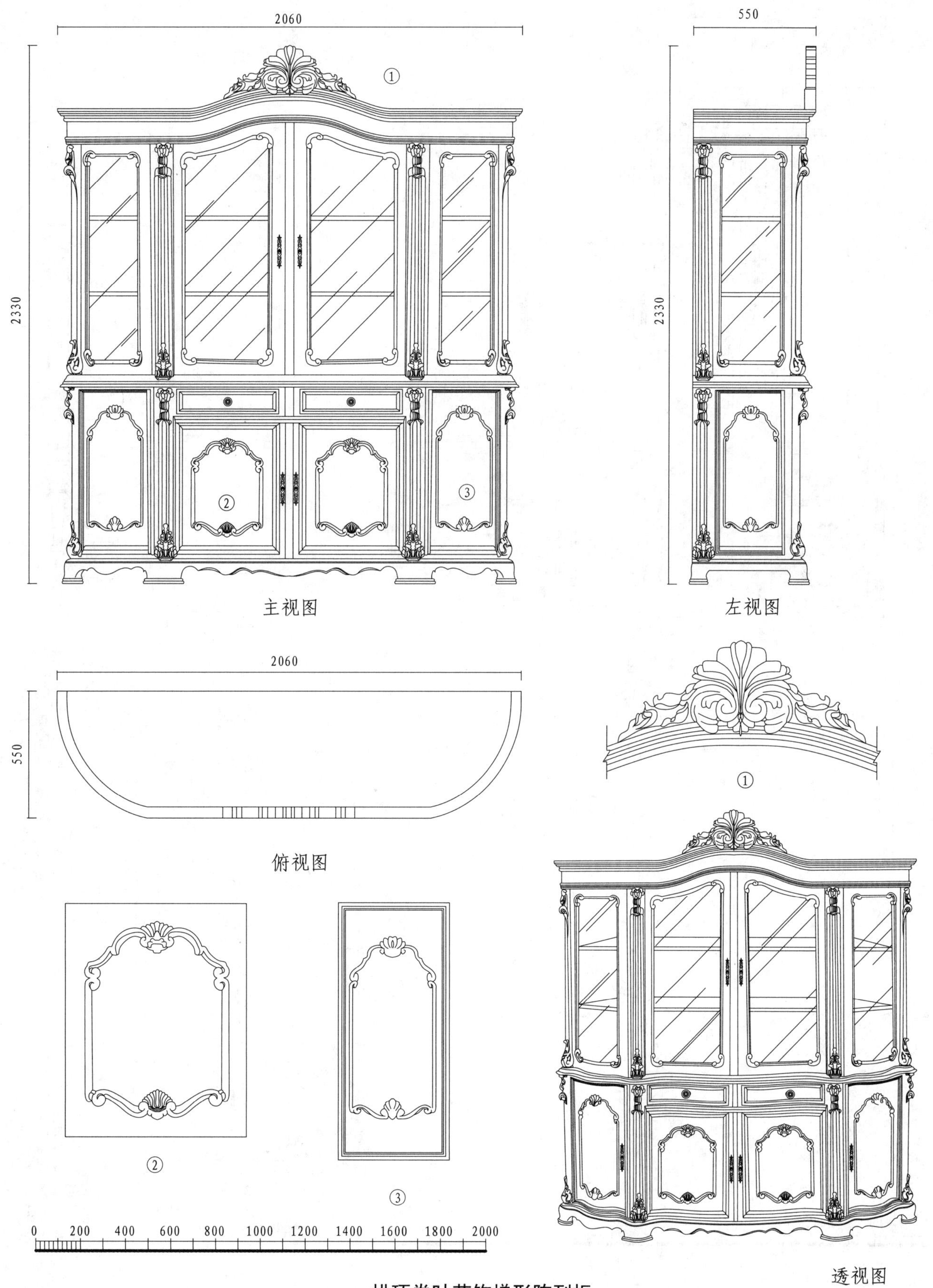
2060
550
2330
2330
①
②
③
主视图
左视图
2060
550
俯视图
①
②
③
0 200 400 600 800 1000 1200 1400 1600 1800 2000
透视图

拱顶卷叶花饰梯形陈列柜

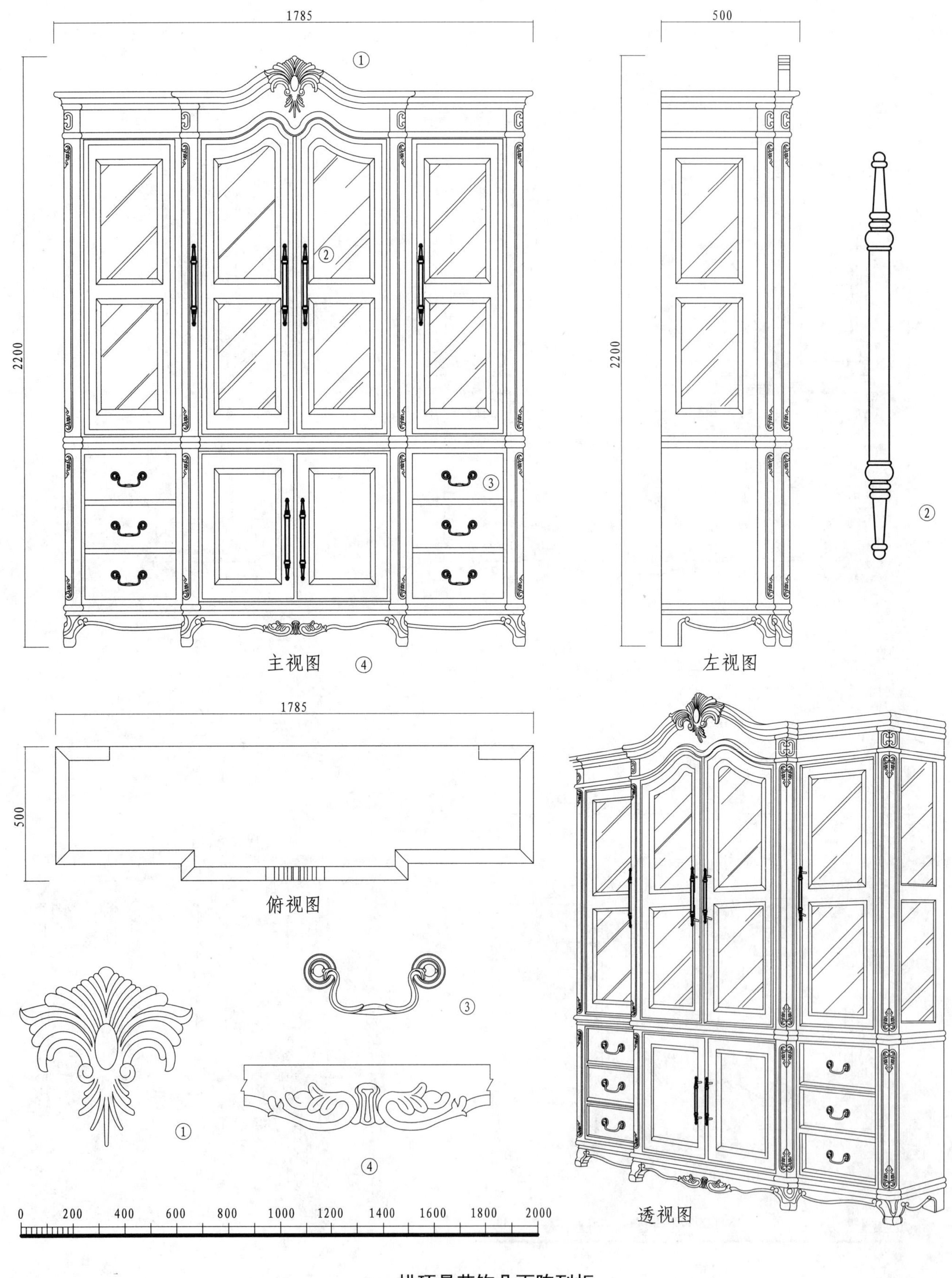
1785
500
2200
①
②
③
④
主视图
左视图
俯视图
透视图
0 200 400 600 800 1000 1200 1400 1600 1800 2000

拱顶悬花饰凸面陈列柜

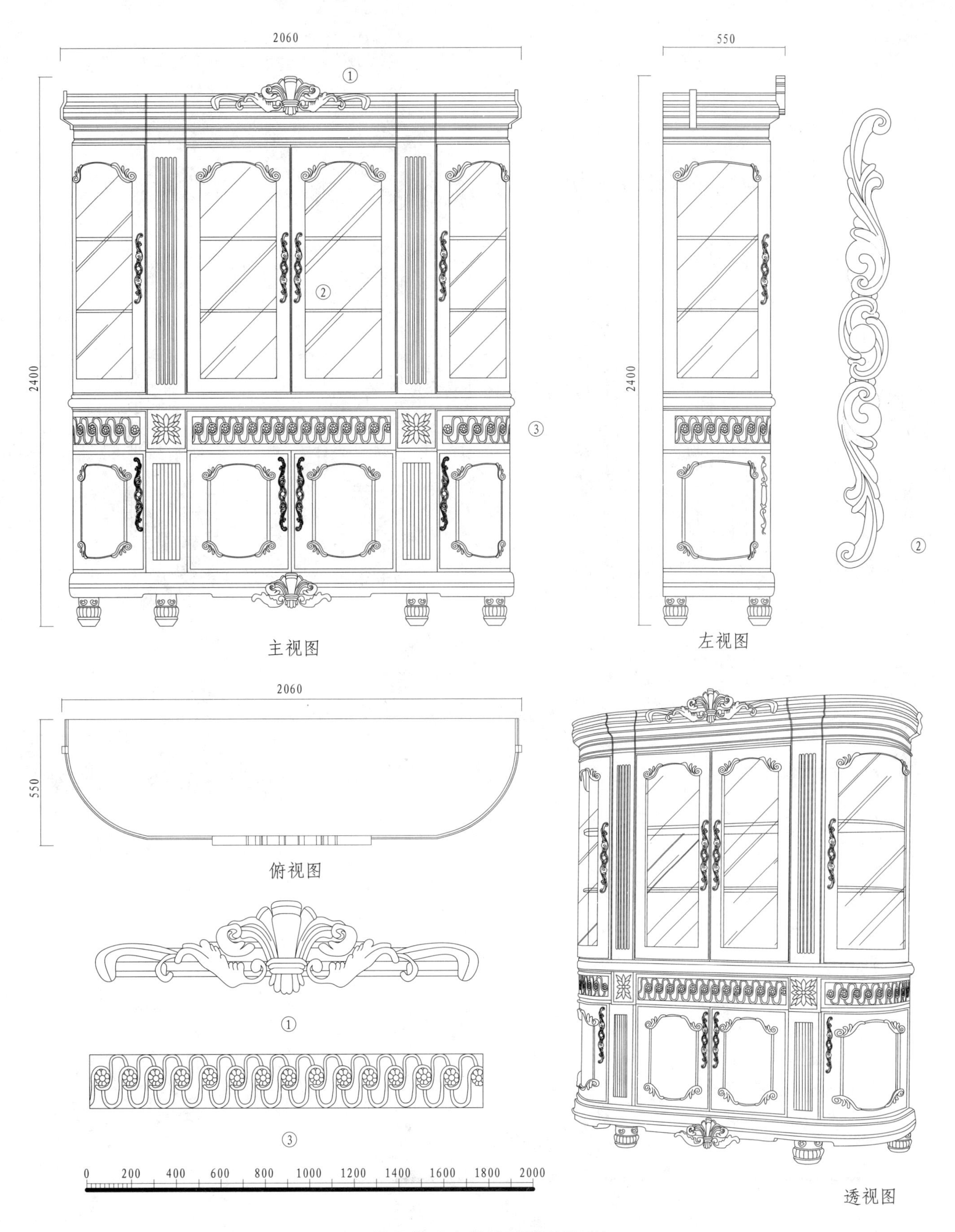
2060
550
2400
①
②
③
主视图
左视图
俯视图
透视图
0 200 400 600 800 1000 1200 1400 1600 1800 2000

平顶卷叶束卷纹弧梯形陈列柜

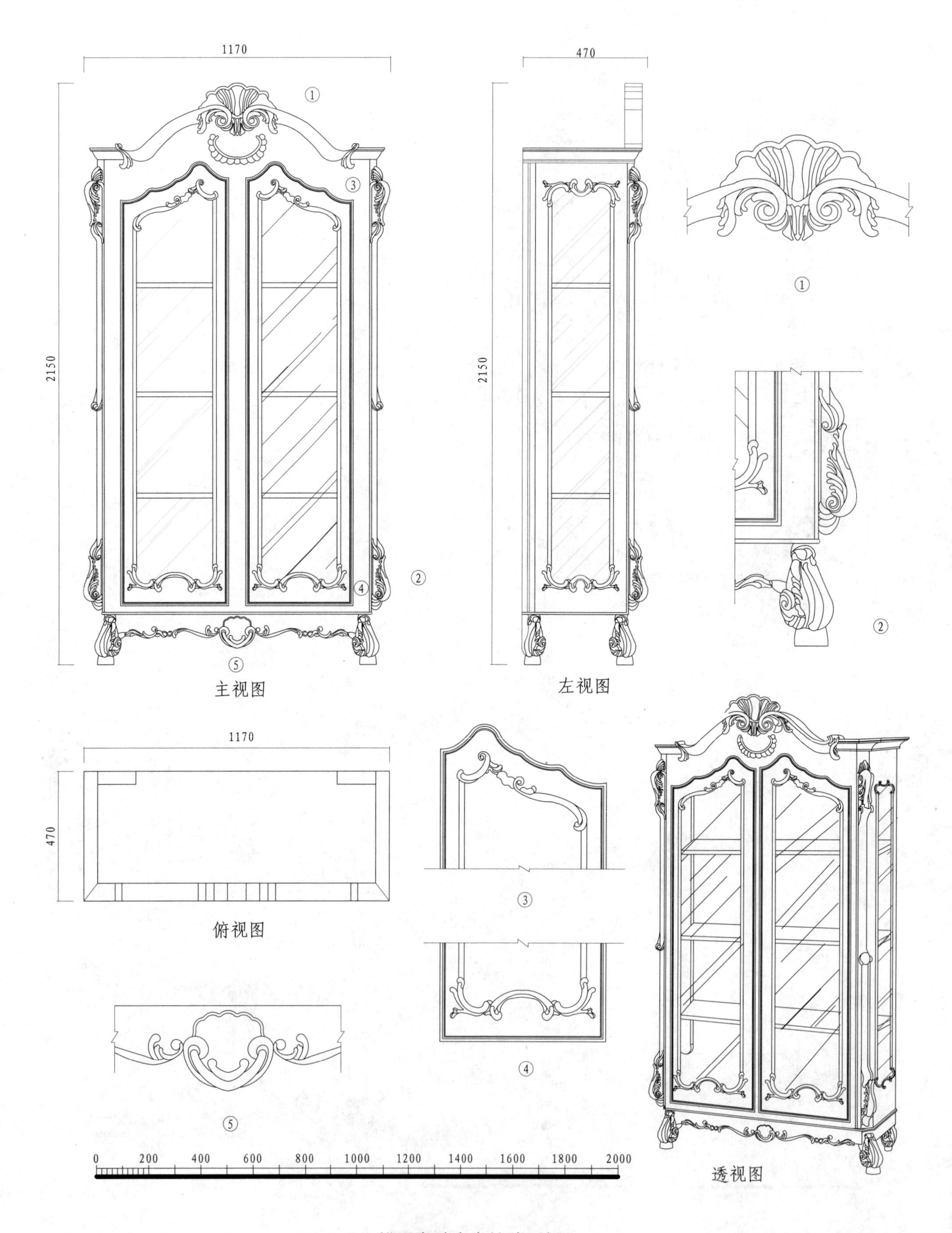
1170
470
2150
2150
①
②
③
④
⑤
主视图
左视图
1170
470
俯视图
透视图
0 200 400 600 800 1000 1200 1400 1600 1800 2000

拱顶卷叶束卷纹陈列柜

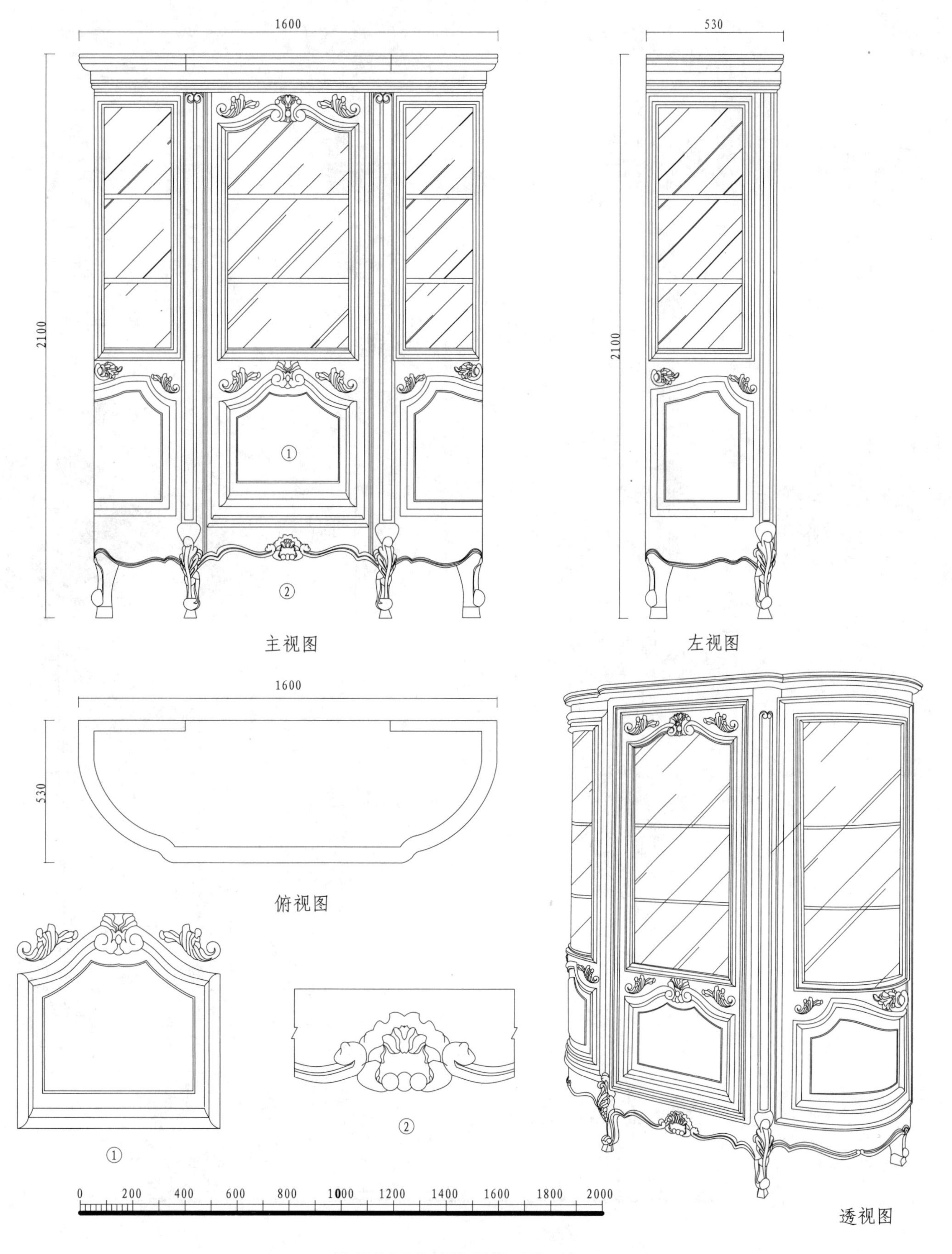
1600
530
2100
2100
①
②
主视图
左视图
1600
530
俯视图
①
②
透视图
0
200
400
600
800
1000
1200
1400
1600
1800
2000

平顶凸面卷叶纹弧梯形陈列柜

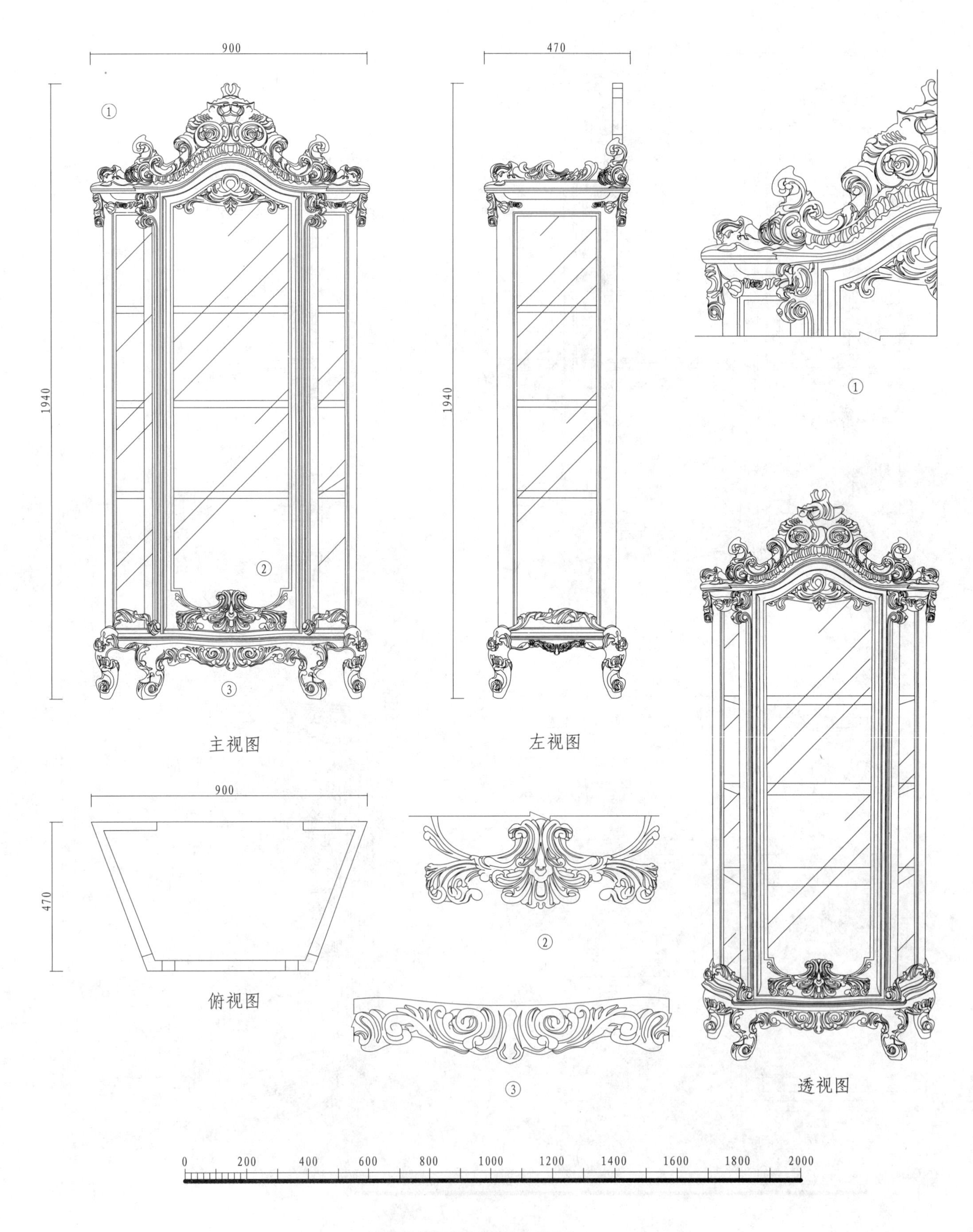
900
470
1940
1940
①
②
③
主视图
左视图
①
900
470
俯视图
②
③
透视图
0
200
400
600
800
1000
1200
1400
1600
1800
2000

拱顶涡卷叶饰梯形陈设柜

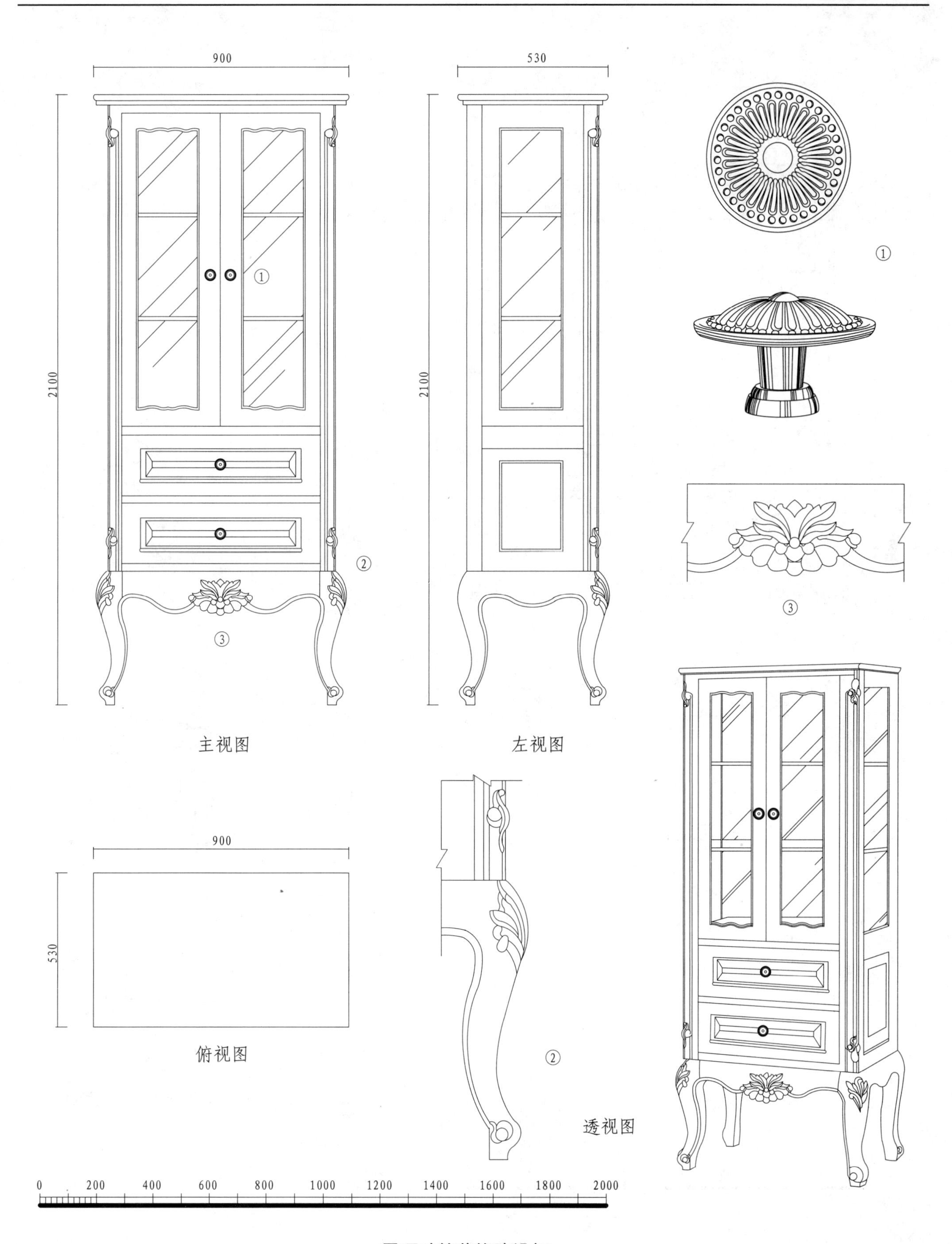
900
530
2100
2100
①
①
②
③
③
主视图
左视图
900
530
俯视图
②
透视图
0
200
400
600
800
1000
1200
1400
1600
1800
2000

平顶叶簇花饰陈设柜

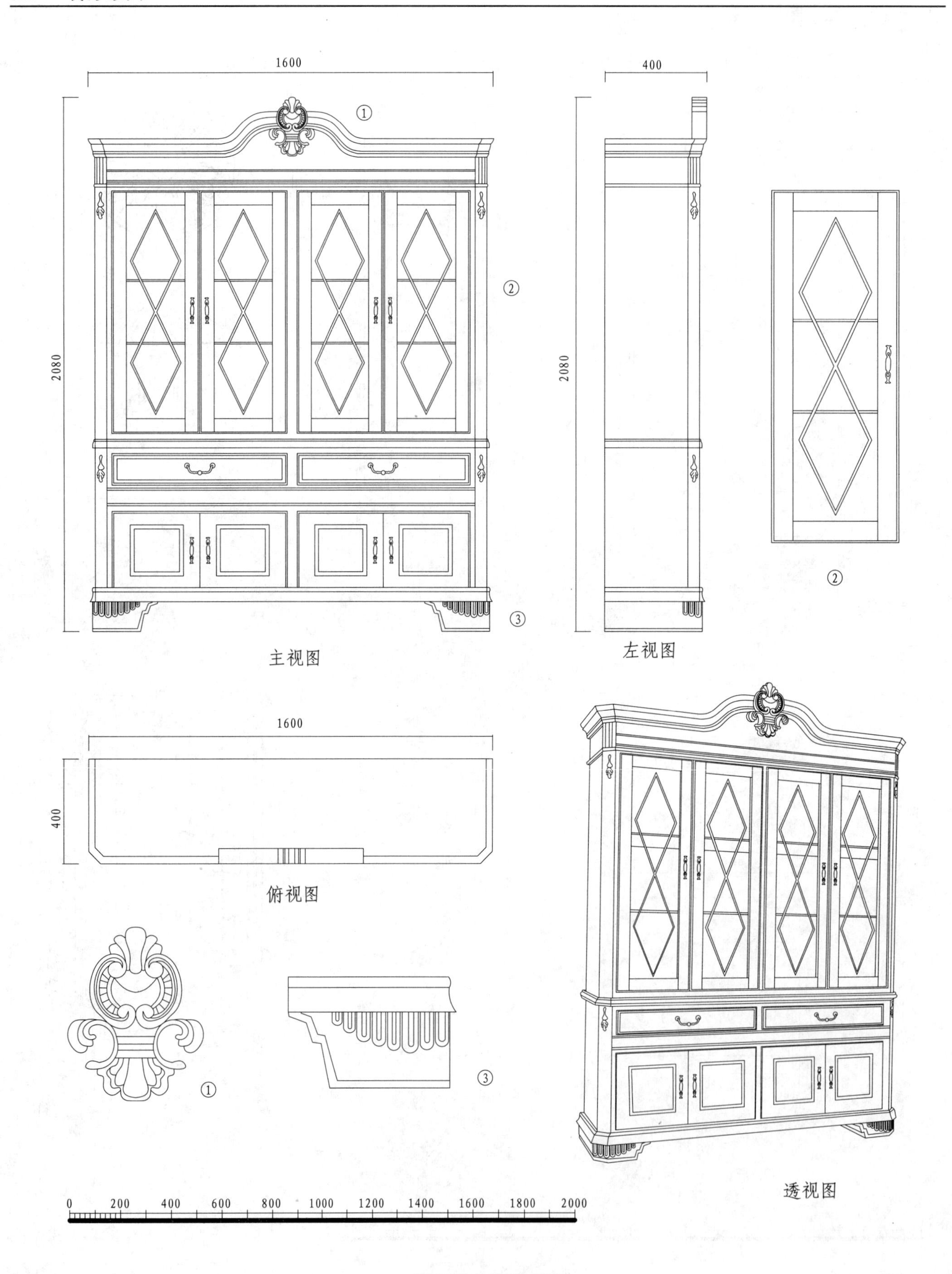
1600
400
①
②
③
2080
2080
②
主视图
左视图
1600
400
俯视图
①
③
透视图
0 200 400 600 800 1000 1200 1400 1600 1800 2000

拱顶垂花饰陈列柜

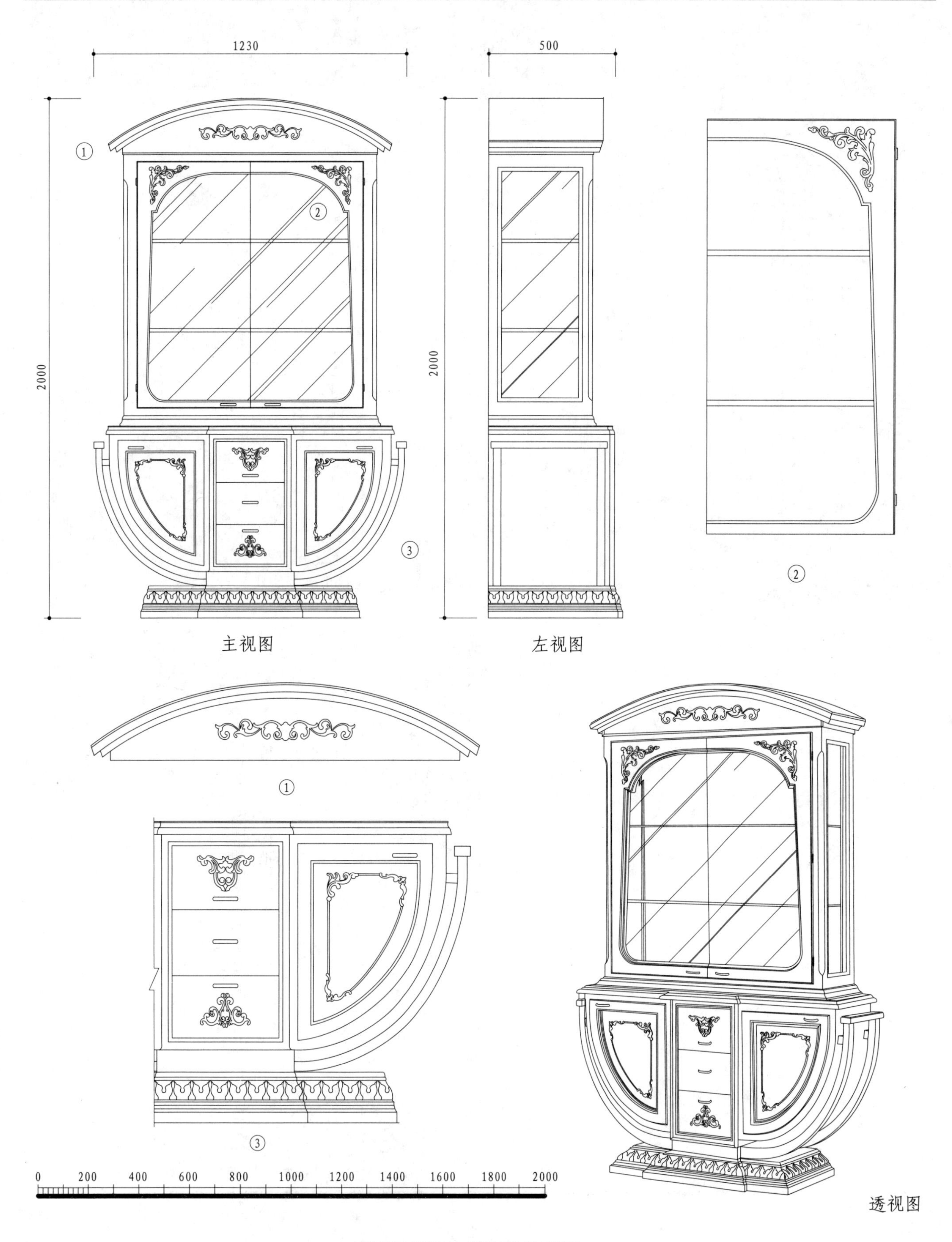

1230
500
2000
2000
①
②
③
主视图
左视图
②
①
③
0
200
400
600
800
1000
1200
1400
1600
1800
2000
透视图

拱顶艮召叶饰断层式陈列柜

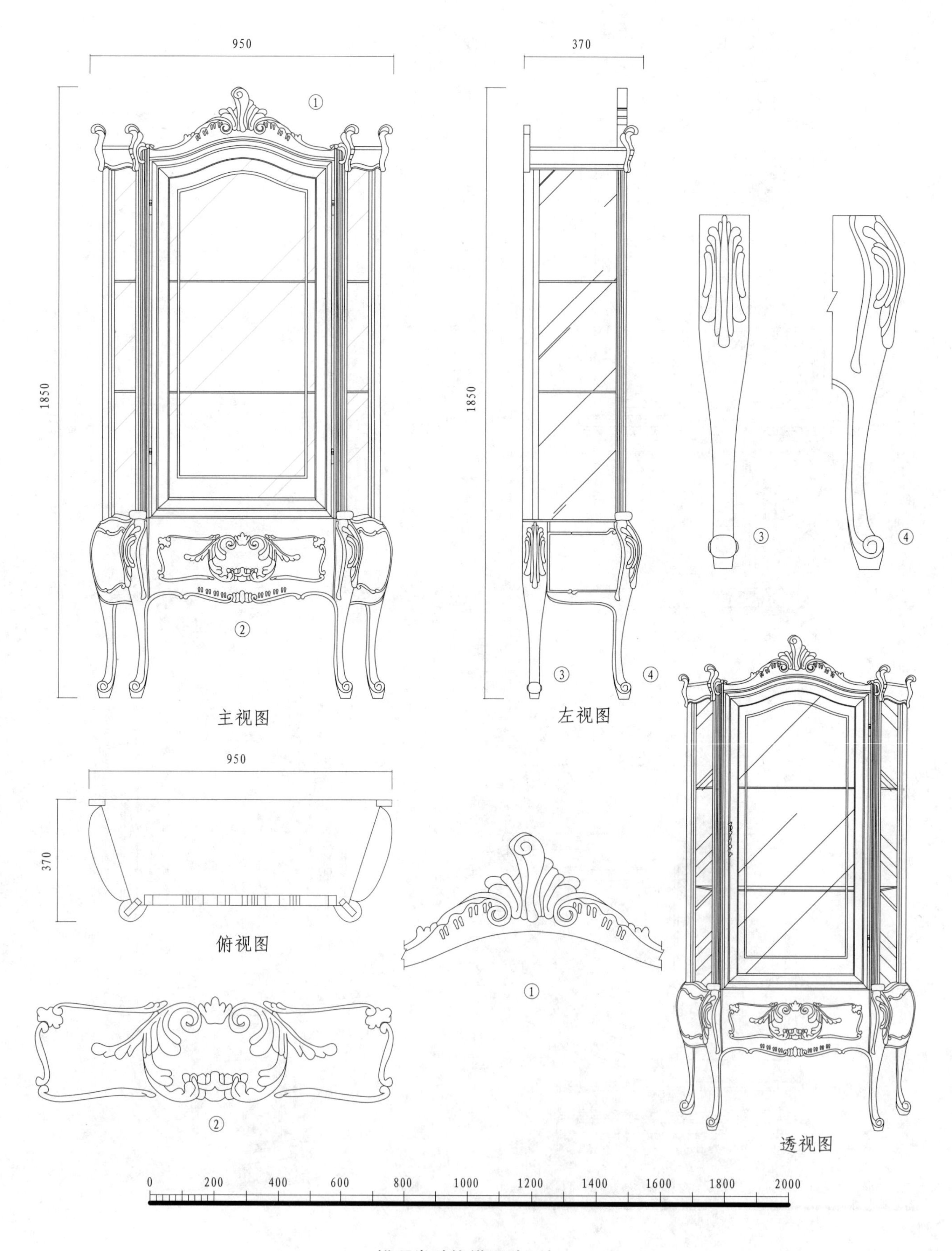
950
370
①
1850
1850
③
④
②
③
④
主视图
左视图
950
370
俯视图
①
②
透视图
0
200
400
600
800
1000
1200
1400
1600
1800
2000

拱顶卷叶饰梯形陈列柜

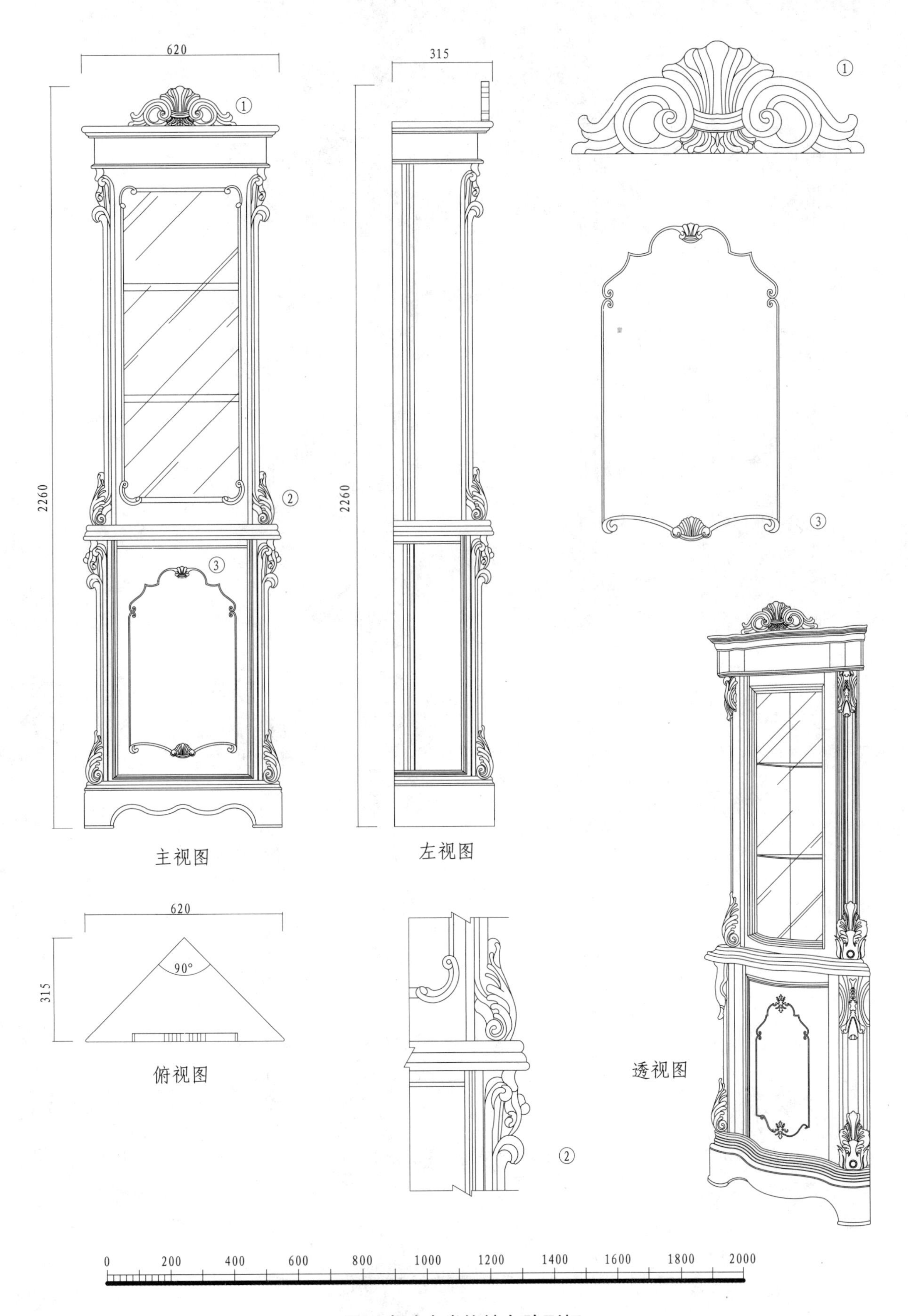
620
315
2260
2260
①
②
③
主视图
左视图
620
315
90°
俯视图
透视图
0
200
400
600
800
1000
1200
1400
1600
1800
2000

平顶卷叶束卷饰墙角陈列柜

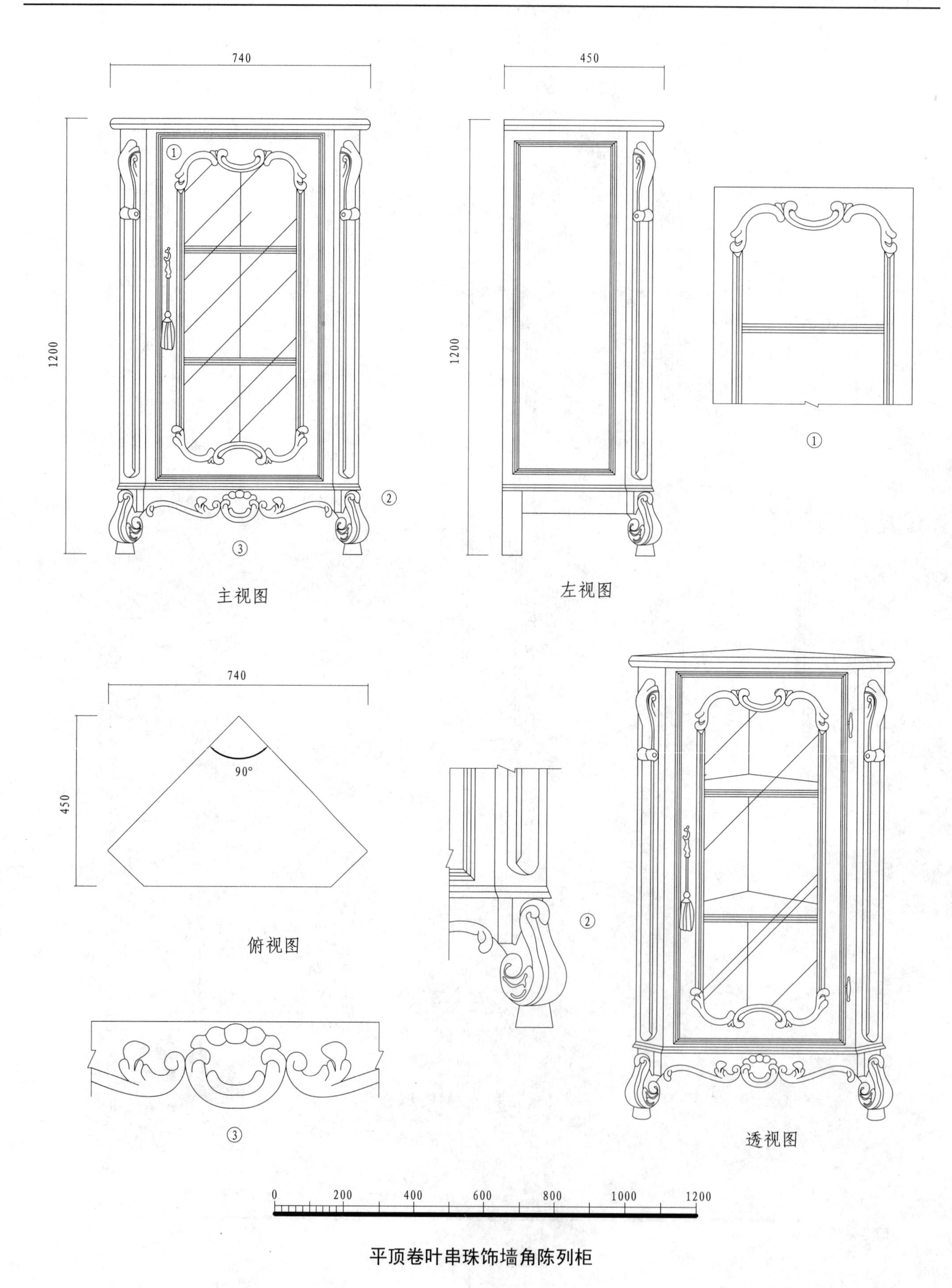
740
450
1200
1200
①
②
③
主视图
左视图
740
450
90°
俯视图
透视图
0
200
400
600
800
1000
1200

平顶卷叶串珠饰墙角陈列柜

书房家具组合

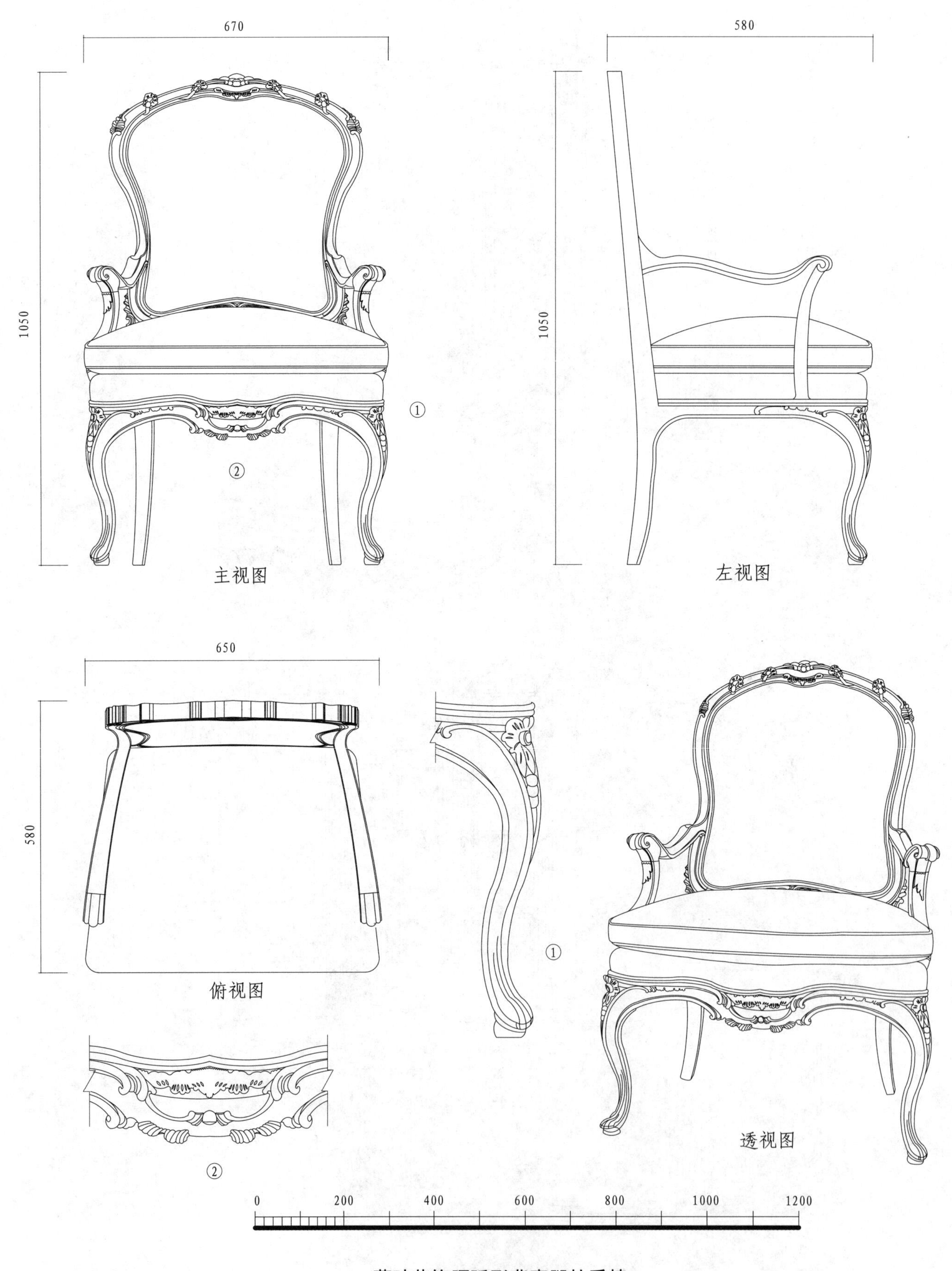
670
580
1050
1050
①
②
主视图
左视图
650
580
俯视图
①
②
透视图
0
200
400
600
800
1000
1200

藤叶花饰腰弧形背弯腿扶手椅

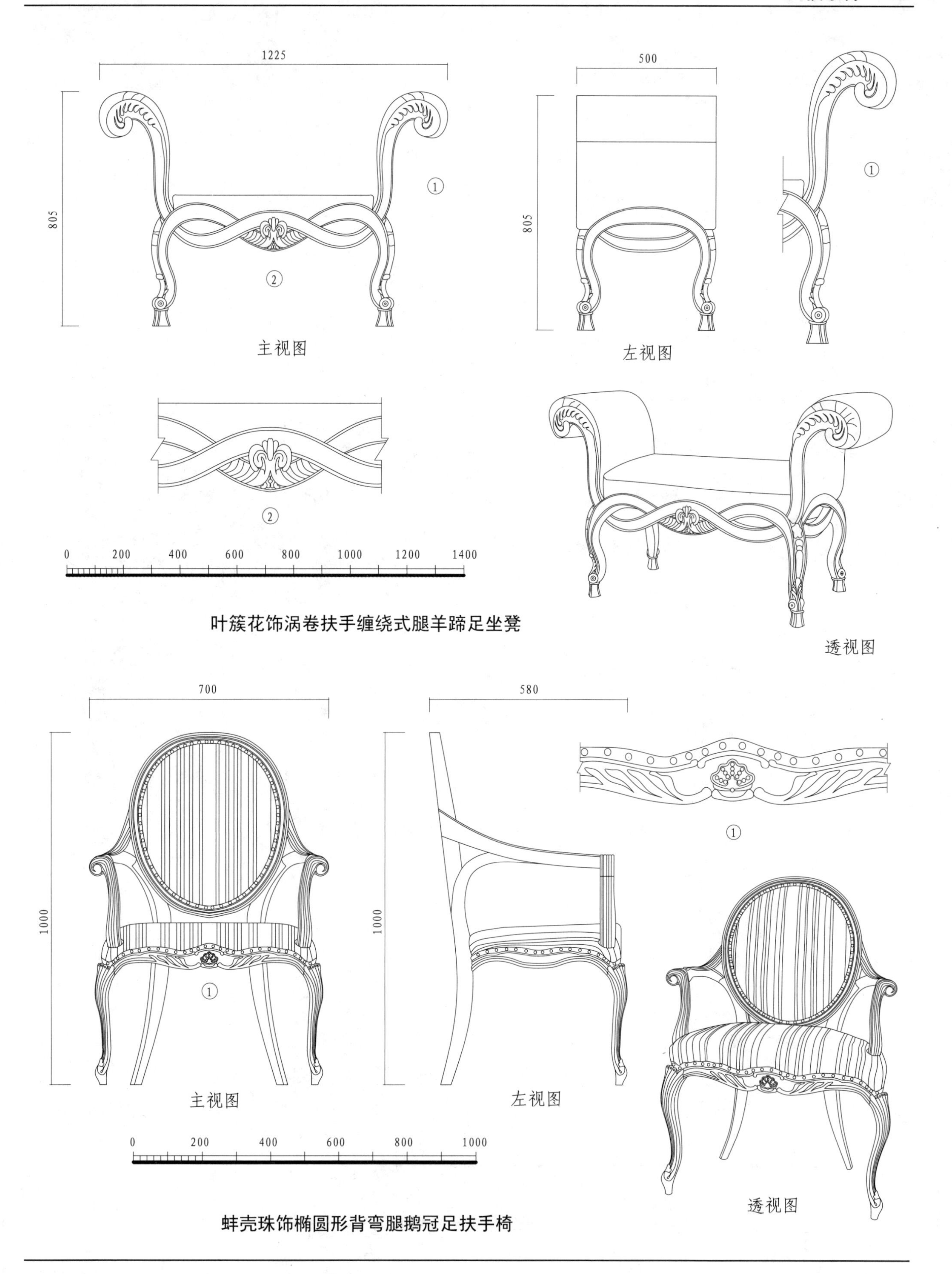
1225
805
①
②
主视图
500
805
左视图
①
②
0 200 400 600 800 1000 1200 1400
透视图
700
1000
①
主视图
580
1000
左视图
①
0 200 400 600 800 1000
透视图

叶簇花饰涡卷扶手缠绕式腿羊蹄足坐凳

蚌壳珠饰椭圆形背弯腿鹅冠足扶手椅

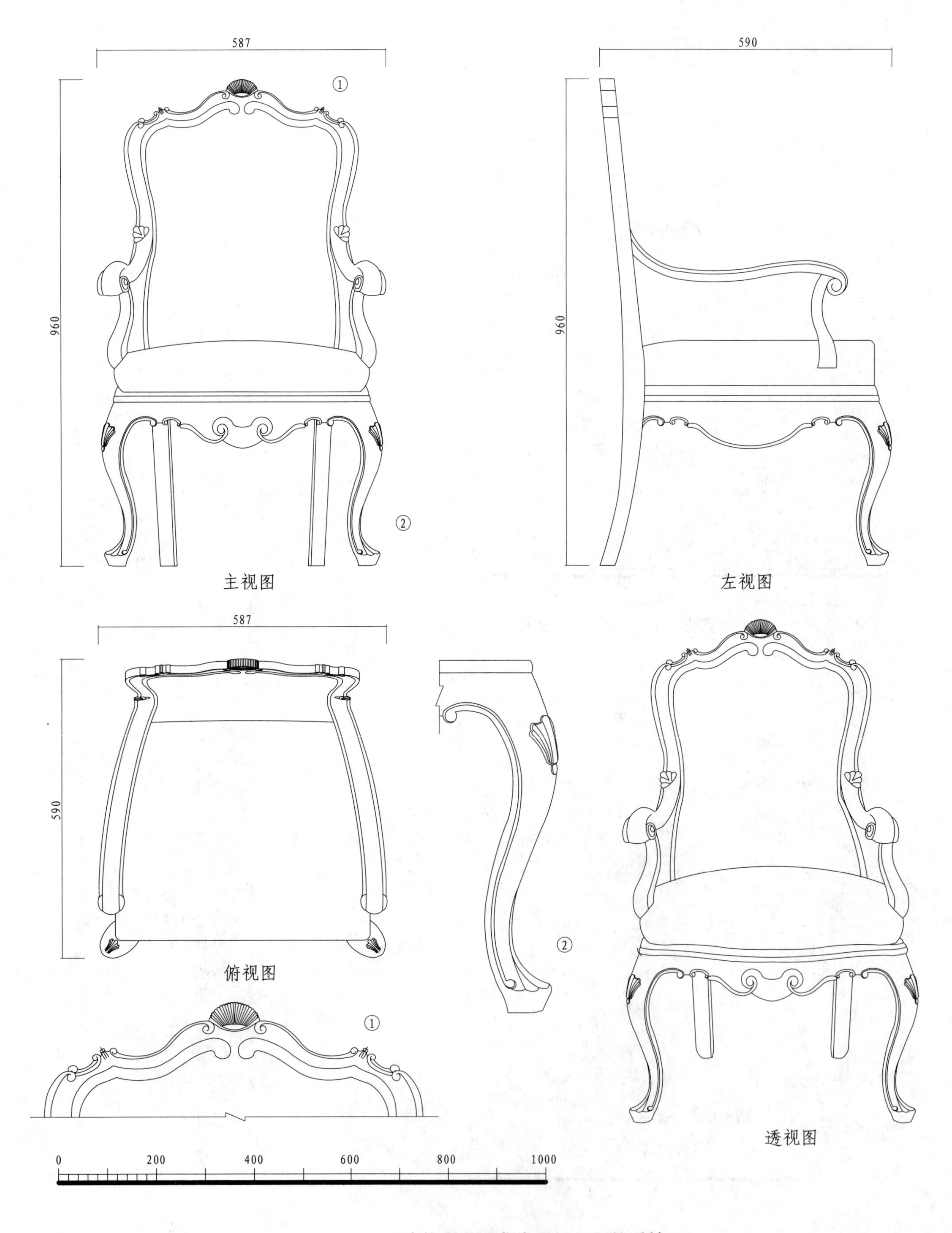
587
590
960
960
①
②
主视图
左视图
587
590
俯视图
②
①
透视图
0
200
400
600
800
1000

贝壳饰腰弧形背弯腿汤勺足扶手椅

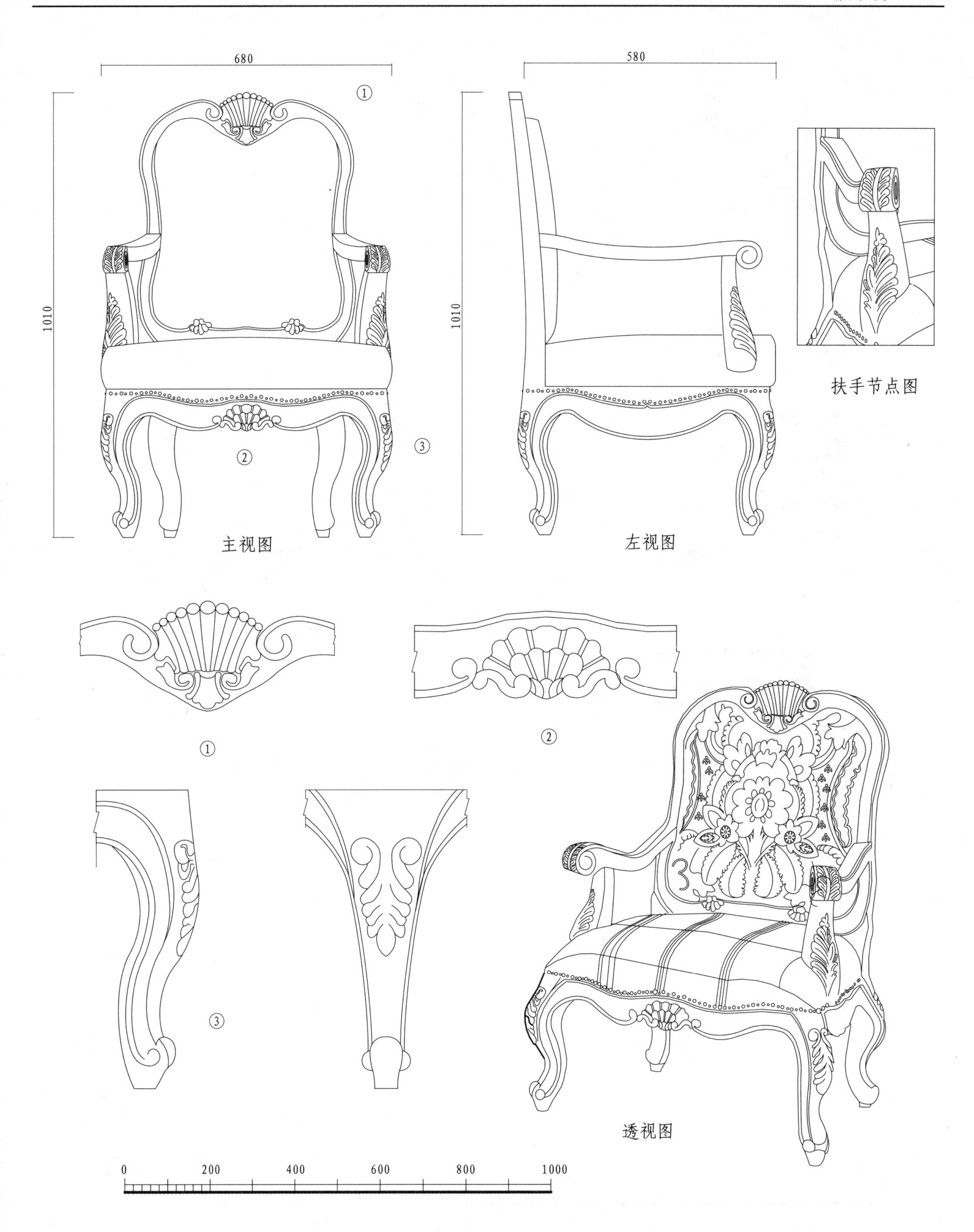
680
580
1010
1010
①
②
③
扶手节点图
主视图
左视图
①
②
③
透视图
0
200
400
600
800
1000

束卷垂叶饰腰弧形背弯腿鹅冠足扶手椅

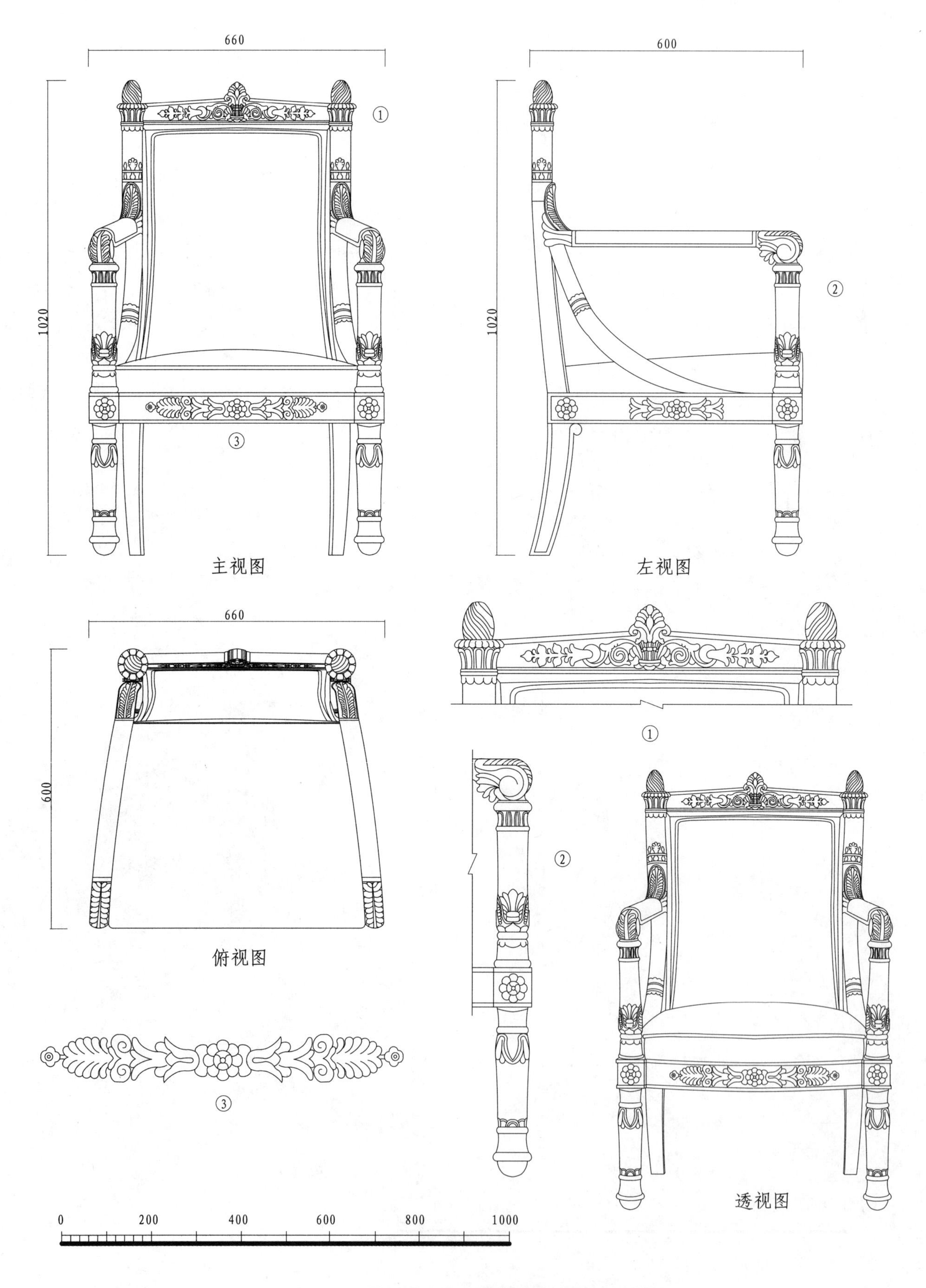
660
600
1020
1020
①
②
③
主视图
左视图
660
600
①
②
俯视图
③
透视图
0
200
400
600
800
1000

卷叶花心饰方形背旋制前腿扶手椅

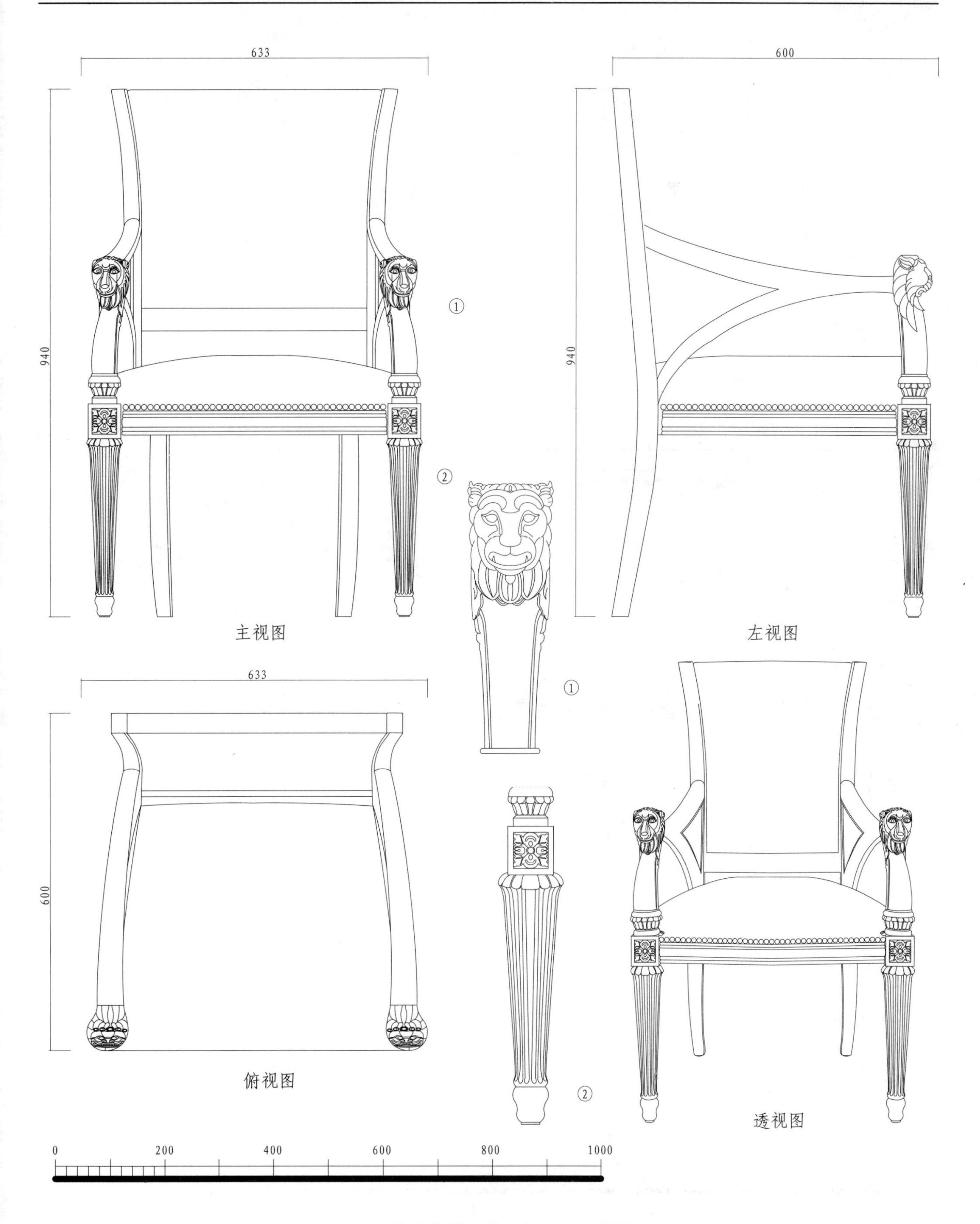
633
600
940
940
①
②
主视图
左视图
633
①
600
俯视图
②
透视图
0
200
400
600
800
1000

狮头饰平形背伞状前腿扶手椅

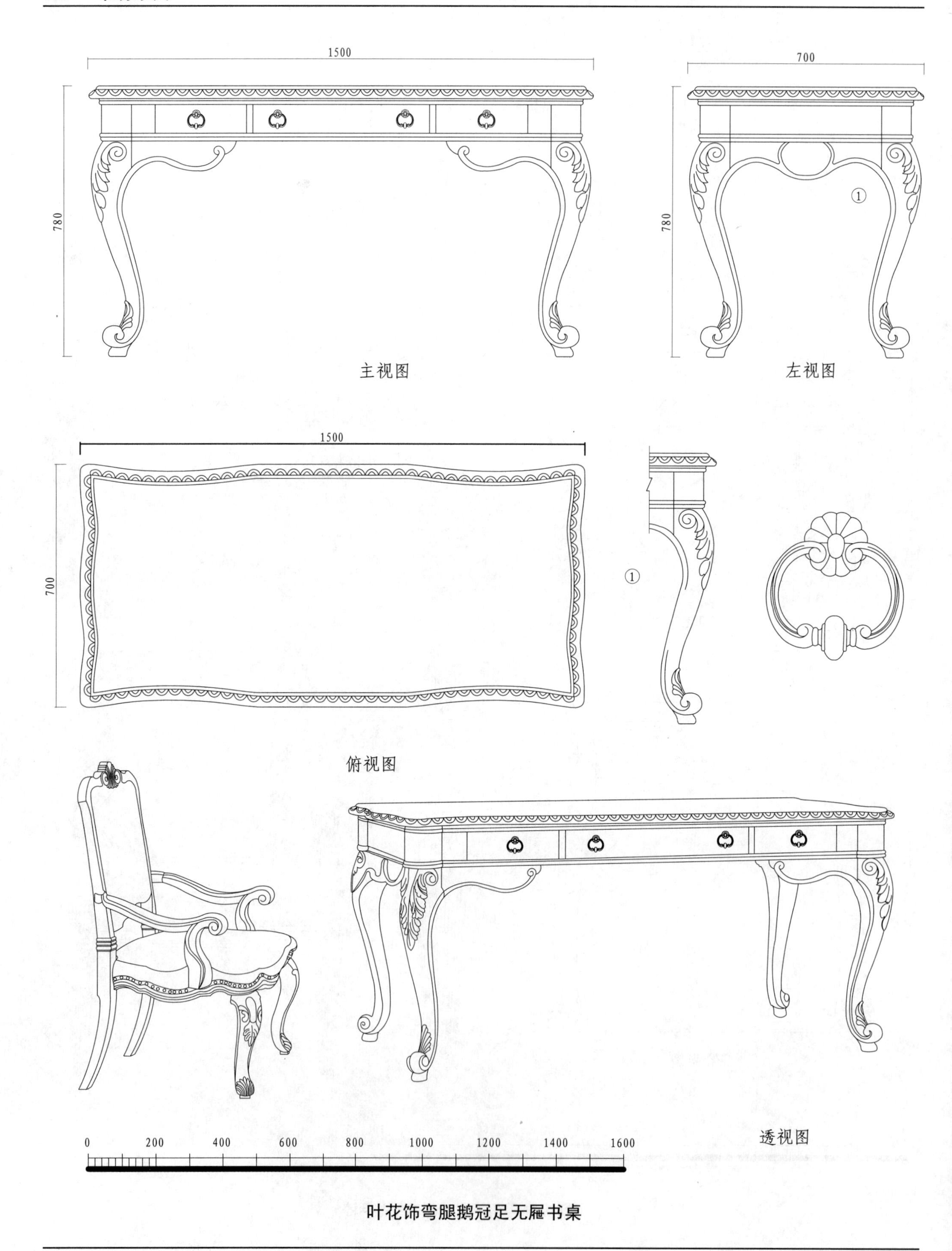
1500
700
780
780
①
主视图
左视图
1500
700
①
俯视图
透视图
0
200
400
600
800
1000
1200
1400
1600

叶花饰弯腿鹅冠足无屉书桌

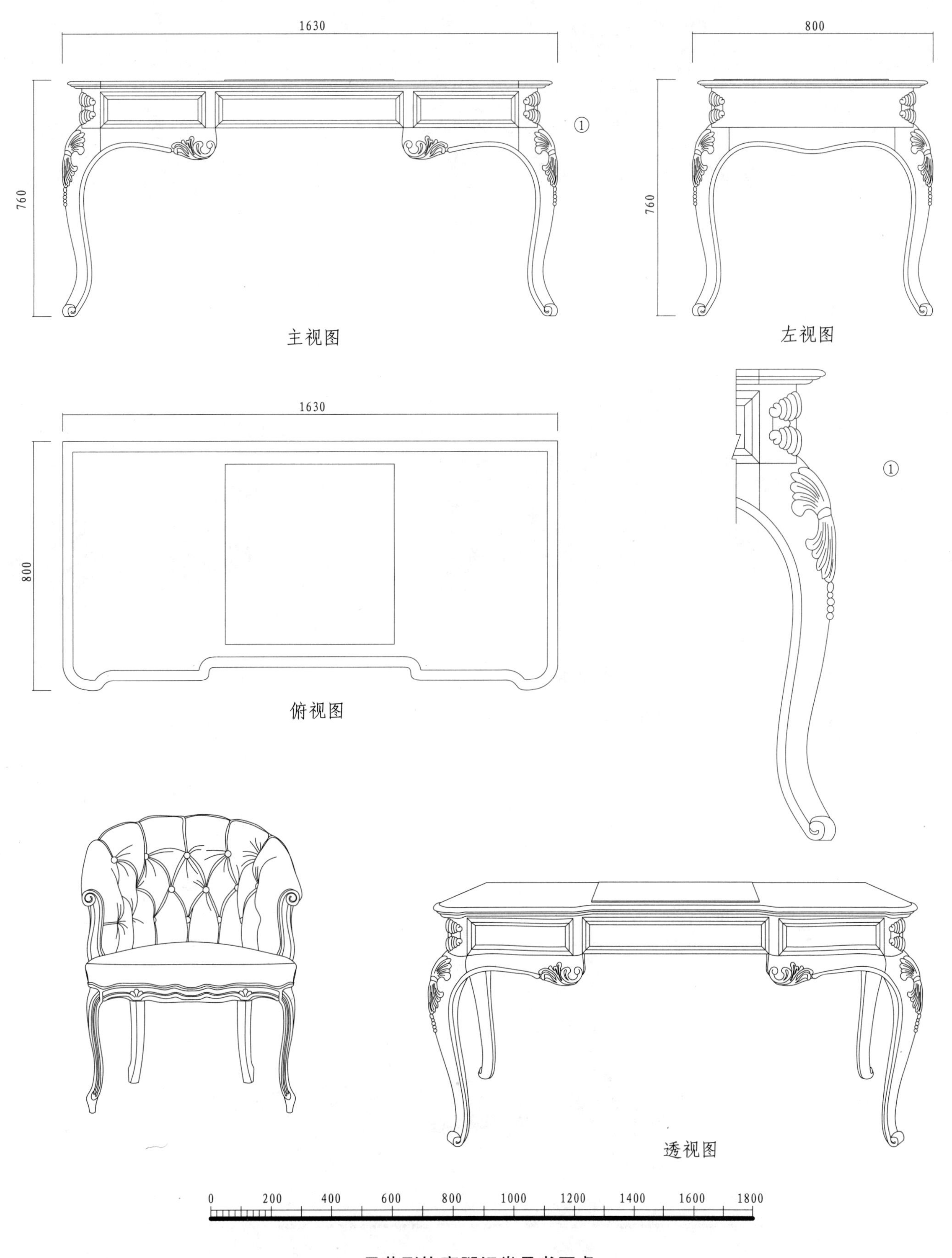
1630
800
760
760
①
主视图
左视图
1630
800
俯视图
①
透视图
0
200
400
600
800
1000
1200
1400
1600
1800

吊花形饰弯腿涡卷足书写桌

1900
500
900
900
①
②
主视图
左视图
1900
500
俯视图
①
②
透视图
0
200
400
600
800
1000
1200
1400
1600
1800
2000

卷叶饰八角面鹅冠足书桌

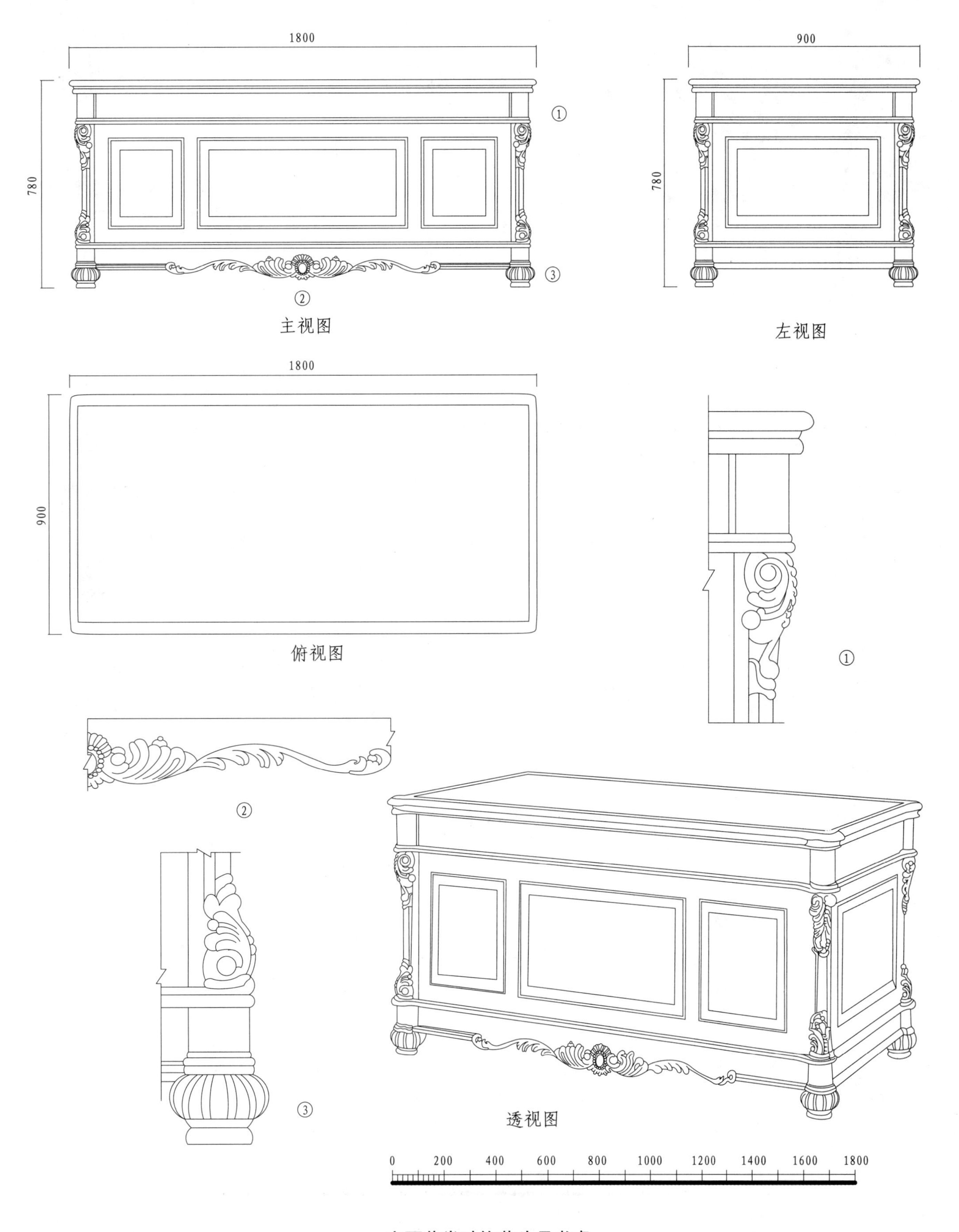
1800
780
①
②
③
主视图
900
780
左视图
1800
900
俯视图
①
②
③
透视图
0 200 400 600 800 1000 1200 1400 1600 1800

宝石花卷叶饰蒜头足书桌

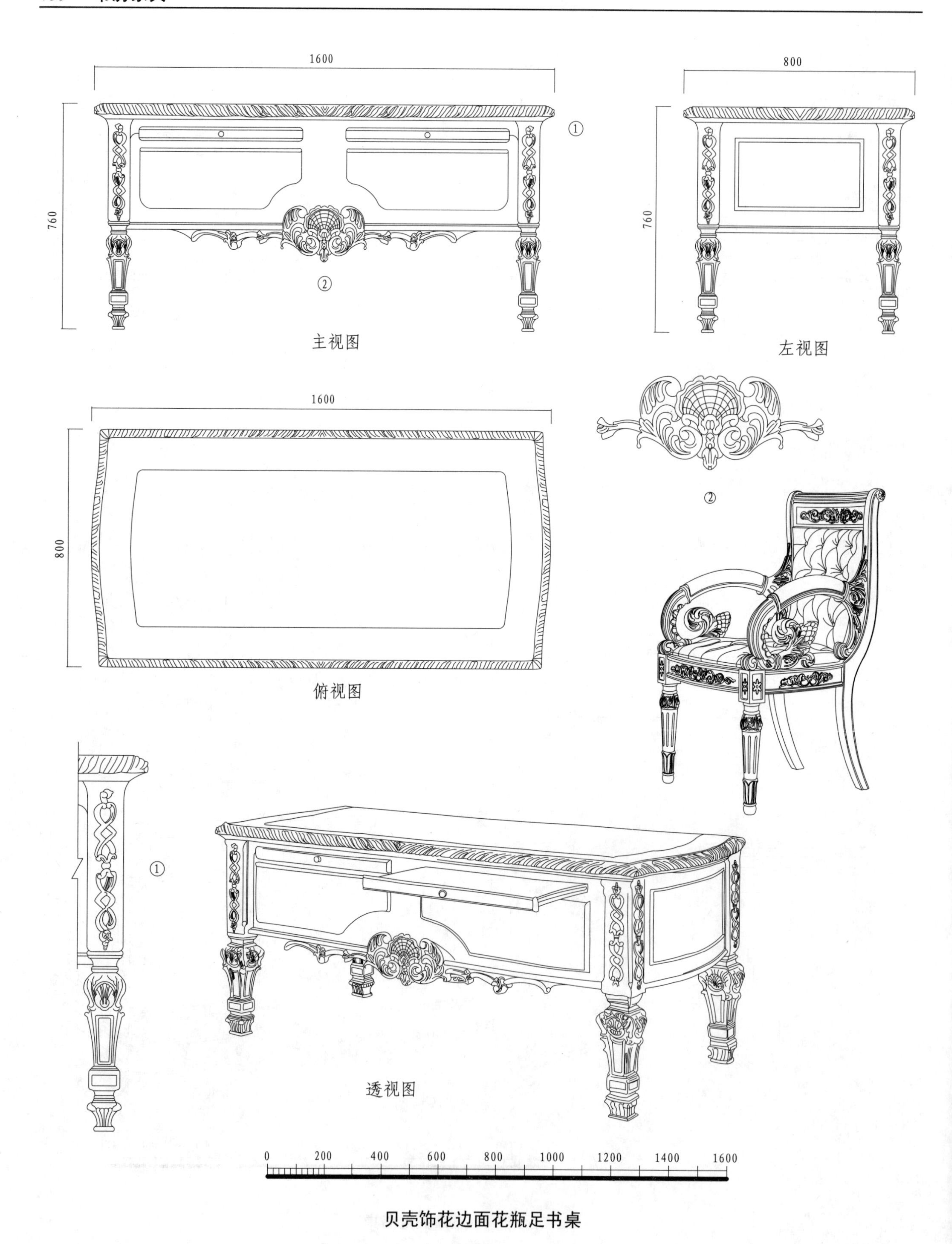
1600
800
760
760
①
②
主视图
左视图
1600
800
俯视图
②
①
透视图
0
200
400
600
800
1000
1200
1400
1600

贝壳饰花边面花瓶足书桌

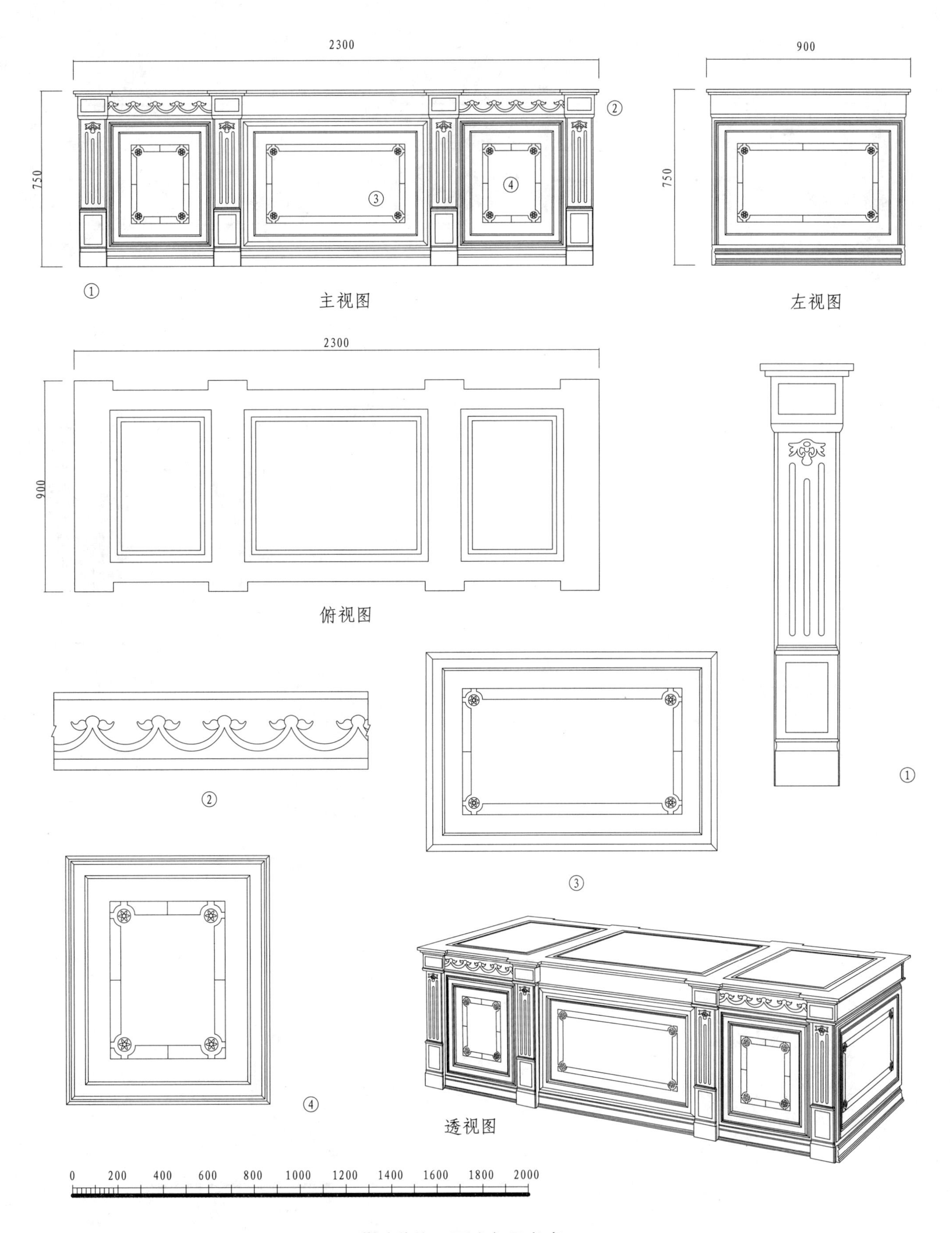
2300
900
750
750
②
③
④
①
主视图
左视图
2300
900
俯视图
①
②
③
④
透视图
0
200
400
600
800
1000
1200
1400
1600
1800
2000

藤叶花饰三面式包足书桌

1800
890
780
①
②
主视图
左视图
1800
890
俯视图
①
透视图
②
0
200
400
600
800
1000
1200
1400
1600
1800

花叶饰弯腿汤勺足书写桌

1825
913
780
780
主视图
左视图
1825
913
俯视图
①
②
①
②
透视图
0
200
400
600
800
1000
1200
1400
1600
1800
2000

垂叶饰弯曲边面弯腿鹅冠足书写桌

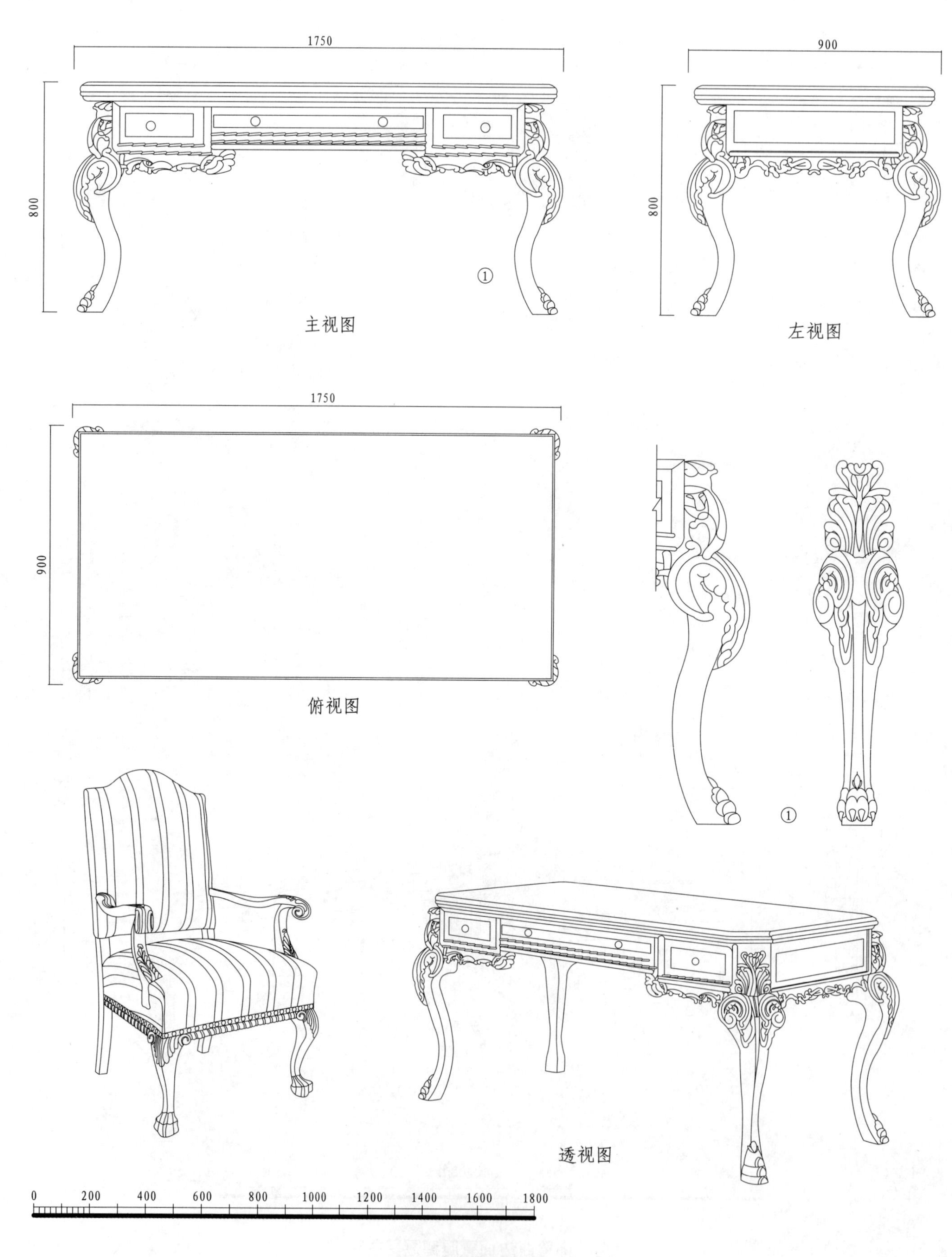
1750
900
800
800
①
主视图
左视图
1750
900
俯视图
①
透视图
0
200
400
600
800
1000
1200
1400
1600
1800

艮召叶饰弯腿狮爪足书写桌

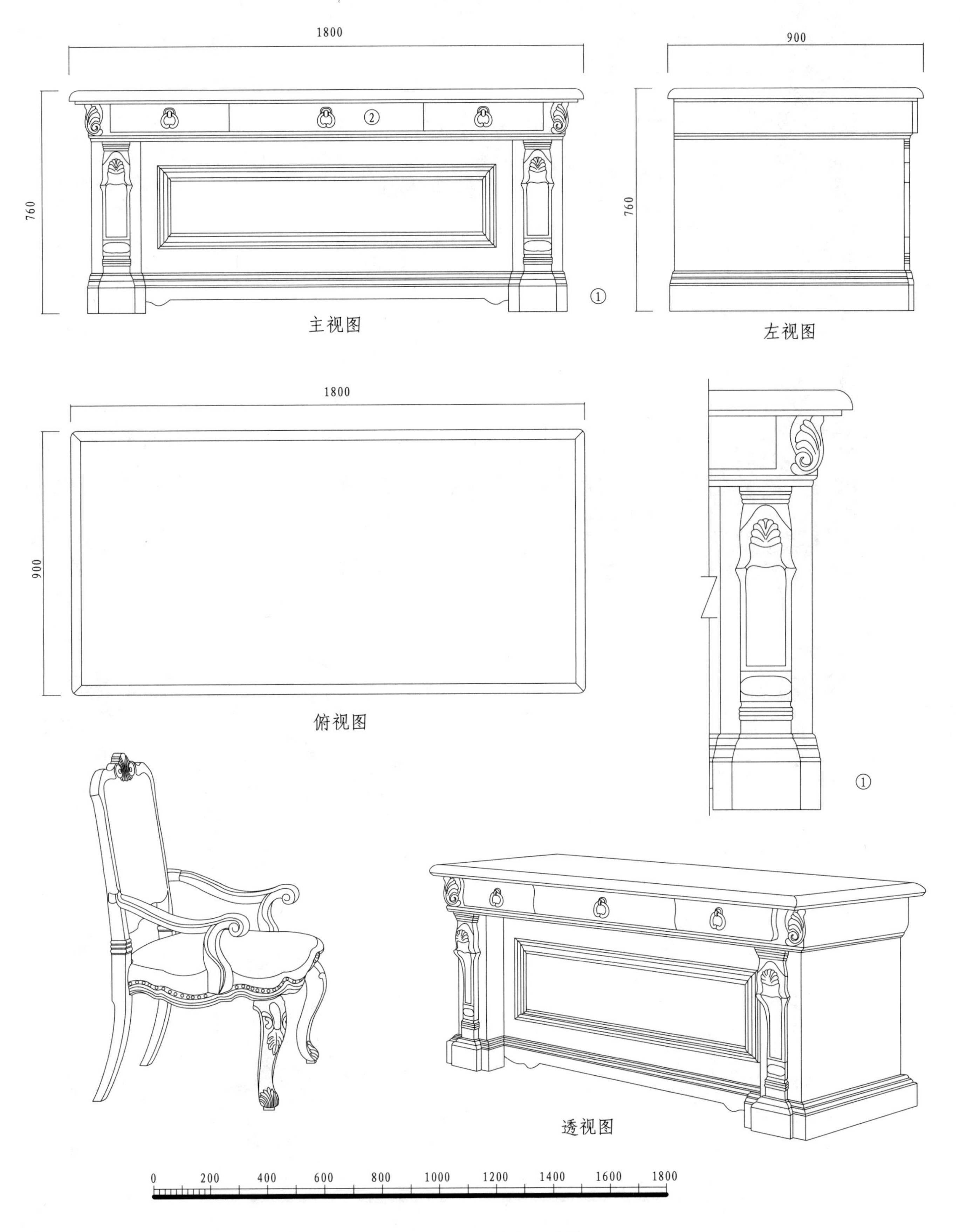
1800
900
760
760
②
①
主视图
左视图
1800
900
俯视图
①
透视图
0
200
400
600
800
1000
1200
1400
1600
1800

卷叶饰两面屉包足书桌

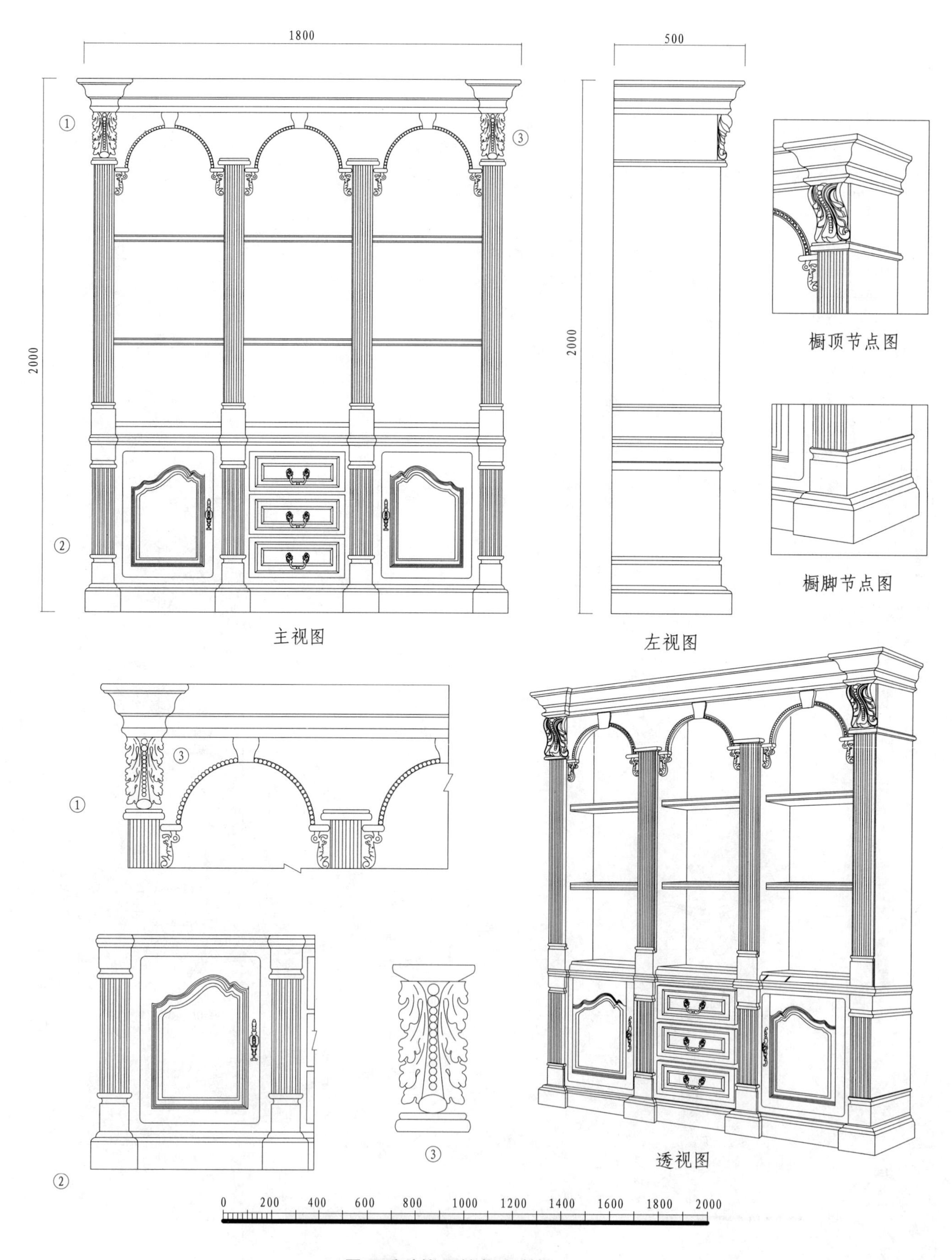
1800
500
2000
2000
①
②
③
橱顶节点图
橱脚节点图
主视图
左视图
透视图
0 200 400 600 800 1000 1200 1400 1600 1800 2000

平顶垂叶饰凸柱包脚书柜

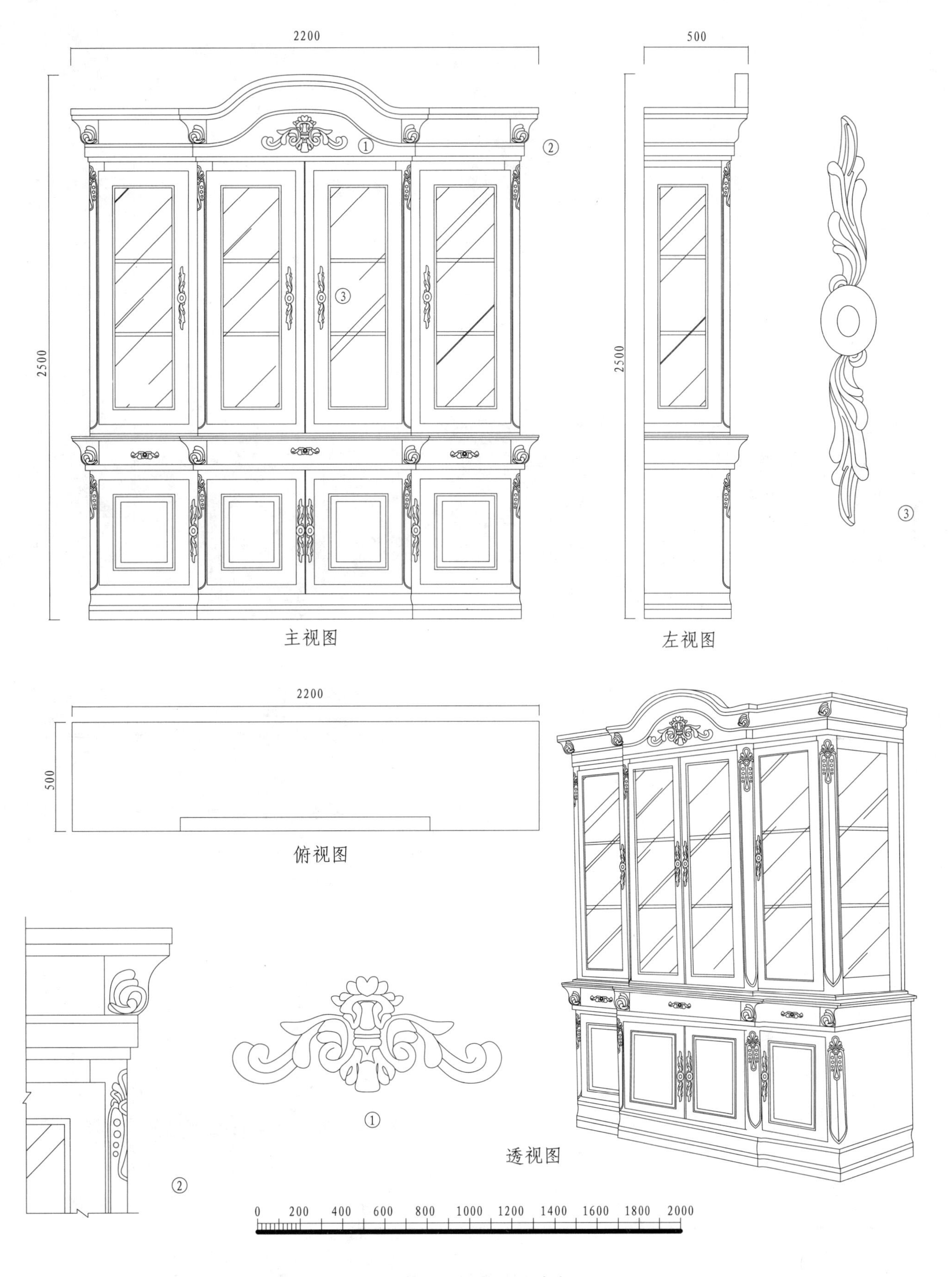
2200
500
①
②
③
2500
2500
主视图
左视图
③
2200
500
俯视图
透视图
①
②
0 200 400 600 800 1000 1200 1400 1600 1800 2000

拱顶卷叶花饰断层式书柜

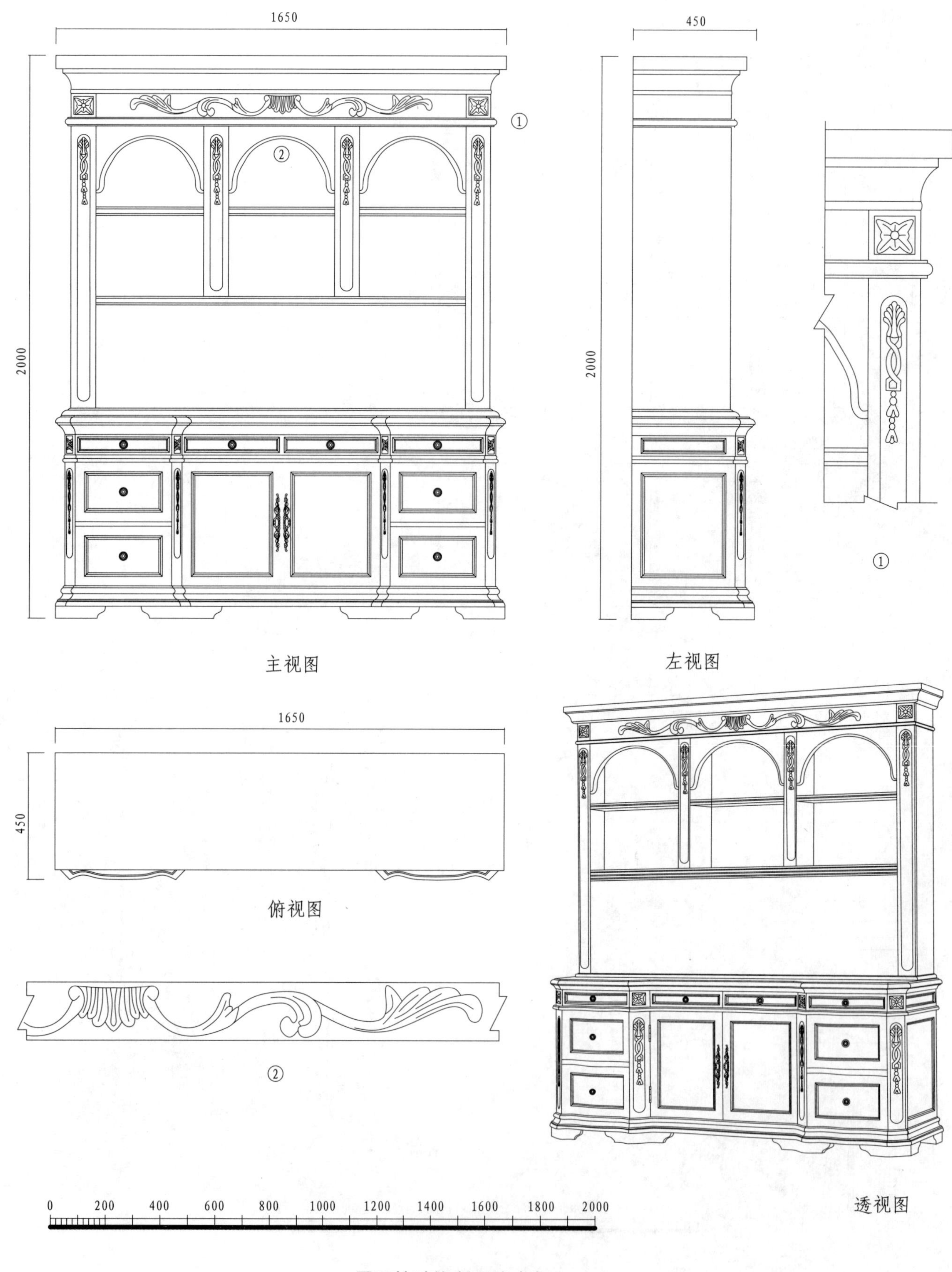
1650
450
2000
2000
①
②
①
主视图
左视图
1650
450
俯视图
②
0 200 400 600 800 1000 1200 1400 1600 1800 2000
透视图

平顶枝叶饰断层式书柜

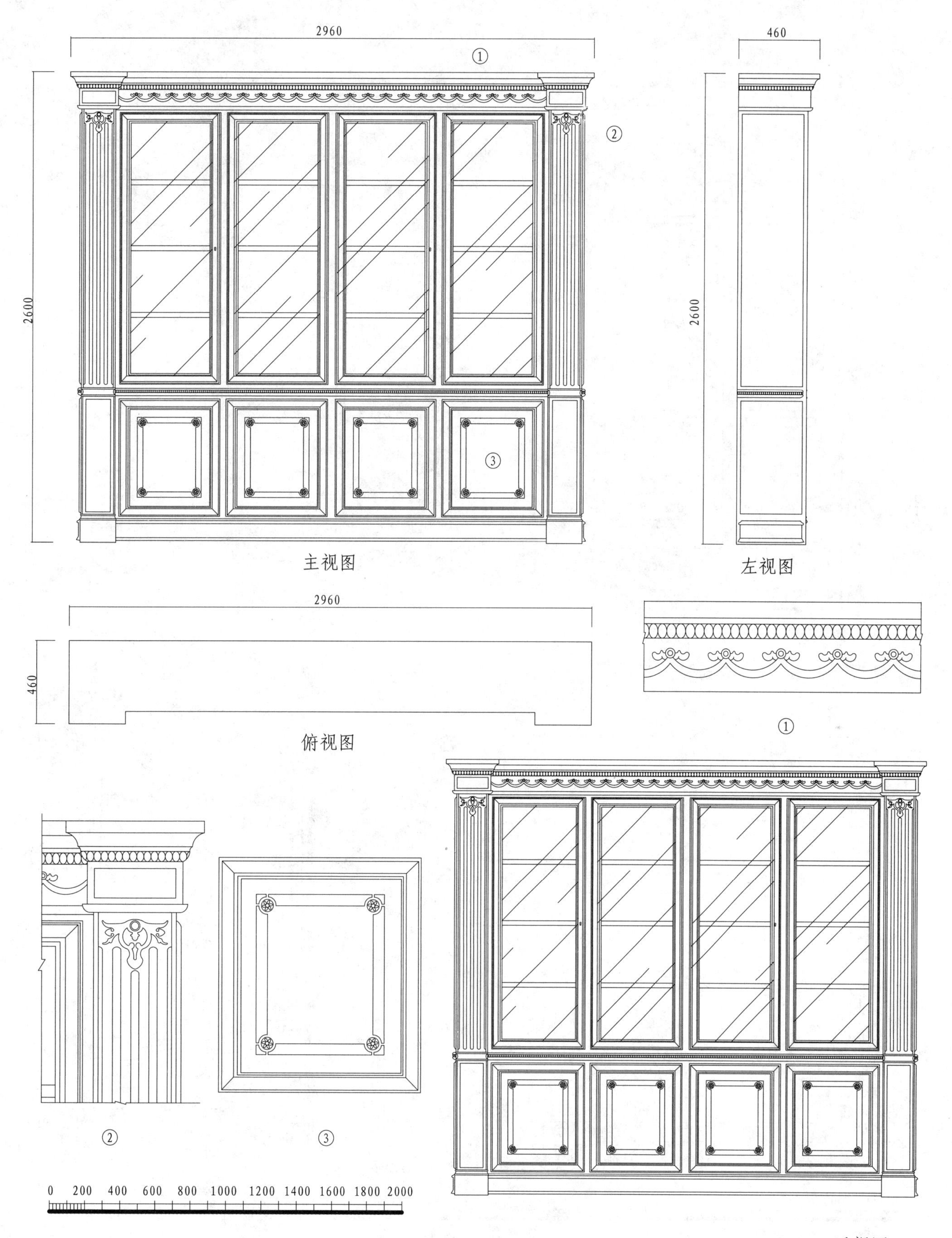
2960
①
②
2600
③
主视图
460
2600
左视图
2960
460
俯视图
①
②
③
0 200 400 600 800 1000 1200 1400 1600 1800 2000
透视图

平顶藤叶饰凸柱包脚书柜

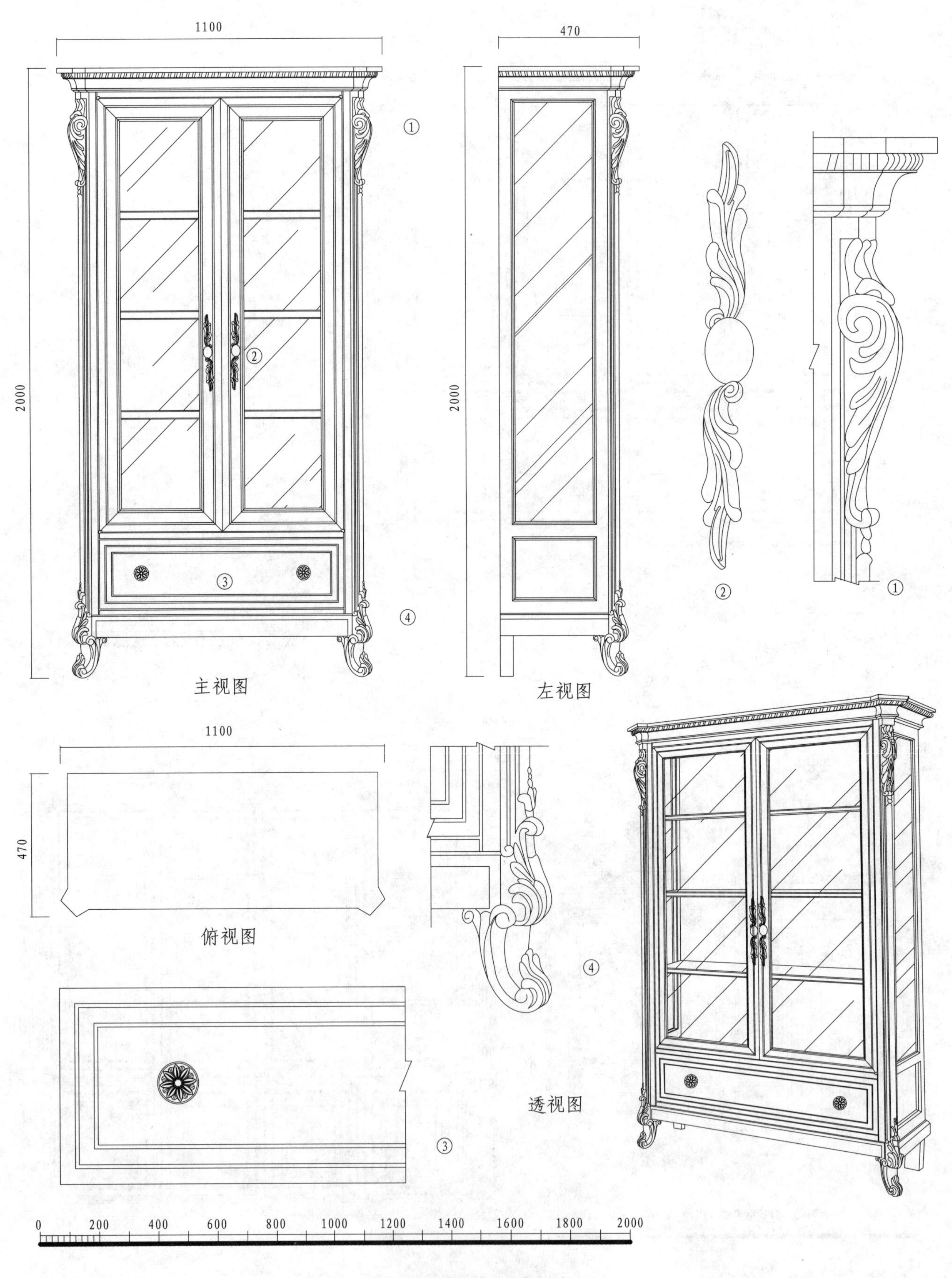
1100
470
2000
2000
①
②
③
④
主视图
左视图
1100
470
俯视图
透视图
0
200
400
600
800
1000
1200
1400
1600
1800
2000

平顶垂叶饰角柱弯足书柜

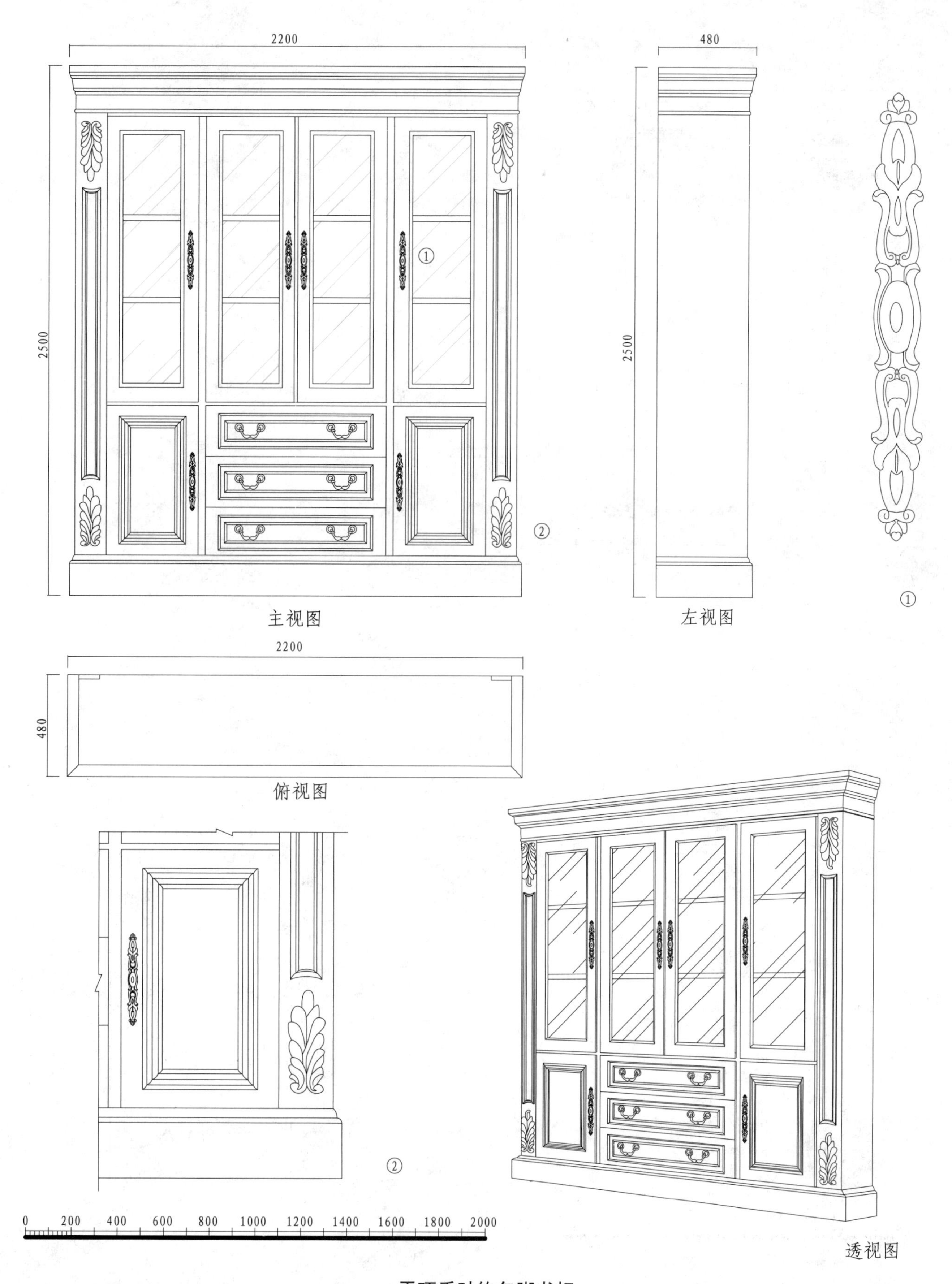
2200
480
2500
2500
①
②
①
主视图
左视图
2200
480
俯视图
②
0 200 400 600 800 1000 1200 1400 1600 1800 2000
透视图

平顶垂叶饰包脚书柜

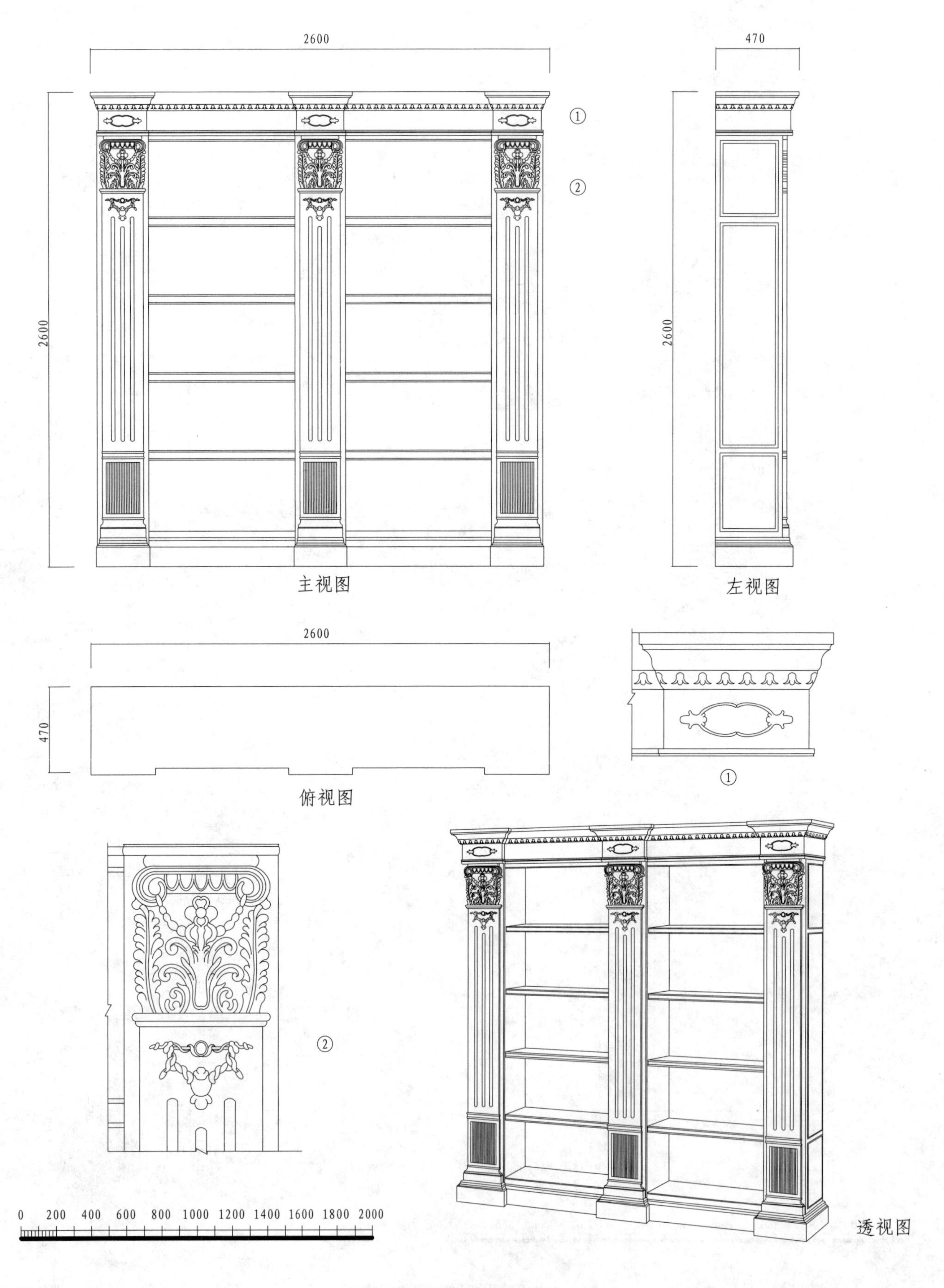
2600
470
①
②
2600
2600
主视图
左视图
2600
470
俯视图
①
②
0 200 400 600 800 1000 1200 1400 1600 1800 2000
透视图

平顶花叶饰凸柱包脚书架

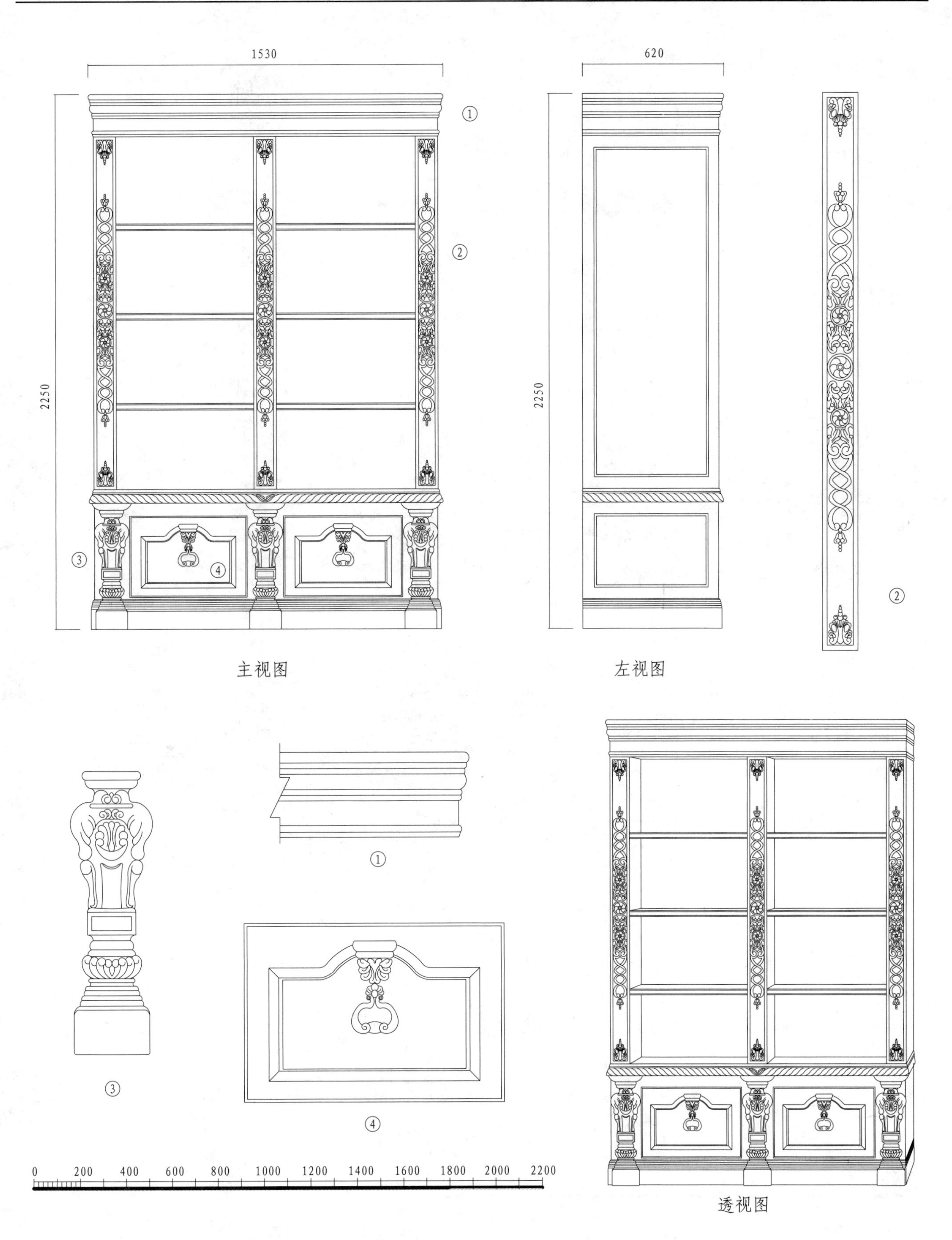
1530
620
2250
2250
①
②
③
④
主视图
左视图
透视图
0
200
400
600
800
1000
1200
1400
1600
1800
2000
2200

缠藤花饰凸柱型断层书架

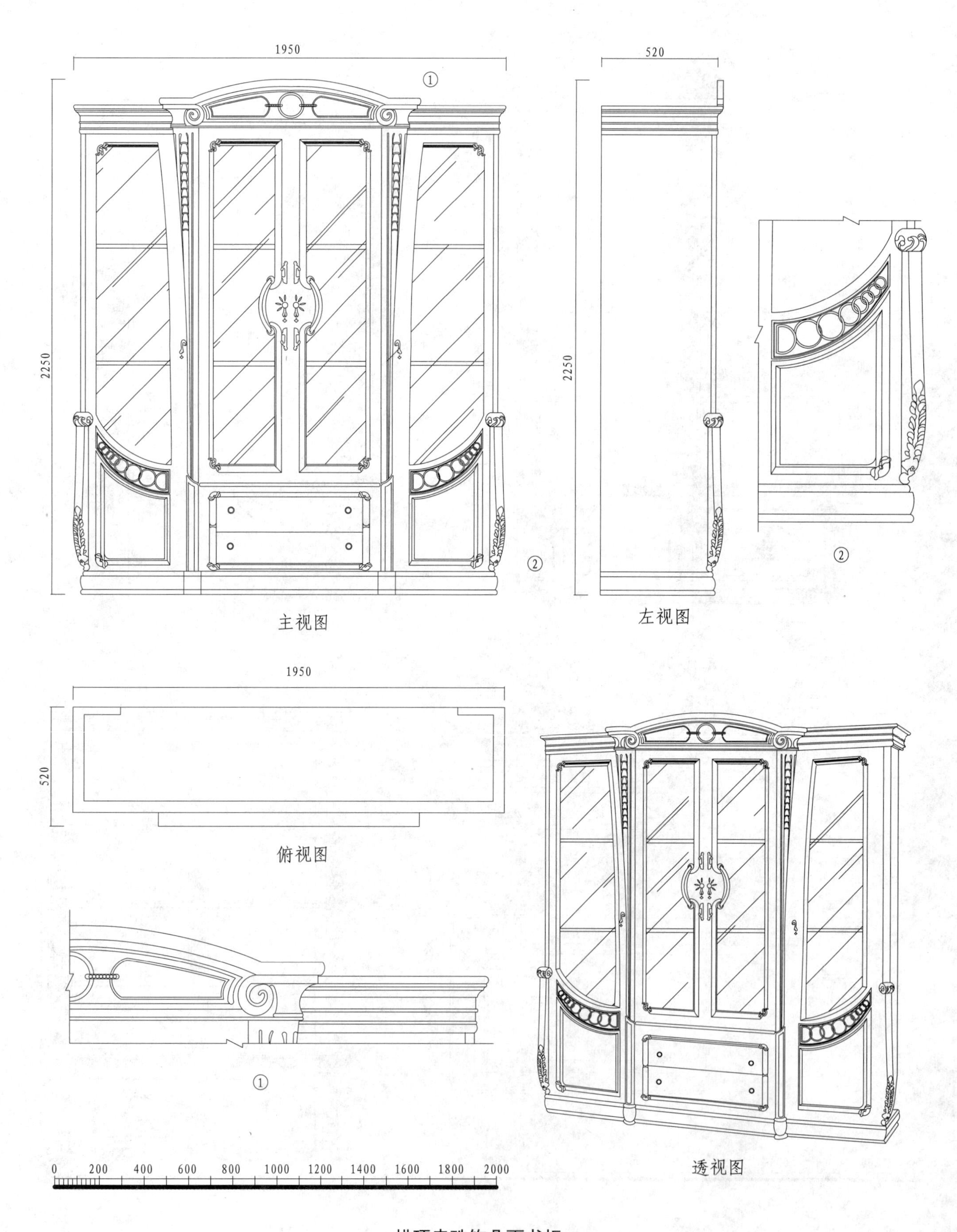
1950
①
2250
520
2250
②
②
主视图
左视图
1950
520
俯视图
①
透视图
0 200 400 600 800 1000 1200 1400 1600 1800 2000

拱顶串珠饰凸面书柜

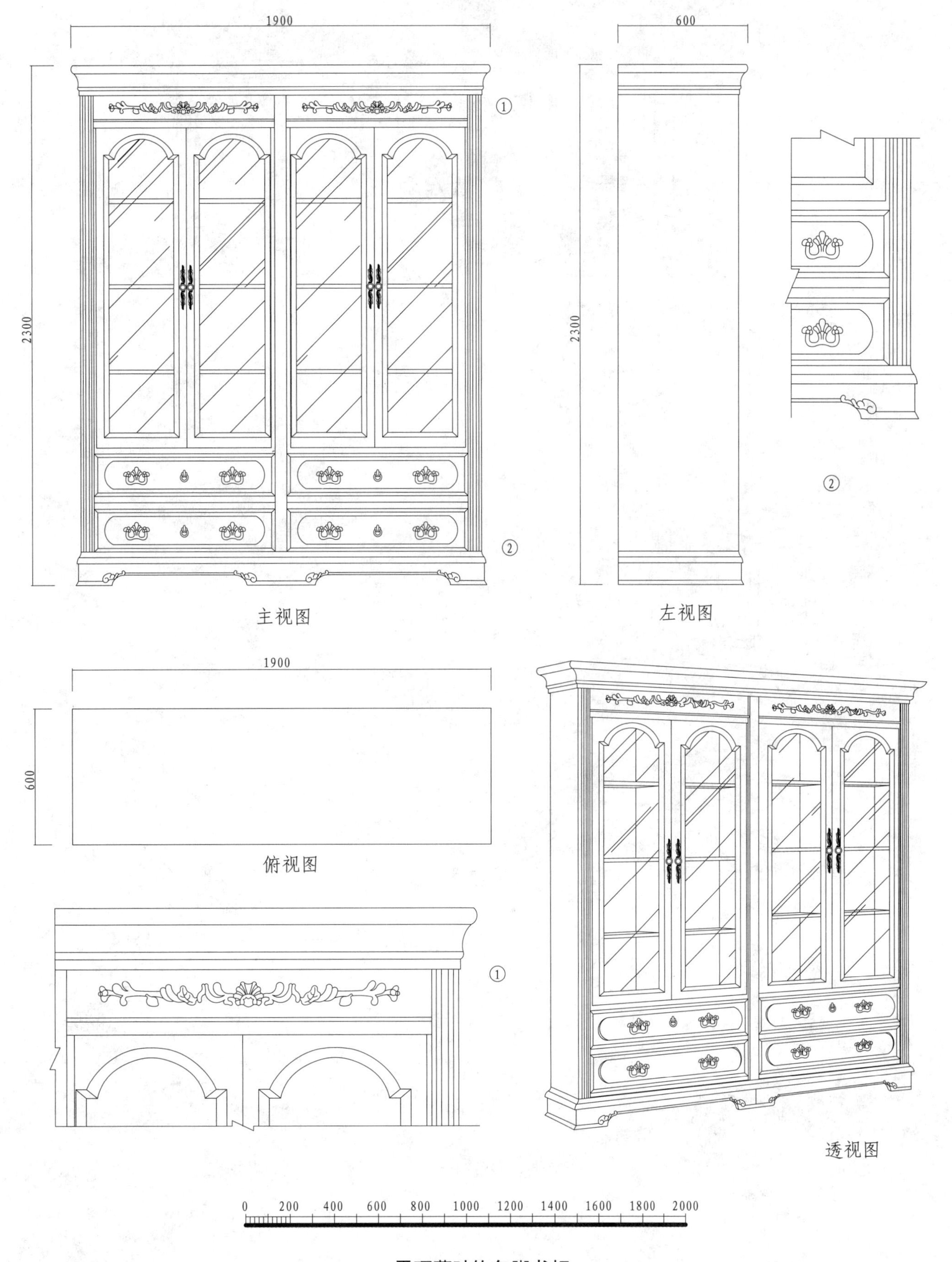
1900
600
2300
2300
1
2
2
主视图
左视图
1900
600
俯视图
1
透视图
0 200 400 600 800 1000 1200 1400 1600 1800 2000

平顶藤叶饰包脚书柜

卧房家具组合

卧房家具组合

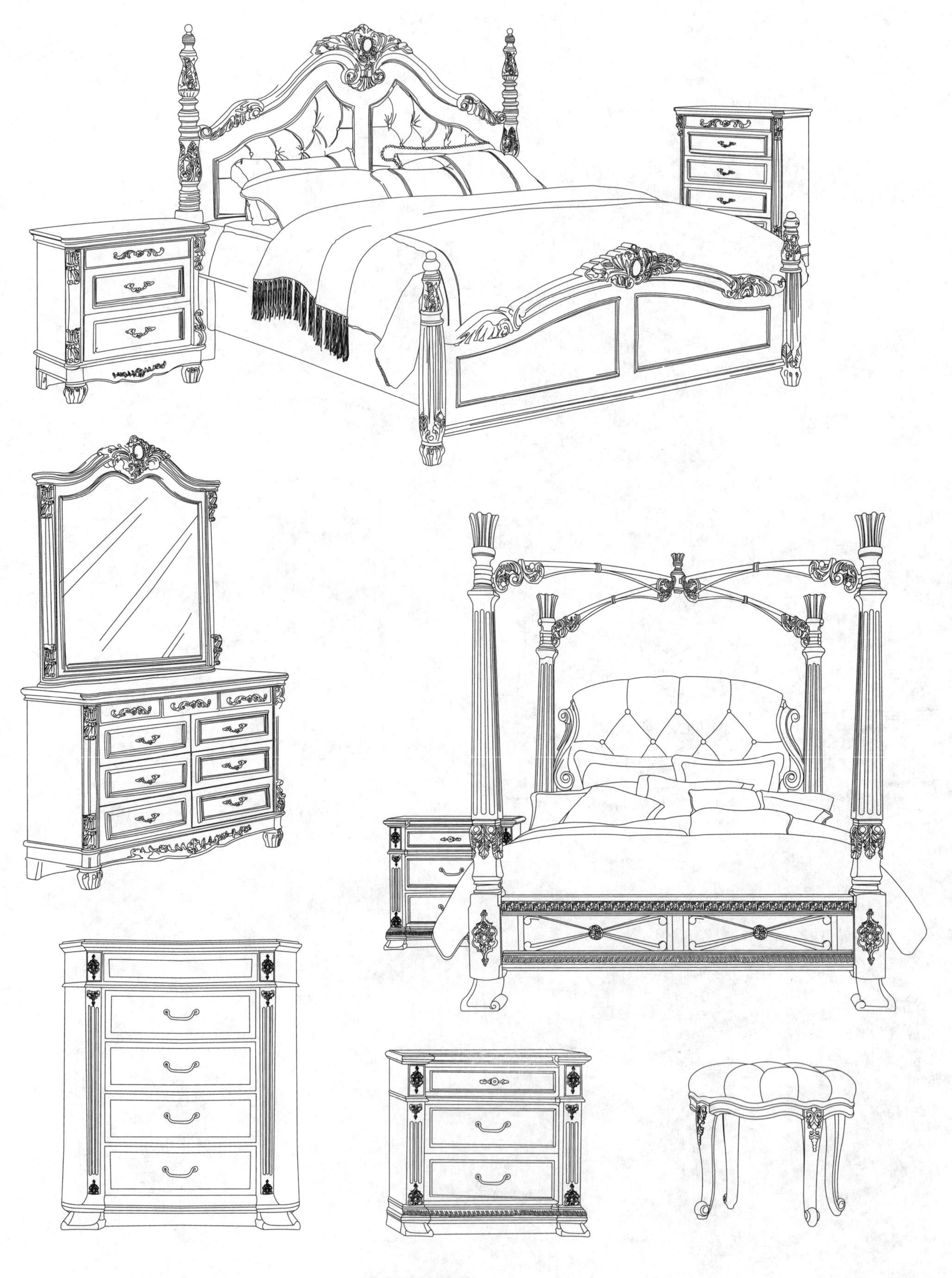

卧房家具组合

1648
1675
①
主视图（高屏）
150
1675
左视图(高屏）
1648
940
②
主视图(低屏）
150
940
左视图(低屏）
②
①
透视图
0 200 400 600 800 1000 1200 1400 1600 1800

贝壳卷叶饰拱形实木床头板立柱床

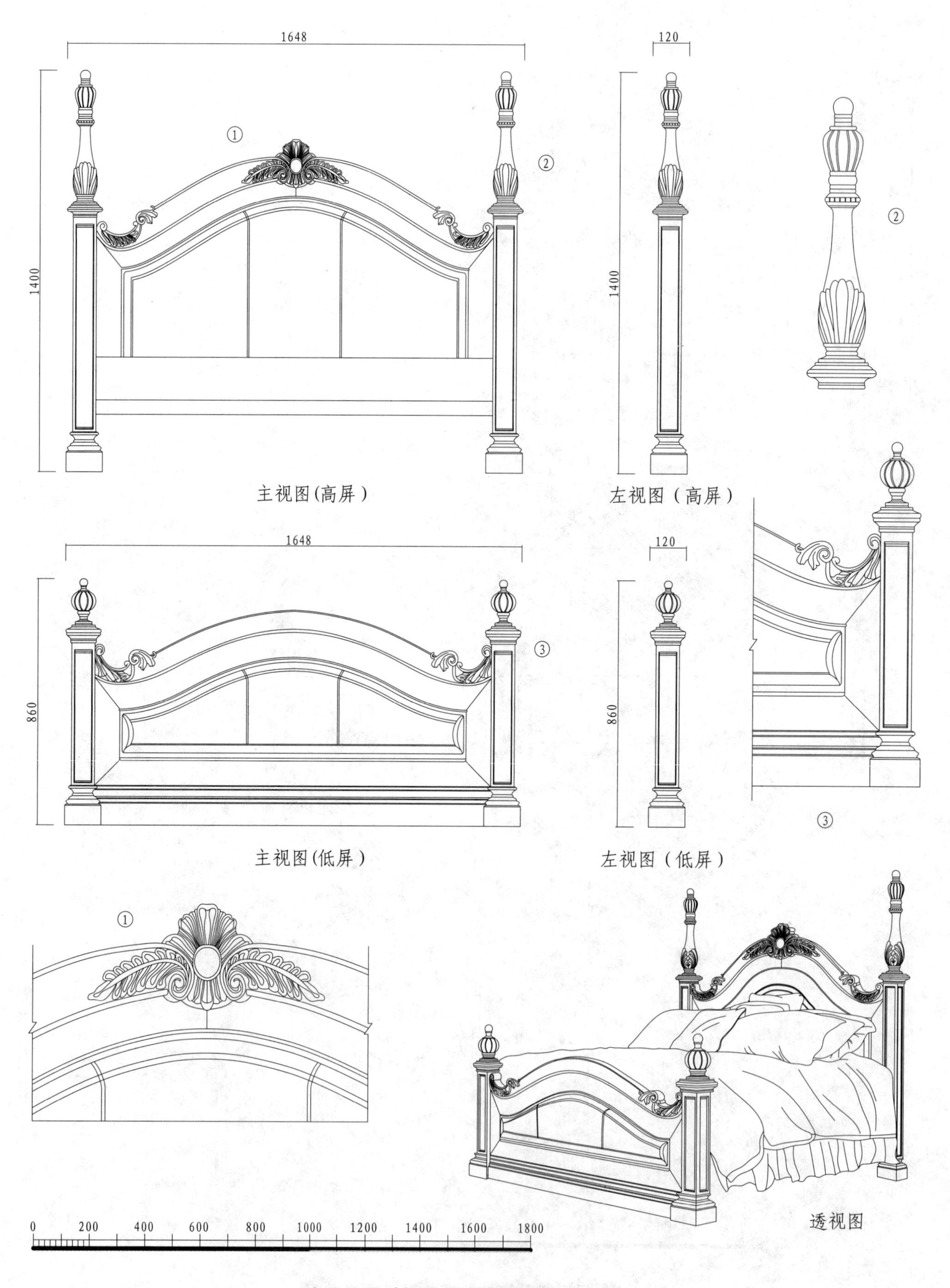
1648
120
1400
①
②
主视图(高屏)
左视图(高屏)
1648
120
860
③
主视图(低屏)
左视图(低屏)
①
透视图
0 200 400 600 800 1000 1200 1400 1600 1800

宝石艮召叶饰弓形实木床头板立柱床

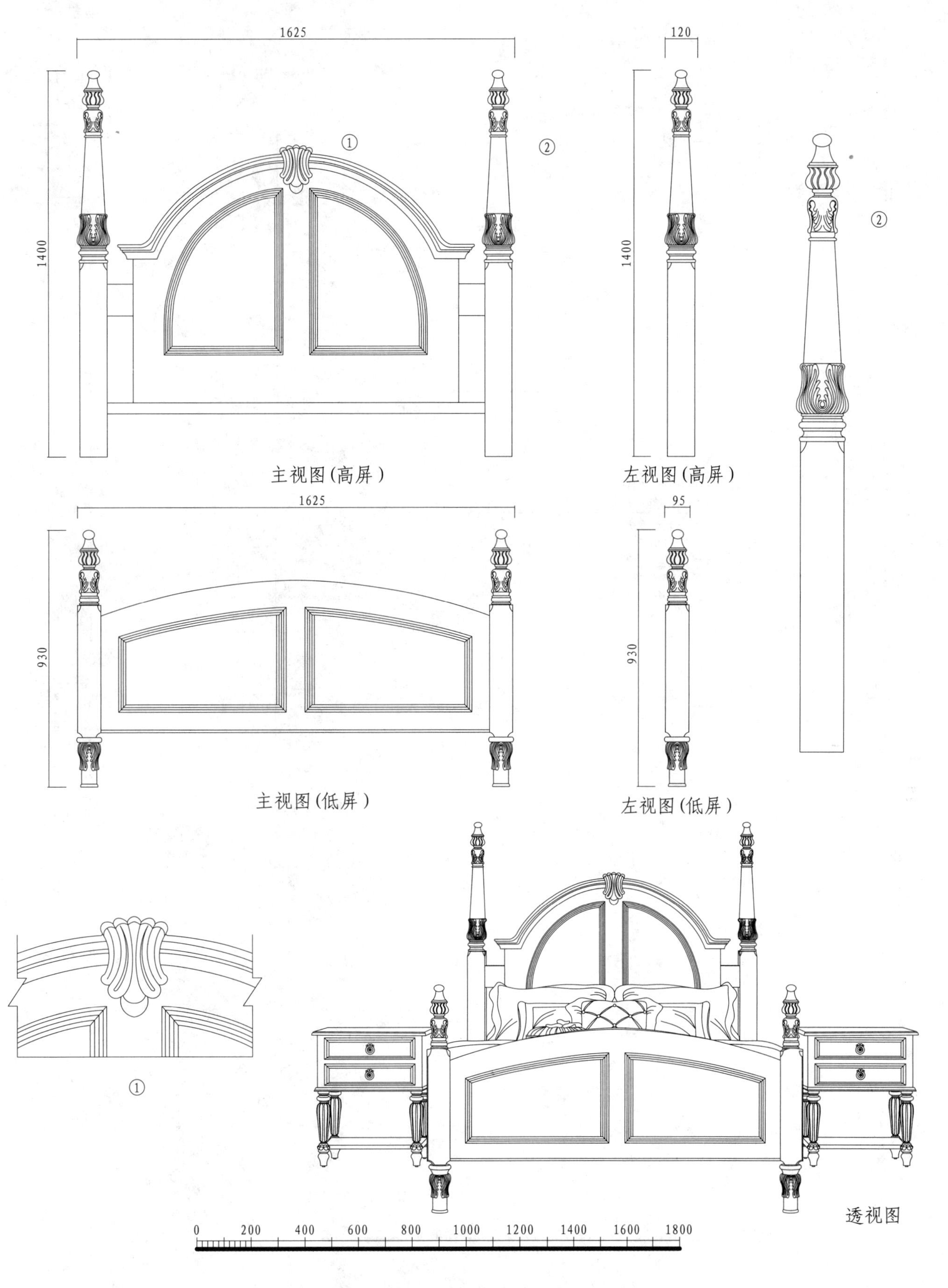
1625
120
①
②
1400
1400
②
主视图(高屏)
左视图(高屏)
1625
95
930
930
主视图(低屏)
左视图(低屏)
①
透视图
0 200 400 600 800 1000 1200 1400 1600 1800

覆包树叶饰拱形实木床头板立柱床

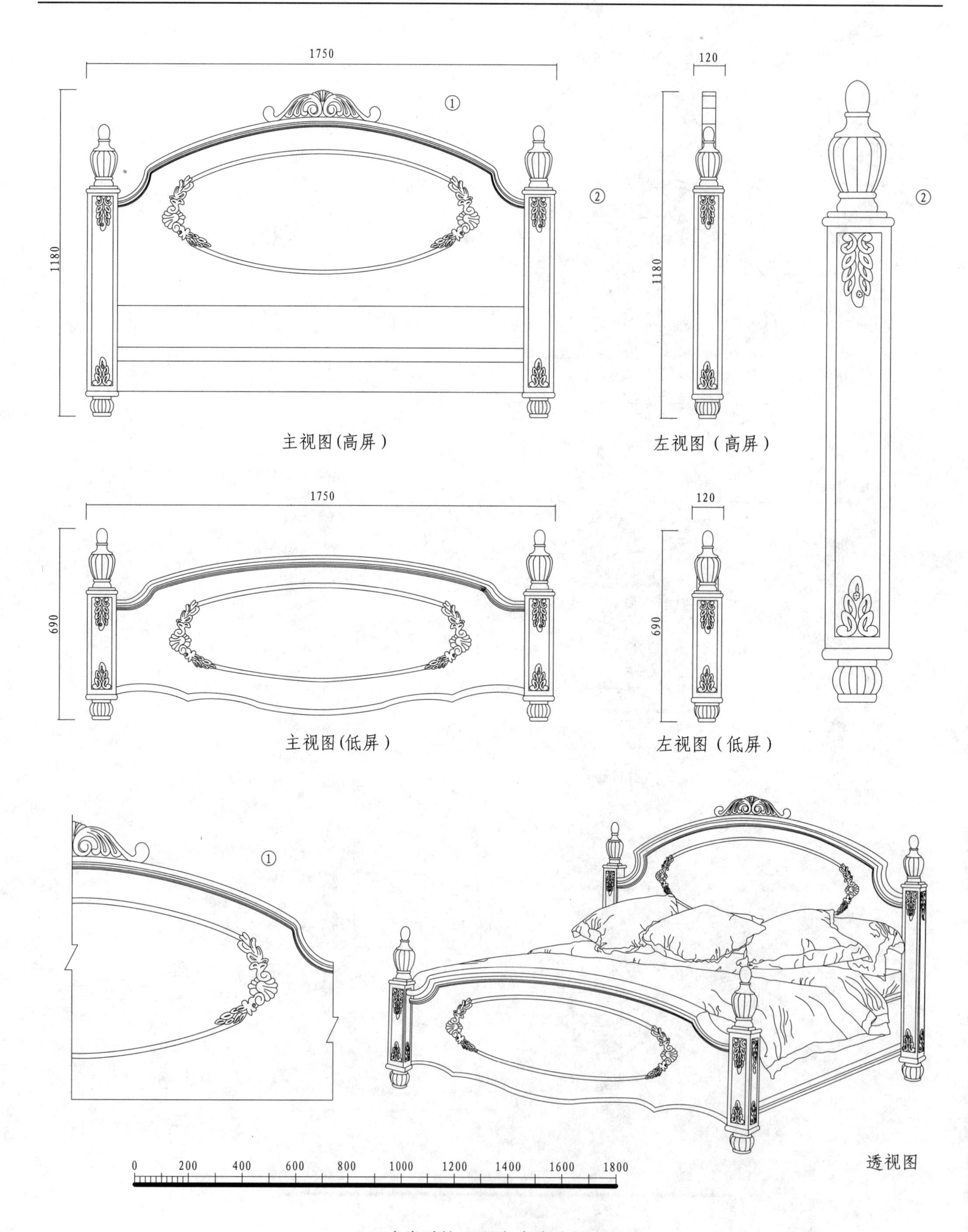
1750
①
②
1180
120
主视图(高屏)
左视图（高屏）
1750
690
120
主视图(低屏)
左视图（低屏）
透视图
0
200
400
600
800
1000
1200
1400
1600
1800

贝壳卷叶饰弓形实木床头板立柱床

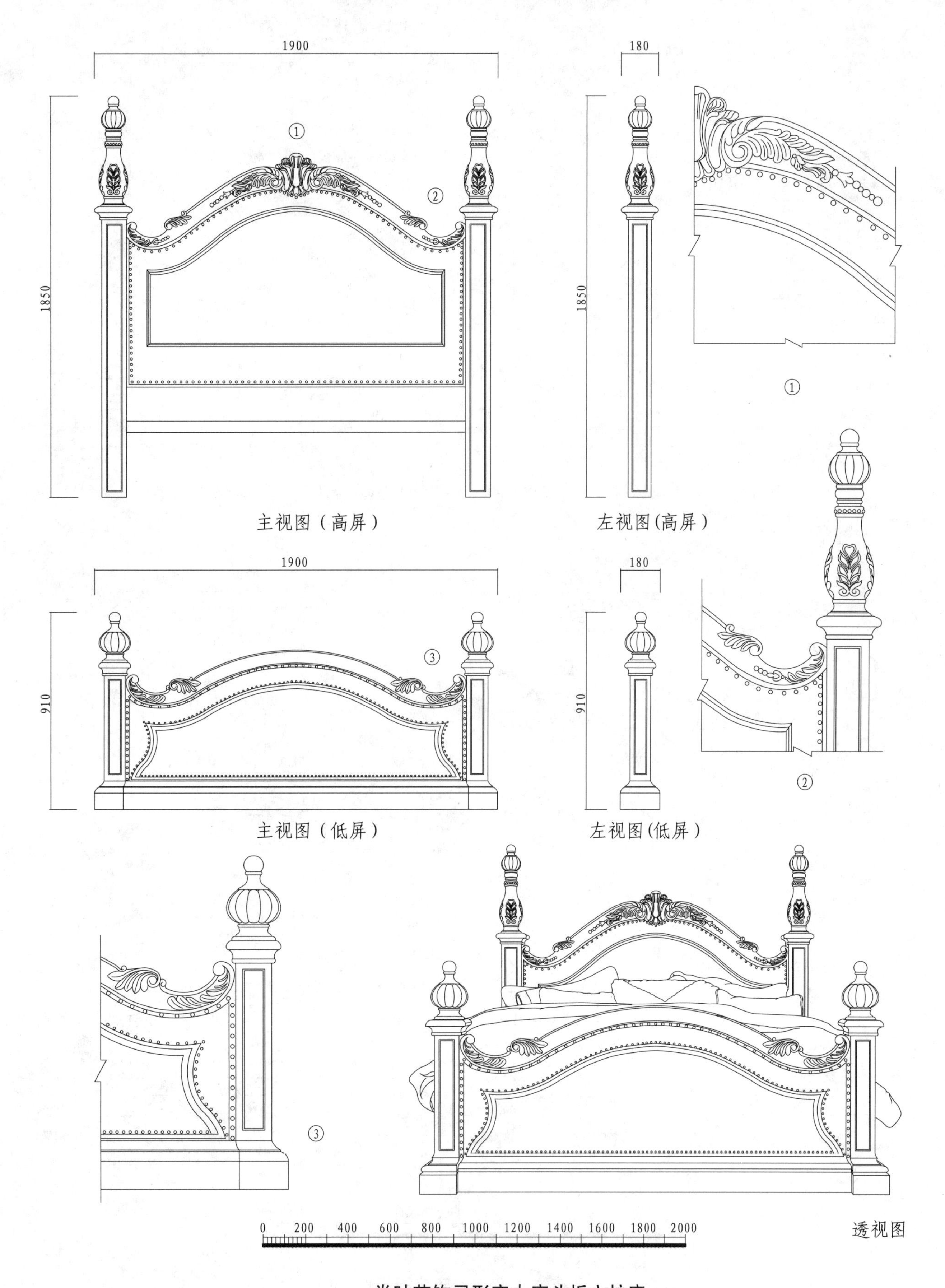
1900
180
1850
1850
①
②
主视图（高屏）
左视图(高屏)
1900
180
910
910
③
①
②
主视图（低屏）
左视图(低屏)
③
0 200 400 600 800 1000 1200 1400 1600 1800 2000
透视图

卷叶花饰弓形实木床头板立柱床

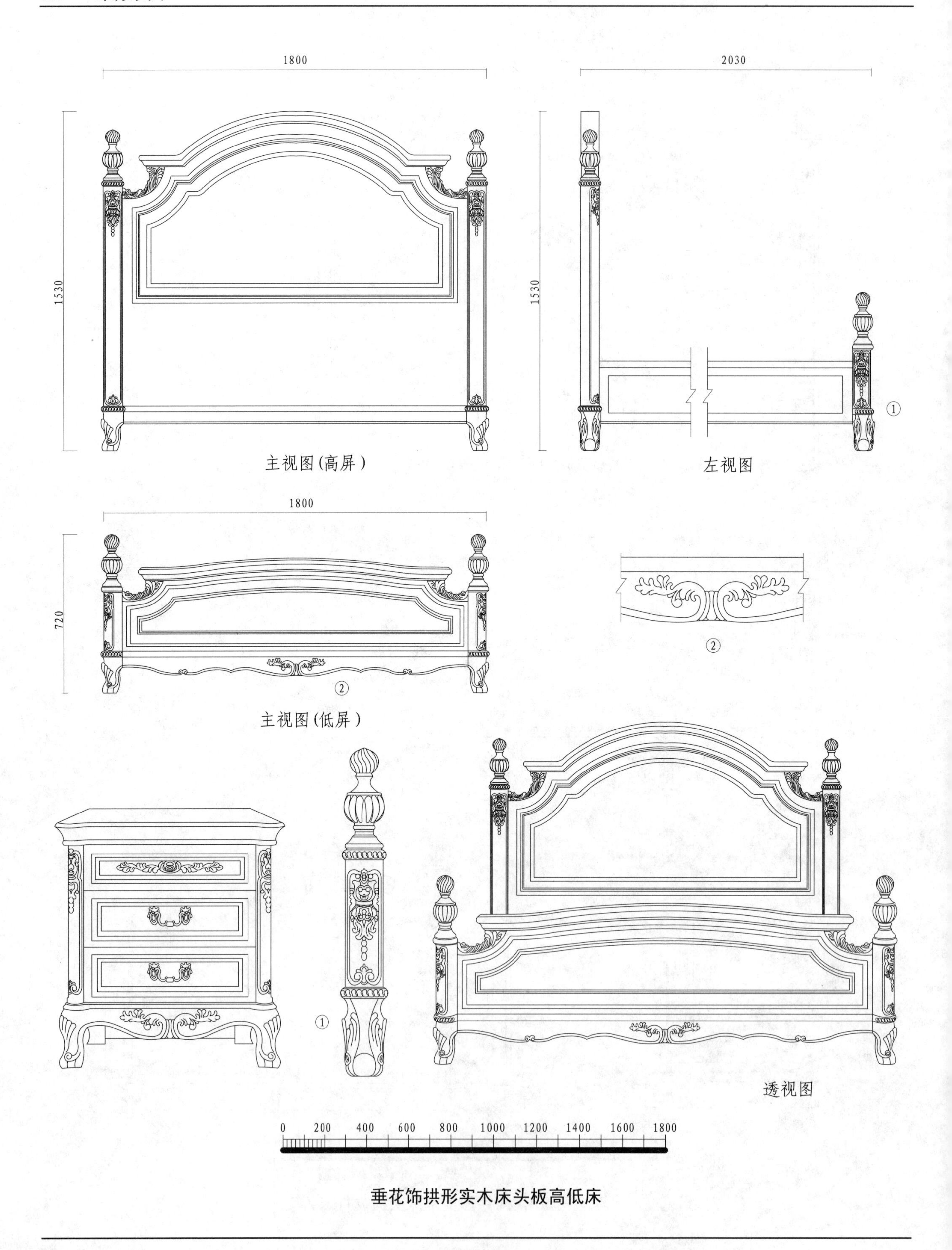
1800
2030
1530
1530
主视图(高屏)
左视图
①
1800
720
②
主视图(低屏)
②
①
透视图
0
200
400
600
800
1000
1200
1400
1600
1800

垂花饰拱形实木床头板高低床

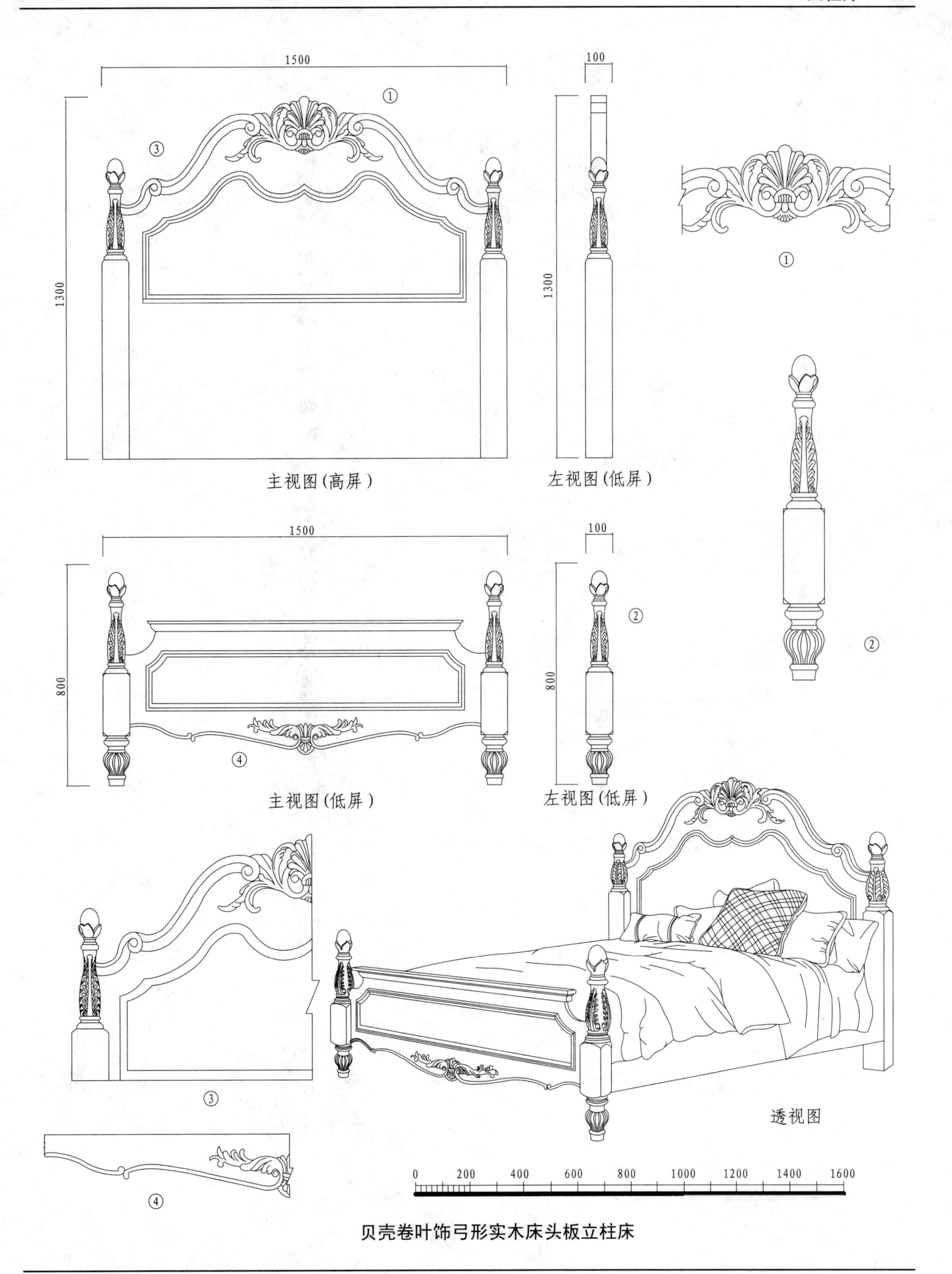
1500
①
③
1300
100
1300
①
主视图(高屏)
左视图(低屏)
1500
100
800
800
②
②
④
主视图(低屏)
左视图(低屏)
③
透视图
④
0
200
400
600
800
1000
1200
1400
1600

贝壳卷叶饰弓形实木床头板立柱床

1600
80
1600
1600
主视图(高屏)
左视图(低屏)
1600
80
1000
1000
①
②
②
主视图(低屏)
左视图(低屏)
①
透视图
0 200 400 600 800 1000 1200 1400 1600

贝壳饰弓形实木床头板立柱床

1800
①
1610
②
主视图（高屏）
2030
1610
左视图
1800
780
主视图(低屏)
①
②
0 200 400 600 800 1000 1200 1400 1600 1800 2000
透视图

卷叶束卷饰弓形两片实木床头板高低床

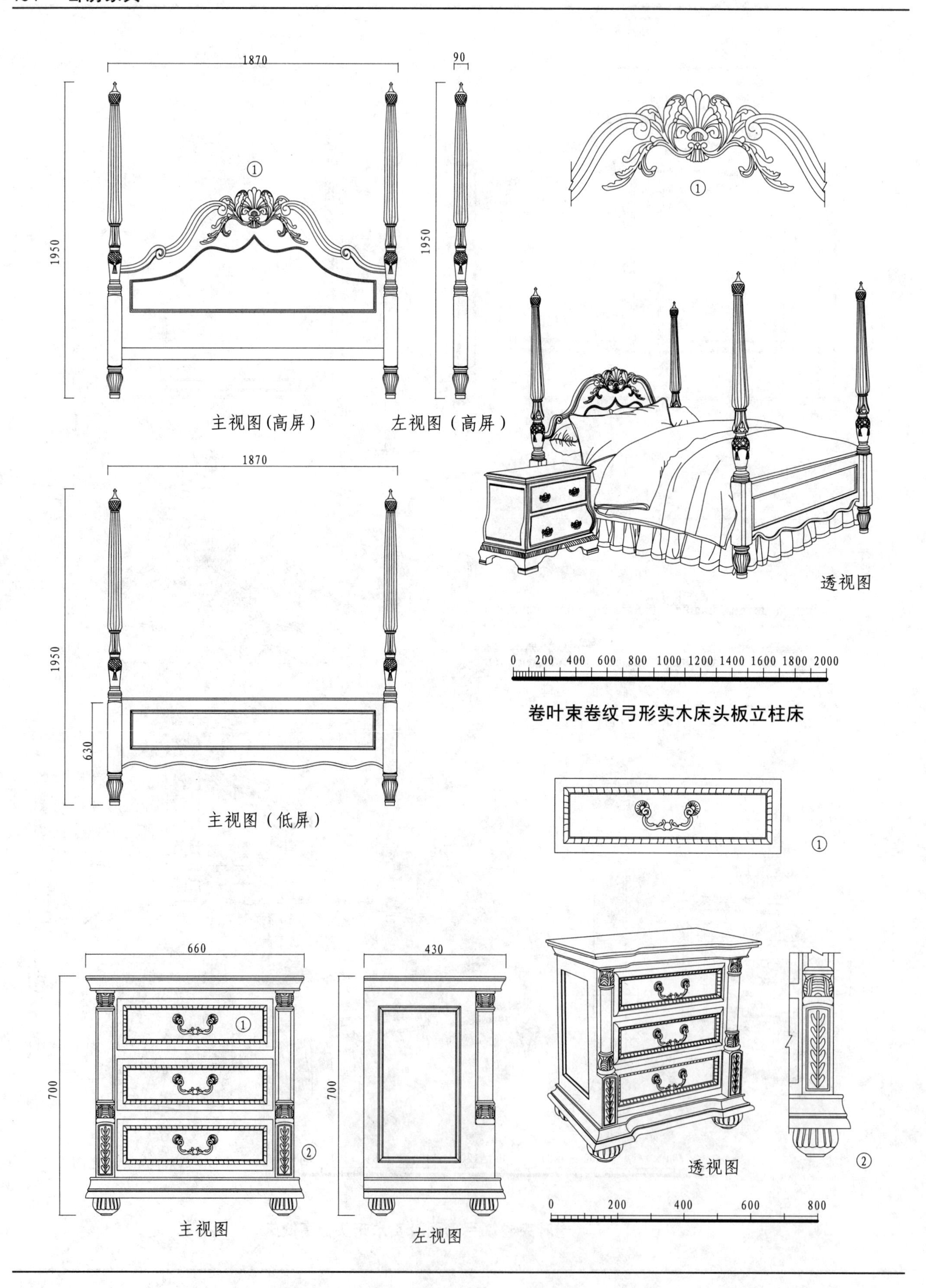
1870
90
1950
1950
①
①
主视图(高屏)
左视图(高屏)
1870
1950
630
主视图(低屏)
透视图
0 200 400 600 800 1000 1200 1400 1600 1800 2000
①
660
430
700
700
①
②
主视图
左视图
透视图
0 200 400 600 800
②

卷叶束卷纹弓形实木床头板立柱床

1800
1450
主视图(高屏)
100
1450
左视图（高屏）
①
1800
②
①
1100
主视图(低屏)
100
1100
左视图（低屏）
②
透视图
0 200 400 600 800 1000 1200 1400 1600 1800

宝石花饰弓形实木床头板立柱床

1870
1235
①
主视图(高屏)
2050
1235
②
左视图
②
1870
800
①
主视图(低屏)
0 200 400 600 800 1000 1200 1400 1600 1800 2000
①
透视图
660
650
①
主视图
430
650
左视图
透视图
0 200 400 600 800 1000

宝石花卷叶饰弓形实木床头板雪橇床

垂叶饰曲面旁三屉兽爪足床边柜

1850
①
1330
主视图(高屏)
2300
1330
890
左视图
1850
890
主视图（低屏）
①
透视图
0 200 400 600 800 1000 1200 1400 1600 1800 2000

束花饰弓形软包床头板雪橇床

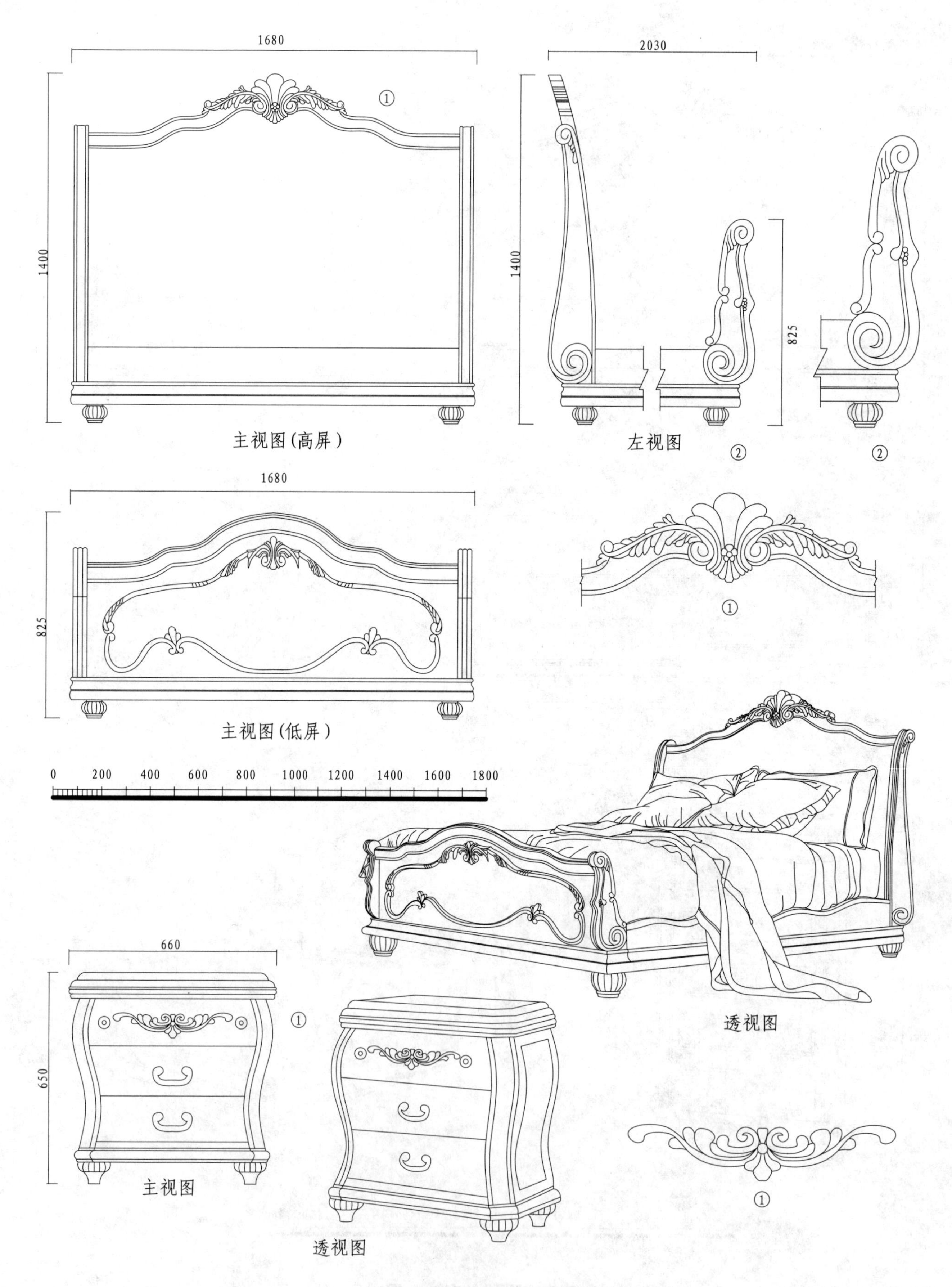
1680
①
1400
主视图(高屏)
2030
1400
825
左视图
②
②
1680
825
主视图(低屏)
①
0 200 400 600 800 1000 1200 1400 1600 1800
透视图
660
650
①
主视图
透视图
①

卷叶束卷饰弓形实木床头板雪橇床

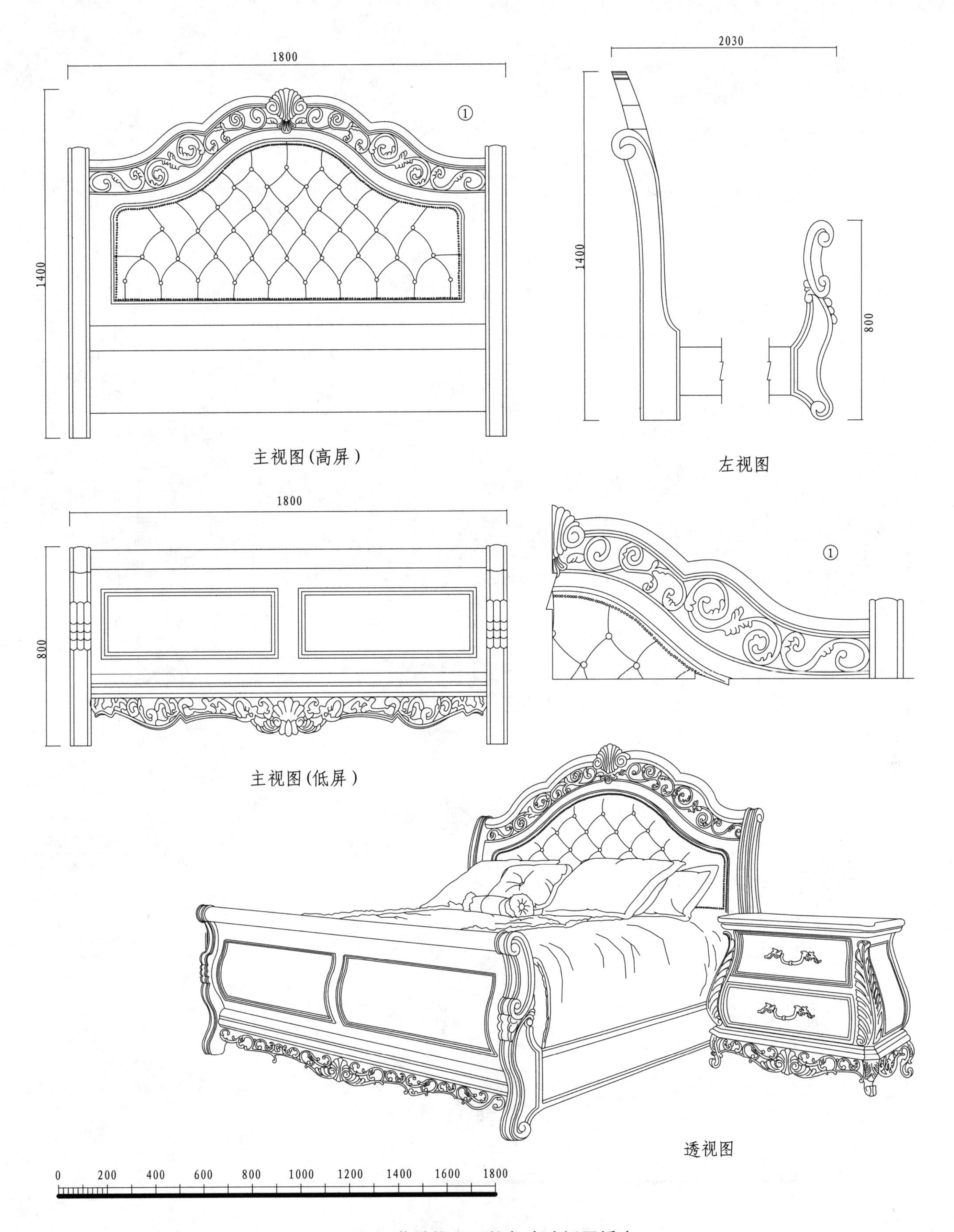
1800
1400
①
2030
1400
800
主视图(高屏)
左视图
1800
800
①
主视图(低屏)
透视图
0 200 400 600 800 1000 1200 1400 1600 1800

藤叶饰弓形软包床头板雪橇床

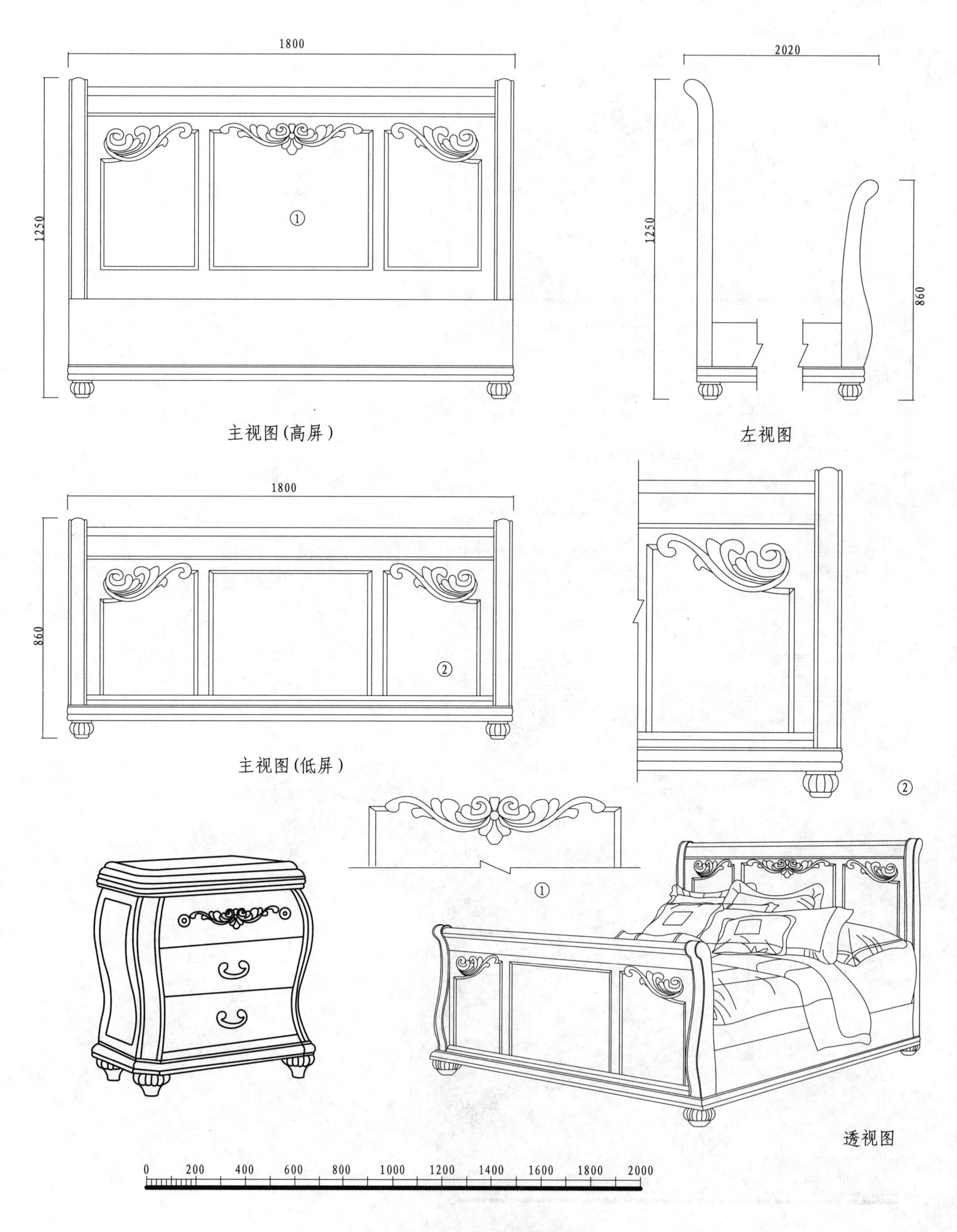
1800
2020
1250
1250
860
①
主视图(高屏)
左视图
1800
860
②
主视图(低屏)
②
①
透视图
0
200
400
600
800
1000
1200
1400
1600
1800
2000

卷叶饰平行实木床头板雪橇床

1900
100
1700
1700
①
主视图（高屏）
左视图(高屏）
1900
120
680
680
②
③
主视图(低屏）
左视图(低屏）
②
①
③
0 200 400 600 800 1000 1200 1400 1600 1800 2000
透视图

叶果饰三拱三片软包床头板高低床

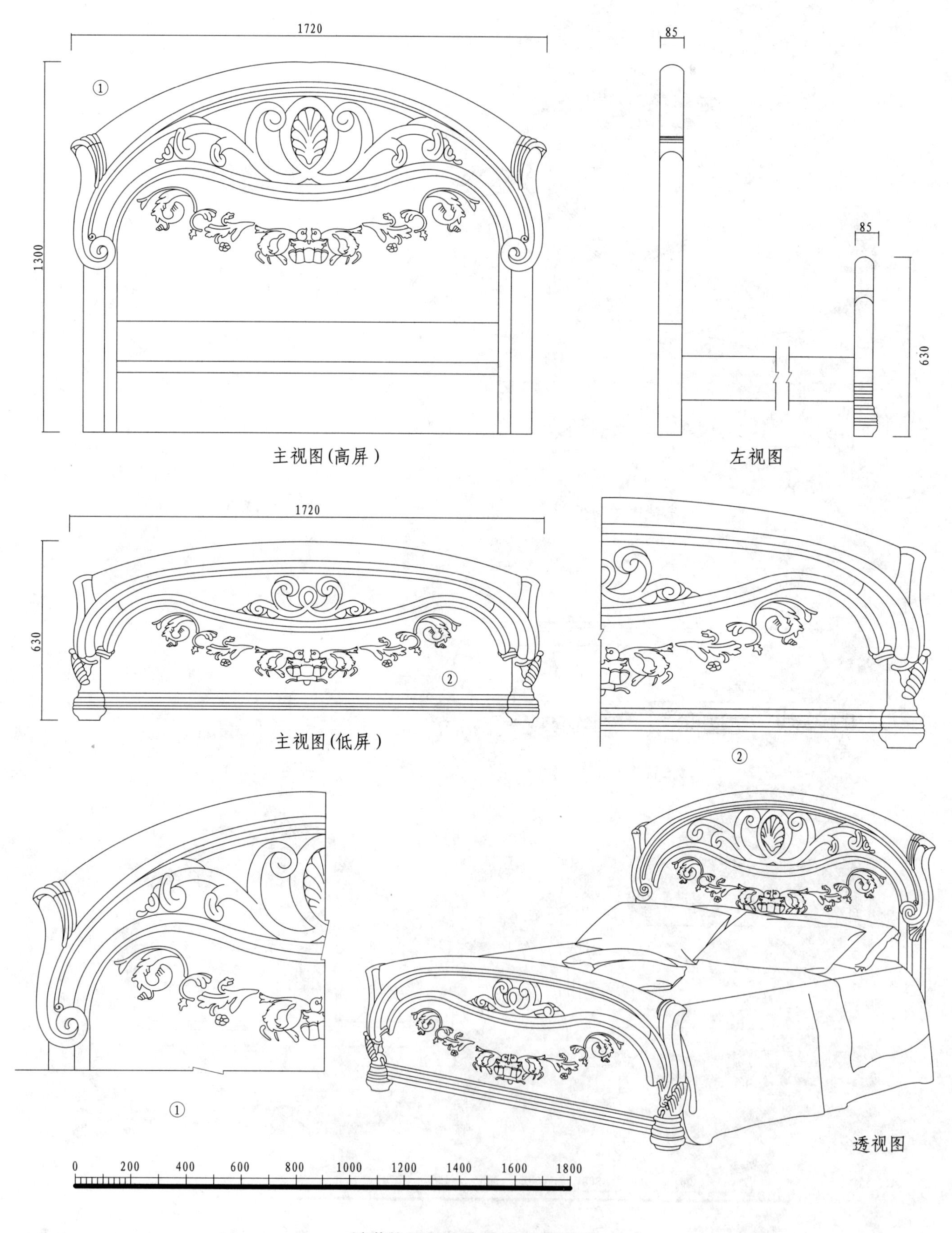
1720
85
①
1300
85
630
主视图(高屏)
左视图
1720
630
②
主视图(低屏)
②
①
透视图
0 200 400 600 800 1000 1200 1400 1600 1800

缠藤饰拱形实木床头板高低床

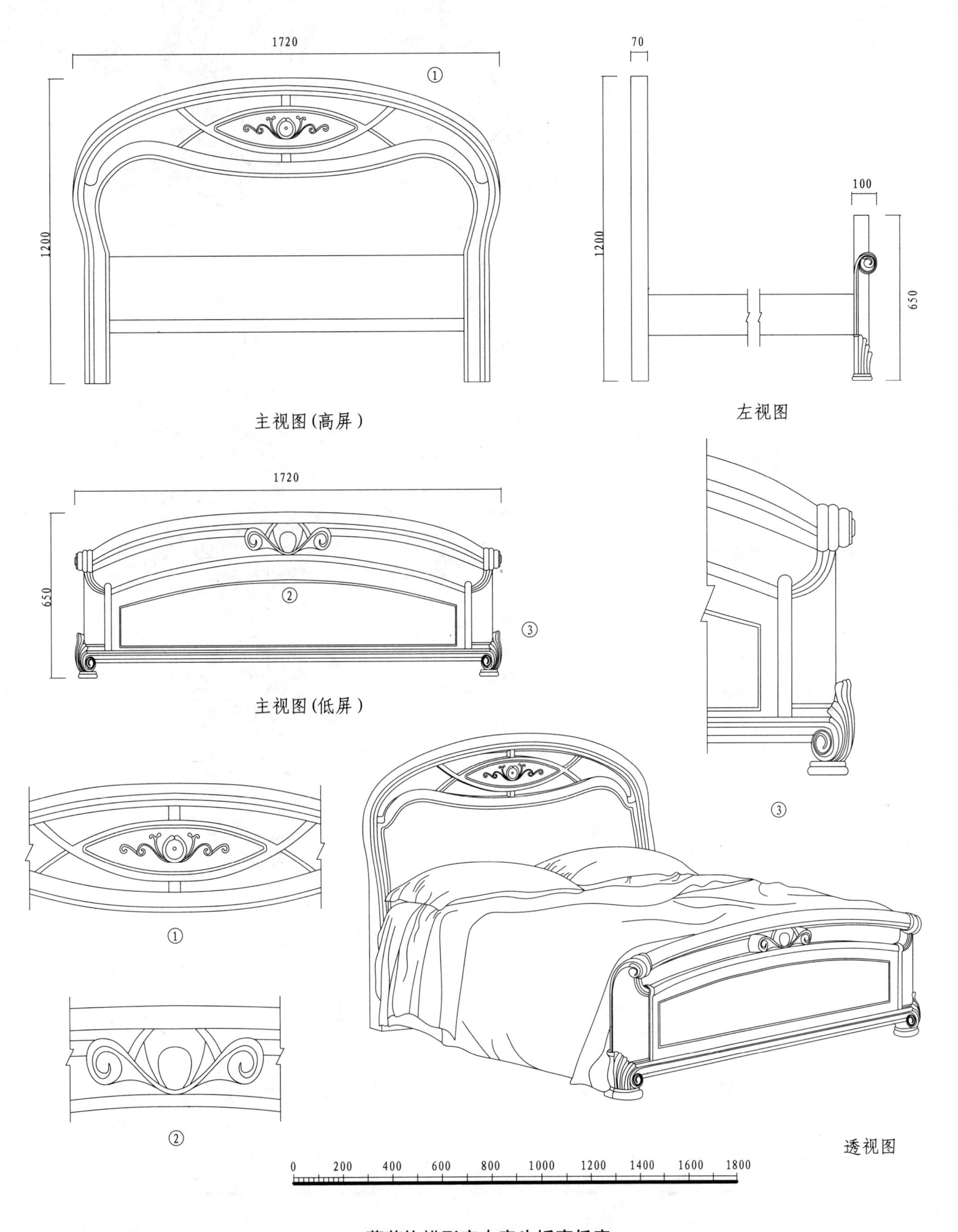
1720
①
1200
70
1200
100
650
主视图(高屏)
左视图
1720
650
②
③
主视图(低屏)
③
①
②
透视图
0 200 400 600 800 1000 1200 1400 1600 1800

藤草饰拱形实木床头板高低床

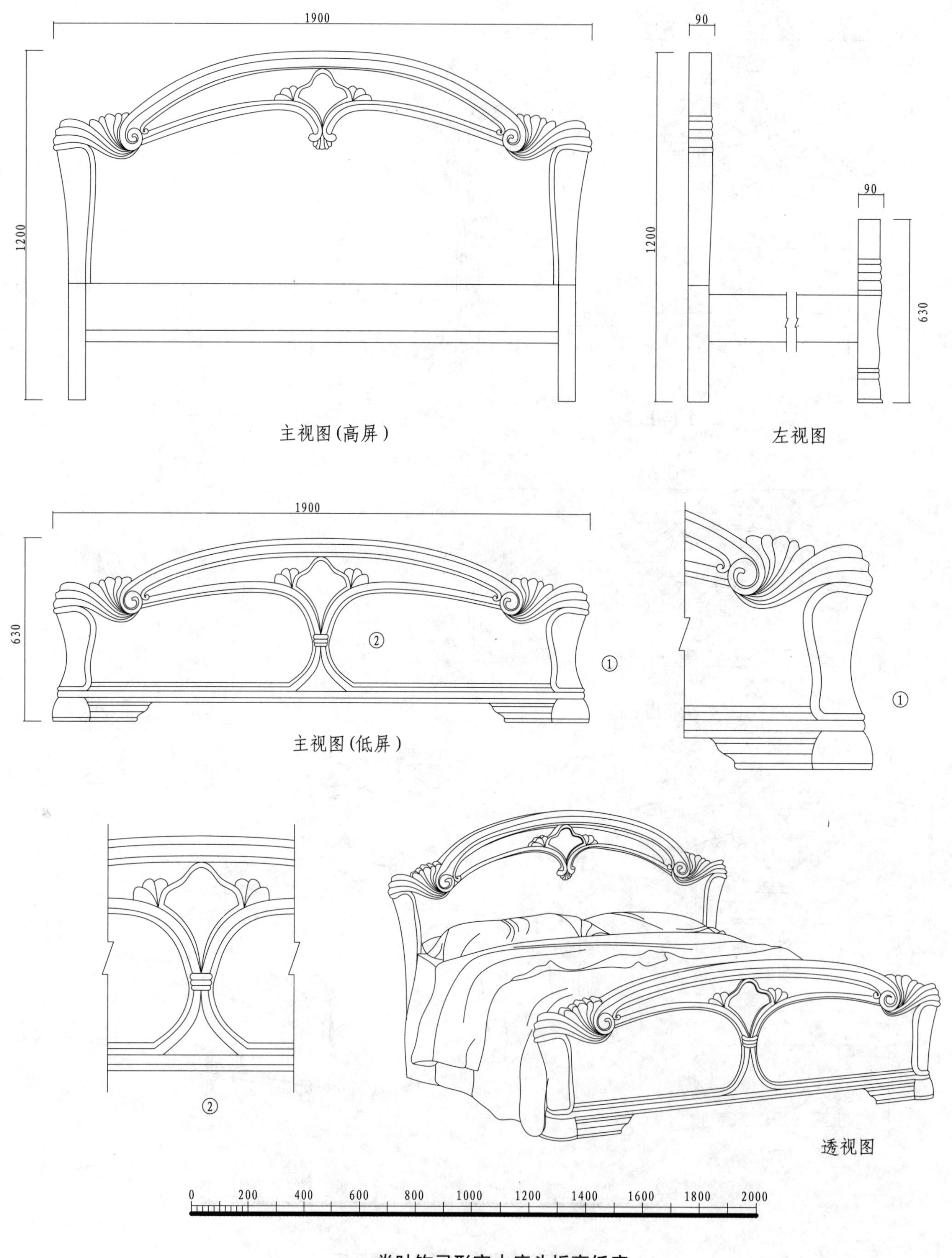
1900
1200
90
1200
90
630
主视图(高屏)
左视图
1900
630
②
①
①
主视图(低屏)
②
透视图
0
200
400
600
800
1000
1200
1400
1600
1800
2000

卷叶饰弓形实木床头板高低床

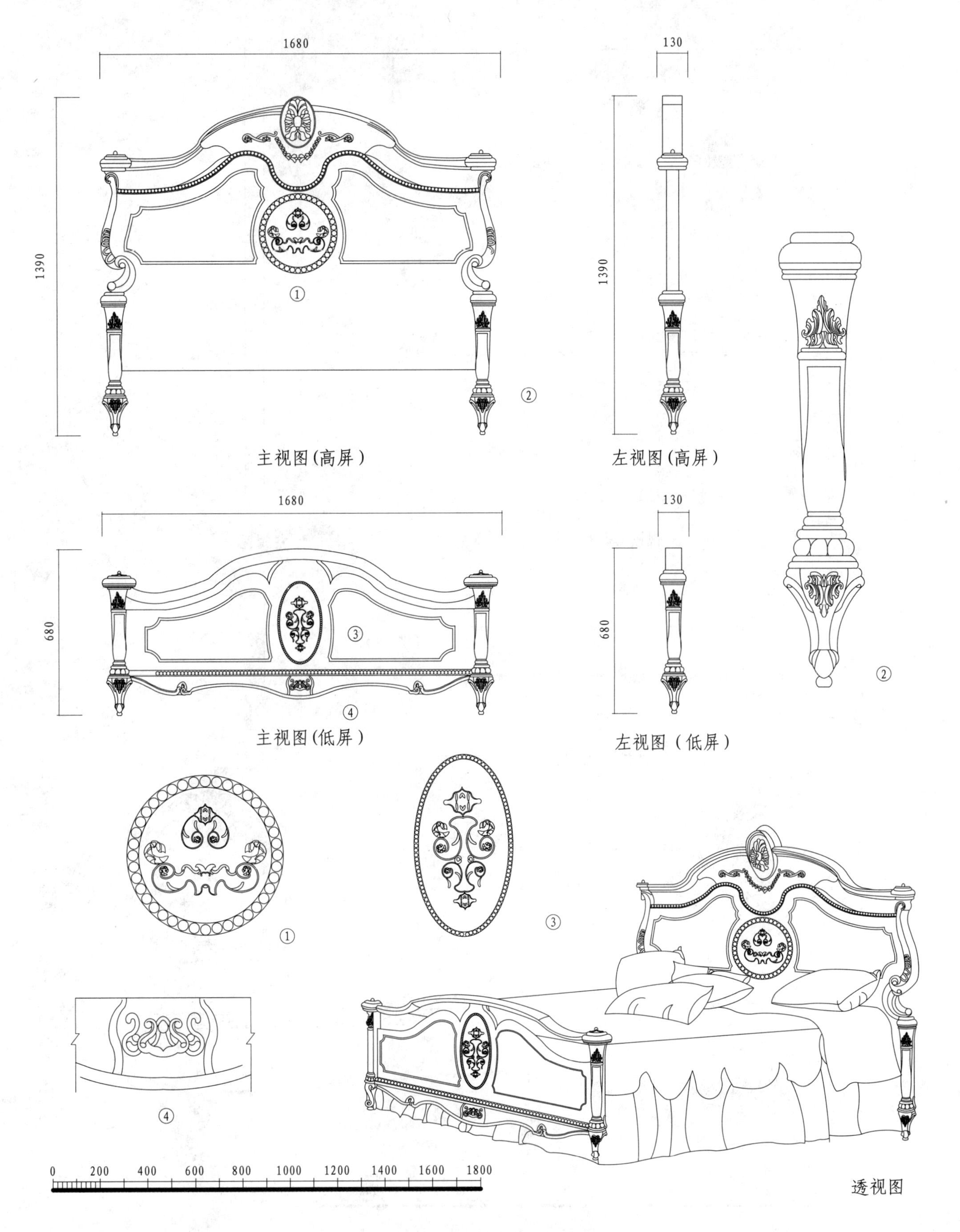
1680
130
1390
1390
①
②
主视图(高屏)
左视图(高屏)
1680
130
680
680
③
④
②
主视图(低屏)
左视图(低屏)
①
③
④
0 200 400 600 800 1000 1200 1400 1600 1800
透视图

卷叶花饰彩绘床头板高低床

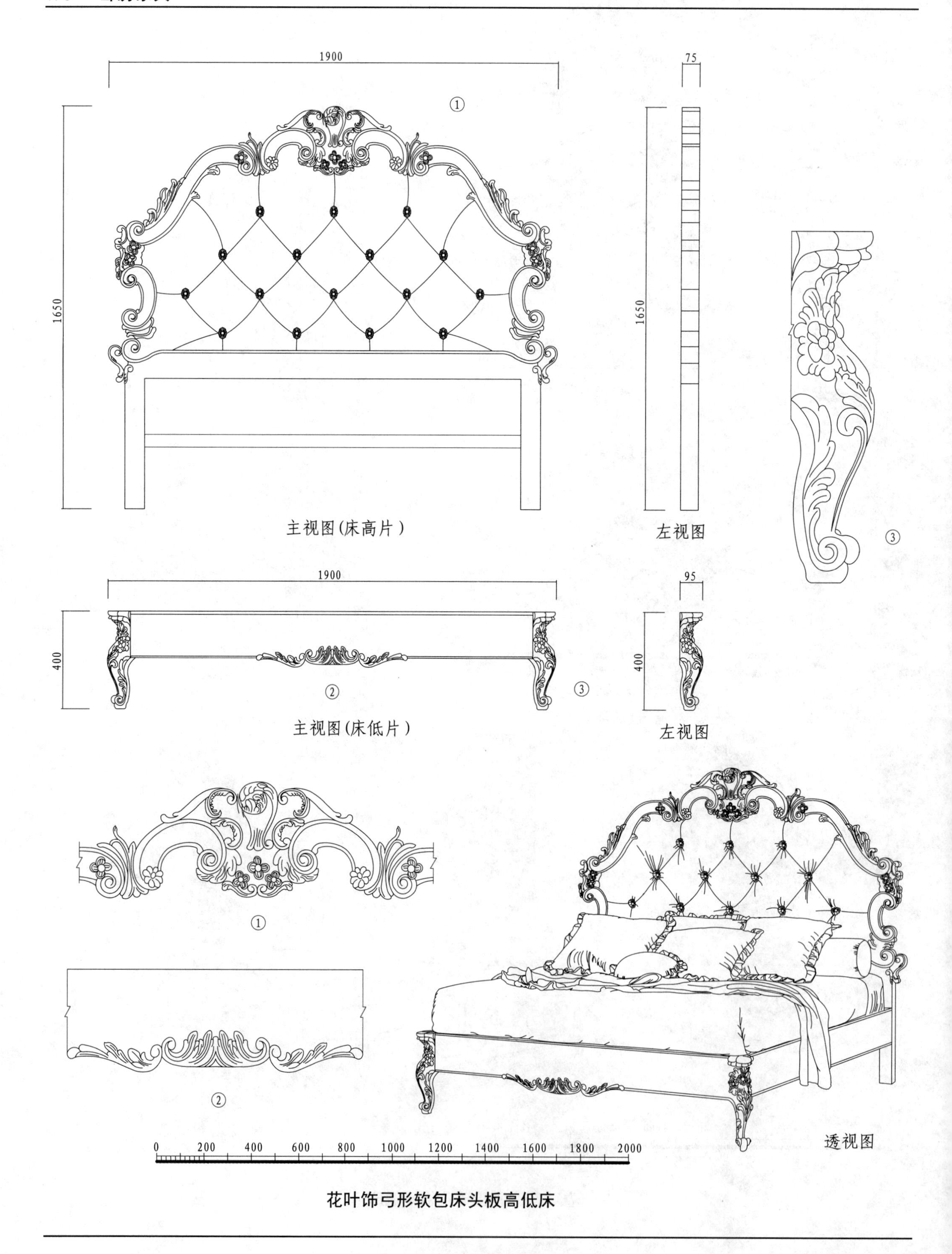
1900
75
①
1650
1650
主视图(床高片)
左视图
③
1900
95
400
400
②
③
主视图(床低片)
左视图
①
②
透视图
0 200 400 600 800 1000 1200 1400 1600 1800 2000

花叶饰弓形软包床头板高低床

1800
①
1550
主视图(高屏)
2290
1550
左视图
1800
1000
②
主视图(低屏)
①
660
660
主视图
②
透视图
0 200 400 600 800 1000 1200 1400 1600 1800

叶簇花饰拱形实木床头板高低床

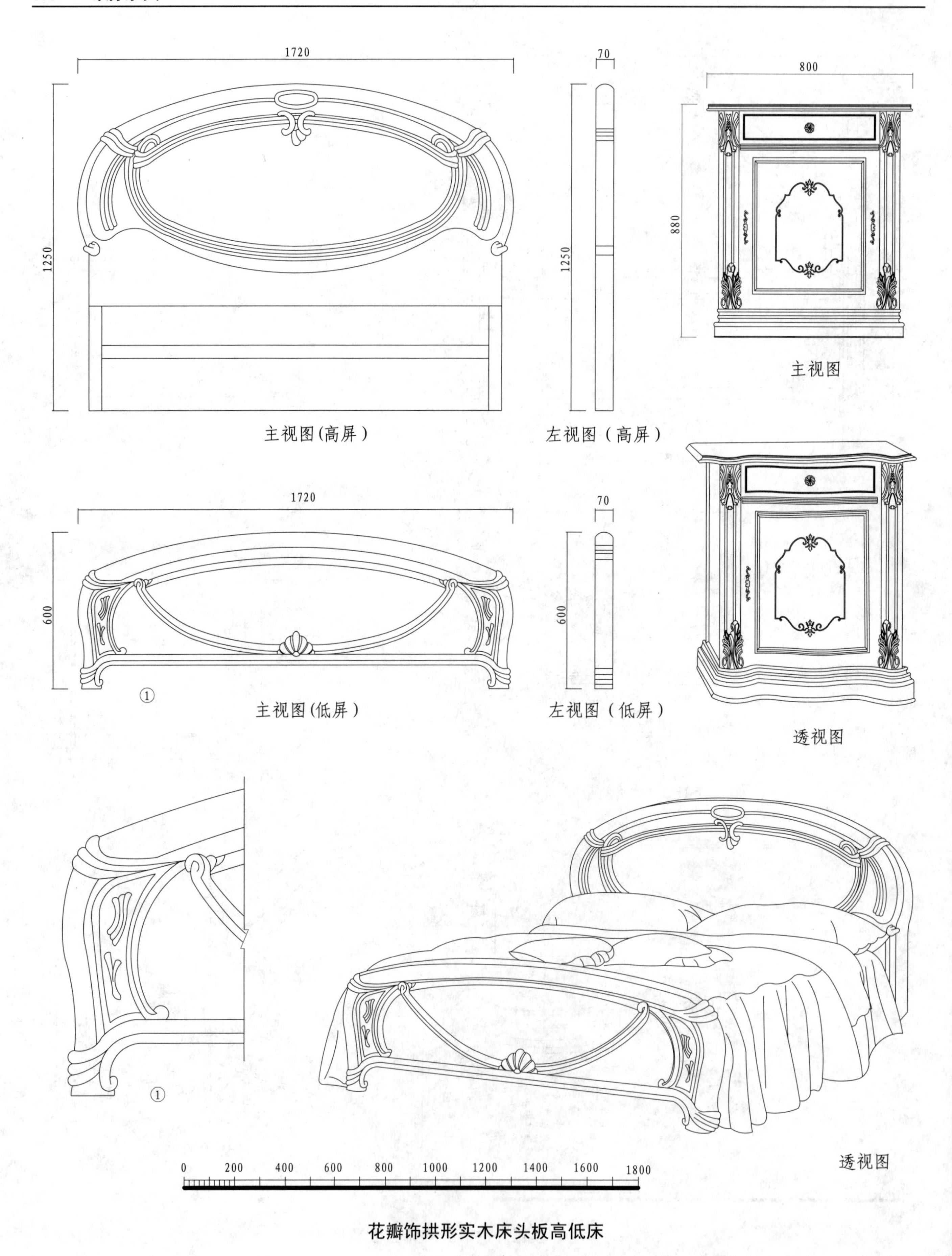
1720
70
800
1250
1250
880
主视图(高屏)
左视图(高屏)
主视图
1720
70
600
600
①
主视图(低屏)
左视图(低屏)
透视图
①
透视图
0
200
400
600
800
1000
1200
1400
1600
1800

花瓣饰拱形实木床头板高低床

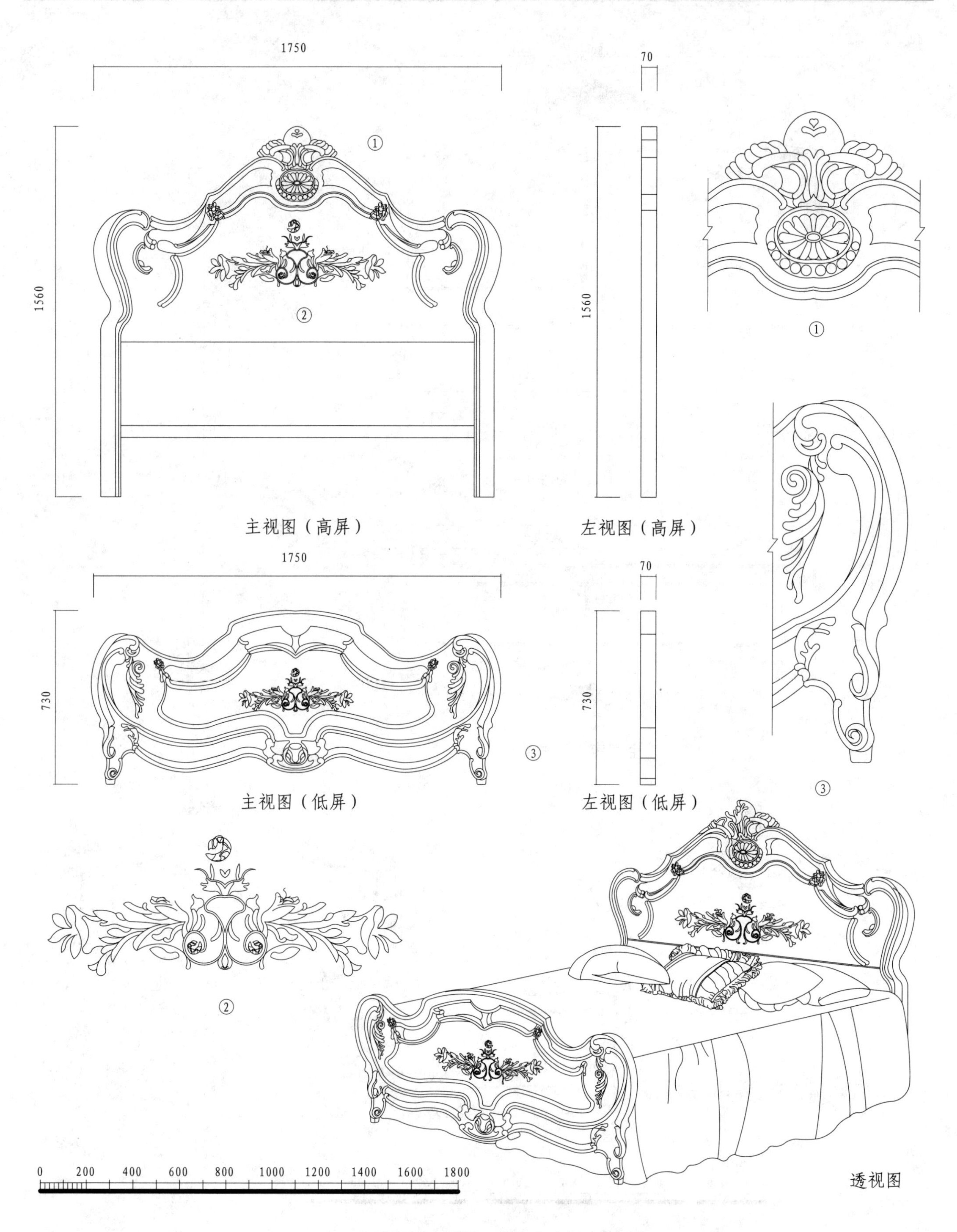
1750
70
1560
1560
①
②
主视图（高屏）
左视图（高屏）
1750
70
730
730
③
主视图（低屏）
左视图（低屏）
②
0 200 400 600 800 1000 1200 1400 1600 1800
透视图

花果饰三拱形嵌花床头板高低床

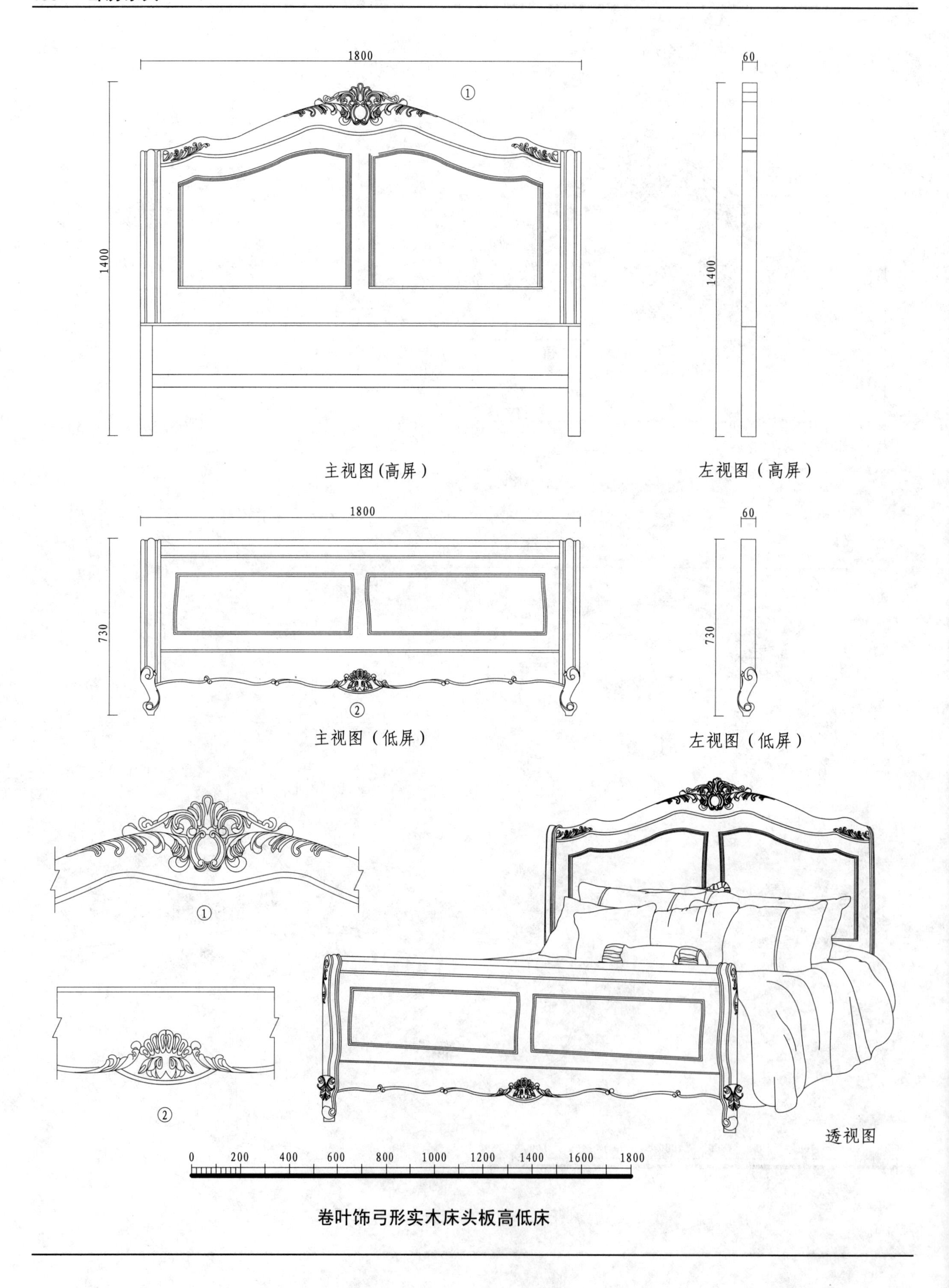
1800
①
1400
60
1400
主视图(高屏)
左视图（高屏）
1800
730
60
730
②
主视图（低屏）
左视图（低屏）
①
②
透视图
0
200
400
600
800
1000
1200
1400
1600
1800

卷叶饰弓形实木床头板高低床

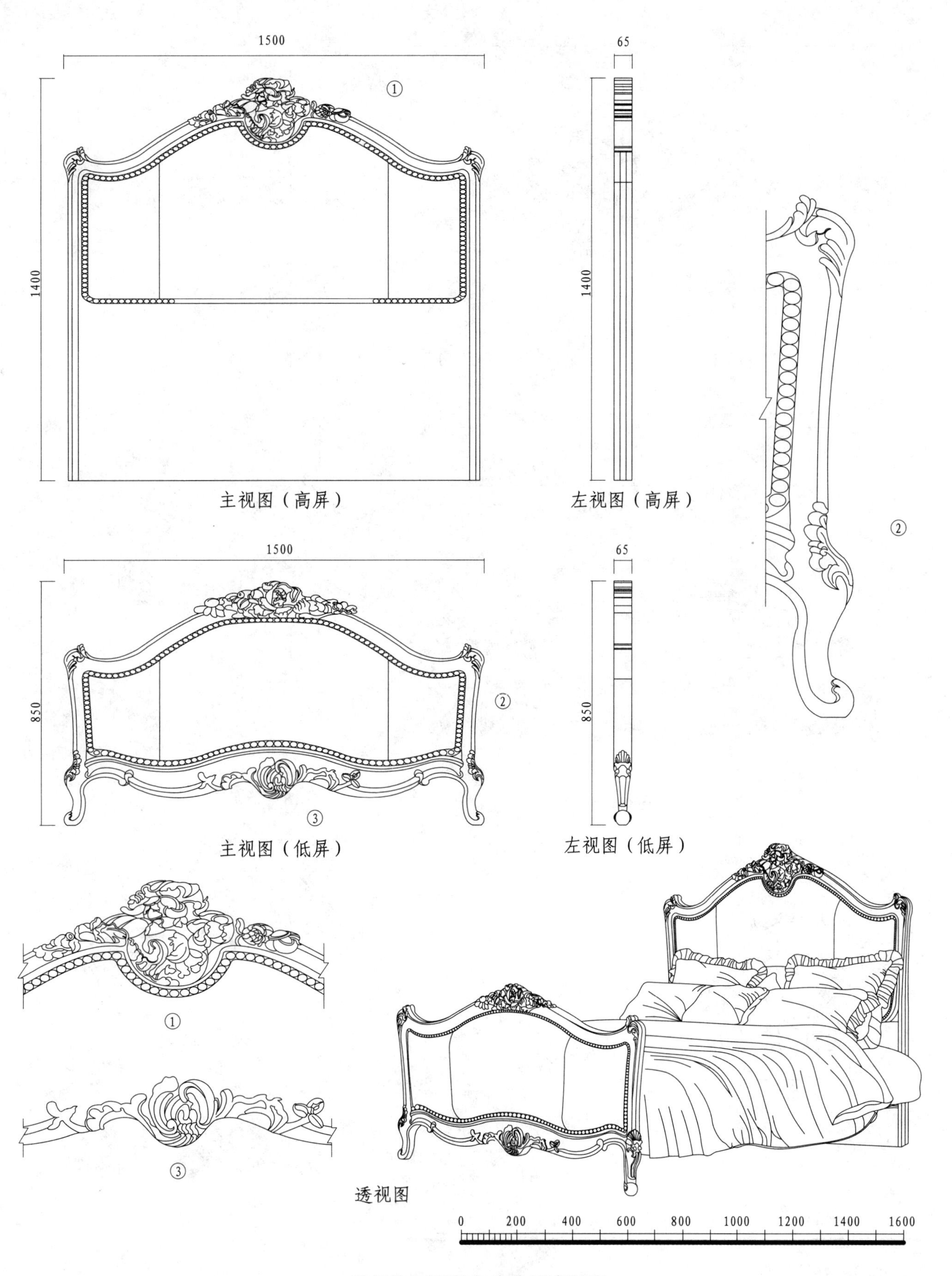
1500
65
①
1400
1400
②
主视图（高屏）
左视图（高屏）
1500
65
850
850
②
③
主视图（低屏）
左视图（低屏）
①
③
透视图
0 200 400 600 800 1000 1200 1400 1600

花果饰弓形软包床头板高低床

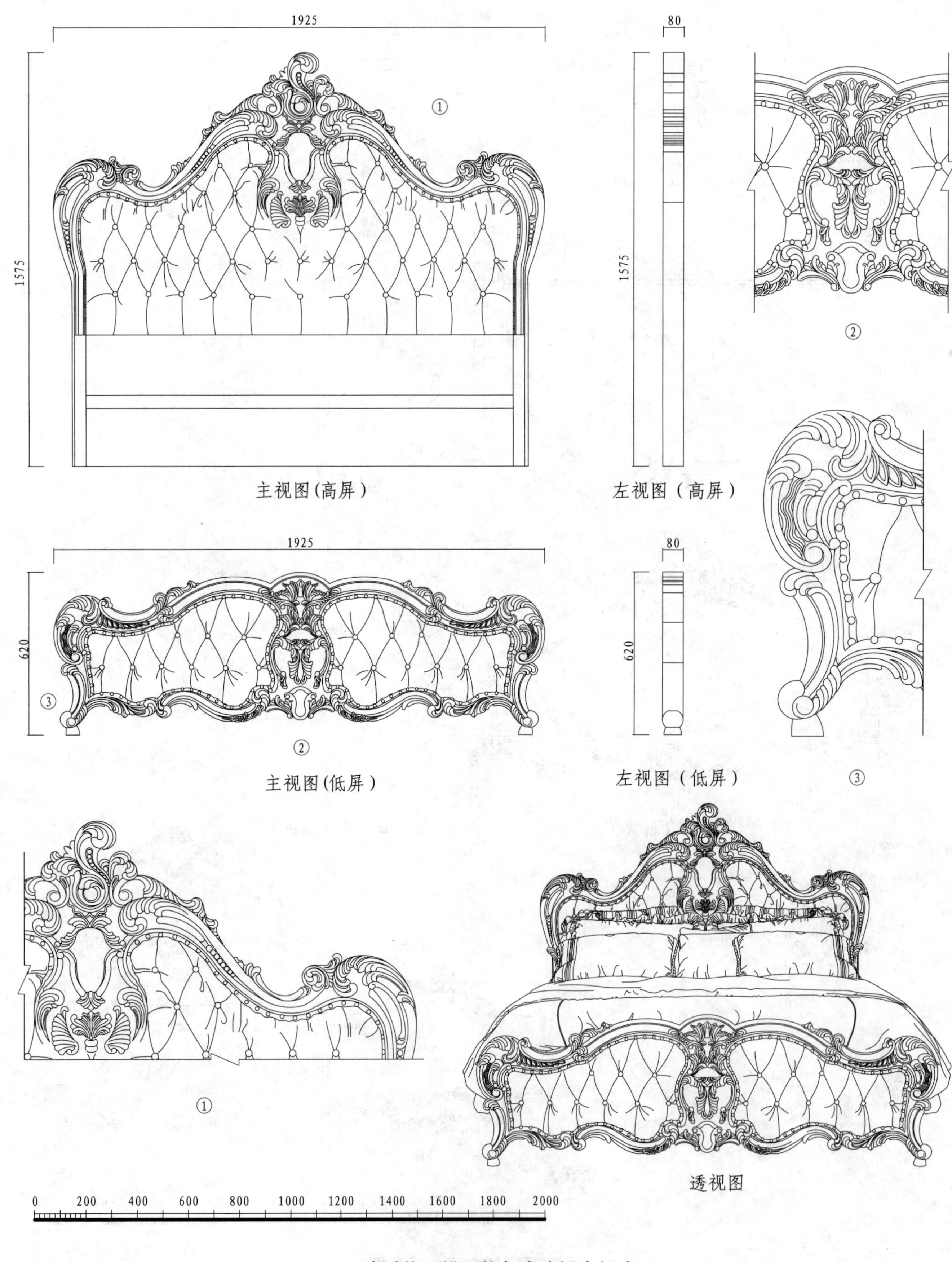
1925
80
1575
1575
①
②
主视图(高屏)
左视图（高屏）
1925
80
620
620
③
②
③
主视图(低屏)
左视图（低屏）
①
透视图
0 200 400 600 800 1000 1200 1400 1600 1800 2000

卷叶饰三拱形软包床头板高低床

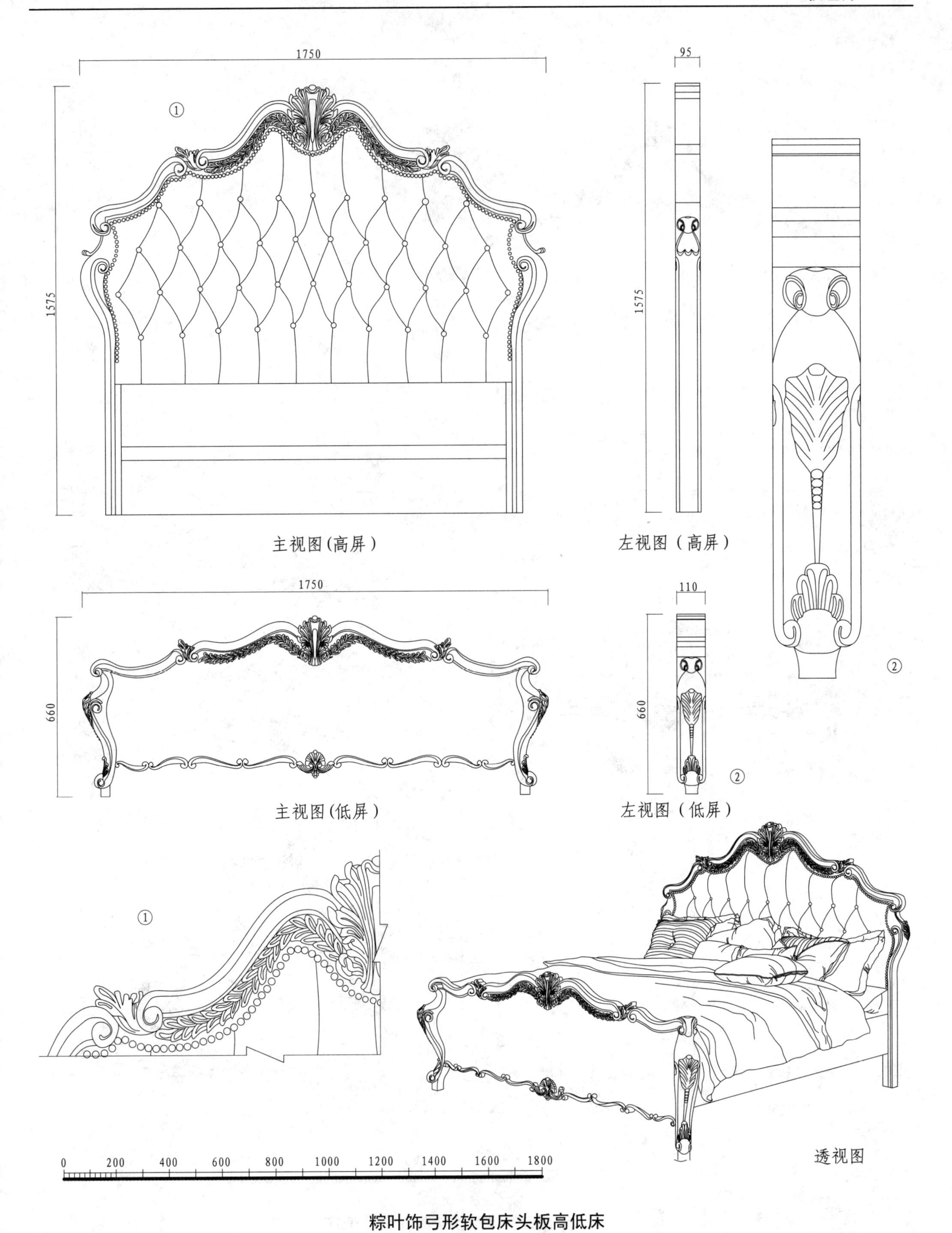

1750
1575
①
主视图(高屏)
95
1575
左视图（高屏）
②
1750
660
主视图(低屏)
110
660
②
左视图（低屏）
①
透视图
0 200 400 600 800 1000 1200 1400 1600 1800

粽叶饰弓形软包床头板高低床

1648
2150
1600
1600
①
主视图(高屏)
左视图
1648
②
575
主视图（低屏）
②
③
③
①
透视图
0 200 400 600 800 1000 1200 1400 1600

缠藤饰三片形软包床头板高低床

1870
250
①
1400
1400
主视图(高屏)
左视图（高屏）
1870
60
②
700
700
主视图(低屏)
左视图（低屏）
①
②
透视图
0
200
400
600
800
1000
1200
1400
1600
1800
2000

宝石花叶饰翼状软包床头板高低床

1750
2030
①
1600
1600
460
主视图(高屏)
左视图
1750
460
①
②
主视图(低屏)
②
0 200 400 600 800 1000 1200 1400 1600 1800 2000
透视图

束卷叶饰翼状软包床头板高低床

1920
70
①
⑤
1550
1550
①
②
主视图（高屏）
左视图（高屏）
1920
70
⑥
②
630
630
③
④
主视图（低屏）
左视图（低屏）
③
④
⑤
⑥
透视图
0 200 400 600 800 1000 1200 1400 1600 1800 2000

宝石花饰弓形软包床头板高低床

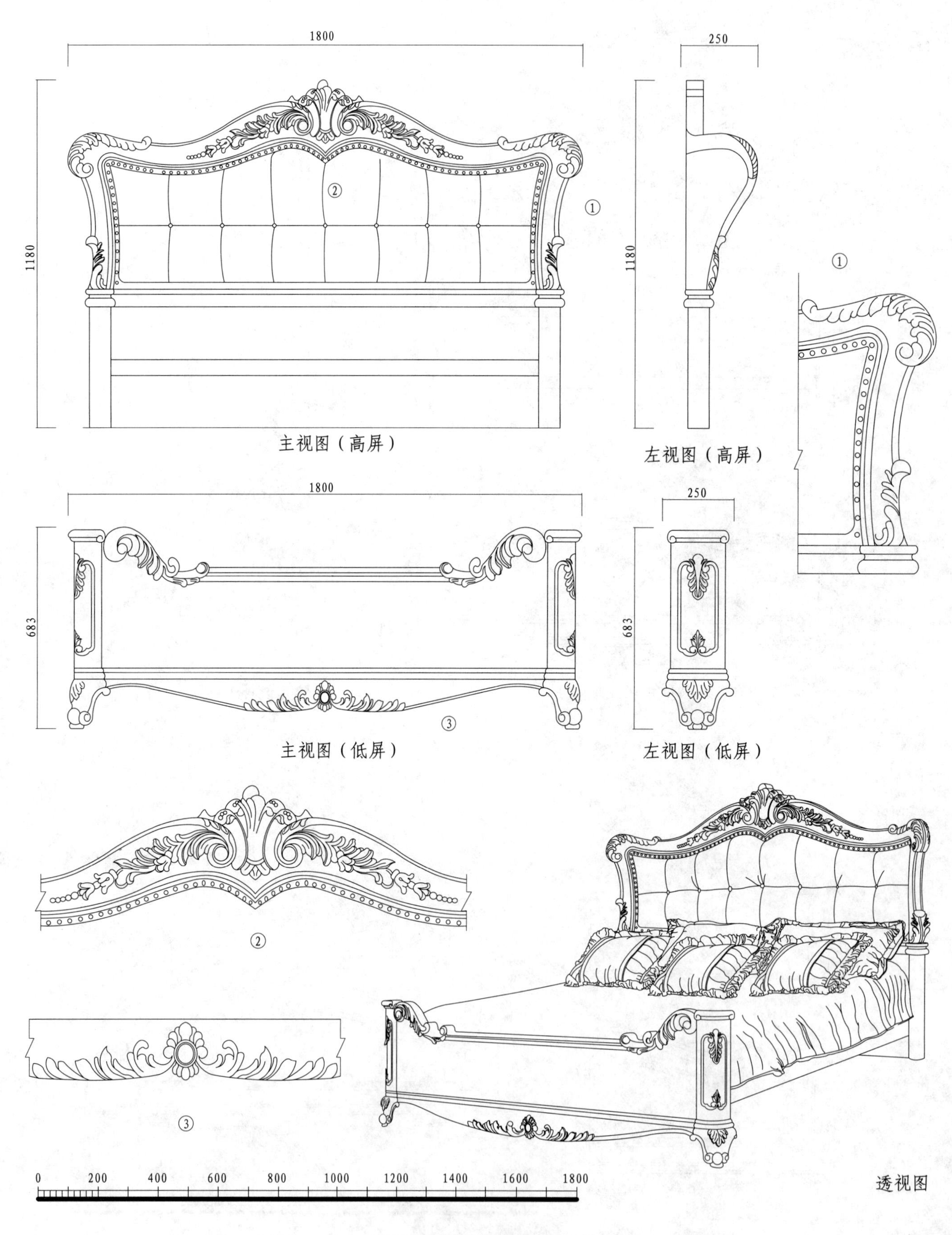
1800
250
1180
1180
①
②
主视图（高屏）
左视图（高屏）
1800
250
683
683
③
主视图（低屏）
左视图（低屏）
②
③
0 200 400 600 800 1000 1200 1400 1600 1800
透视图

卷草花饰翼状软包床头板高低床

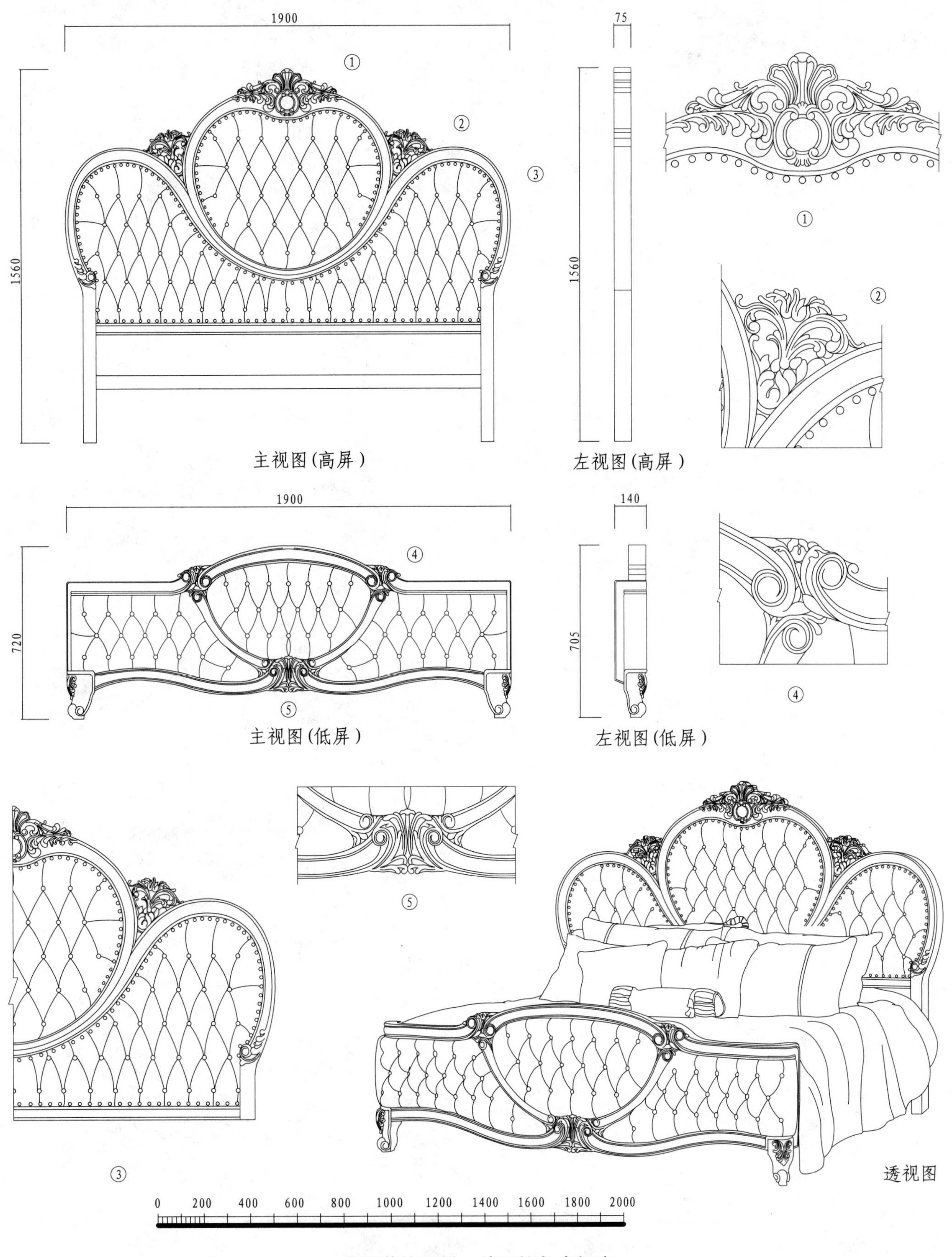
1900
75
①
②
③
1560
1560
主视图(高屏)
左视图(高屏)
1900
140
④
720
705
⑤
主视图(低屏)
左视图(低屏)
⑤
③
透视图
0 200 400 600 800 1000 1200 1400 1600 1800 2000

宝石花饰三拱三片形软包高低床

1870
90
①
1700
1700
主视图(高屏)
左视图(高屏)
1870
100
570
570
②
③
②
③
主视图(低屏)
左视图(低屏)
①
0 200 400 600 800 1000 1200 1400 1600 1800 2000
透视图

缠藤叶饰弓形软包床头板高低床

1800
80
①
1700
1700
主视图(高屏)
左视图(高屏)
1800
105
465
465
②
②
主视图(低屏)
左视图(低屏)
①
0 200 400 600 800 1000 1200 1400 1600 1800
透视图

花叶饰弓形软包床头板高低床

1900
75
1650
1650
①
③
主视图(高屏)
左视图(高屏)
1900
95
400
400
②
④
④
主视图(低屏)
左视图(低屏)
①
②
透视图
0 200 400 600 800 1000 1200 1400 1600 1800 2000

花叶饰弓形软包床头板高单屏床

1920
1780
①
②
主视图(高屏)
70
1780
左视图(高屏)
①
③
1920
650
③
④
⑤
主视图(低屏)
140
650
左视图(低屏)
④
⑤
②
0 200 400 600 800 1000 1200 1400 1600 1800 2000
透视图

宝石花饰弓形软包床头板高低床

1875
200
①
1260
1260
主视图（高屏）
左视图（高屏）
1875
110
②
450
450
主视图（低屏）
左视图（低屏）
①
②
透视图
0
200
400
600
800
1000
1200
1400
1600
1800
2000

涡卷叶饰弓形软包床头板高低床

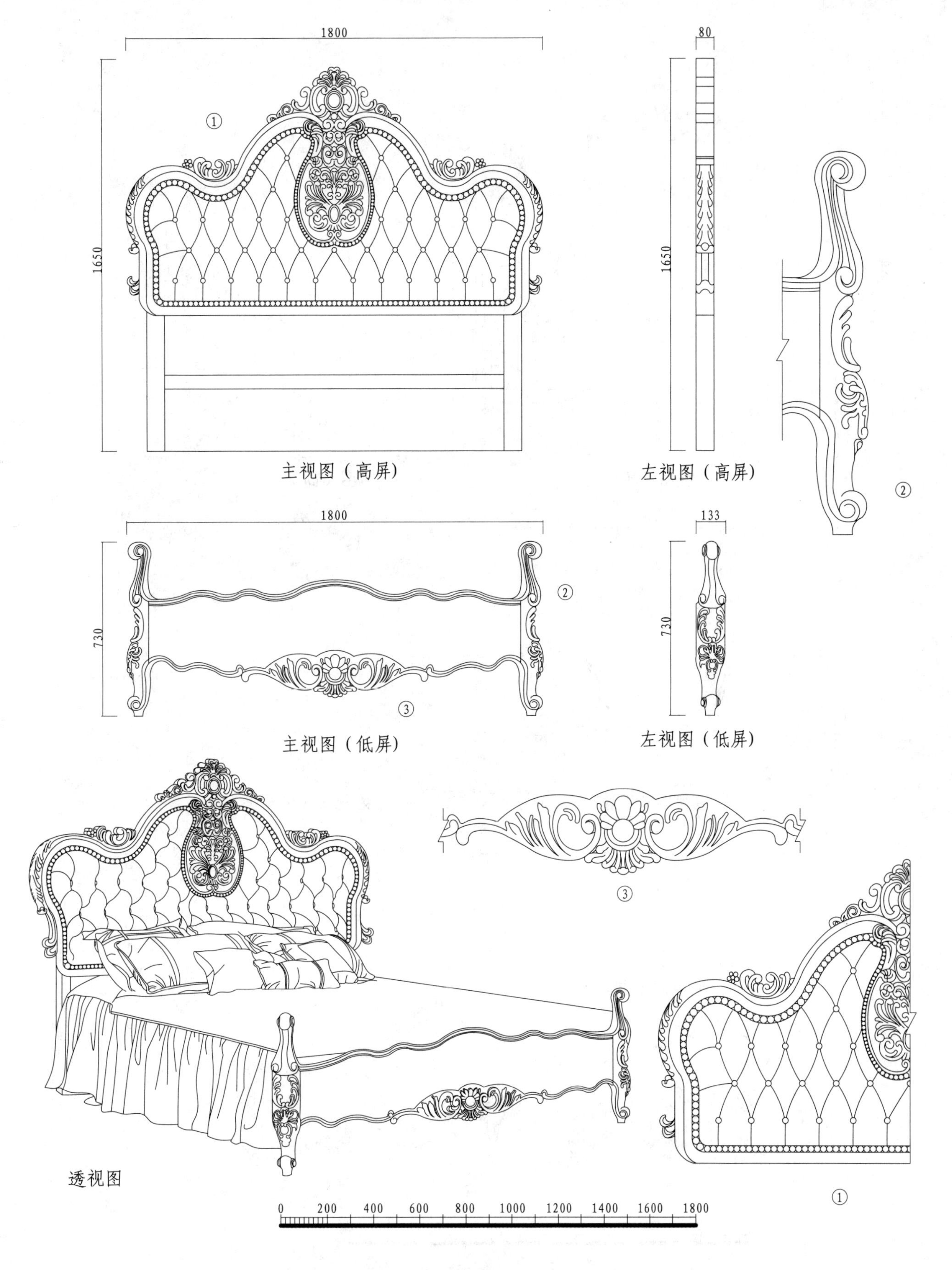
1800
80
1650
1650
①
②
主视图（高屏）
左视图（高屏）
1800
133
730
730
②
③
主视图（低屏）
左视图（低屏）
③
①
透视图
0 200 400 600 800 1000 1200 1400 1600 1800

宝石花饰三拱形软包床头板高低床

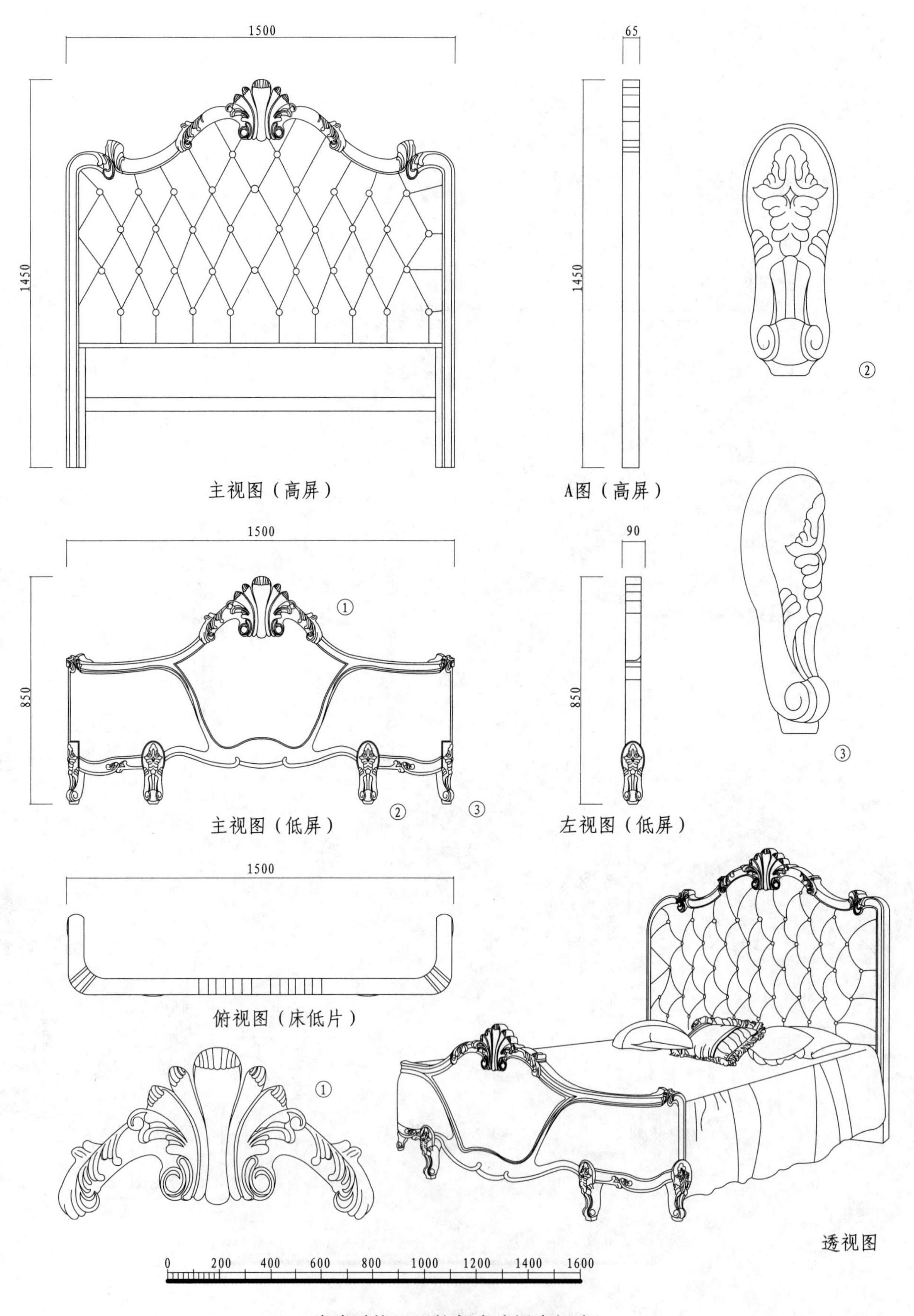
1500
65
1450
1450
②
主视图（高屏）
A图（高屏）
1500
90
①
850
850
③
②
③
主视图（低屏）
左视图（低屏）
1500
俯视图（床低片）
①
透视图
0
200
400
600
800
1000
1200
1400
1600

束卷叶饰弓形软包床头板高低床

1600
60
660
①
1400
1400
650
主视图
主视图（高屏）
左视图（高屏）
1600
60
730
730
透视图
②
主视图（低屏）
左视图（低屏）
②
①
透视图
0
200
400
600
800
1000
1200
1400
1600

贝壳饰弓形软包床头板高低床

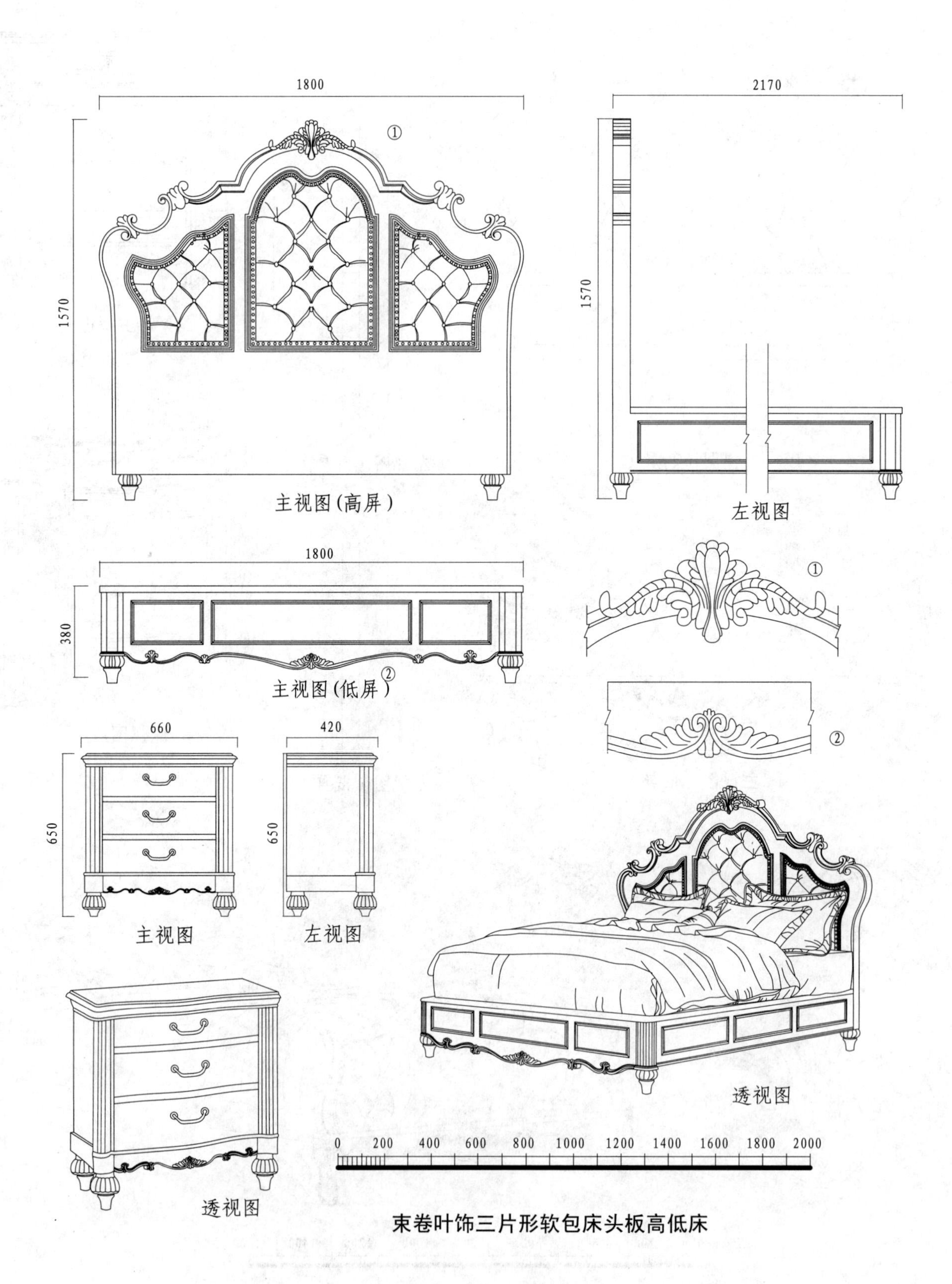
1800
①
1570
主视图(高屏)
2170
1570
左视图
1800
380
主视图(低屏)
②
①
②
660
650
主视图
420
650
左视图
透视图
透视图
0 200 400 600 800 1000 1200 1400 1600 1800 2000

束卷叶饰三片形软包床头板高低床

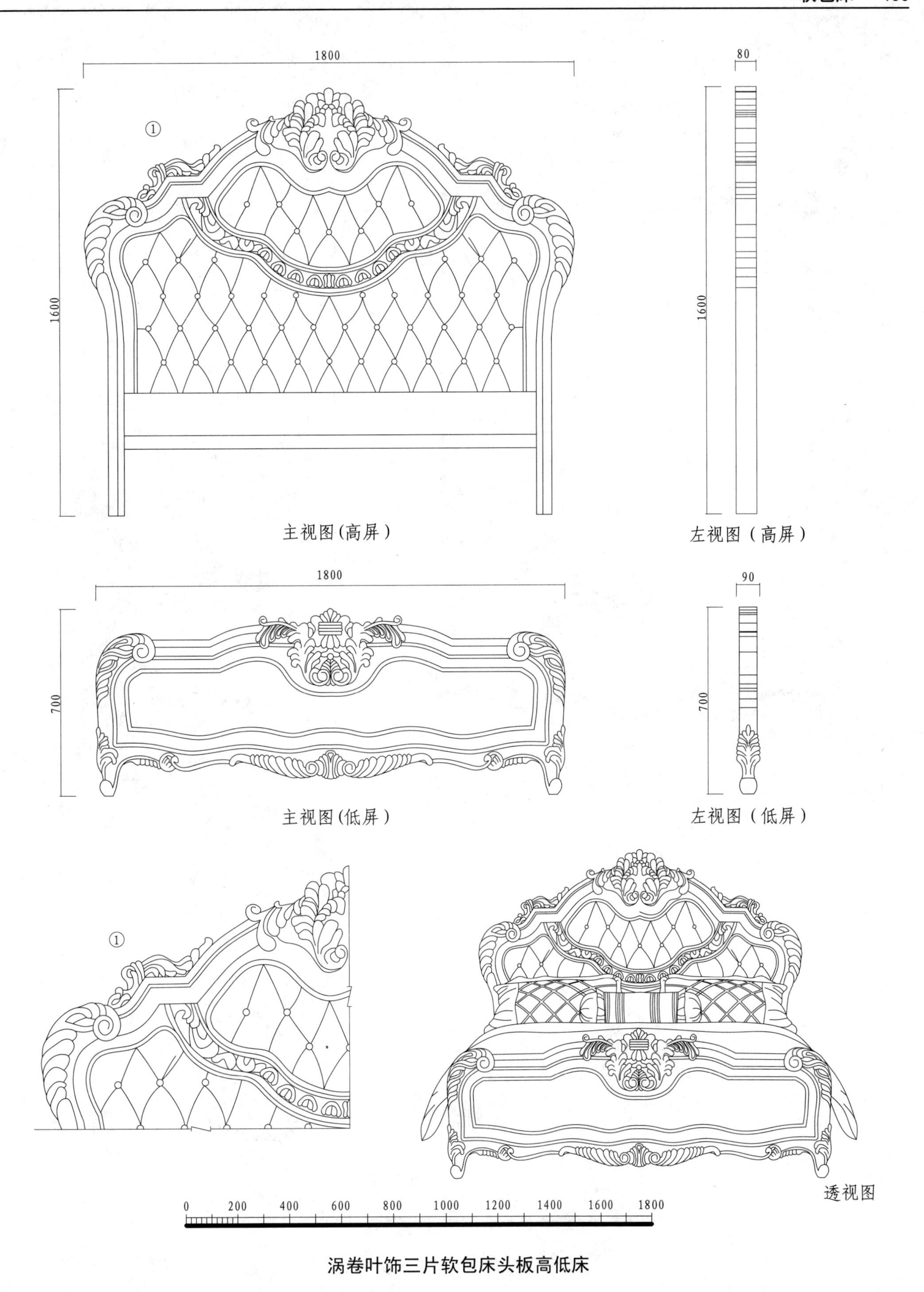
1800
80
①
1600
1600
主视图(高屏)
左视图(高屏)
1800
90
700
700
主视图(低屏)
左视图(低屏)
①
透视图
0
200
400
600
800
1000
1200
1400
1600
1800

涡卷叶饰三片软包床头板高低床

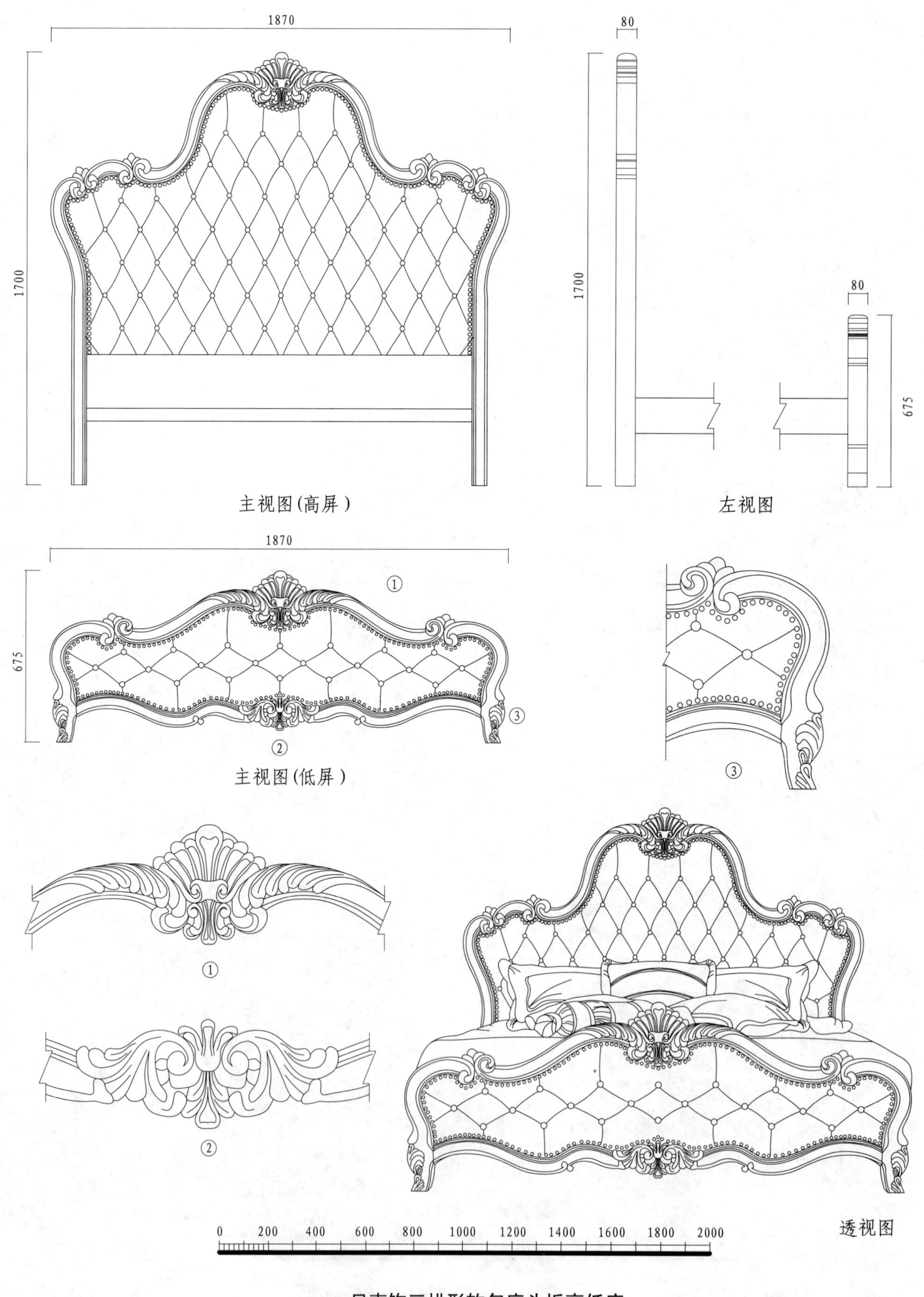
1870
80
1700
1700
80
675
主视图(高屏)
左视图
1870
①
675
③
②
主视图(低屏)
③
①
②
透视图
0 200 400 600 800 1000 1200 1400 1600 1800 2000

贝壳饰三拱形软包床头板高低床

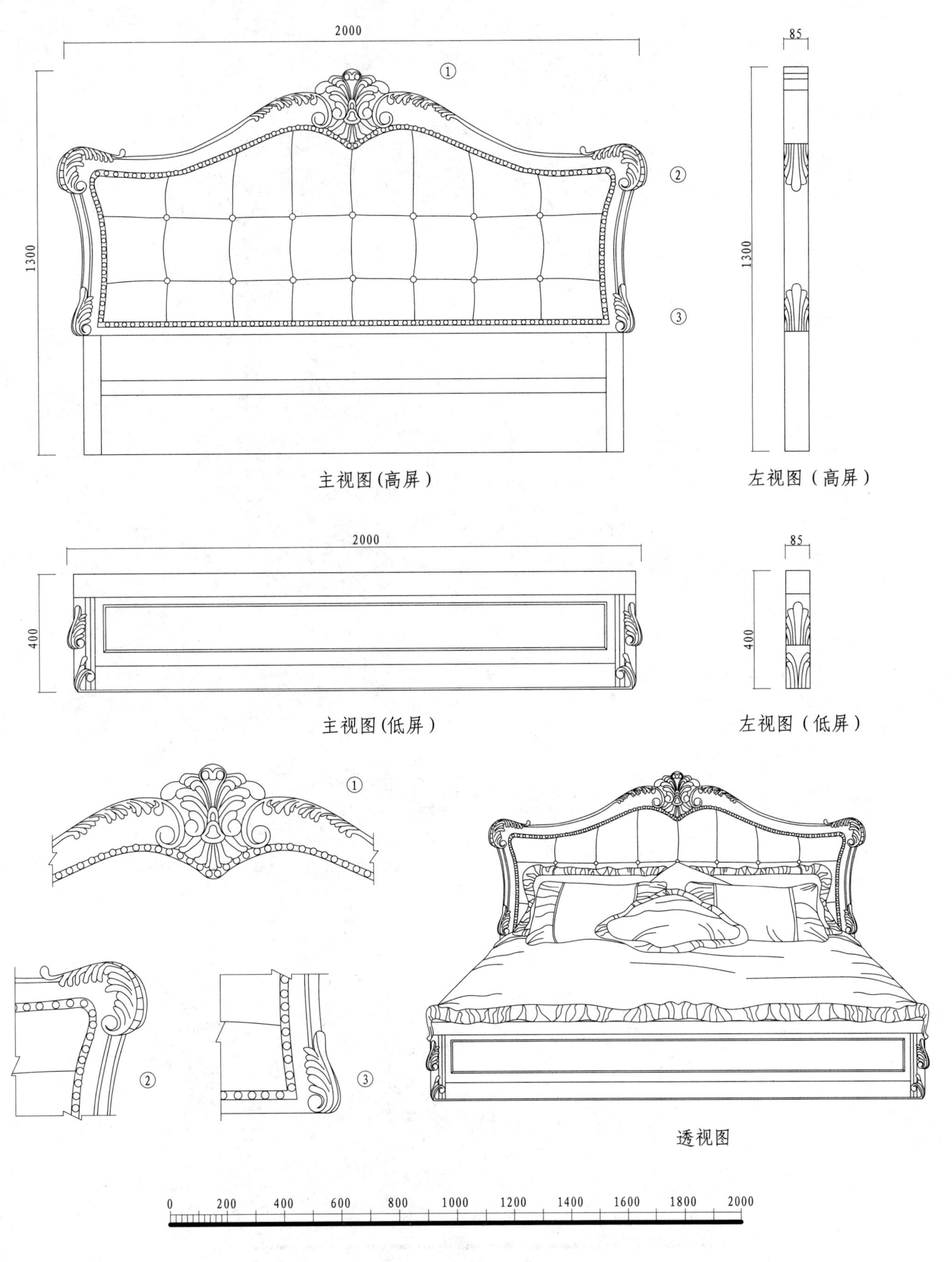
2000
1300
①
②
③
主视图(高屏)
85
1300
左视图（高屏）
2000
400
主视图(低屏)
85
400
左视图（低屏）
①
②
③
透视图
0 200 400 600 800 1000 1200 1400 1600 1800 2000

束花卷叶纹弓形软包床头板高低床

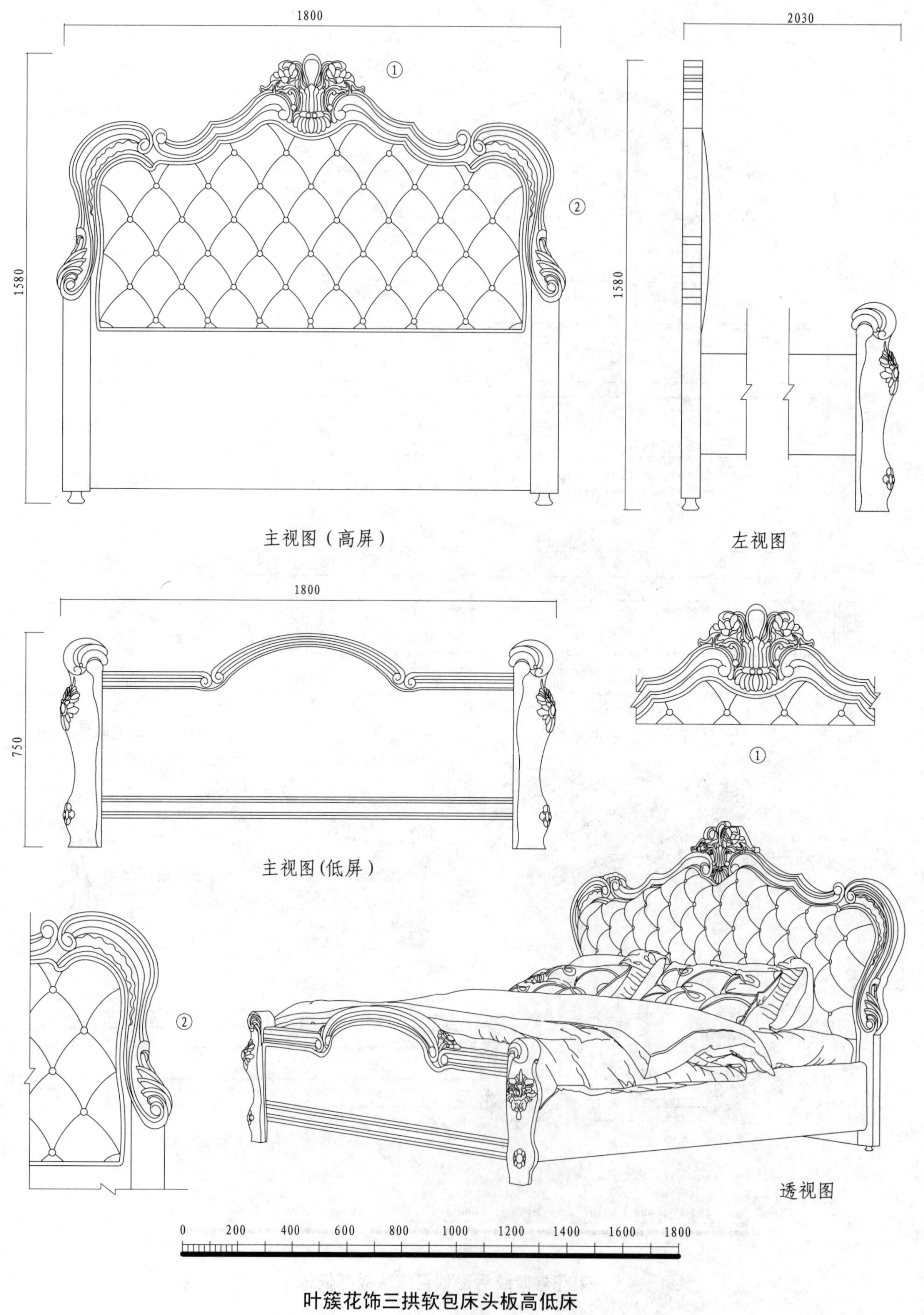
1800
2030
1580
1580
①
②
主视图（高屏）
左视图
1800
750
①
主视图(低屏)
②
透视图
0
200
400
600
800
1000
1200
1400
1600
1800

叶簇花饰三拱软包床头板高低床

1648
90
①
②
1200
1200
主视图(高屏)
左视图(高屏)
1648
90
560
500
③
④
主视图(低屏)
左视图(低屏)
①
③
④
透视图
0
200
400
600
800
1000
1200
1400
1600
1800

束卷花饰弓形软包床头板高低床

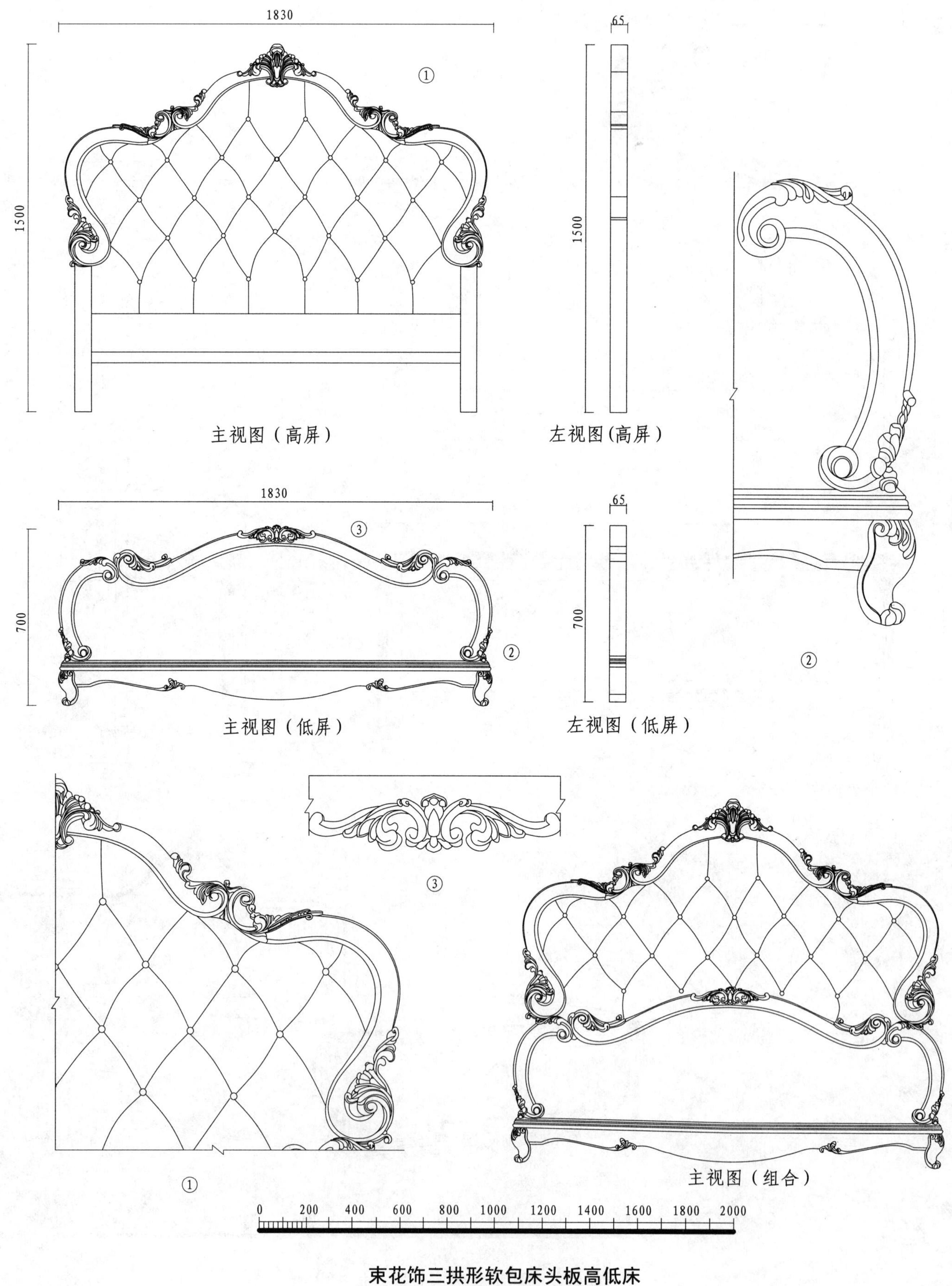
1830
65
1500
①
主视图（高屏）
左视图(高屏）
1830
65
③
700
②
主视图（低屏）
左视图（低屏）
②
③
①
主视图（组合）
0 200 400 600 800 1000 1200 1400 1600 1800 2000

束花饰三拱形软包床头板高低床

660
420
650
650
①
②
③
主视图
左视图
660
420
俯视图
①
②
③
透视图
0
200
400
600
800
1000

卷叶扇贝饰两屉鹅冠足床边柜

610
680
①
②
主视图
430
680
③
④
左视图
610
430
俯视图
②
透视图
①
③
④
0
200
400
600
800
1000

叶簇花饰三屉螺纹足床边柜

600
430
675
①
②
③
④
主视图
左视图
俯视图
透视图
0
200
400
600
800
1000

卷叶束卷饰一门一屉涡卷足床边柜

680
430
650
650
①
②
③
④
⑤
主视图
左视图
680
430
俯视图
①
⑤
③
②
④
0
200
400
600
800
1000
透视图

叶簇花饰两屉弯足床边柜

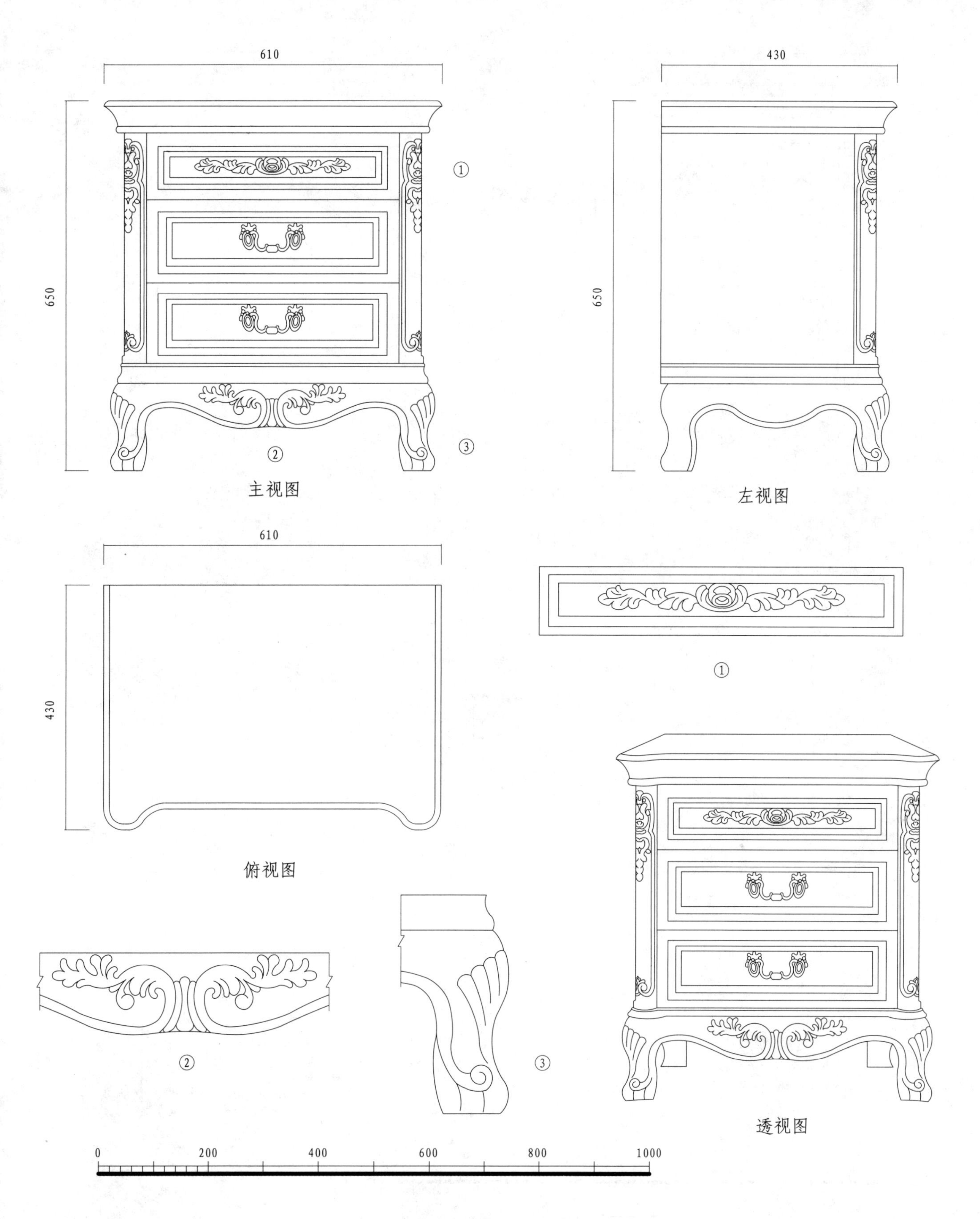
610
430
650
650
①
②
③
主视图
左视图
610
430
俯视图
①
②
③
透视图
0
200
400
600
800
1000

卷叶束卷饰三屜兽爪足床边柜

600
450
660
660
①
②
③
主视图
左视图
600
450
俯视图
②
①
③
0
200
400
600
800
1000
透视图

艮召叶饰三屉涡卷足床边柜

650
650
①
②
③
④
主视图
430
650
左视图
650
430
俯视图
①
④
②
③
0
200
400
600
800
1000
透视图

卷叶束卷饰三屉弯曲足床边柜

700
420
650
①
②
③
主视图
左视图
700
420
俯视图
①
③
②
透视图
0
200
400
600
800
1000

卷叶无花果饰两屉鹅冠床边柜

630
470
650
650
①
②
③
④
主视图
左视图
0
200
400
600
800
透视图

宝石花垂叶饰两屉鹅冠足床边柜

560
400
630
630
①
②
③
④
⑤
主视图
左视图
腿脚节点图
面板节点图
透视图
0
200
400
600
800
1000

叶花饰三屉弯足床边柜

650
420
680
680
①
②
③
④
主视图
左视图
650
420
俯视图
①
②
③
④
透视图
0
200
400
600
800
1000

艮召叶饰一屉两门螺纹足床边柜

660
420
660
660
①
②
③
主视图
左视图
660
420
俯视图
①
②
③
透视图
0
200
400
600
800
1000

垂花饰两屉弯足床边柜

650
430
625
625
①
②
③
主视图
左视图
650
430
俯视图
①
②
③
0
200
400
600
800
1000
透视图

叶簇花饰一屜弯腿涡卷足床边柜

700
430
640
640
①
主视图
②
左视图
700
430
①
俯视图
②
0
200
400
600
800
1000
透视图

叶簇花两屉涡卷足床边柜

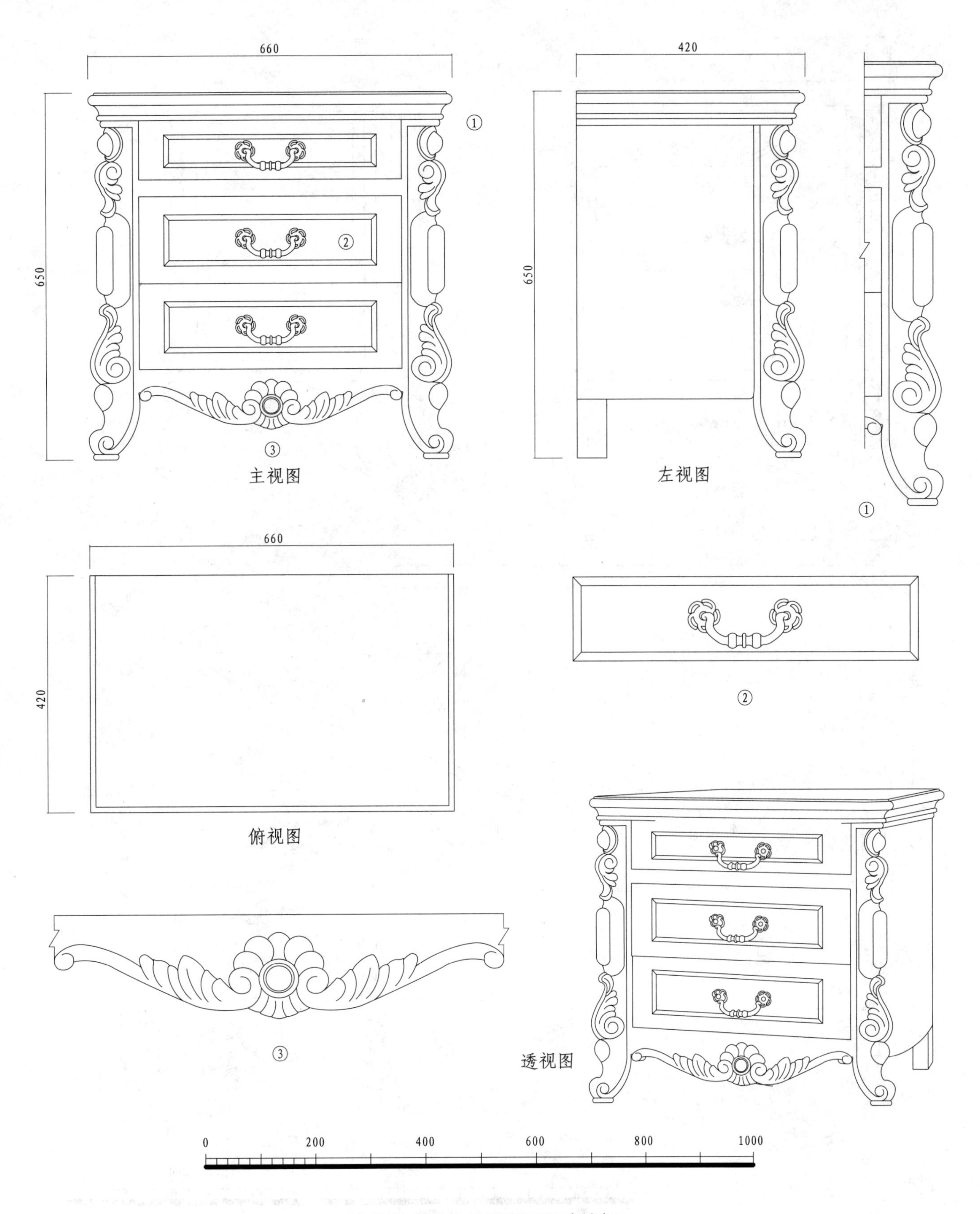
660
650
①
②
③
主视图
420
650
左视图
①
660
420
俯视图
②
③
透视图
0
200
400
600
800
1000

宝石花卷叶饰三屉鹅冠足床边柜

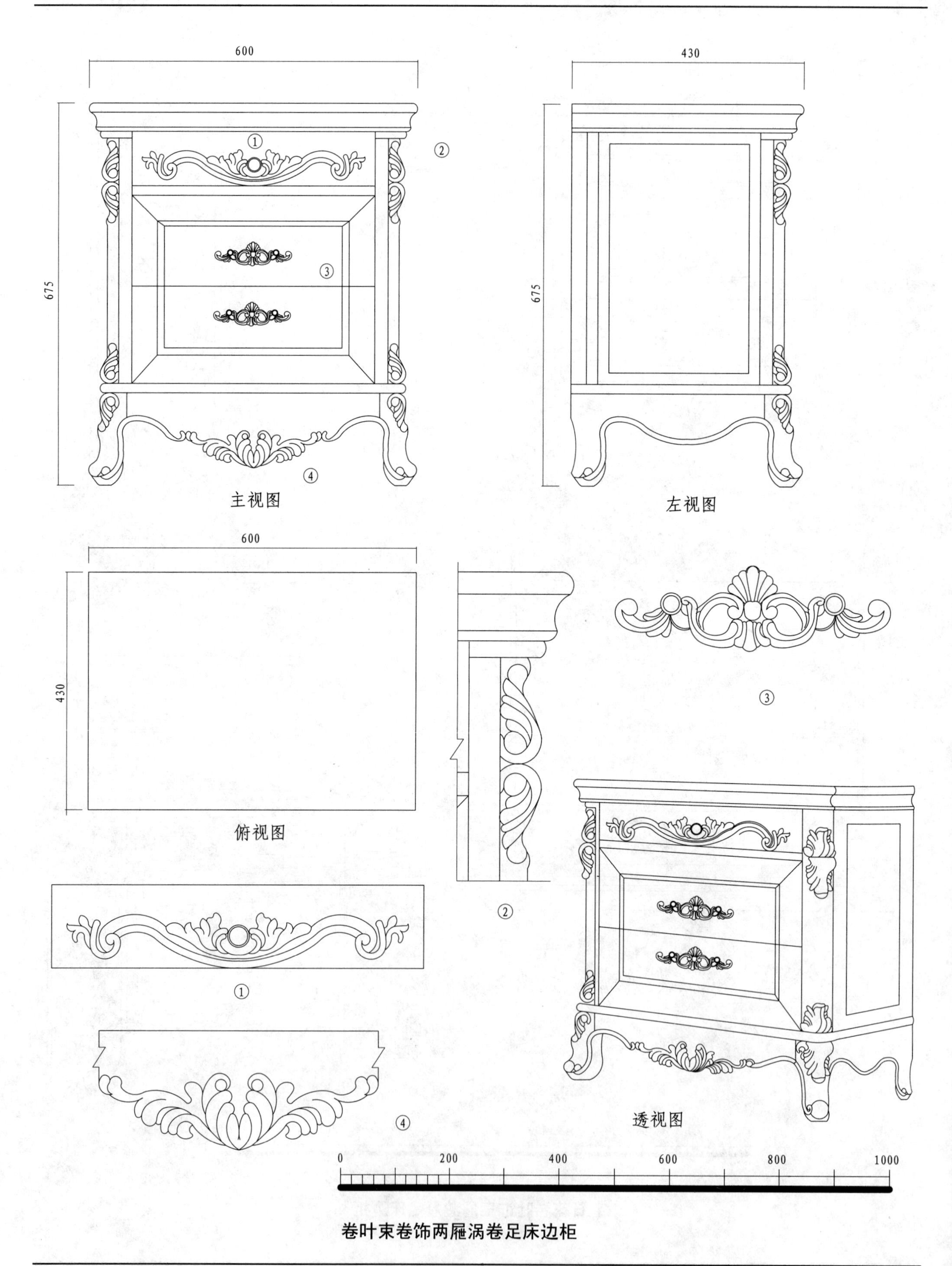
600
430
675
675
①
②
③
④
主视图
左视图
600
430
俯视图
②
③
①
④
透视图
0
200
400
600
800
1000

卷叶束卷饰两屉涡卷足床边柜

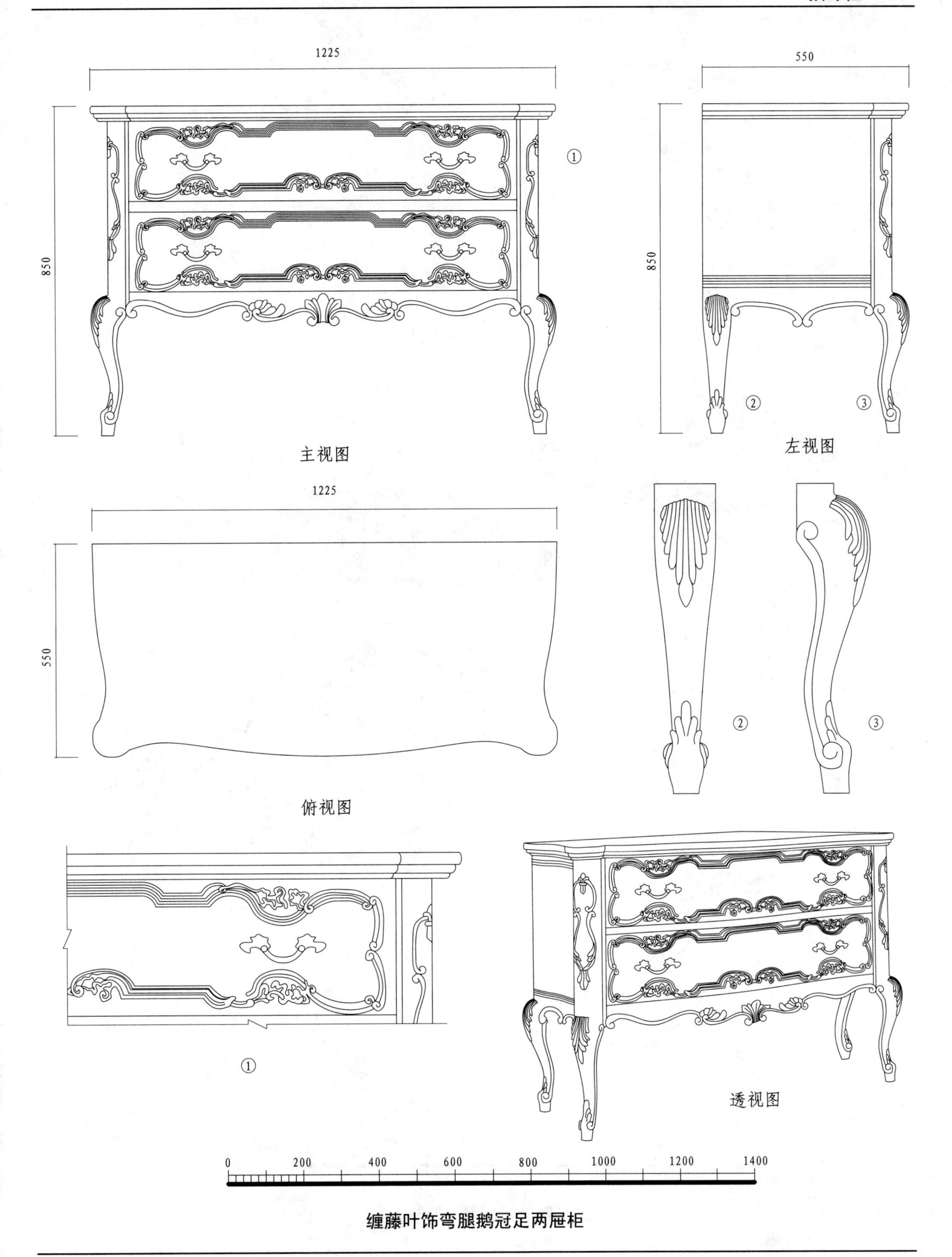
1225
550
850
850
①
②
③
主视图
左视图
1225
550
俯视图
②
③
①
透视图
0
200
400
600
800
1000
1200
1400

缠藤叶饰弯腿鹅冠足两屉柜

800
490
1130
1130
①
②
主视图
左视图
800
490
俯视图
①
②
透视图
0
200
400
600
800
1000

扇贝壳卷叶饰鹅冠足五屉柜

1220
①
②
880
③
主视图
500
880
左视图
1220
500
俯视图
②
①
③
0 200 400 600 800 1000 1200 1400
透视图

扇贝壳卷叶饰鹅冠足三屉柜

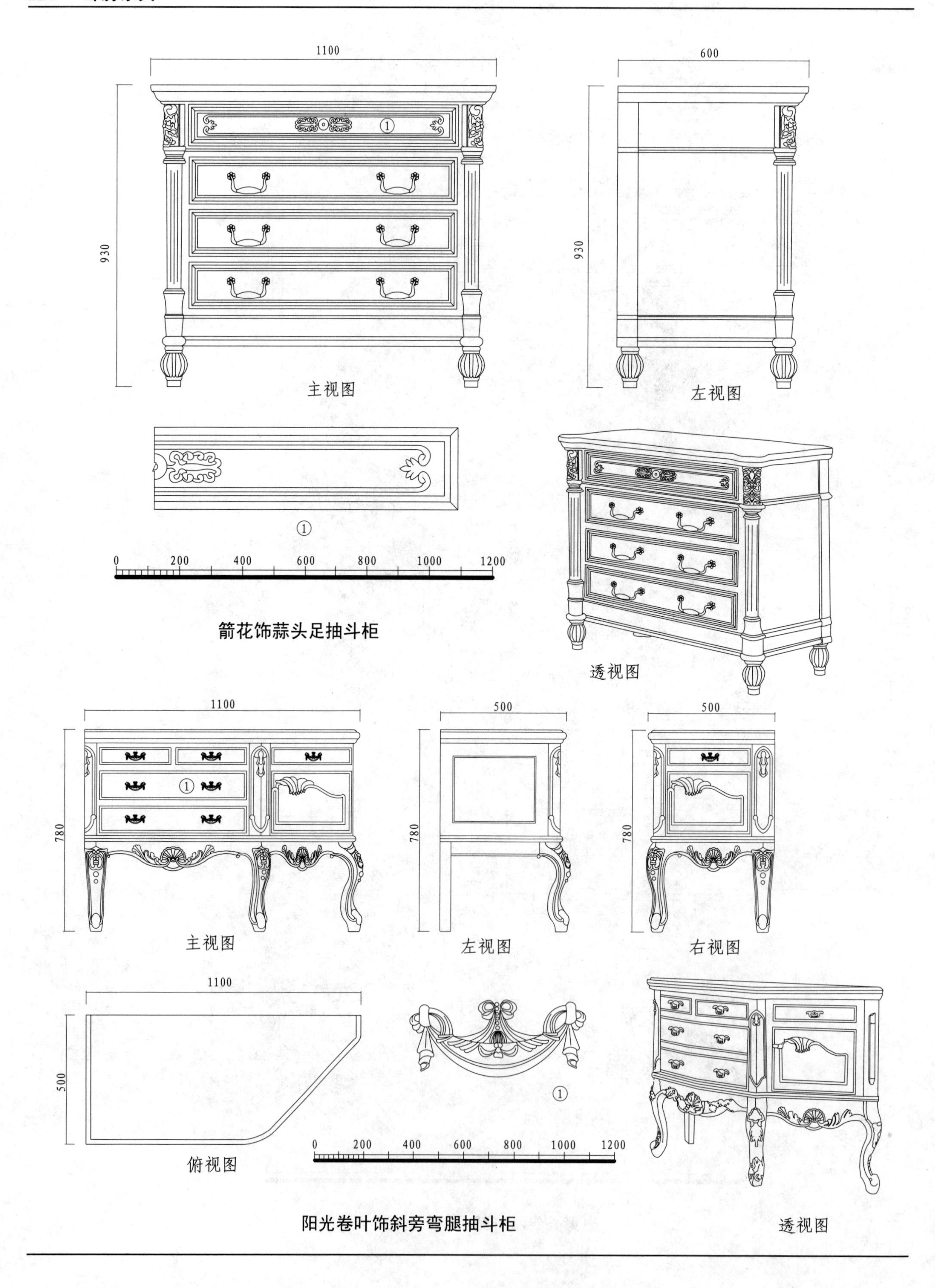
1100
600
930
930
①
主视图
左视图
①
0 200 400 600 800 1000 1200
透视图
1100
500
500
780
780
780
①
主视图
左视图
右视图
1100
500
①
0 200 400 600 800 1000 1200
俯视图
透视图

箭花饰蒜头足抽斗柜

阳光卷叶饰斜旁弯腿抽斗柜

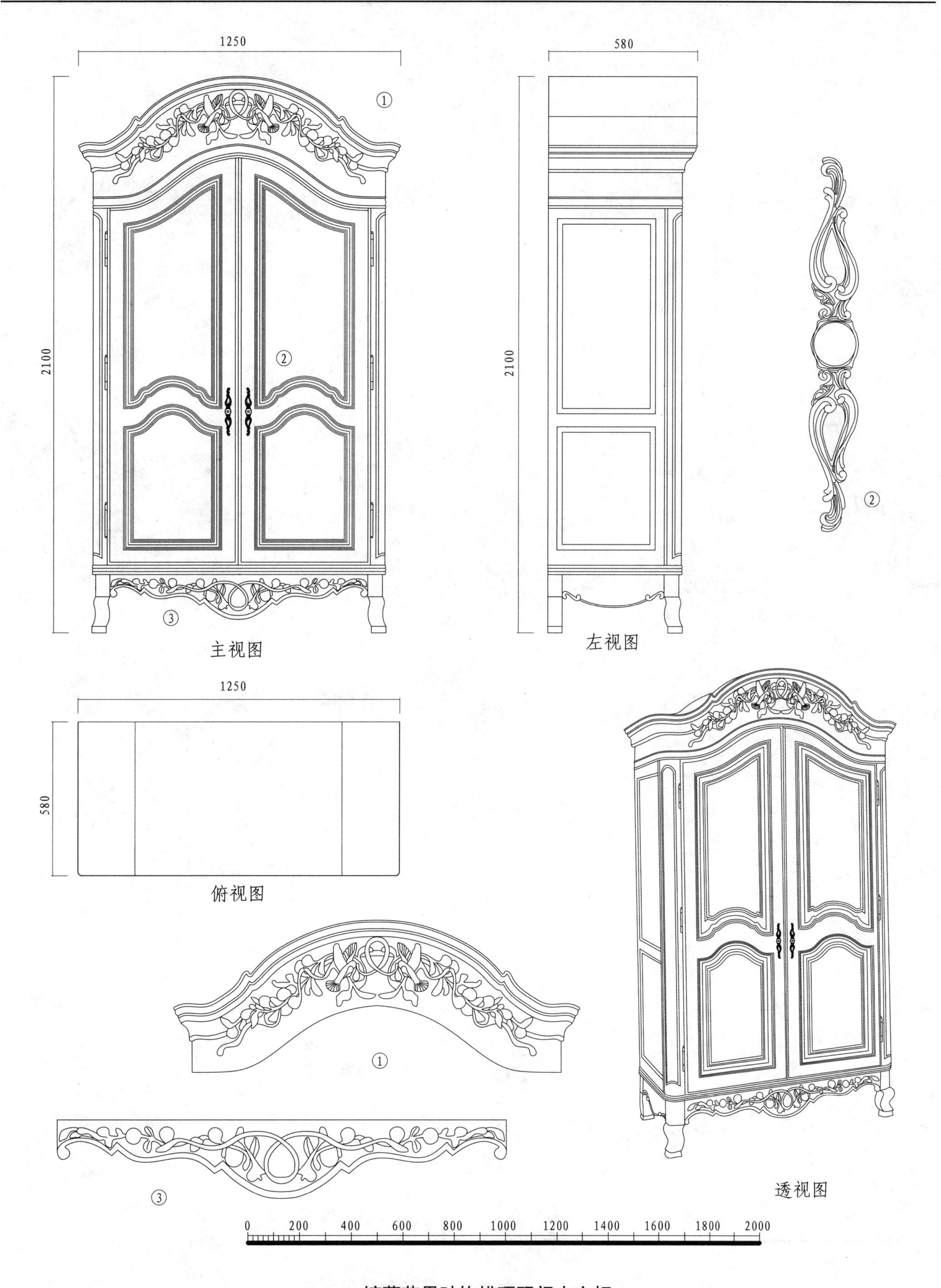
1250
580
2100
2100
①
②
③
主视图
左视图
1250
580
俯视图
透视图
0 200 400 600 800 1000 1200 1400 1600 1800 2000

缠藤花果叶饰拱顶双门大衣柜

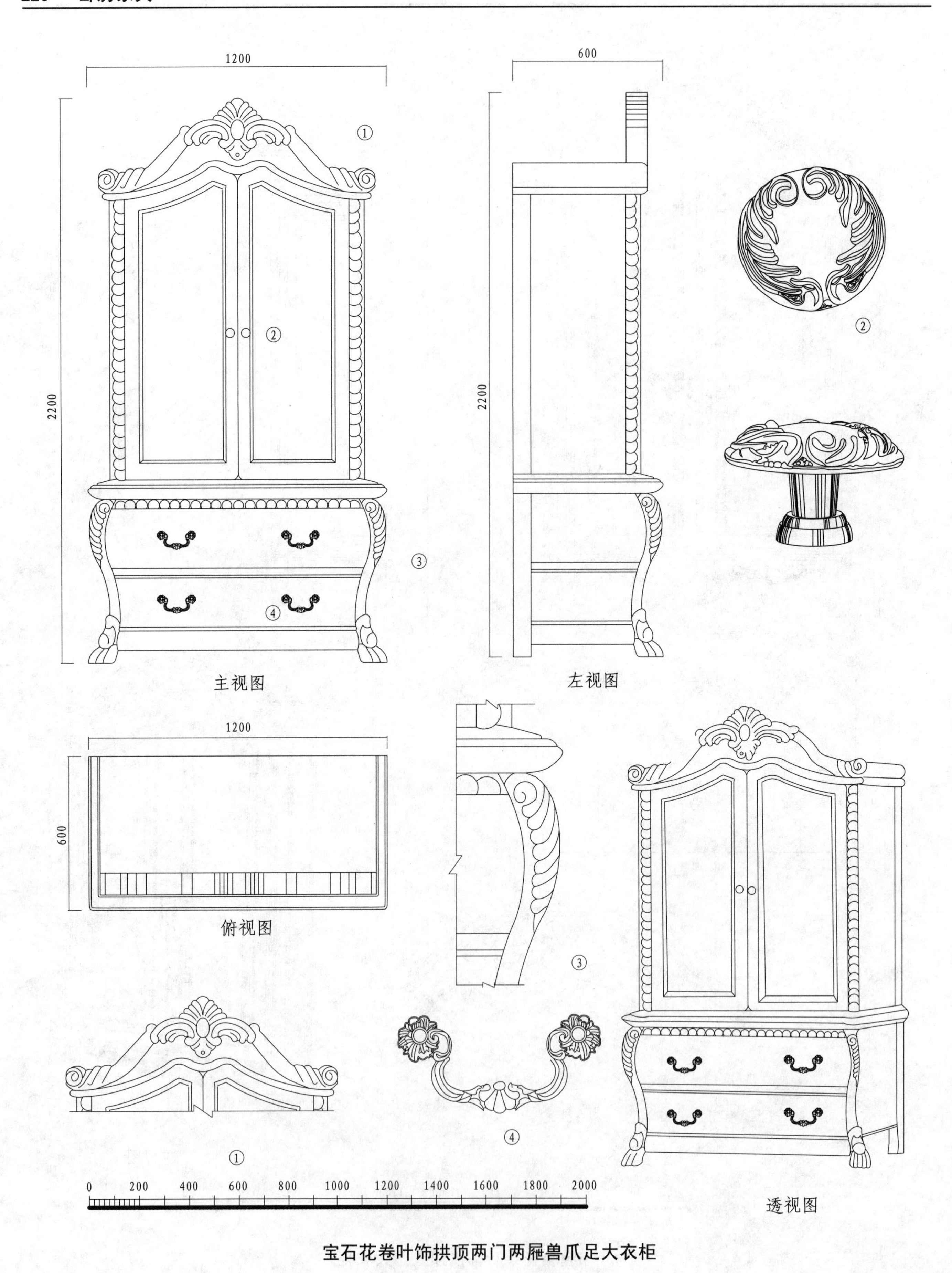
1200
600
2200
2200
①
②
③
④
主视图
左视图
1200
600
俯视图
透视图
0 200 400 600 800 1000 1200 1400 1600 1800 2000

宝石花卷叶饰拱顶两门两屉兽爪足大衣柜

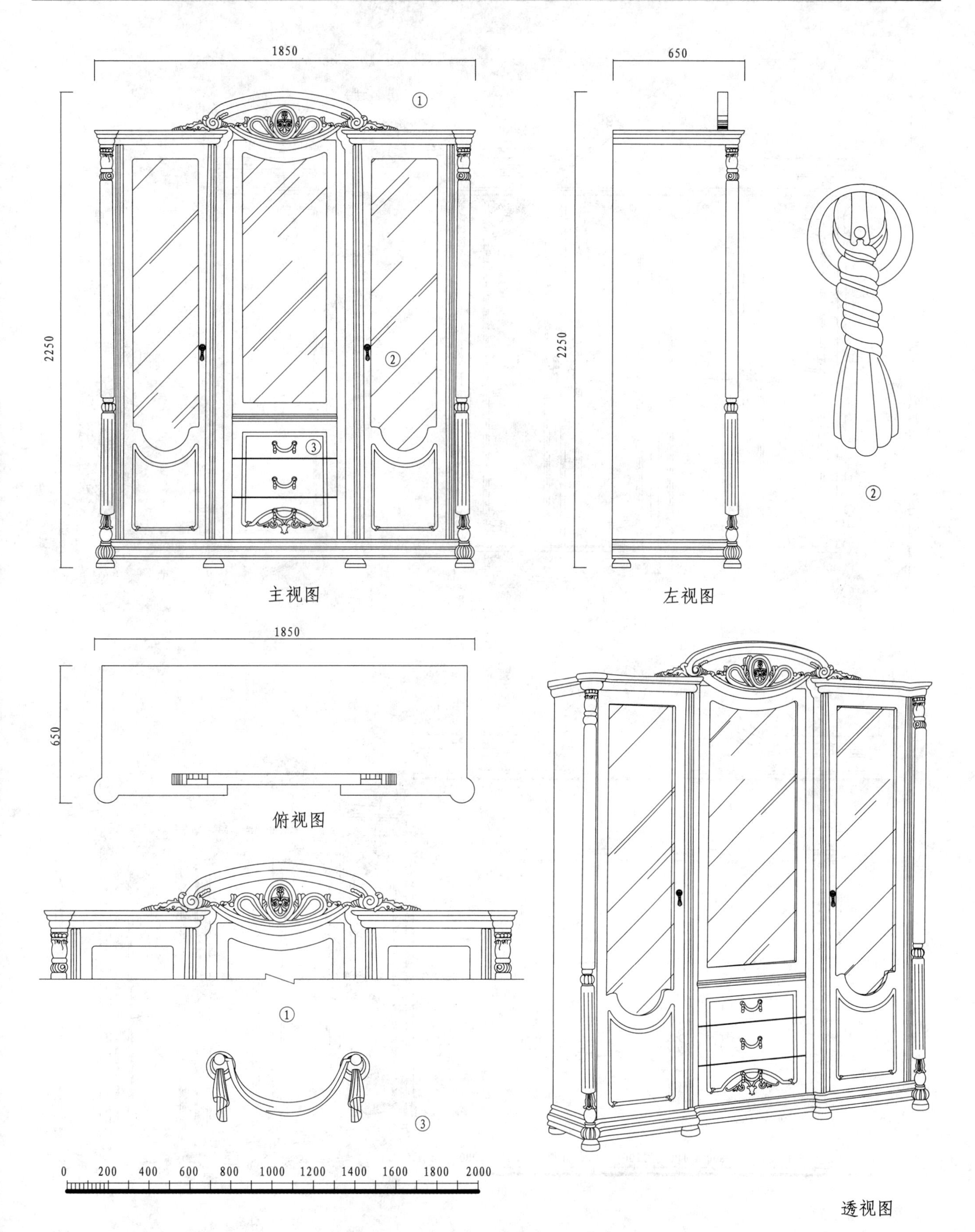
1850
650
2250
①
②
③
主视图
左视图
1850
650
俯视图
0 200 400 600 800 1000 1200 1400 1600 1800 2000
透视图

缎带花饰拱顶三门三屉扁圆足大衣柜

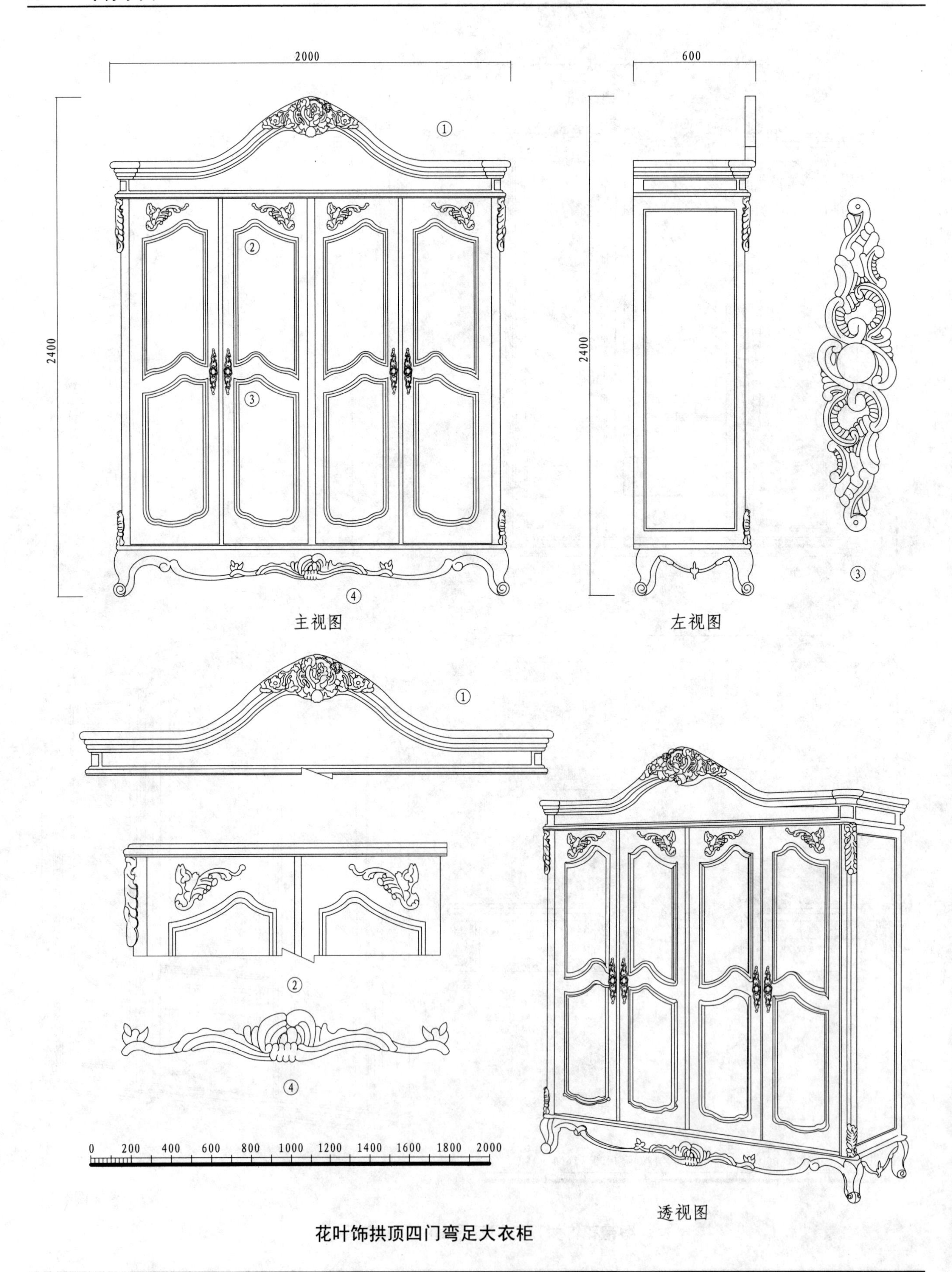
2000
600
2400
2400
①
②
③
④
主视图
左视图
①
②
④
0 200 400 600 800 1000 1200 1400 1600 1800 2000
透视图

花叶饰拱顶四门弯足大衣柜

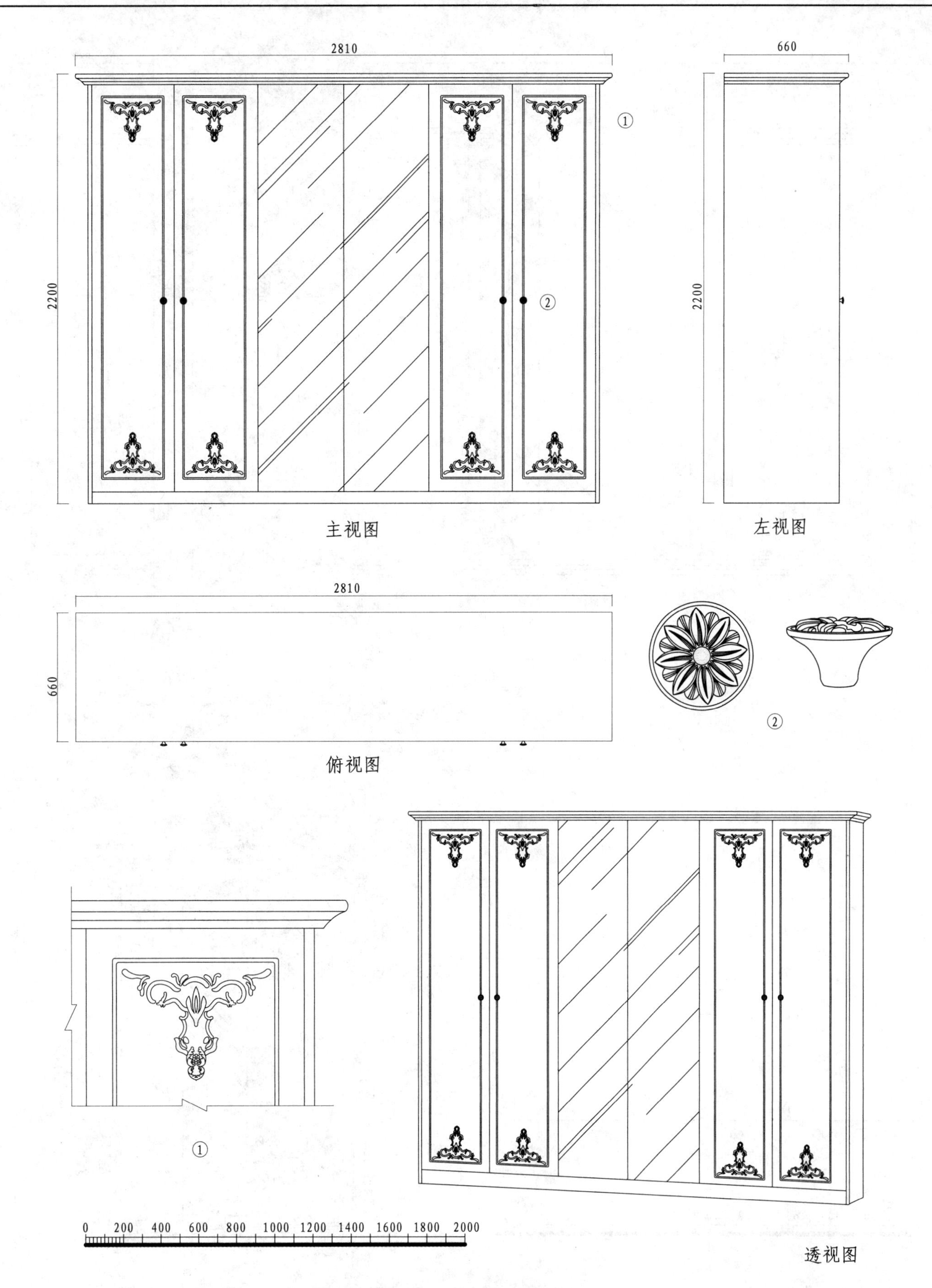
2810
660
2200
2200
①
②
主视图
左视图
2810
660
②
俯视图
①
透视图
0 200 400 600 800 1000 1200 1400 1600 1800 2000

平顶枝叶饰六门平足大衣柜

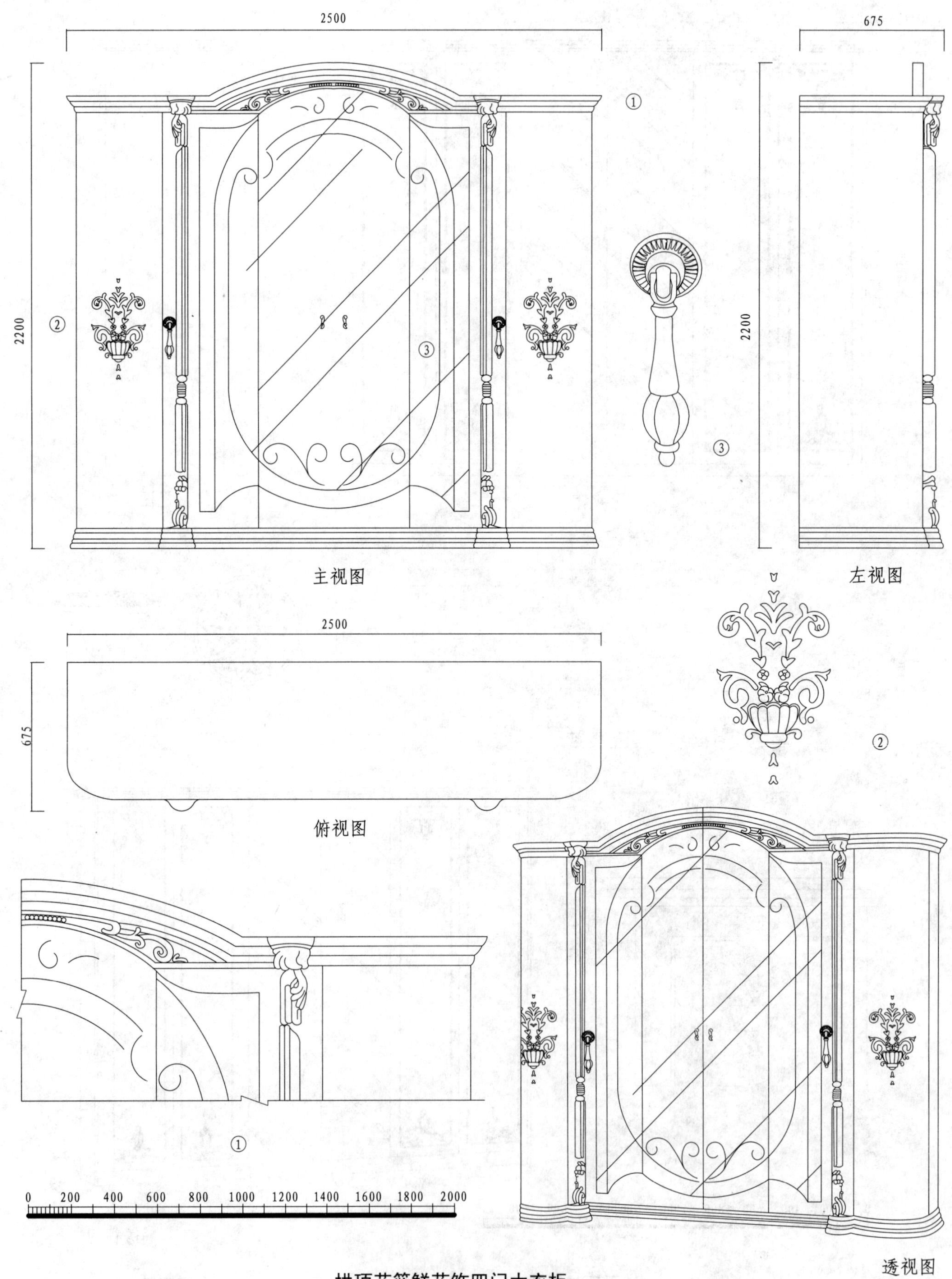
2500
675
2200
①
②
③
主视图
左视图
2500
675
俯视图
①
②
0 200 400 600 800 1000 1200 1400 1600 1800 2000
透视图

拱顶花篮鲜花饰四门大衣柜

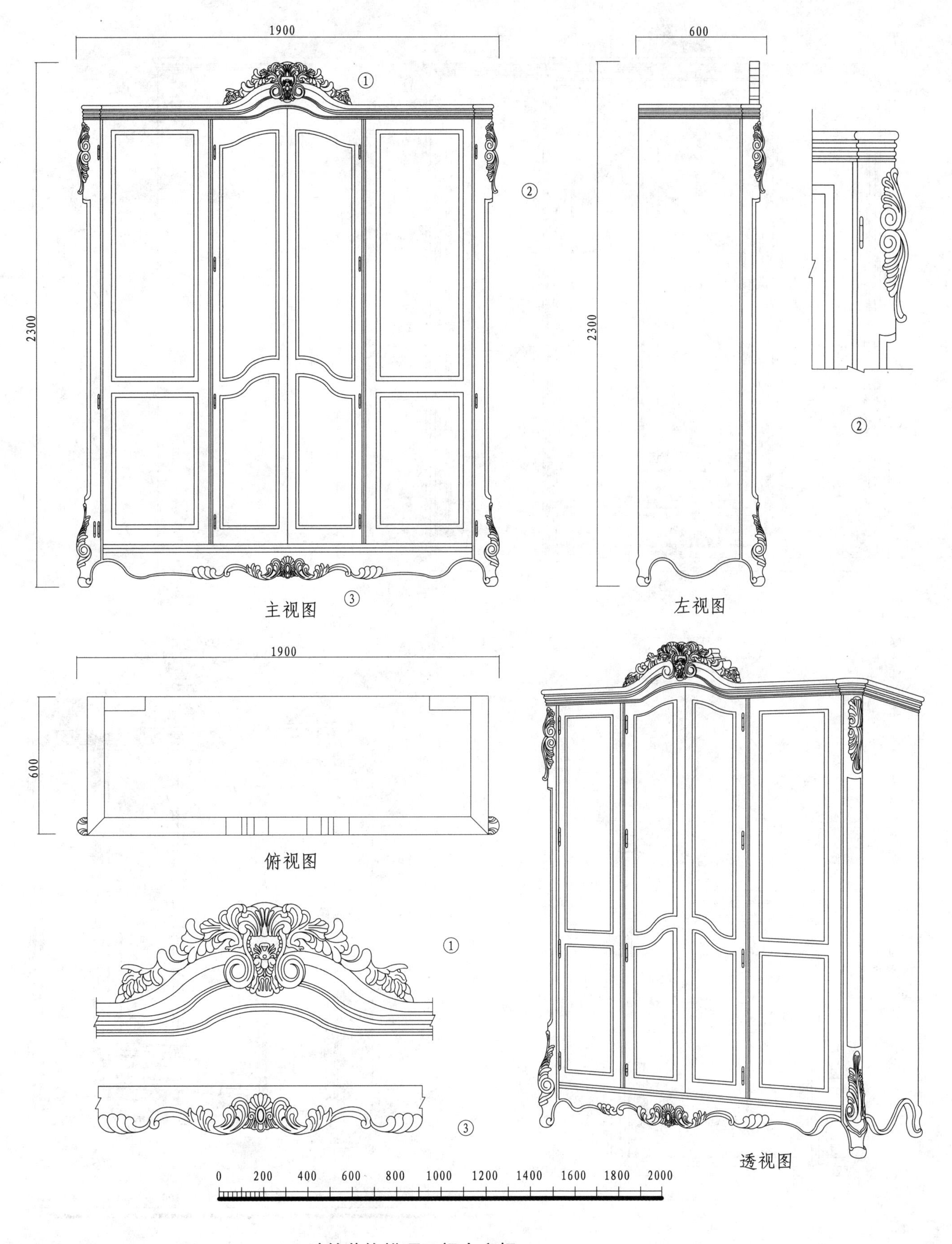
1900
600
2300
2300
①
②
②
③
主视图
左视图
1900
600
俯视图
①
③
透视图
0 200 400 600 800 1000 1200 1400 1600 1800 2000

叶簇花饰拱顶四门大衣柜

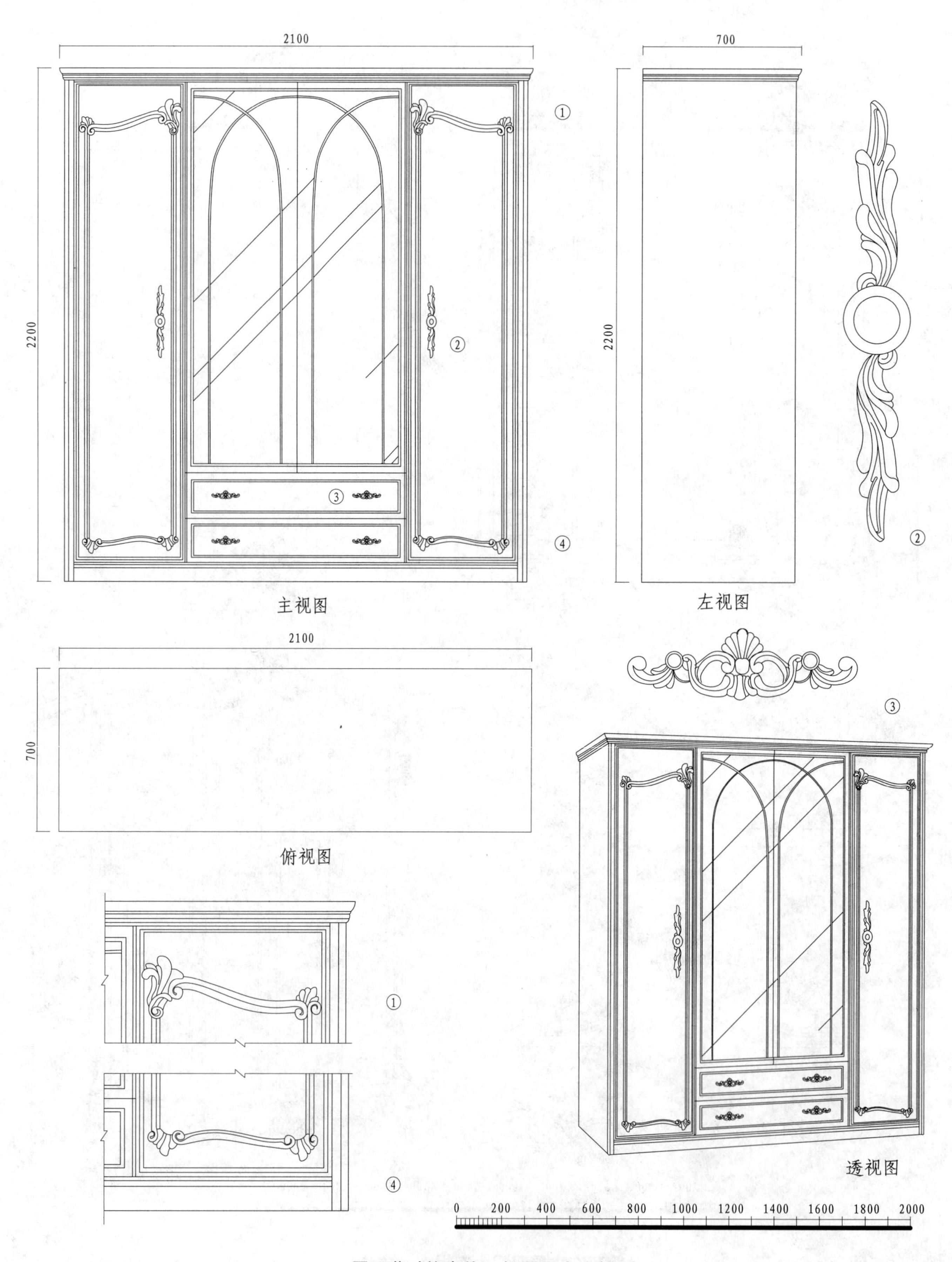
2100
700
2200
2200
①
②
③
④
主视图
左视图
2100
700
俯视图
①
④
透视图
0 200 400 600 800 1000 1200 1400 1600 1800 2000

平顶藤叶饰盘线四门两屉大衣柜

2100
660
2250
2250
①
②
③
④
主视图
左视图
2100
660
俯视图
②
④
①
③
透视图
0 200 400 600 800 1000 1200 1400 1600 1800 2000

平顶枝叶饰四门两屉平足大衣柜

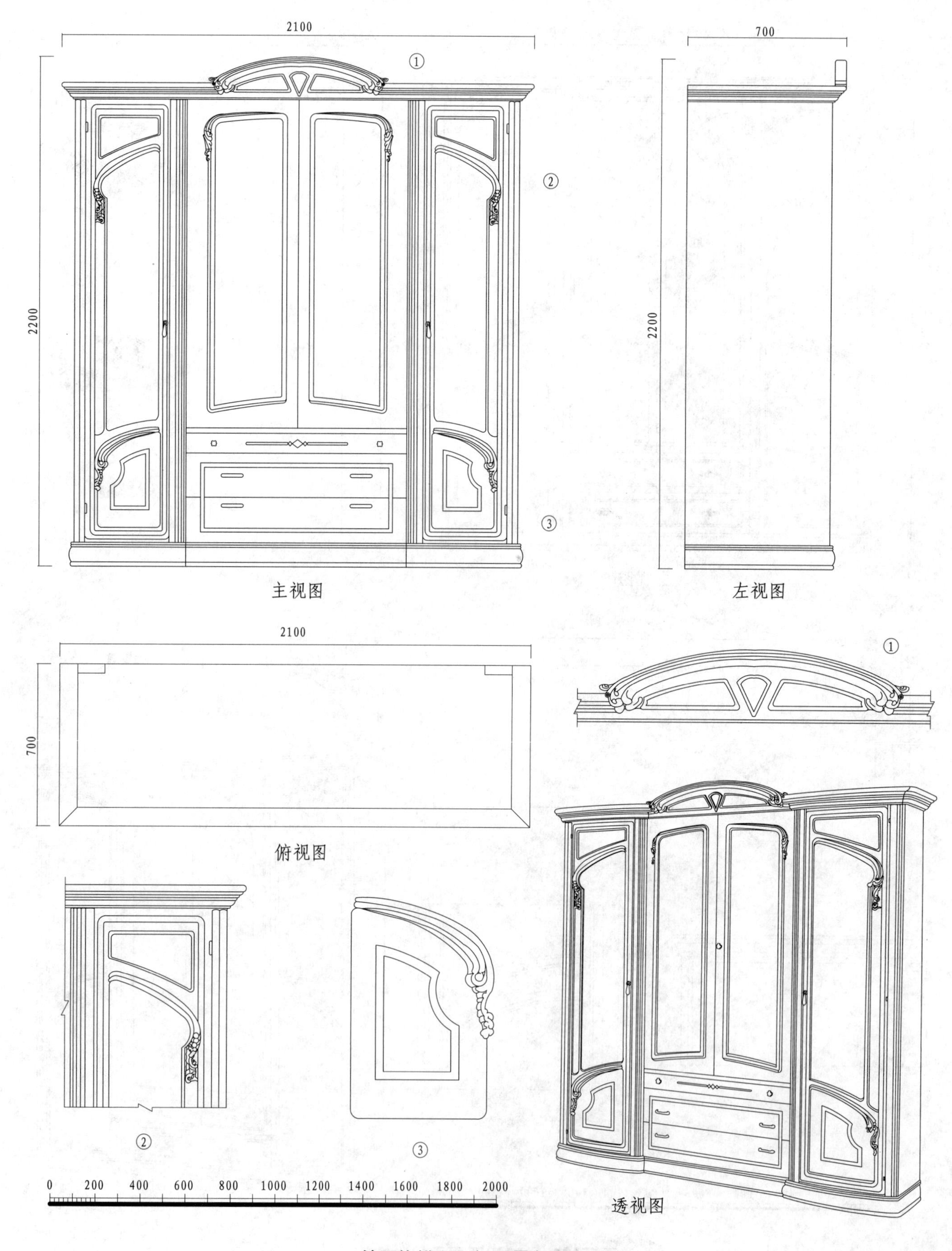
2100
700
①
②
③
2200
2200
主视图
左视图
2100
700
俯视图
①
②
③
0 200 400 600 800 1000 1200 1400 1600 1800 2000
透视图

钻石饰拱顶四门两屉包足大衣柜

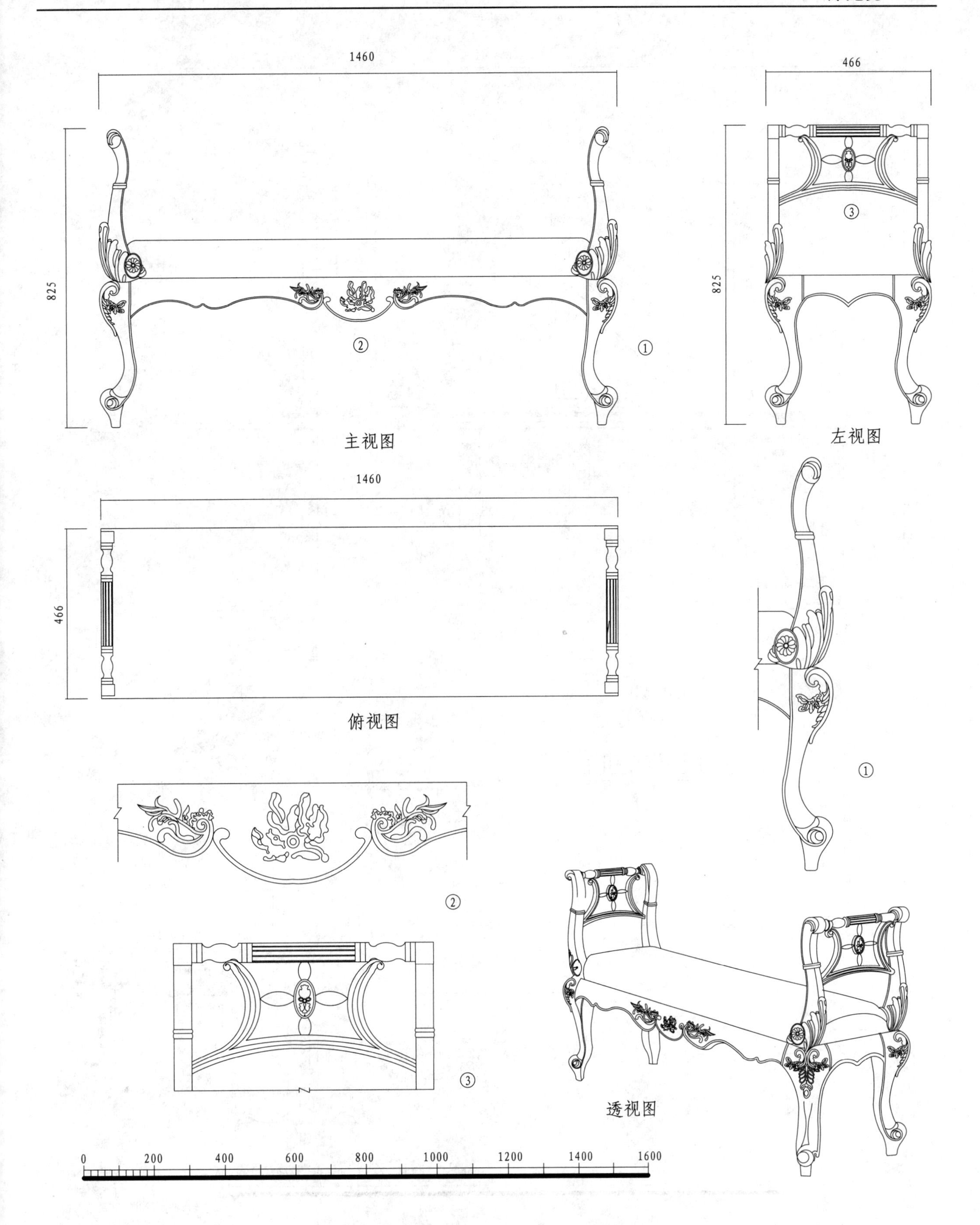
1460
466
825
②
①
③
主视图
左视图
1460
466
俯视图
①
②
③
透视图
0
200
400
600
800
1000
1200
1400
1600

艮召叶饰扶手弯腿鹅冠足床头凳

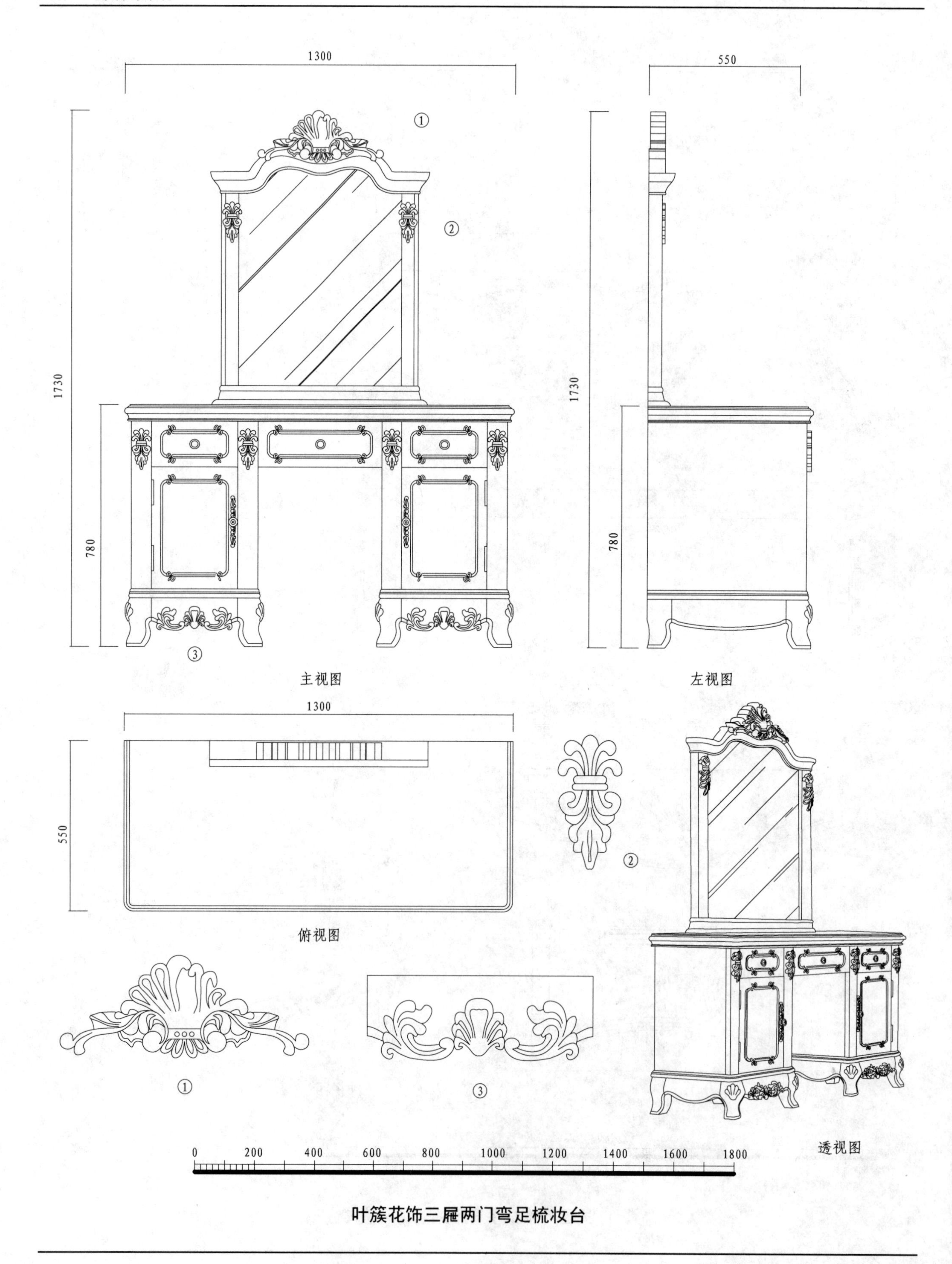
1300
550
1730
780
1730
780
①
②
③
主视图
左视图
1300
550
俯视图
②
①
③
透视图
0
200
400
600
800
1000
1200
1400
1600
1800

叶簇花饰三屉两门弯足梳妆台

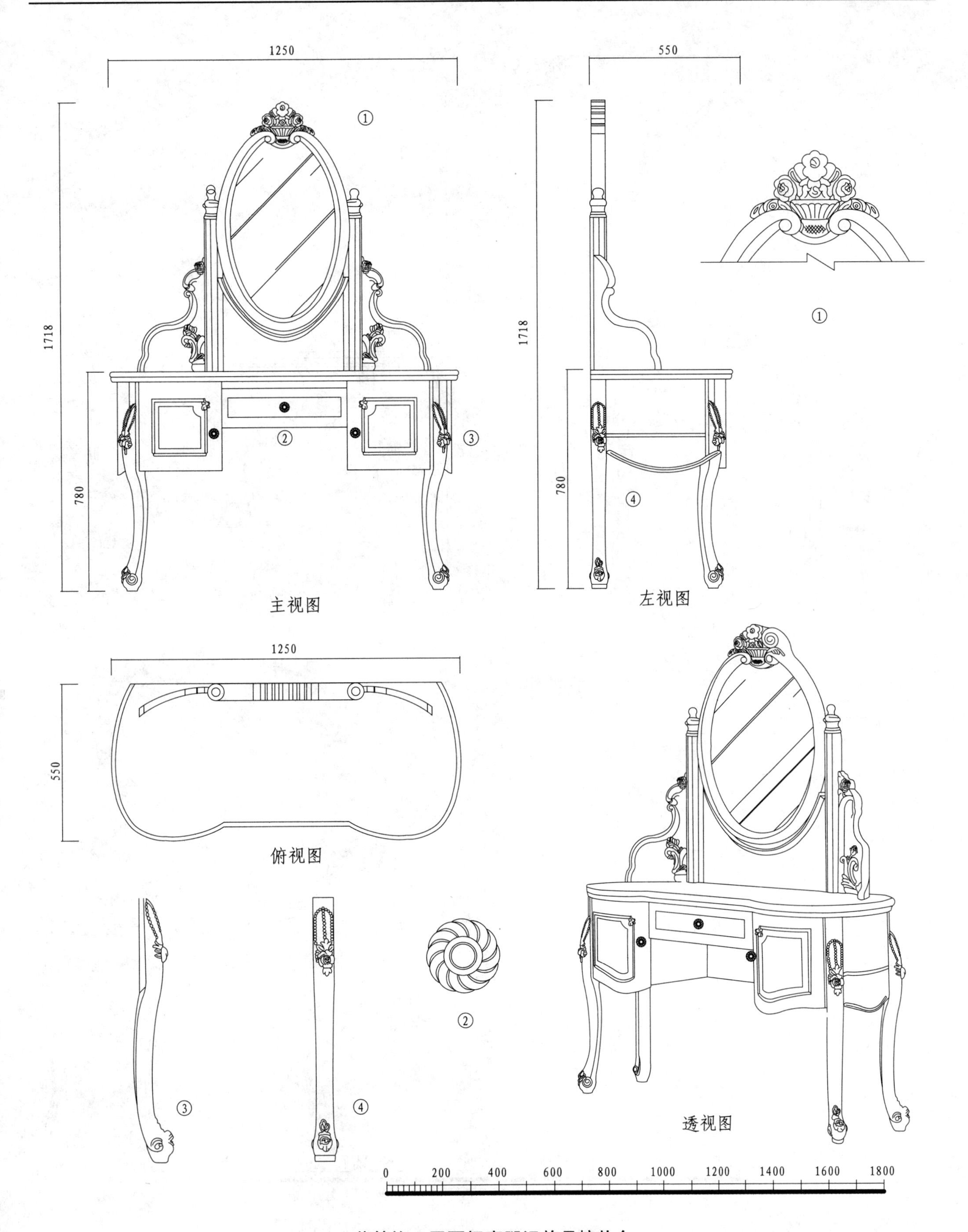
1250
550
①
1718
780
②
③
④
主视图
左视图
俯视图
透视图
0
200
400
600
800
1000
1200
1400
1600
1800

花篮饰一屉两门弯腿涡旋足梳妆台

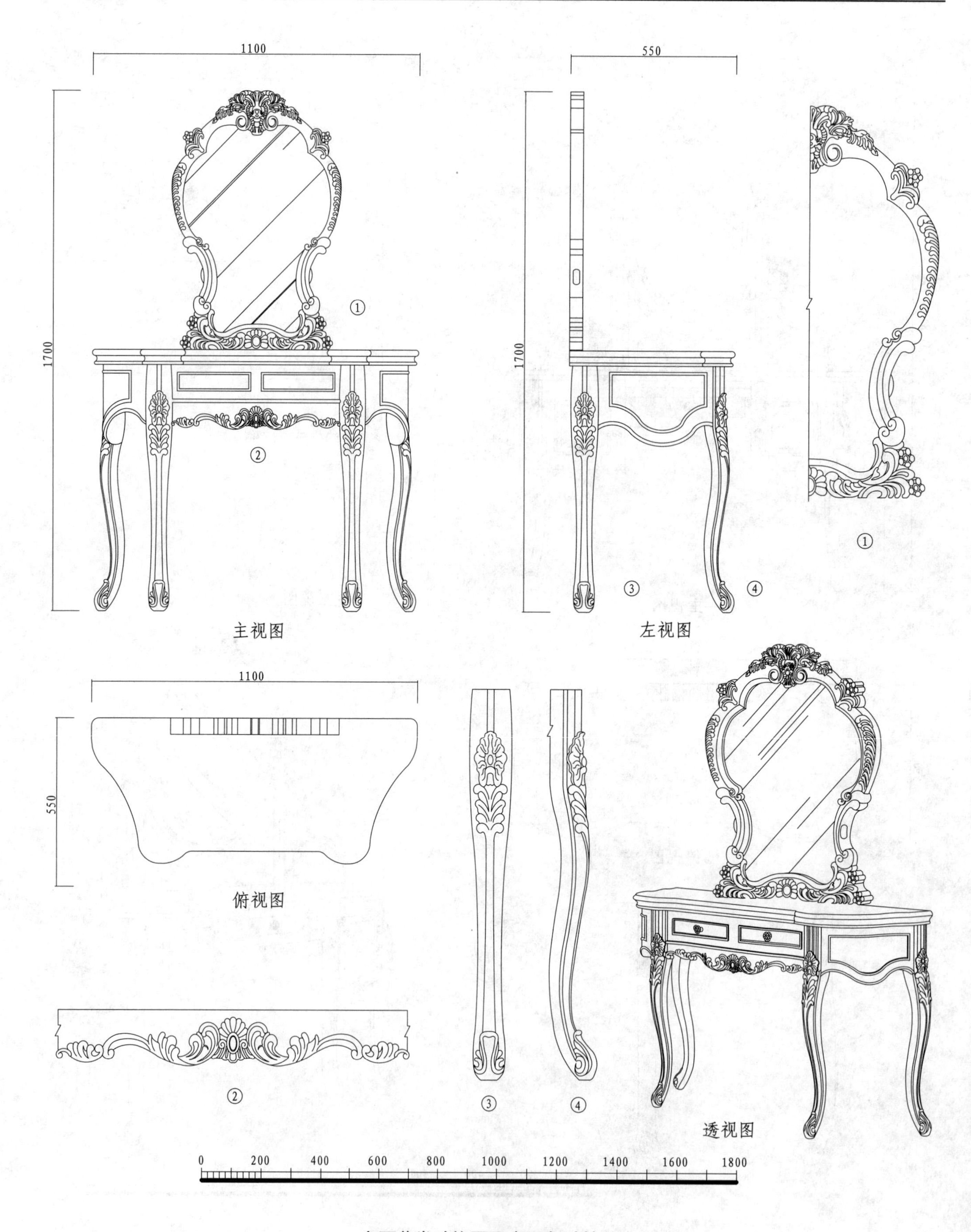
1100
550
1700
1700
①
②
③
④
主视图
左视图
1100
550
俯视图
②
③
④
透视图
0
200
400
600
800
1000
1200
1400
1600
1800

宝石花卷叶饰两屉弯腿包叶梳妆台

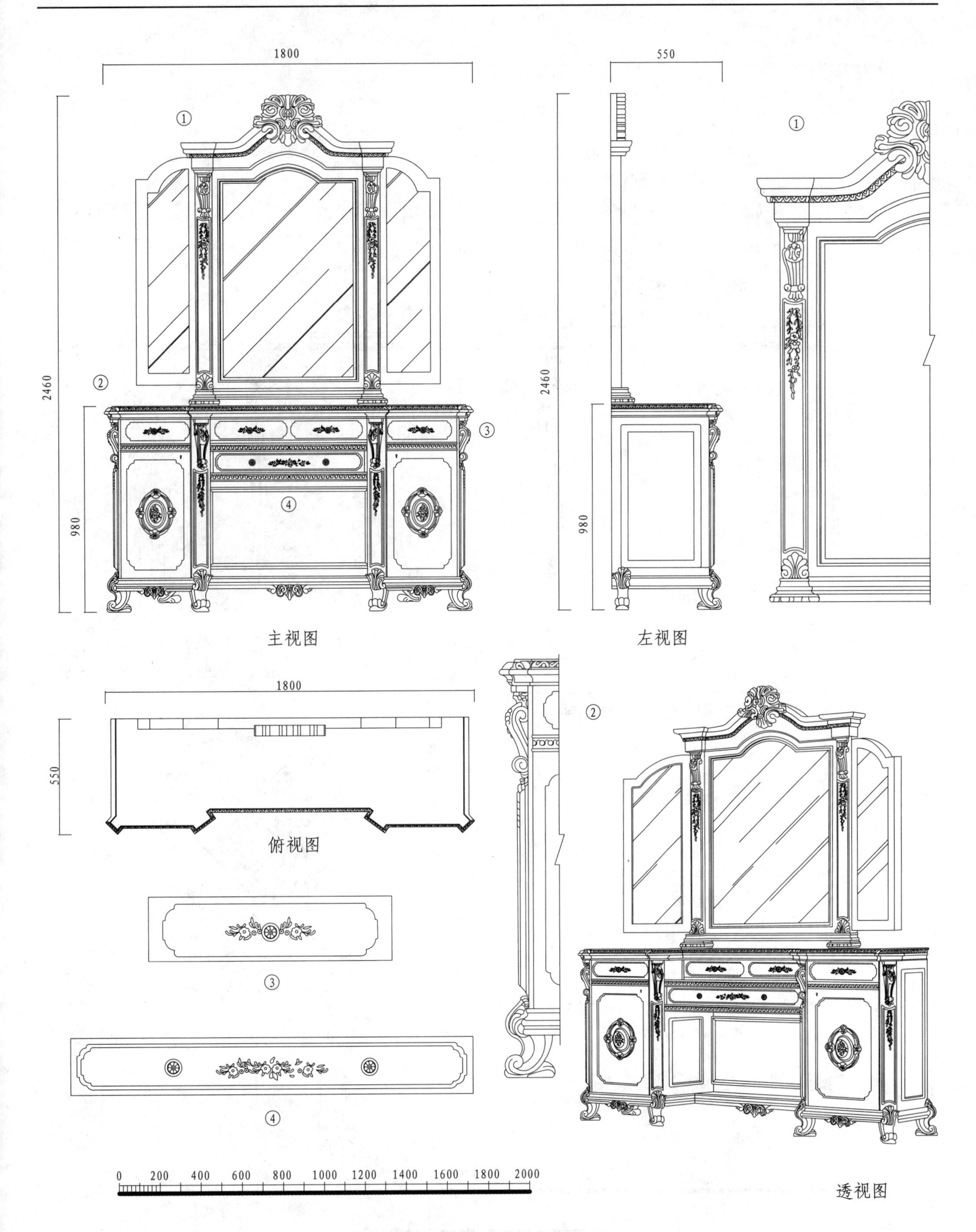
1800
550
2460
980
①
②
③
④
主视图
左视图
1800
550
俯视图
③
④
0 200 400 600 800 1000 1200 1400 1600 1800 2000
透视图

叶簇花饰四屉两门涡卷足梳妆台

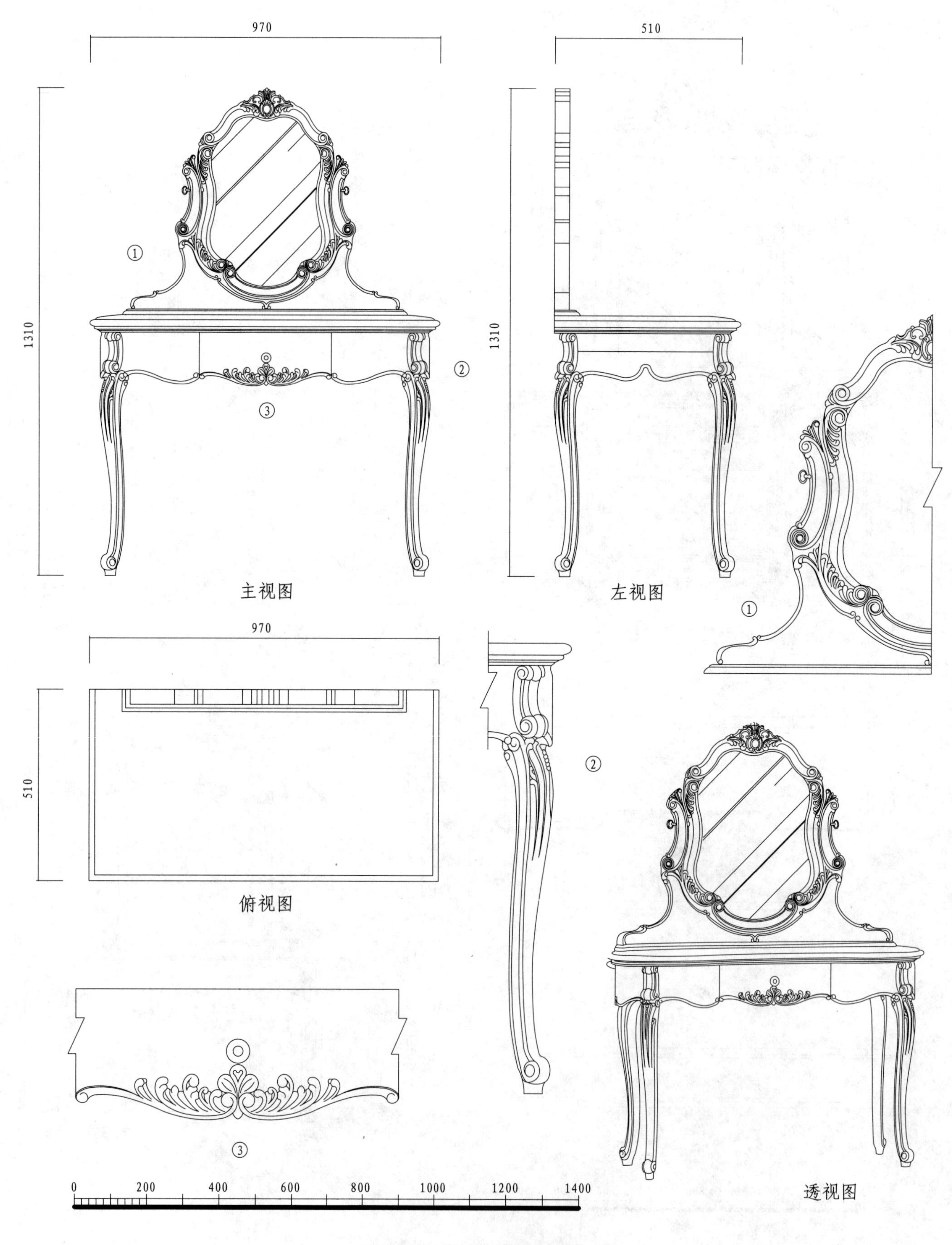
970
510
1310
1310
①
②
③
主视图
左视图
①
970
510
俯视图
②
③
0
200
400
600
800
1000
1200
1400
透视图

叶簇花饰三屉弯腿鹅冠梳妆台

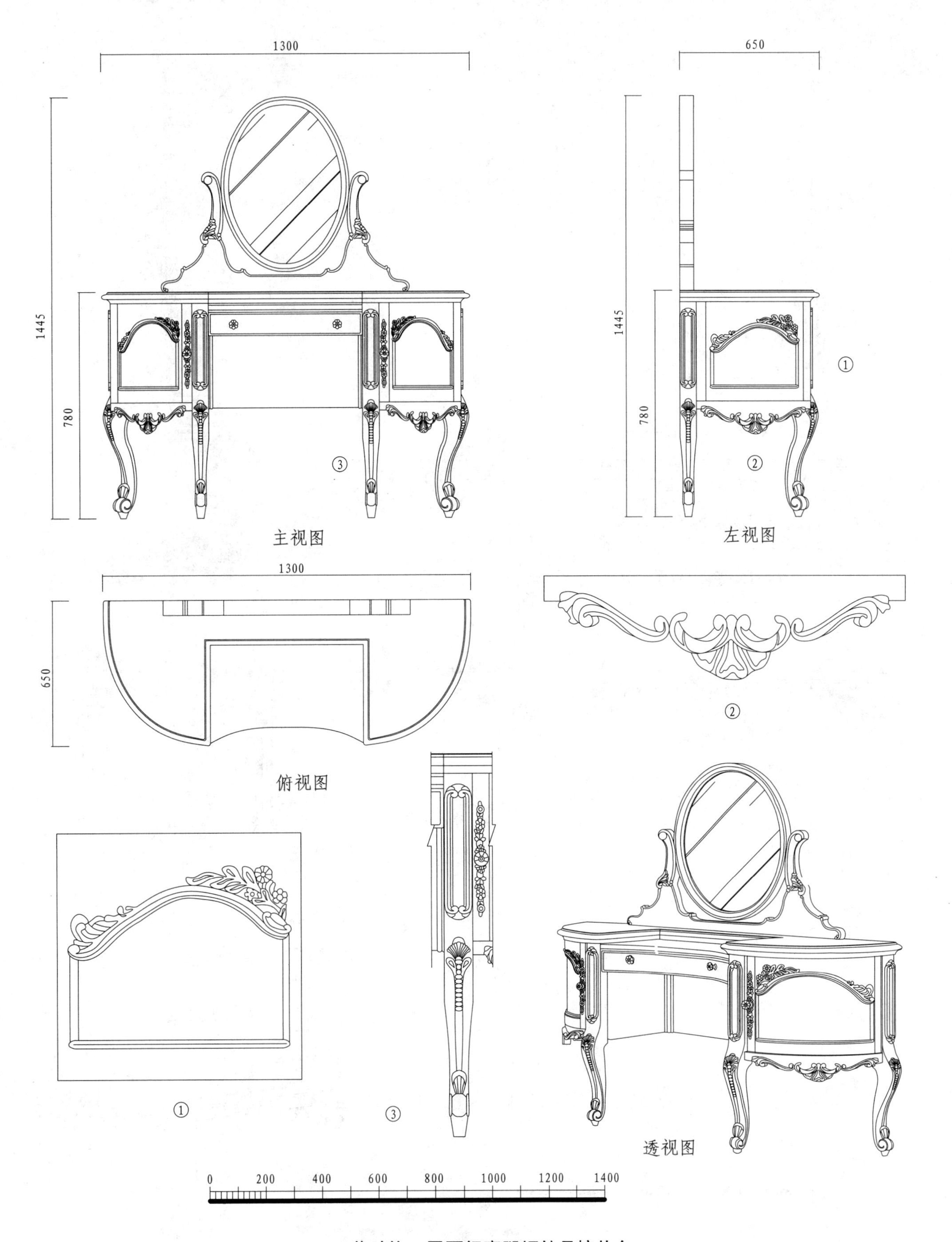
1300
650
1445
780
1445
780
①
②
③
主视图
左视图
1300
650
②
俯视图
①
③
透视图
0
200
400
600
800
1000
1200
1400

花叶饰一屉两门弯腿螺纹足梳妆台

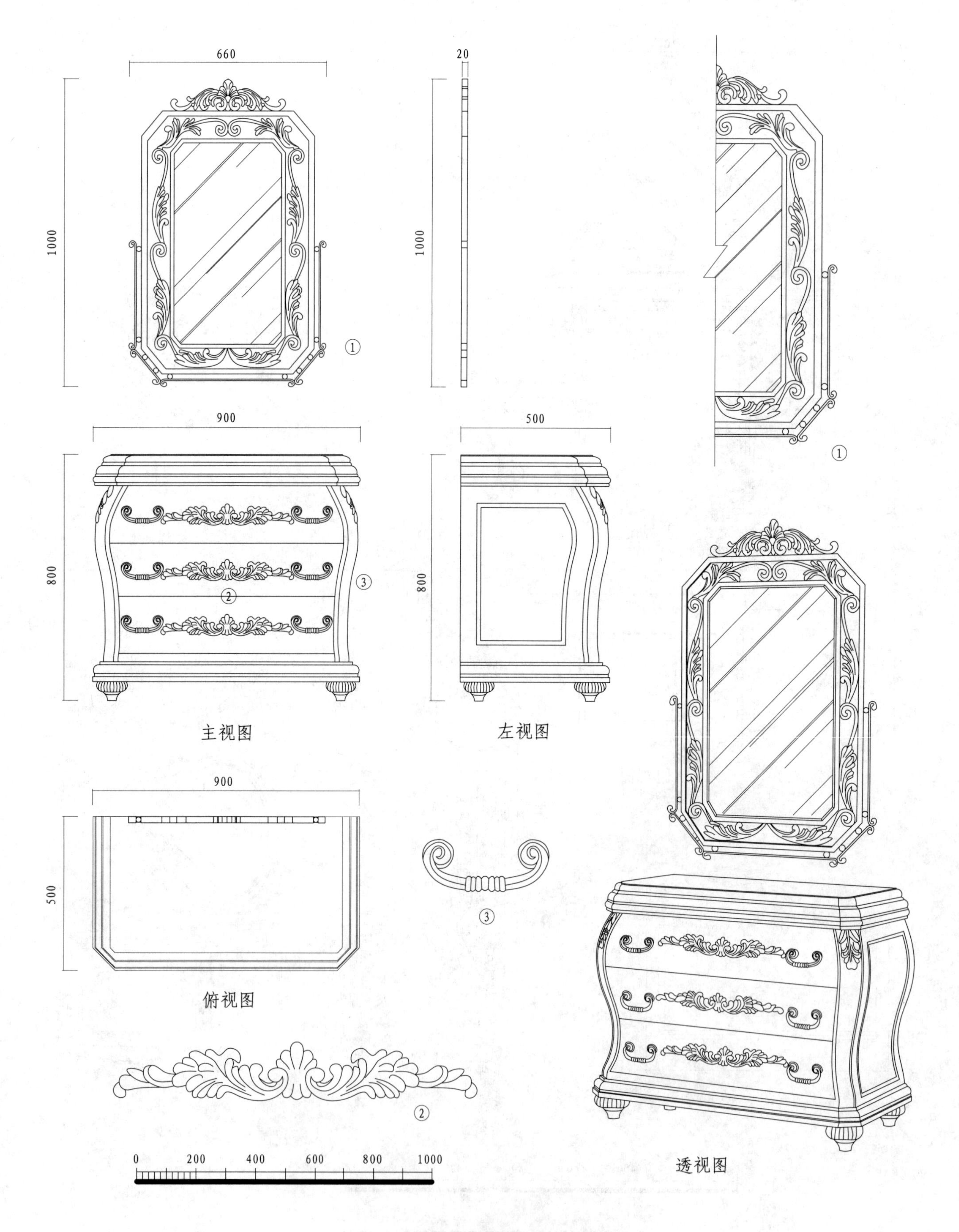
660
20
1000
1000
①
900
500
800
800
②
③
主视图
左视图
900
500
俯视图
③
②
0
200
400
600
800
1000
透视图
①

叶簇花饰曲面旁蒜头足梳妆台

1200
460
①
1750
820
1750
820
②
主视图
左视图
1200
460
俯视图
②
①
0
200
400
600
800
1000
1200
1400
1600
1800

盆花饰五屉足梳妆柜

透视图

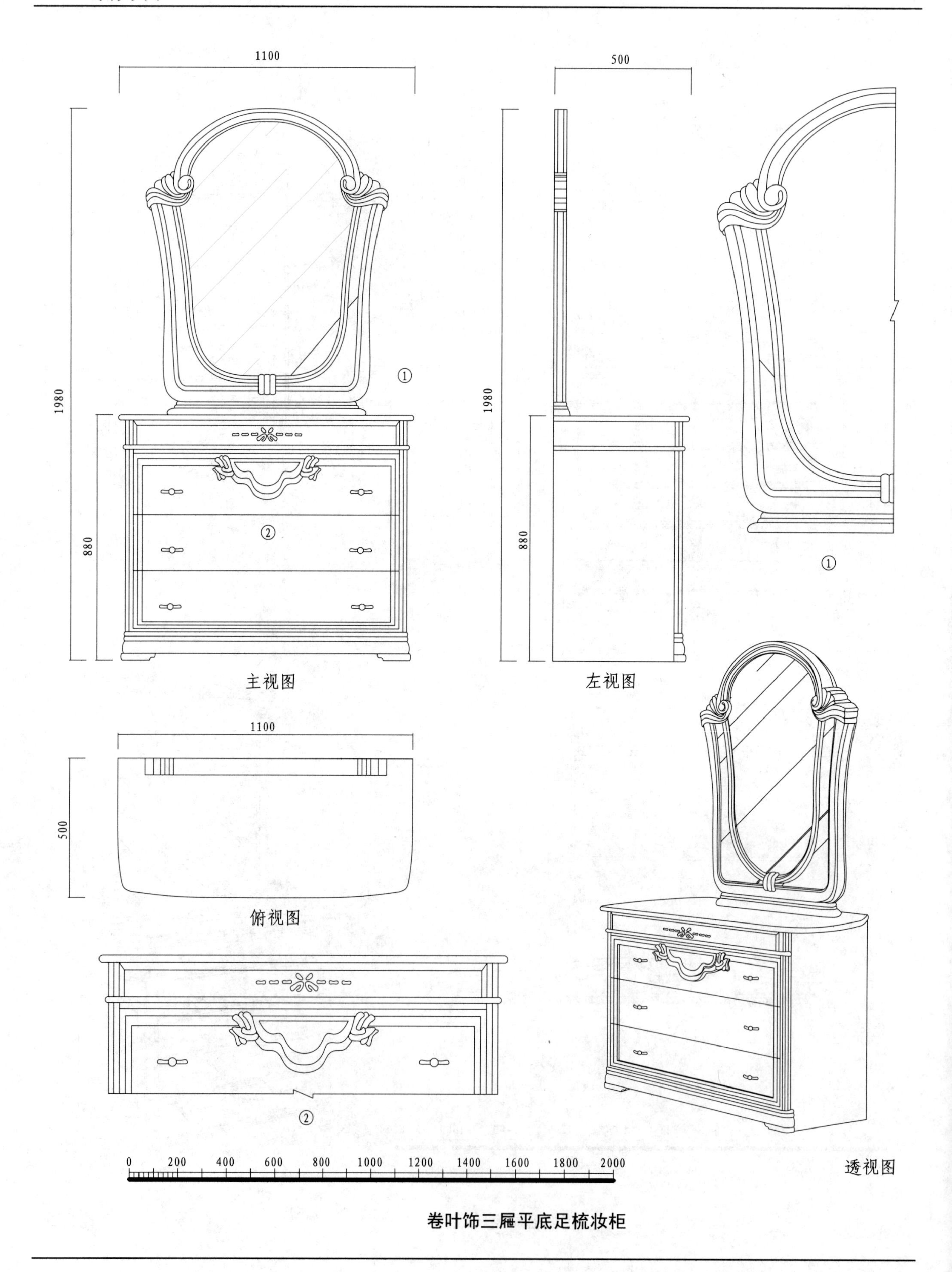
1100
500
1980
880
1980
880
①
②
①
主视图
左视图
1100
500
俯视图
②
0 200 400 600 800 1000 1200 1400 1600 1800 2000
透视图

卷叶饰三屉平底足梳妆柜

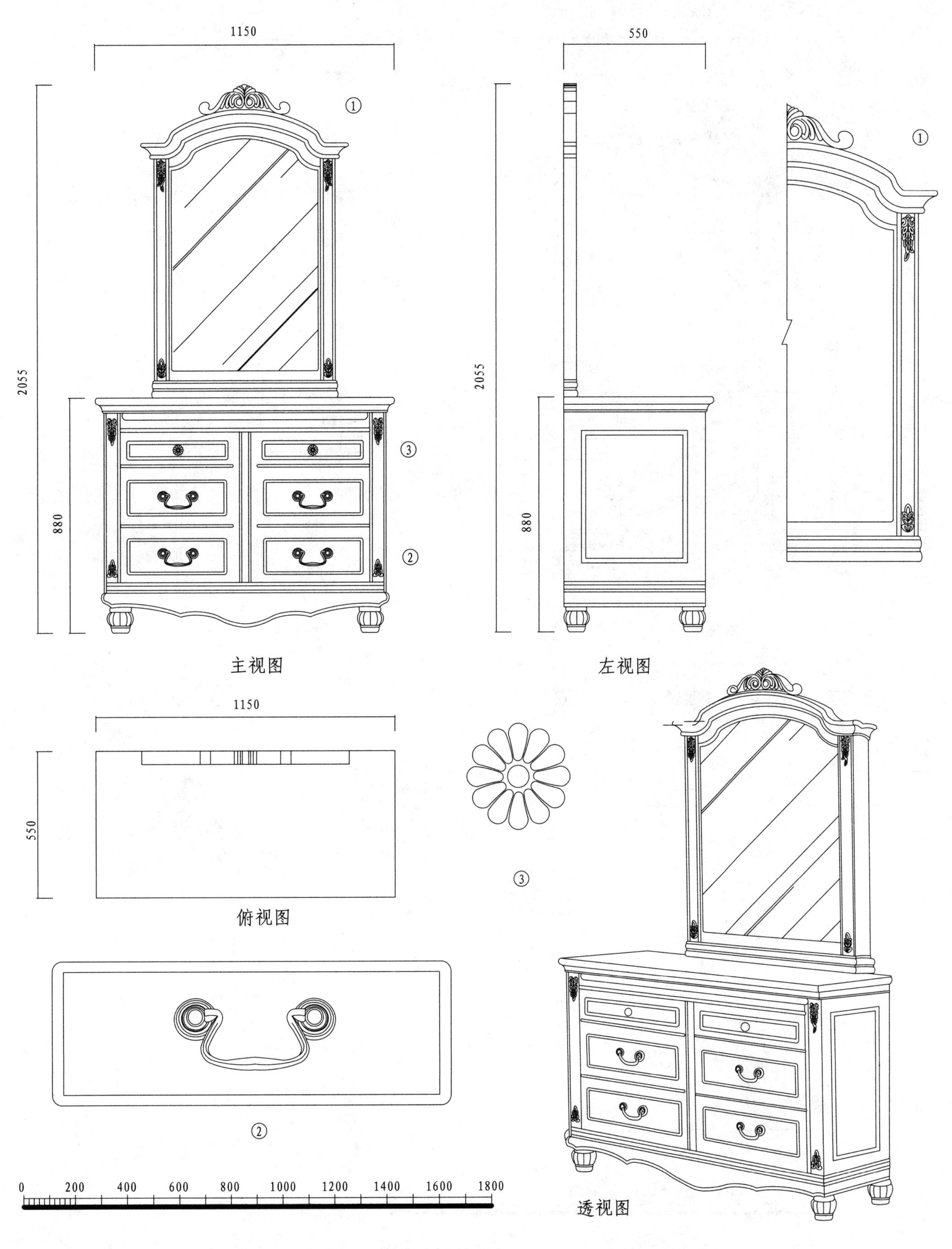
1150
550
①
2055
880
③
②
主视图
左视图
1150
550
俯视图
③
②
0 200 400 600 800 1000 1200 1400 1600 1800
透视图

卷叶饰六屉蒜头足梳妆柜

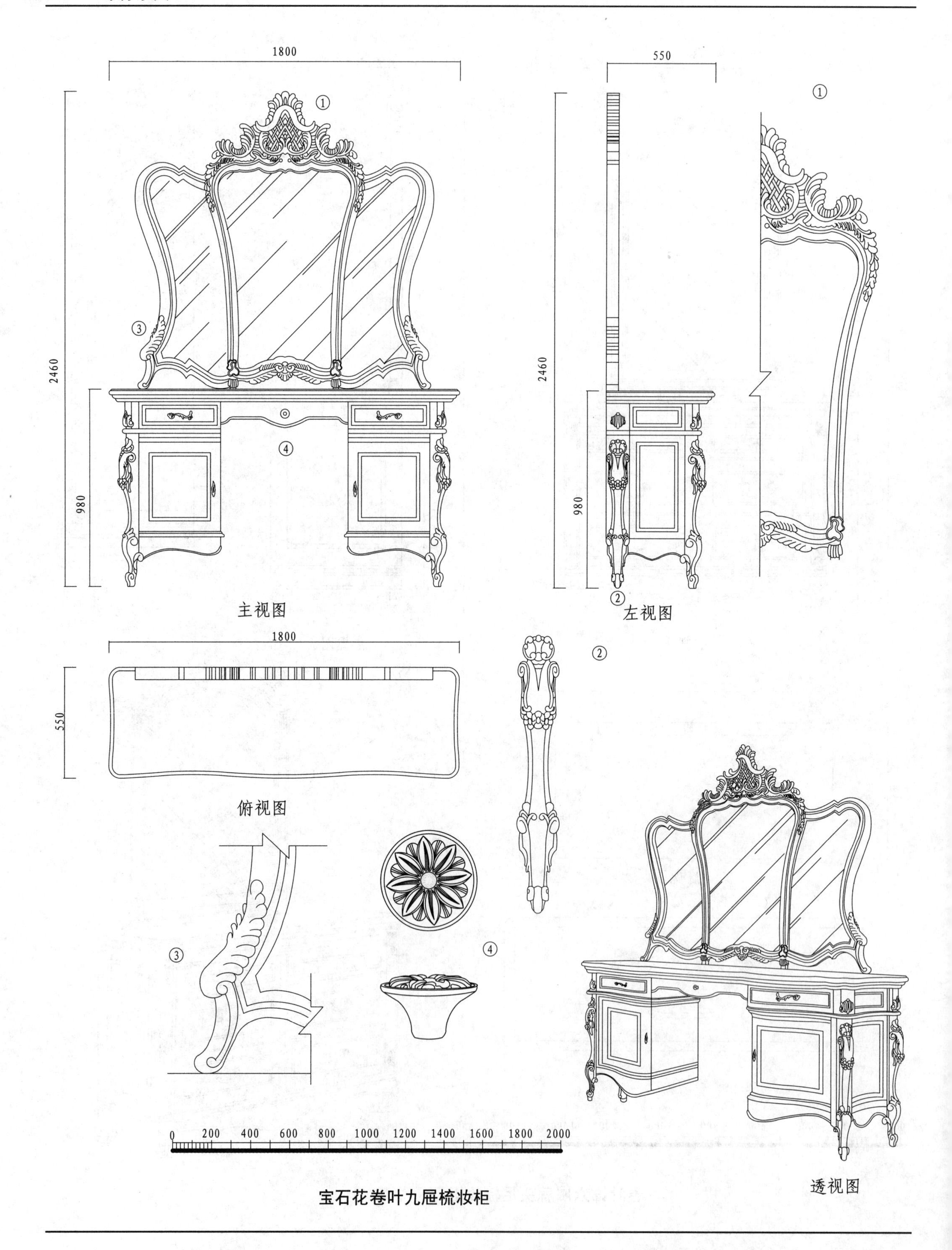
1800
550
①
③
②
④
2460
980
主视图
左视图
俯视图
透视图
0
200
400
600
800
1000
1200
1400
1600
1800
2000

宝石花卷叶九屉梳妆柜

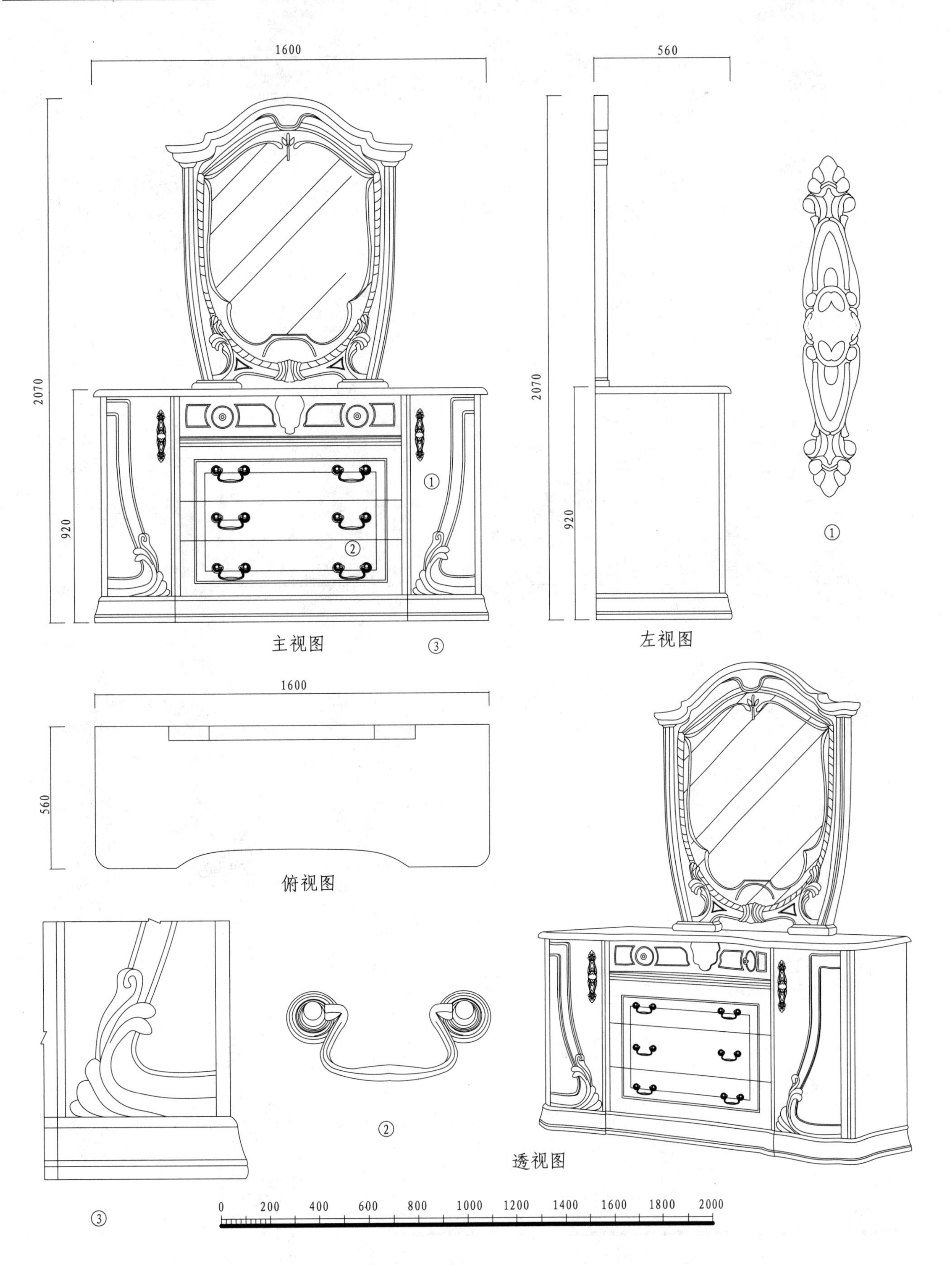
1600
560
2070
920
2070
920
①
②
③
主视图
左视图
①
1600
560
俯视图
透视图
②
③
0 200 400 600 800 1000 1200 1400 1600 1800 2000

卷叶饰三屉两门包足梳妆柜

1150
550
1665
940
①
②
③
④
主视图
左视图
1150
550
俯视图
透视图
0
200
400
600
800
1000
1200
1400
1600
1800

花篮饰五屉包足梳妆柜

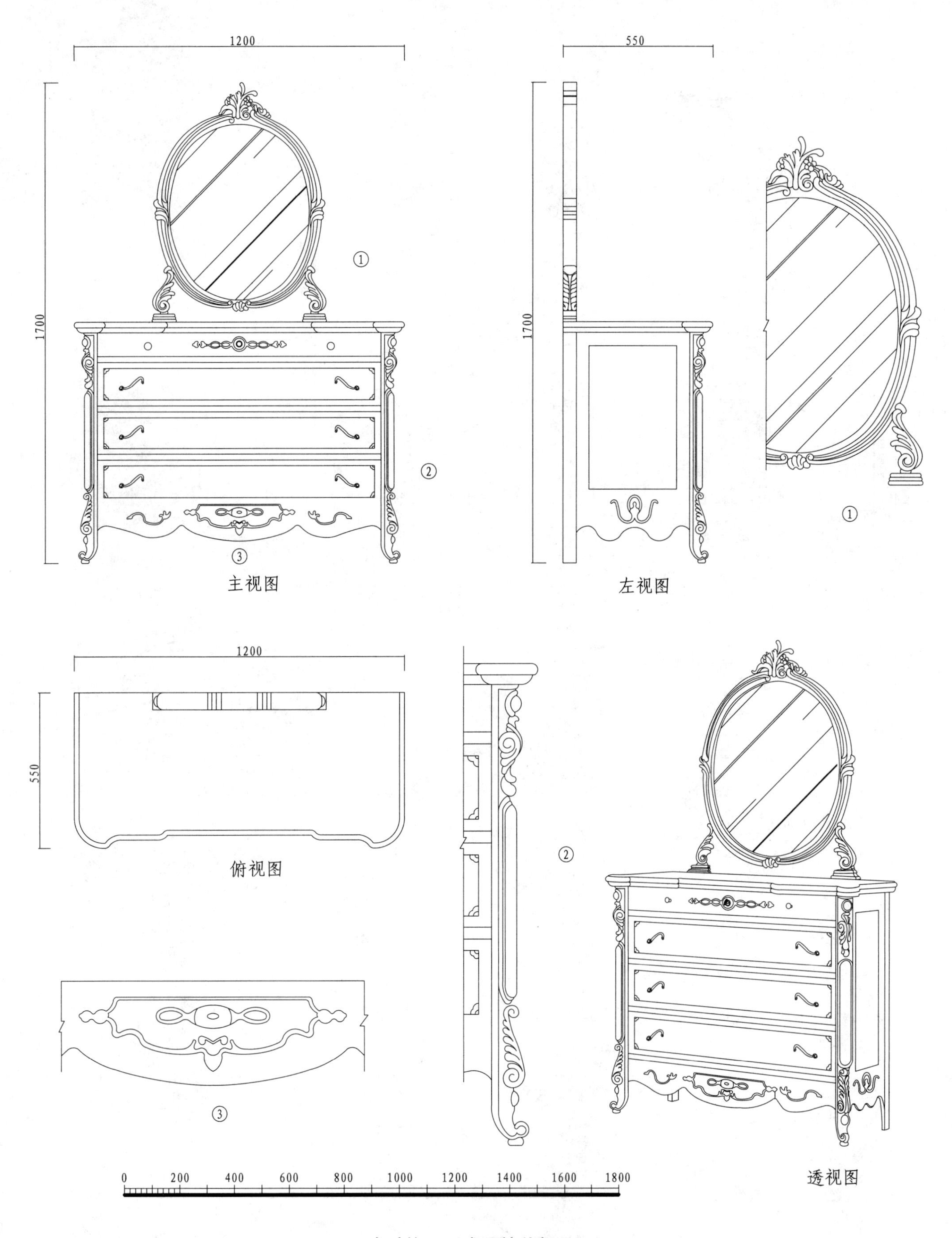
1200
1700
①
②
③
主视图
550
1700
左视图
①
1200
550
俯视图
③
②
透视图
0 200 400 600 800 1000 1200 1400 1600 1800

卷叶饰四屉弯足梳妆柜

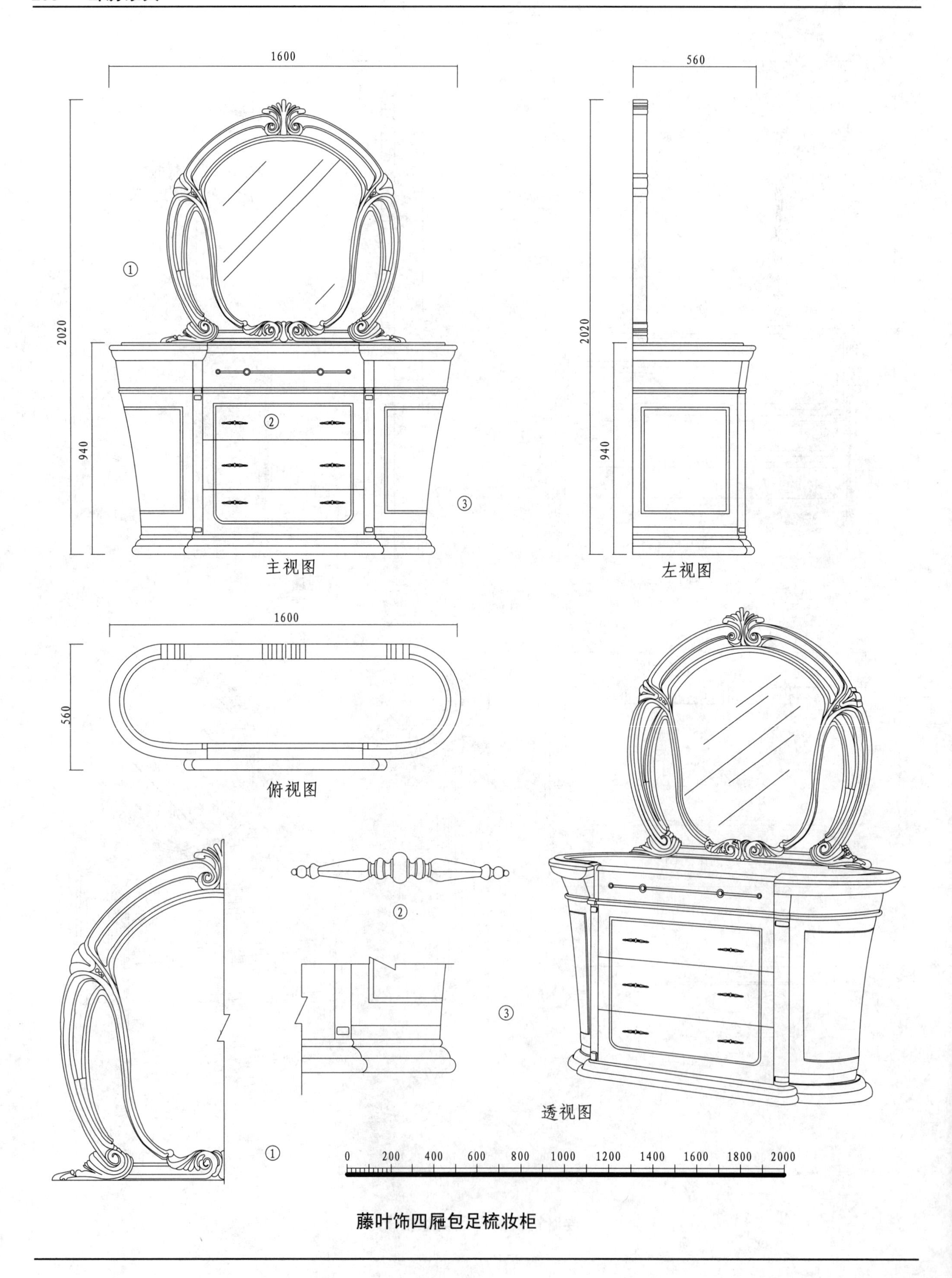
1600
560
2020
940
①
②
③
主视图
左视图
1600
560
俯视图
透视图
0
200
400
600
800
1000
1200
1400
1600
1800
2000

藤叶饰四屉包足梳妆柜

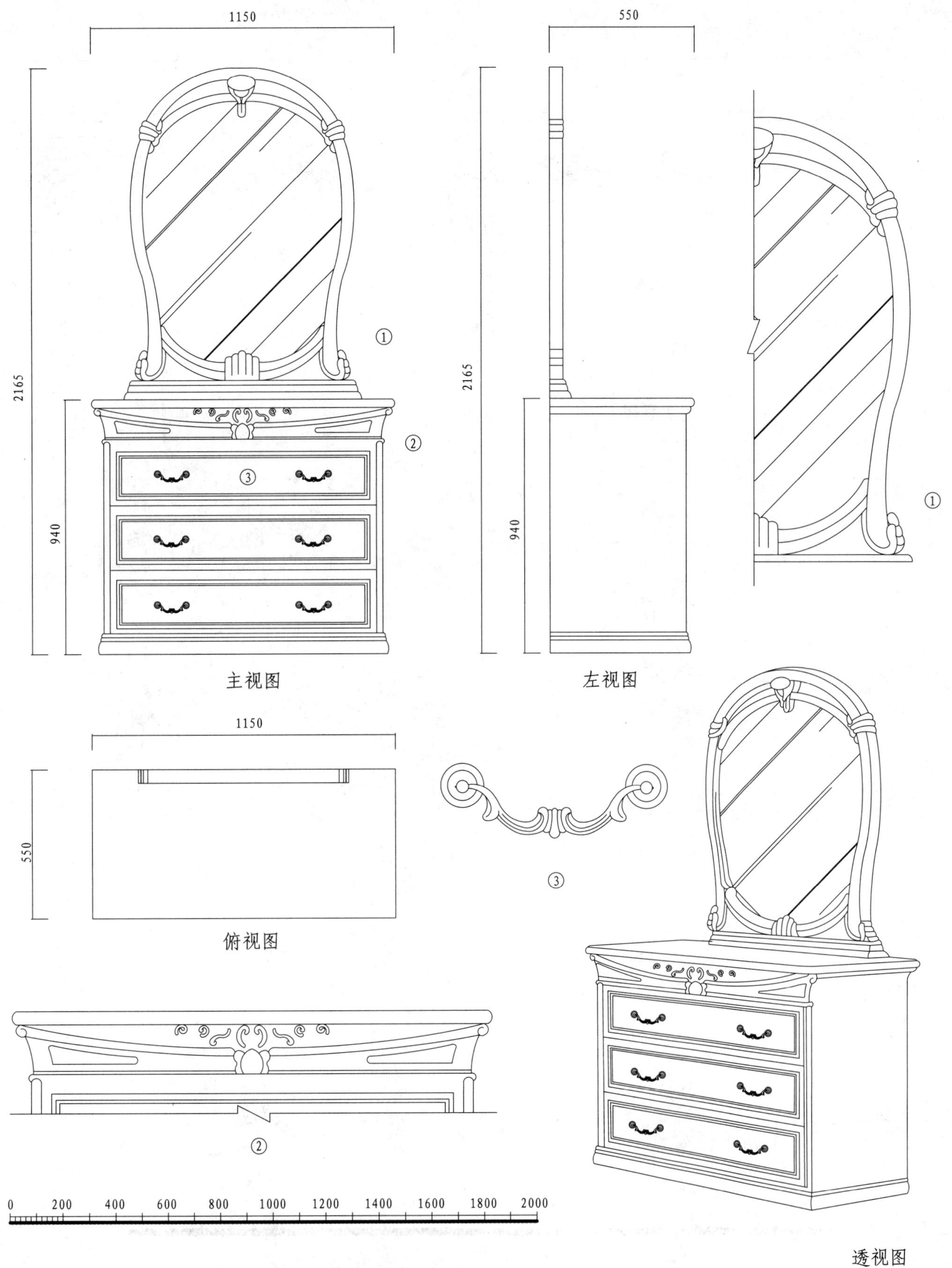
1150
550
2165
940
①
②
③
2165
940
①
主视图
左视图
1150
550
俯视图
③
②
0 200 400 600 800 1000 1200 1400 1600 1800 2000
透视图

藤叶饰三屉包足梳妆柜

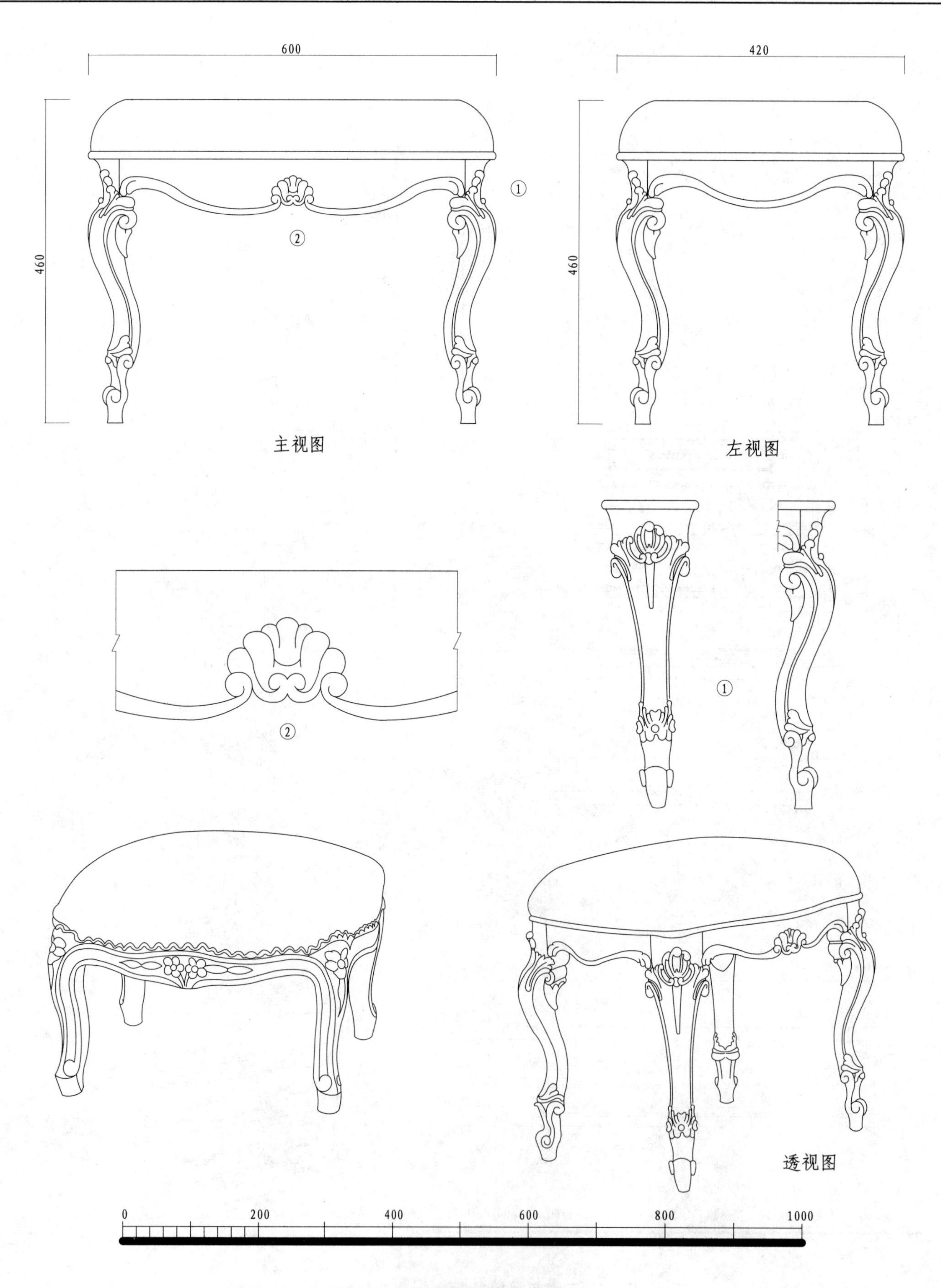
600
420
460
460
①
②
主视图
左视图
①
②
透视图
0
200
400
600
800
1000

叶簇花饰弯腿鹅冠足软包坐凳

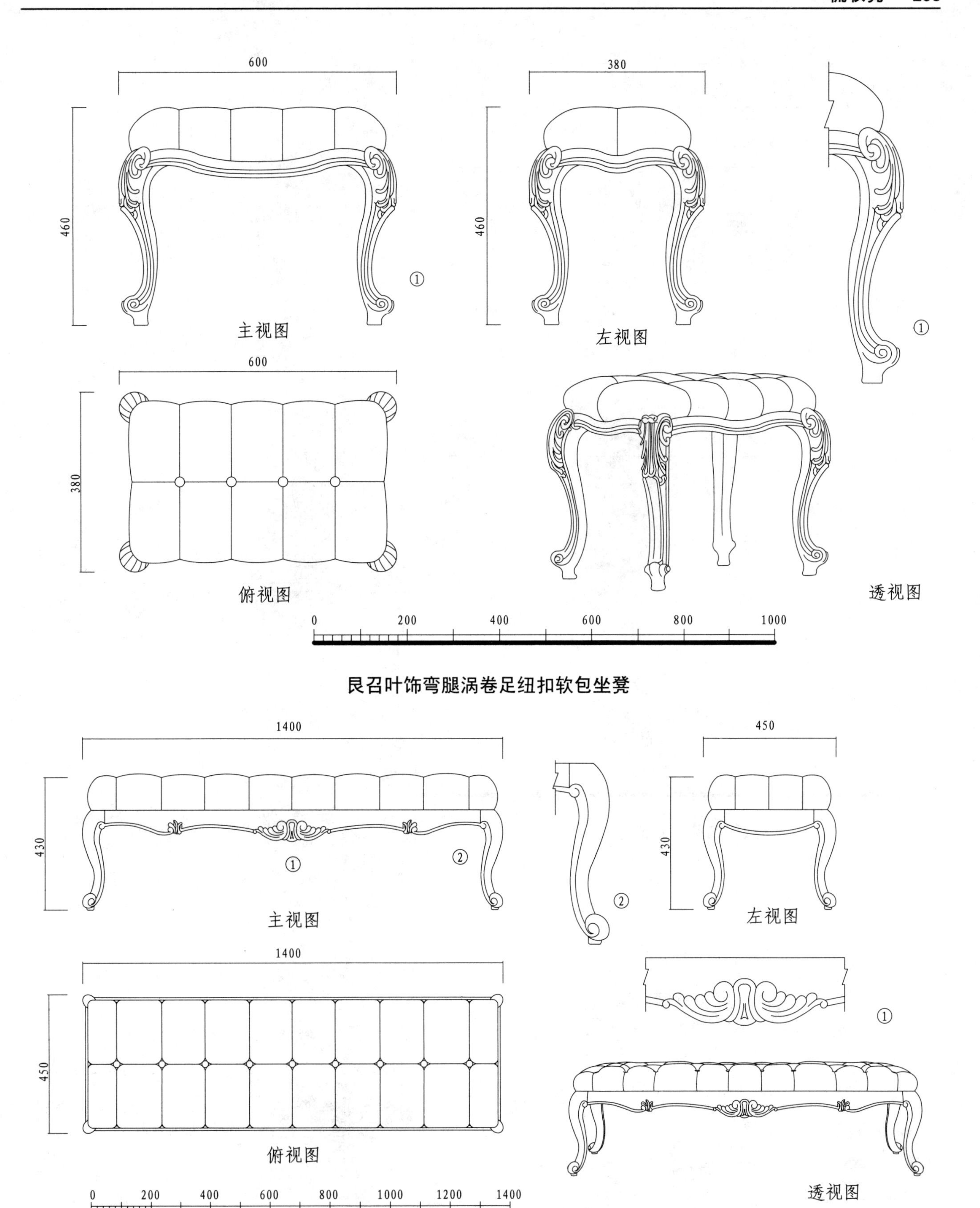
600
380
460
460
①
①
主视图
左视图
600
380
俯视图
透视图
0 200 400 600 800 1000
1400
450
430
430
①
②
②
主视图
左视图
1400
450
①
俯视图
透视图
0 200 400 600 800 1000 1200 1400

艮召叶饰弯腿涡卷足纽扣软包坐凳

卷叶饰弯腿鹅冠足纽扣软包床头凳

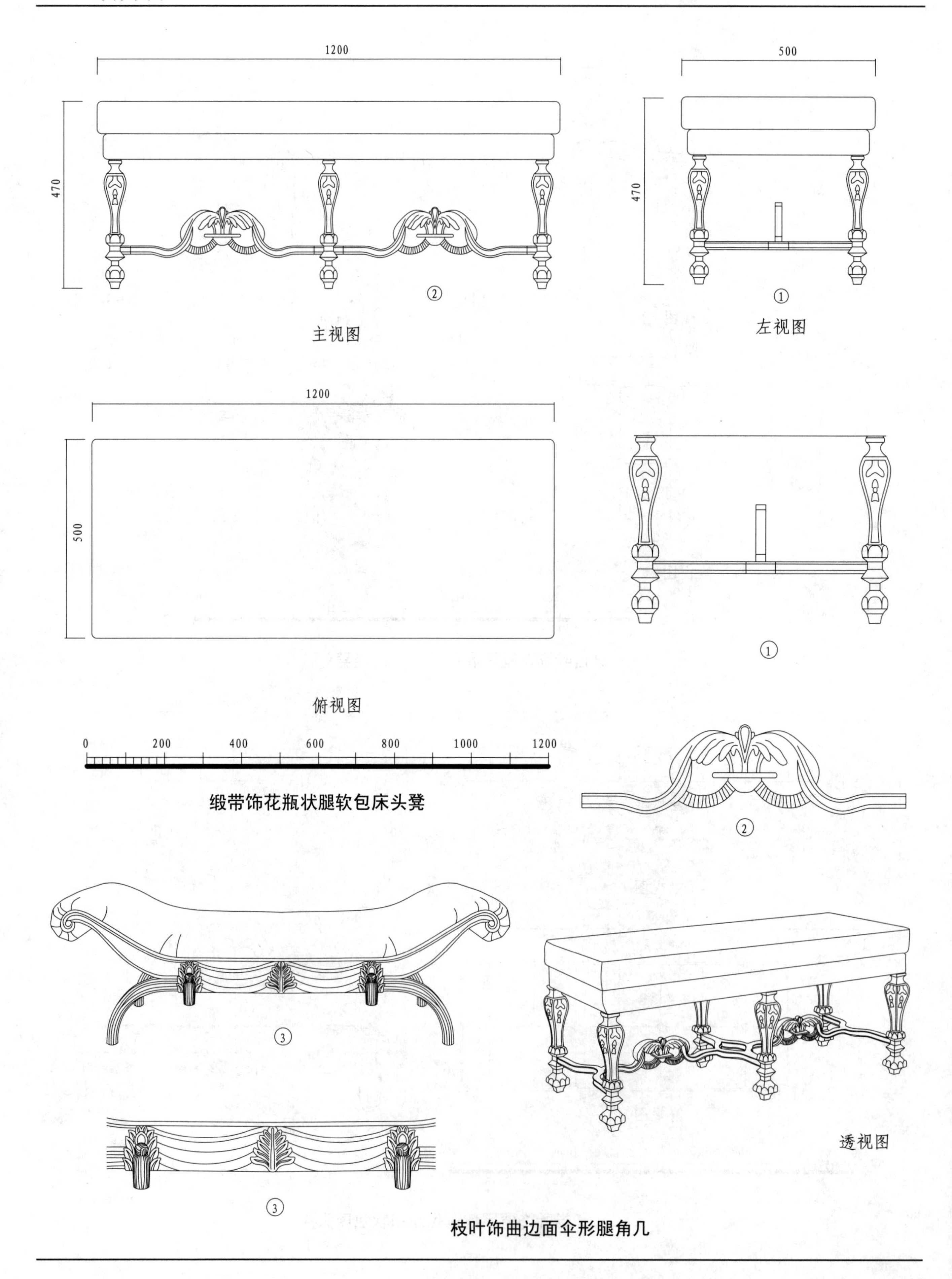
1200
470
②
主视图
500
470
①
左视图
1200
500
①
俯视图
0
200
400
600
800
1000
1200
②
③
③
透视图

缎带饰花瓶状腿软包床头凳

枝叶饰曲边面伞形腿角几

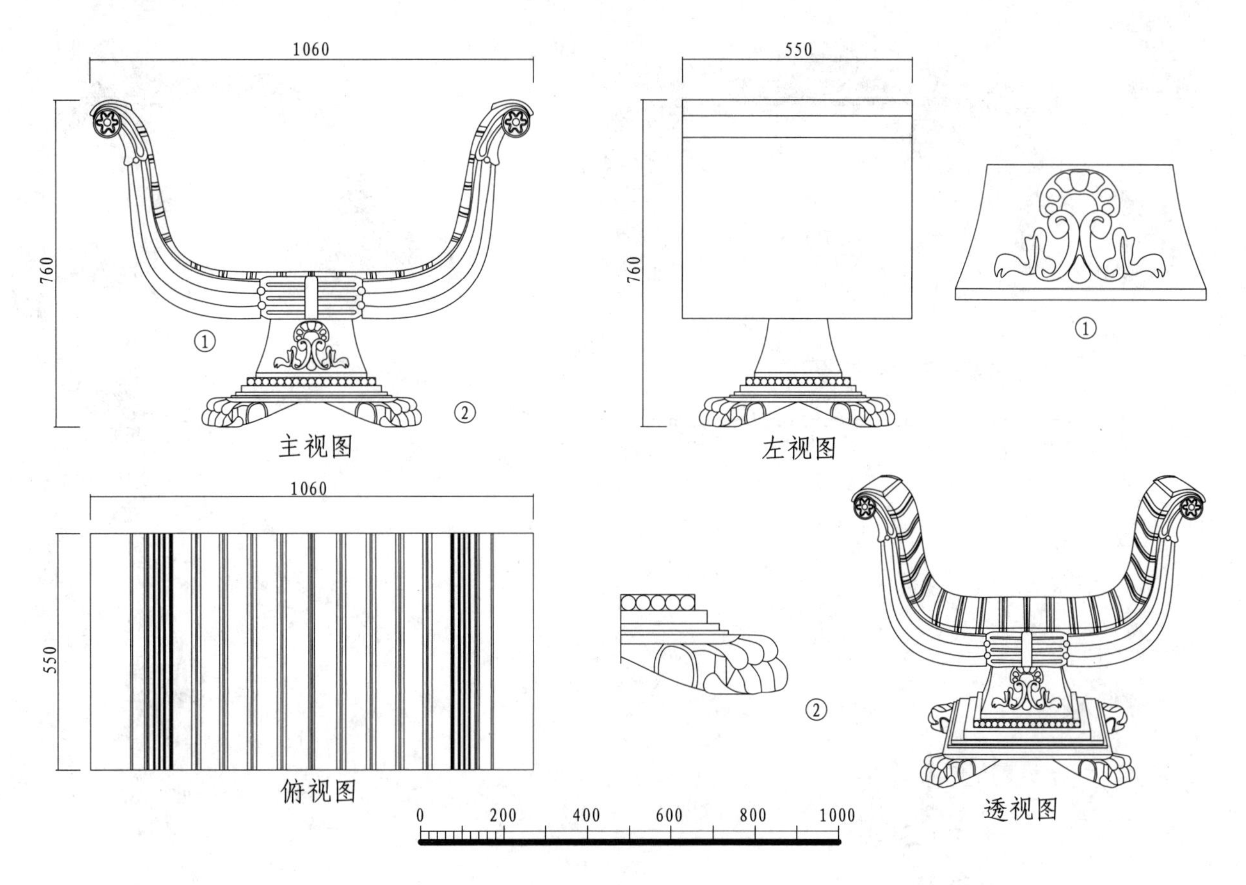
1060
760
①
②
主视图
550
760
左视图
①
1060
550
俯视图
②
透视图
0 200 400 600 800 1000

叶簇花饰龙船形方基座兽爪足坐凳

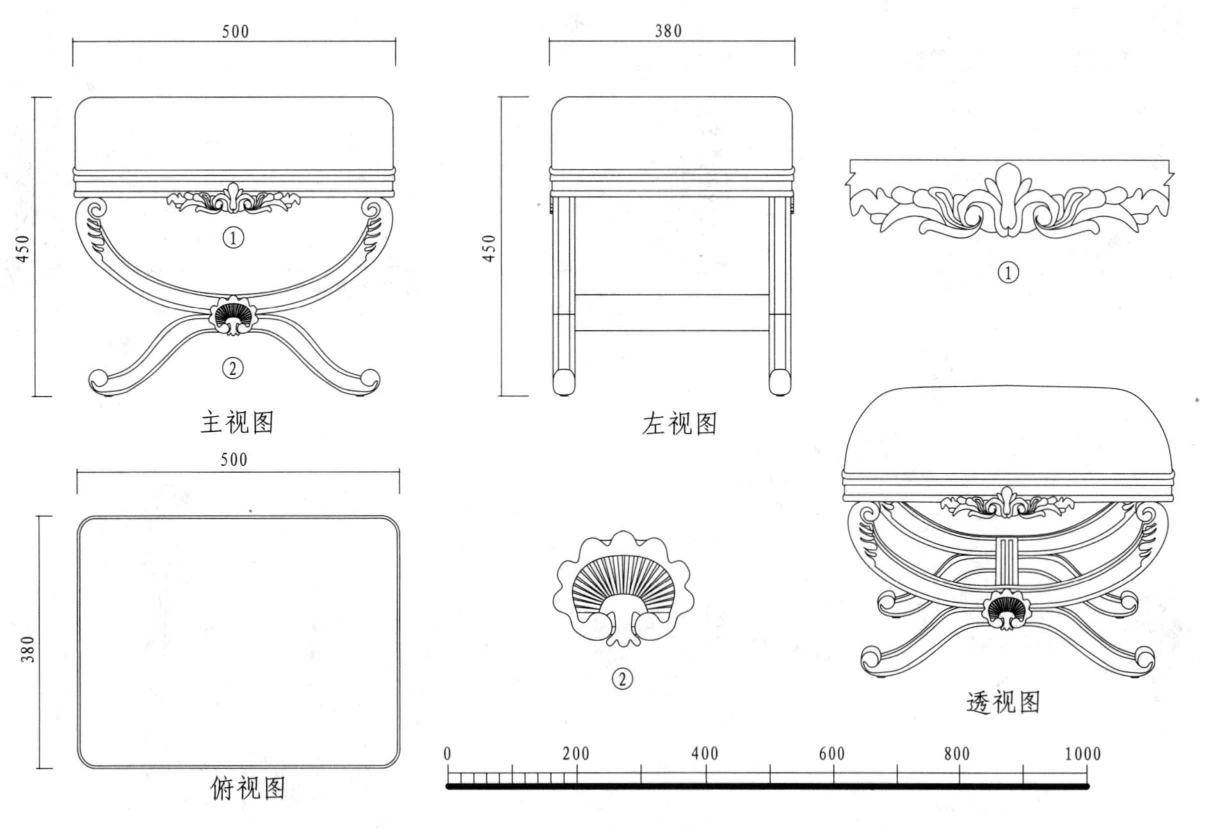
500
450
①
②
主视图
380
450
左视图
①
500
380
俯视图
②
透视图
0 200 400 600 800 1000

太阳花饰X形叉腿软包坐凳

起居室家具组合

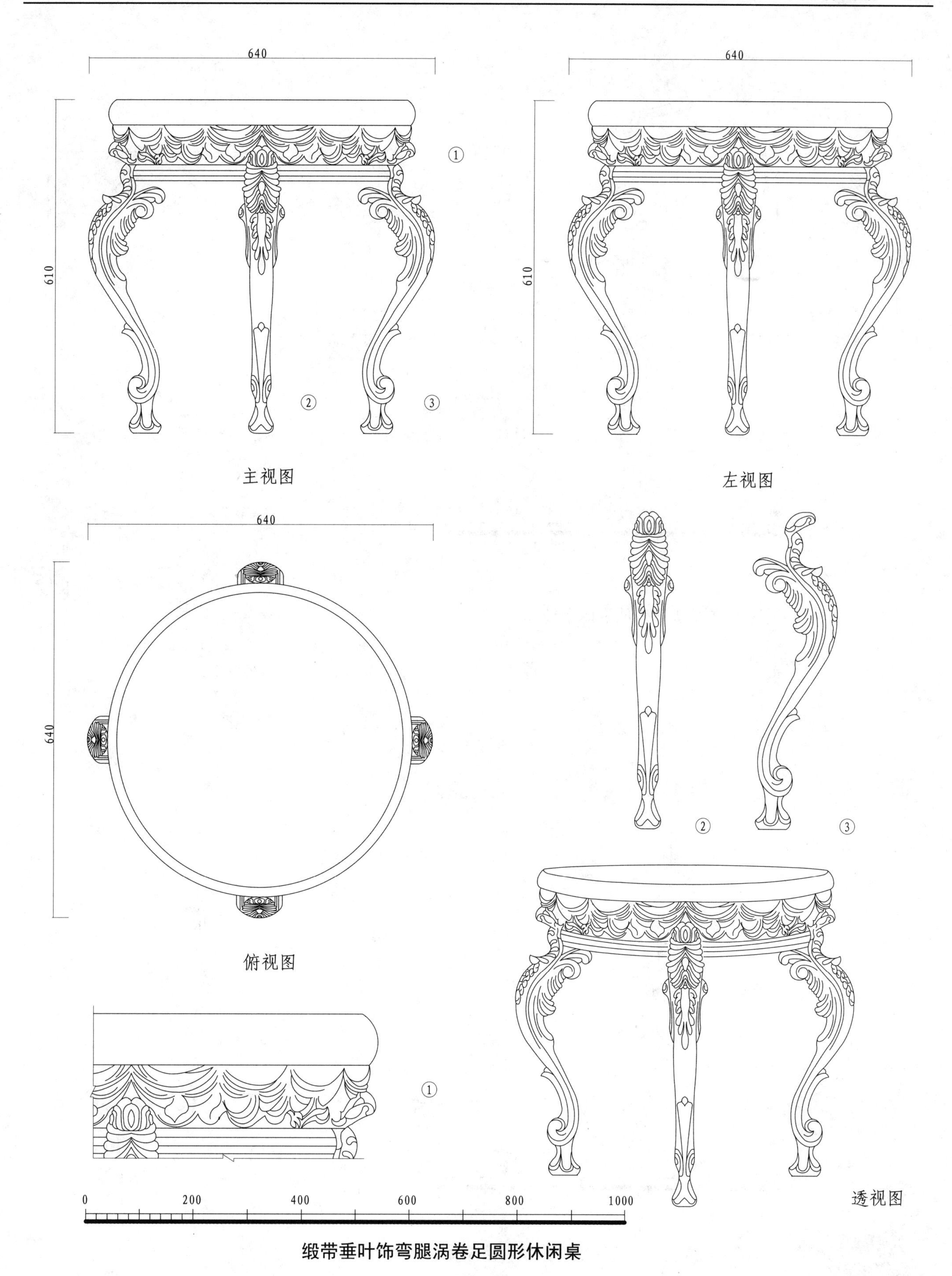
640
610
①
②
③
主视图
640
610
左视图
640
640
俯视图
②
③
①
透视图
0
200
400
600
800
1000

缎带垂叶饰弯腿涡卷足圆形休闲桌

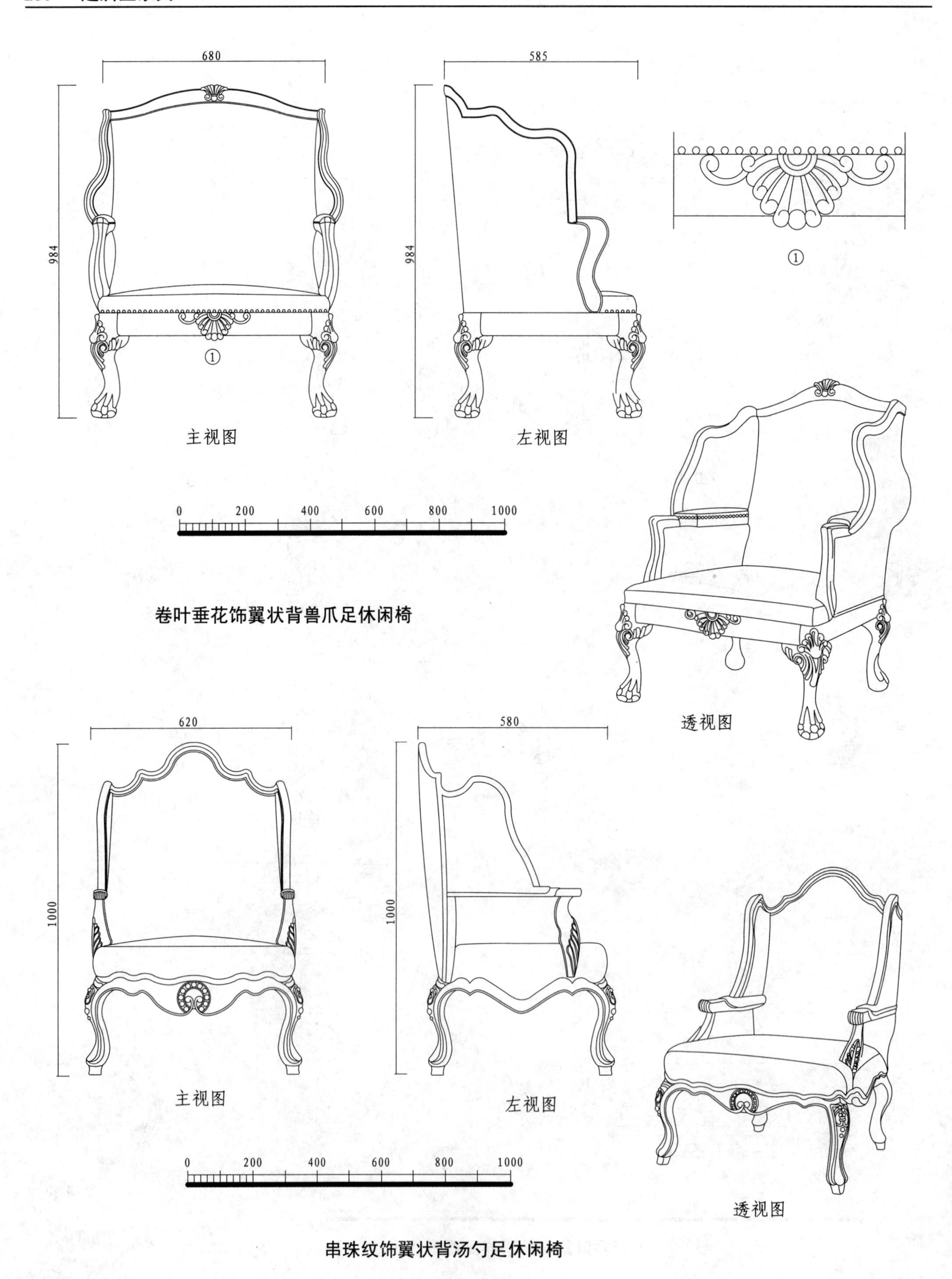
680
585
984
984
①
①
主视图
左视图
0 200 400 600 800 1000
透视图
620
580
1000
1000
主视图
左视图
0 200 400 600 800 1000
透视图

卷叶垂花饰翼状背兽爪足休闲椅

串珠纹饰翼状背汤勺足休闲椅

起居室美人榻床

1100
500
900
900
③
②
①
主视图
左视图
1100
500
①
③
俯视图
②
0
200
400
600
800
1000
1200
透视图

缠枝花叶饰三弯腿涡卷足靠墙桌

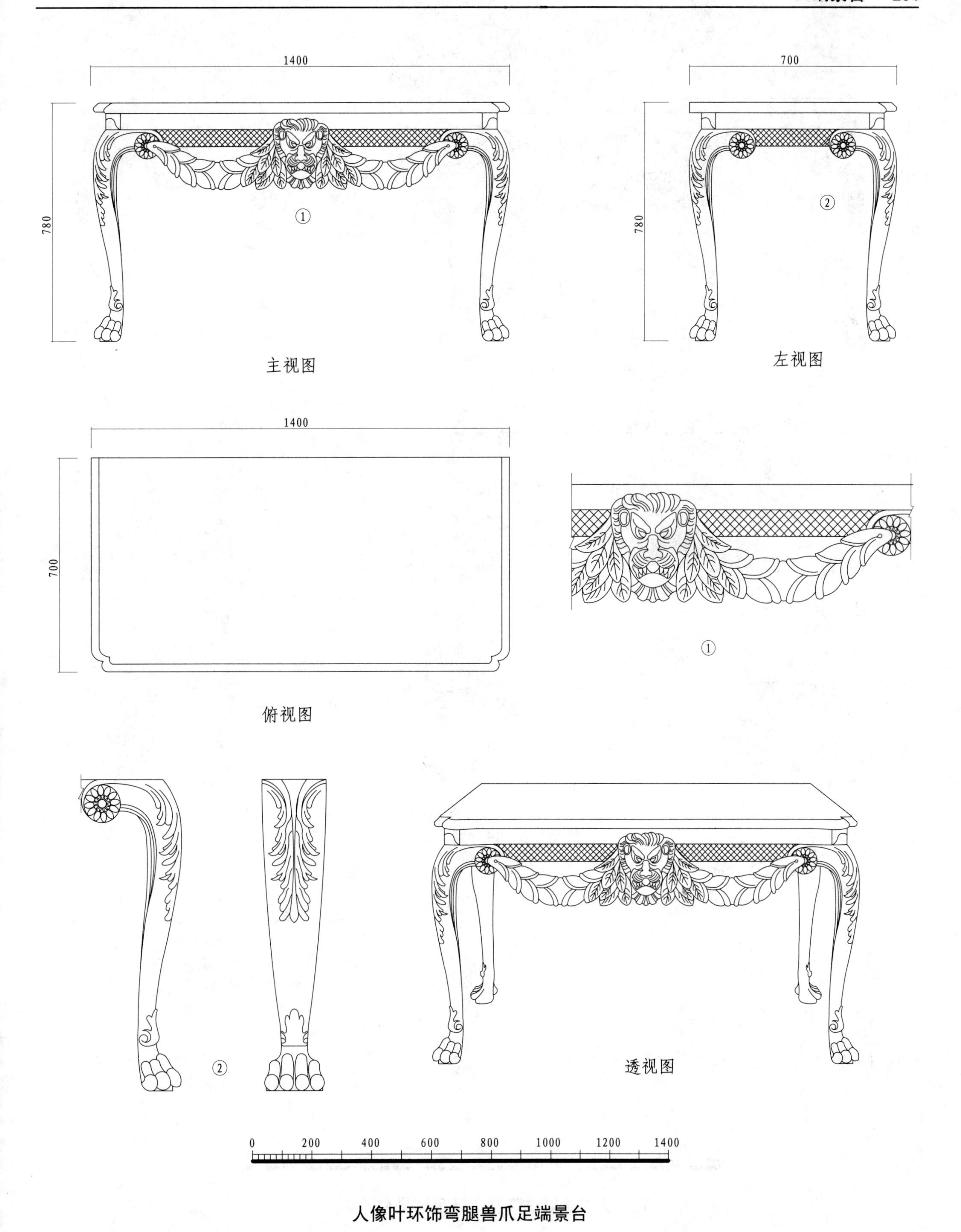
1400
700
780
①
②
主视图
左视图
1400
700
俯视图
①
②
透视图
0
200
400
600
800
1000
1200
1400

人像叶环饰弯腿兽爪足端景台

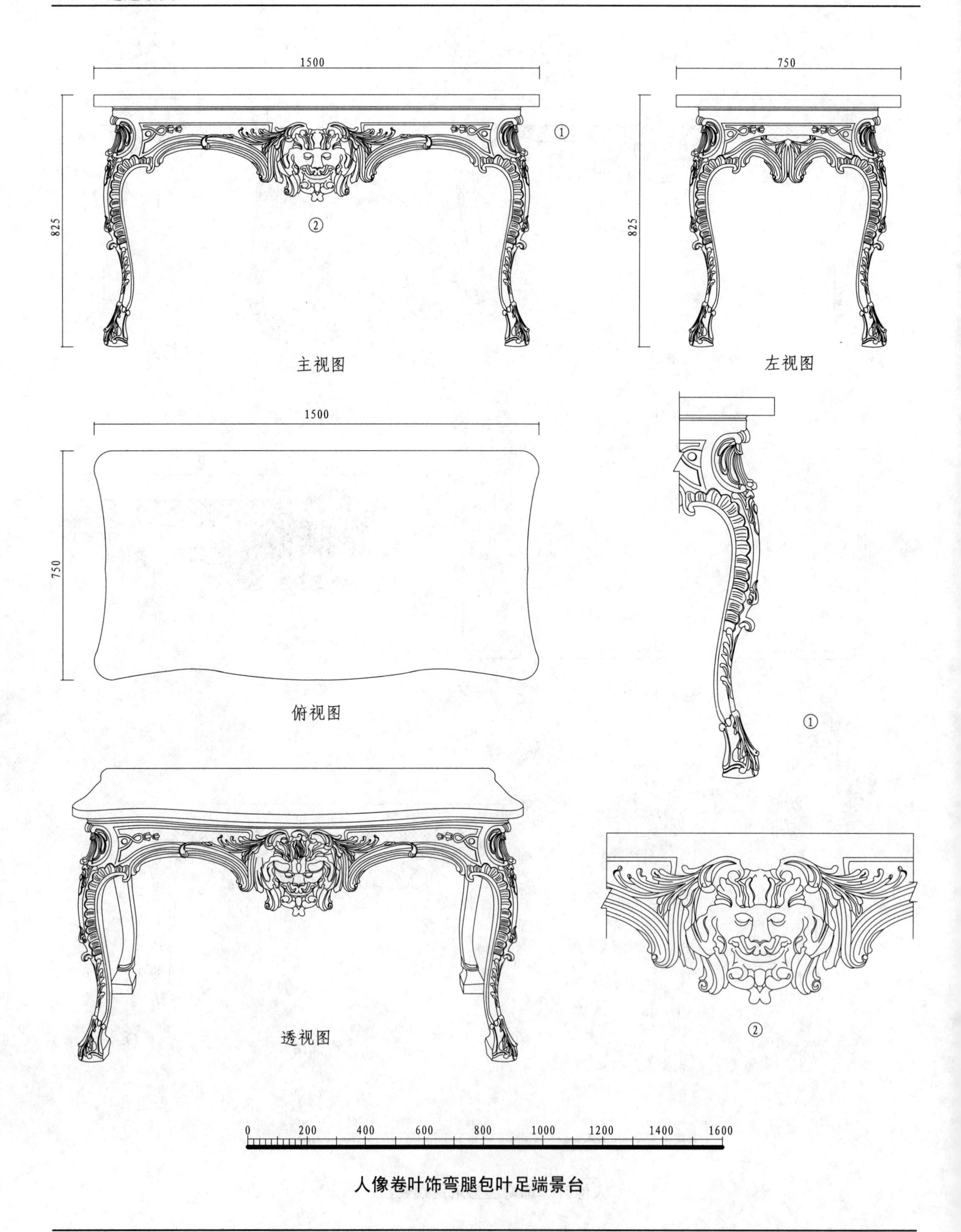
1500
750
825
825
①
②
主视图
左视图
1500
750
俯视图
①
透视图
②
0
200
400
600
800
1000
1200
1400
1600

人像卷叶饰弯腿包叶足端景台

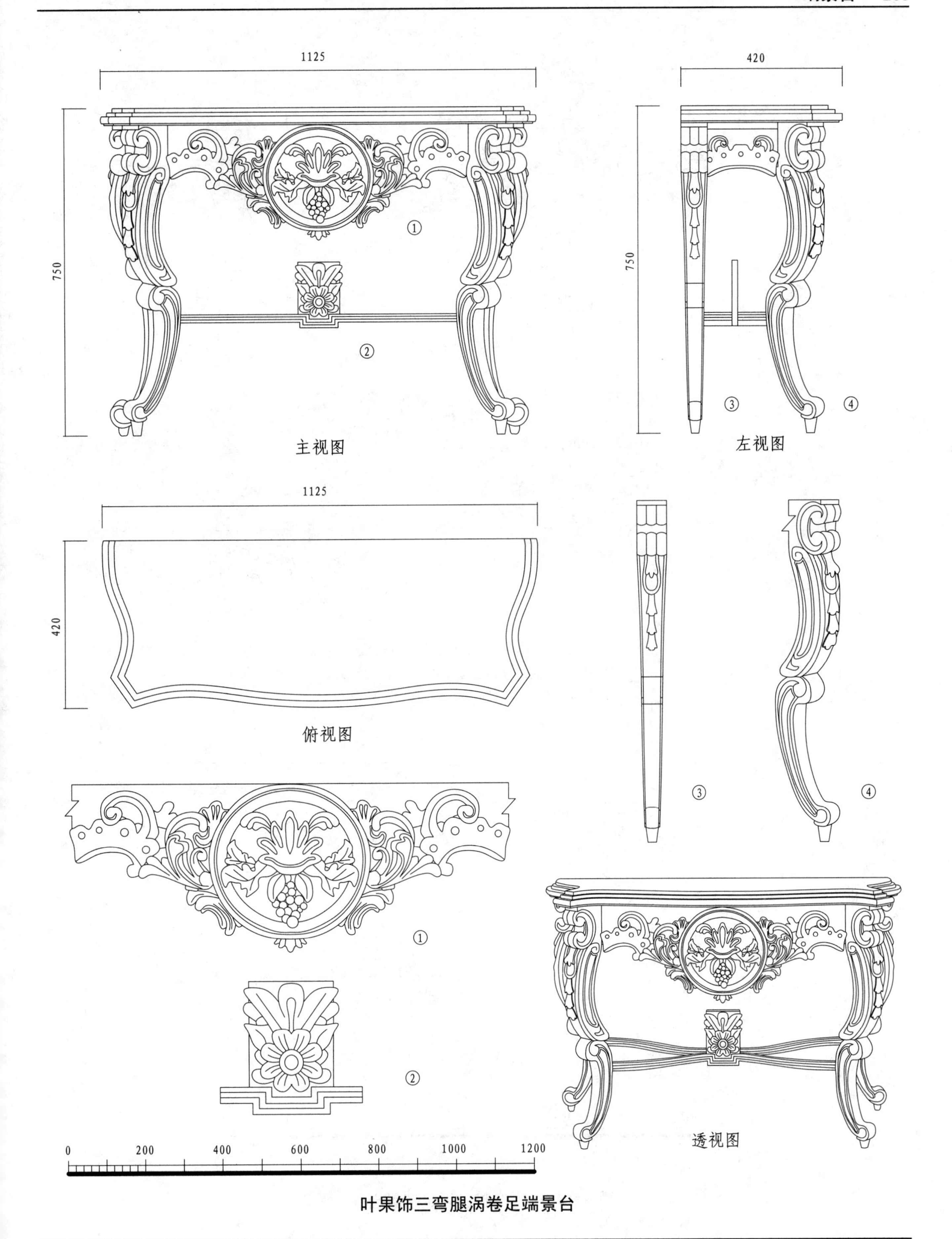
1125
750
①
②
主视图
420
750
③
④
左视图
1125
420
俯视图
③
④
①
②
透视图
0
200
400
600
800
1000
1200

叶果饰三弯腿涡卷足端景台

1275
620
780
②
①
③
主视图
左视图
1275
620
俯视图
①
②
③
透视图
0
200
400
600
800
1000
1200
1400

卷叶花饰弯腿涡卷足端景台

1150
625
740
740
①
②
③
主视图
左视图
①
台面线型
②
③
透视图
0
200
400
600
800
1000
1200

贝壳卷叶饰弯腿包叶足端景台

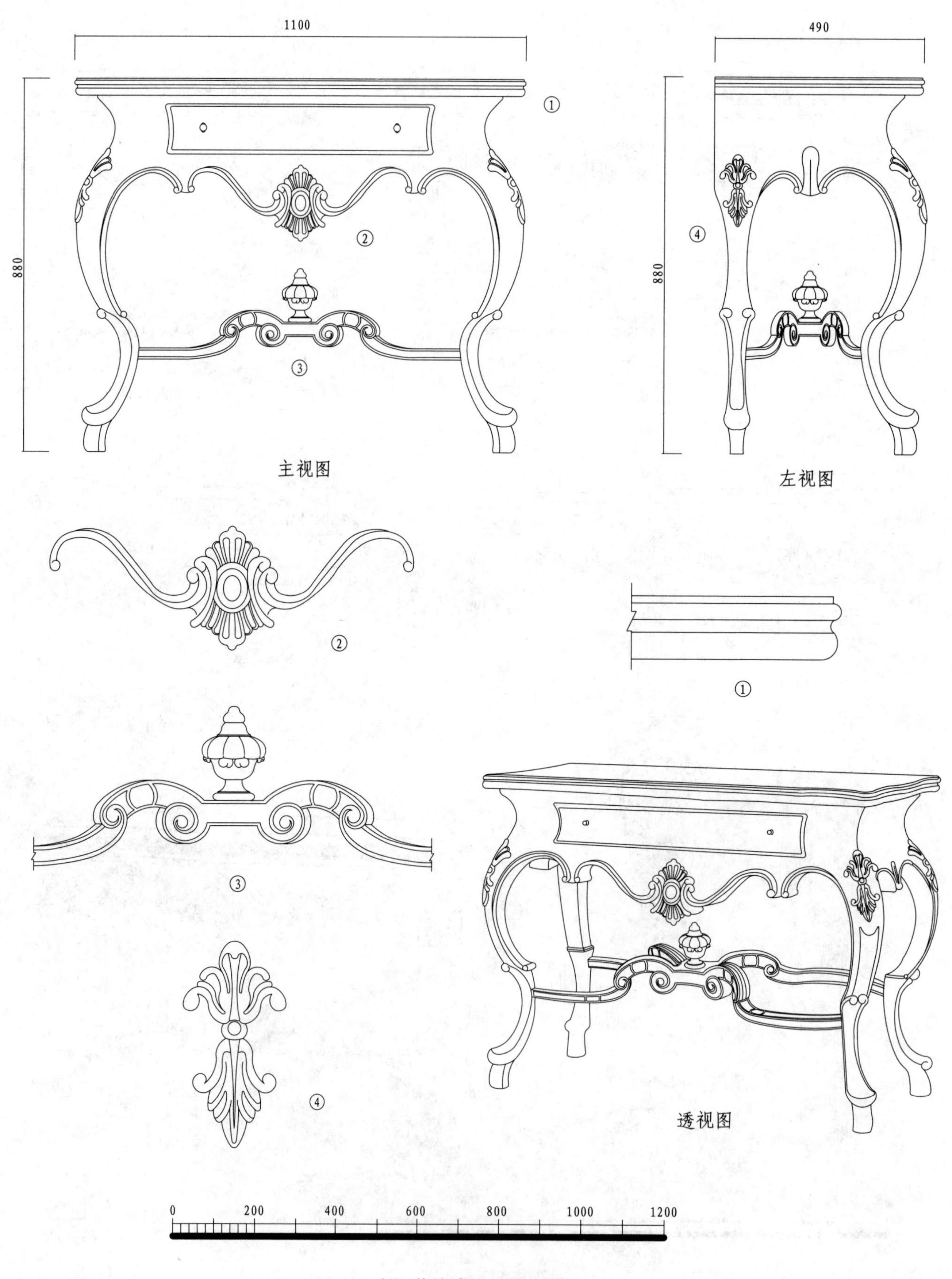
1100
490
880
880
①
②
③
④
主视图
左视图
②
①
③
④
透视图
0
200
400
600
800
1000
1200

宝石花饰弯腿汤勺端景台

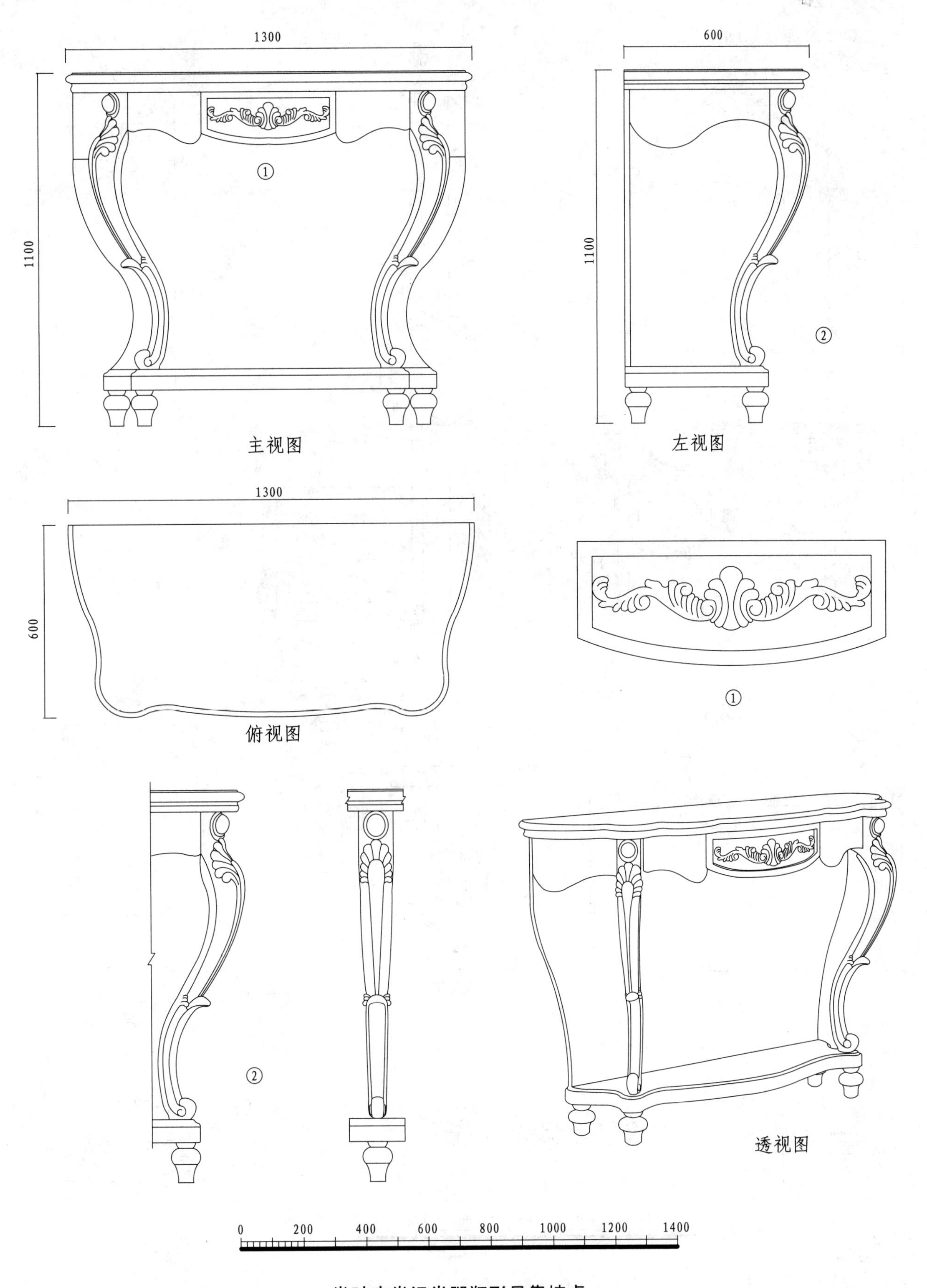
1300
1100
①
主视图
600
1100
②
左视图
1300
600
俯视图
①
②
透视图
0 200 400 600 800 1000 1200 1400

卷叶束卷涡卷腿瓶形足靠墙桌

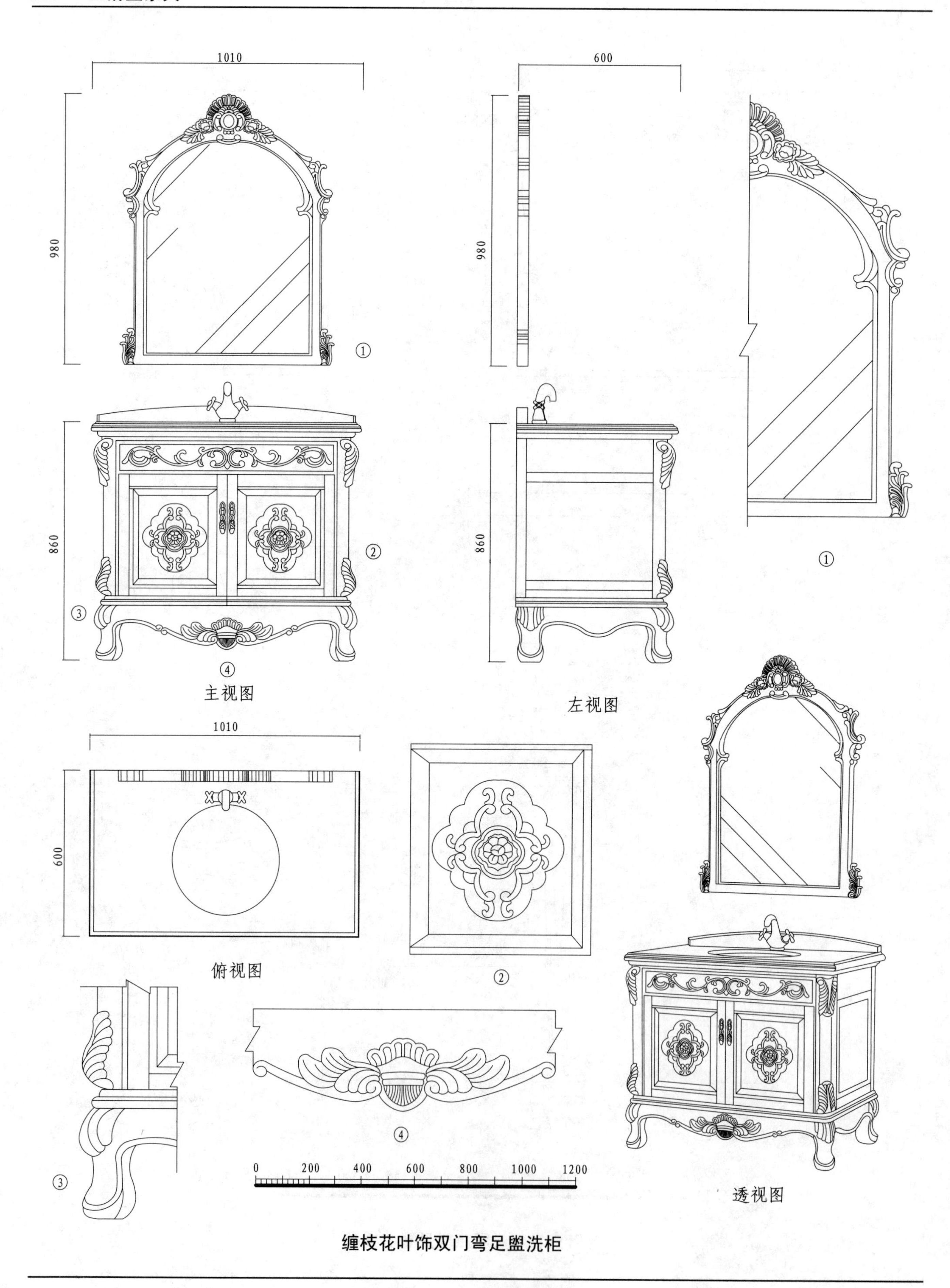
1010
980
①
600
980
①
860
②
③
④
主视图
860
左视图
1010
600
俯视图
②
③
④
0 200 400 600 800 1000 1200
透视图

缠枝花叶饰双门弯足盥洗柜

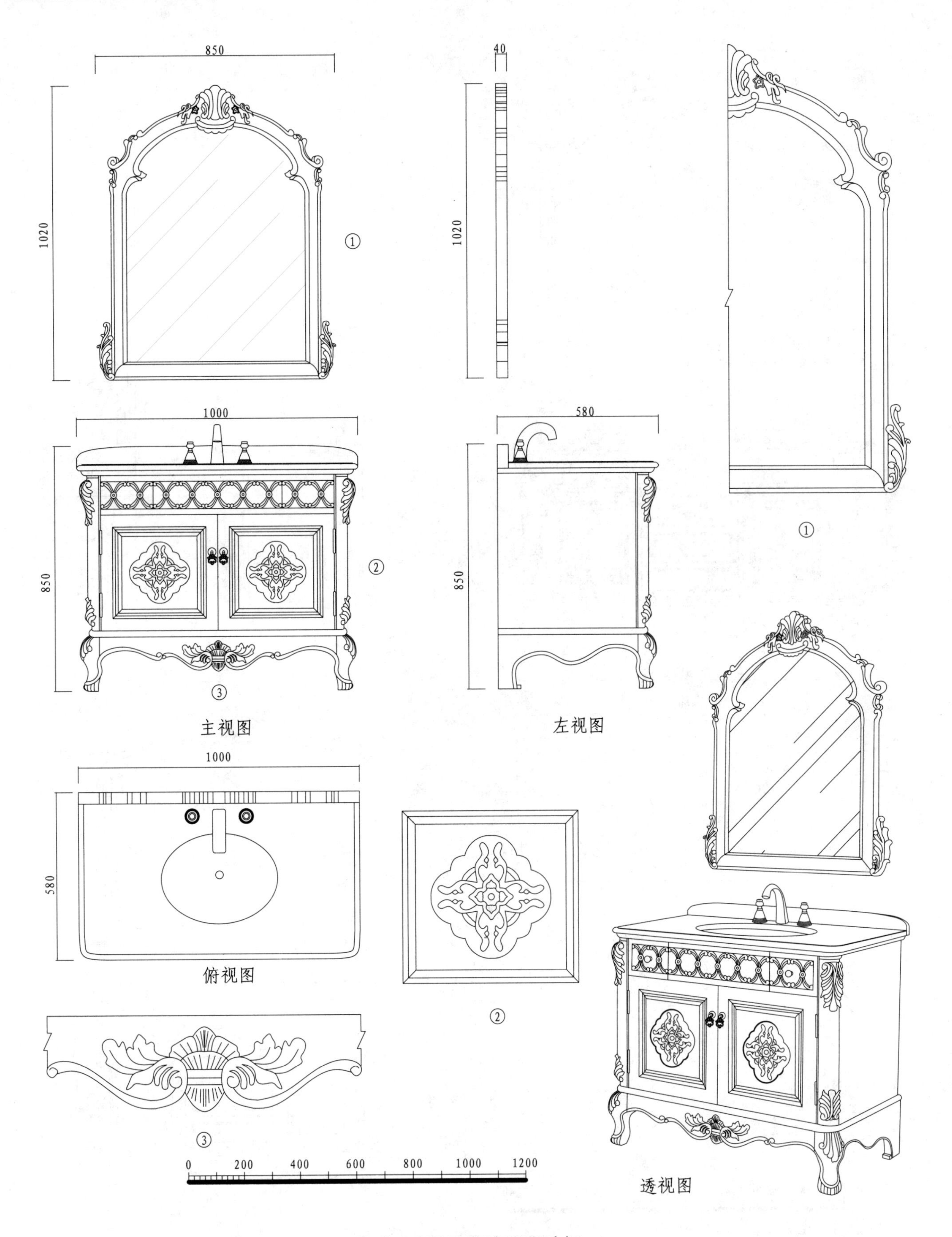
850
40
1020
1020
①
①
1000
580
850
850
②
③
主视图
左视图
1000
580
俯视图
②
③
0 200 400 600 800 1000 1200
透视图

卷叶贝壳饰双门弯脚盥洗柜

1380
80
1100
1100
②
1400
580
①
②
850
850
③
主视图
左视图
1400
580
俯视图
①
③
0 200 400 600 800 1000 1200 1400
透视图

宝石花卷叶饰两门三屉弯足盥洗柜

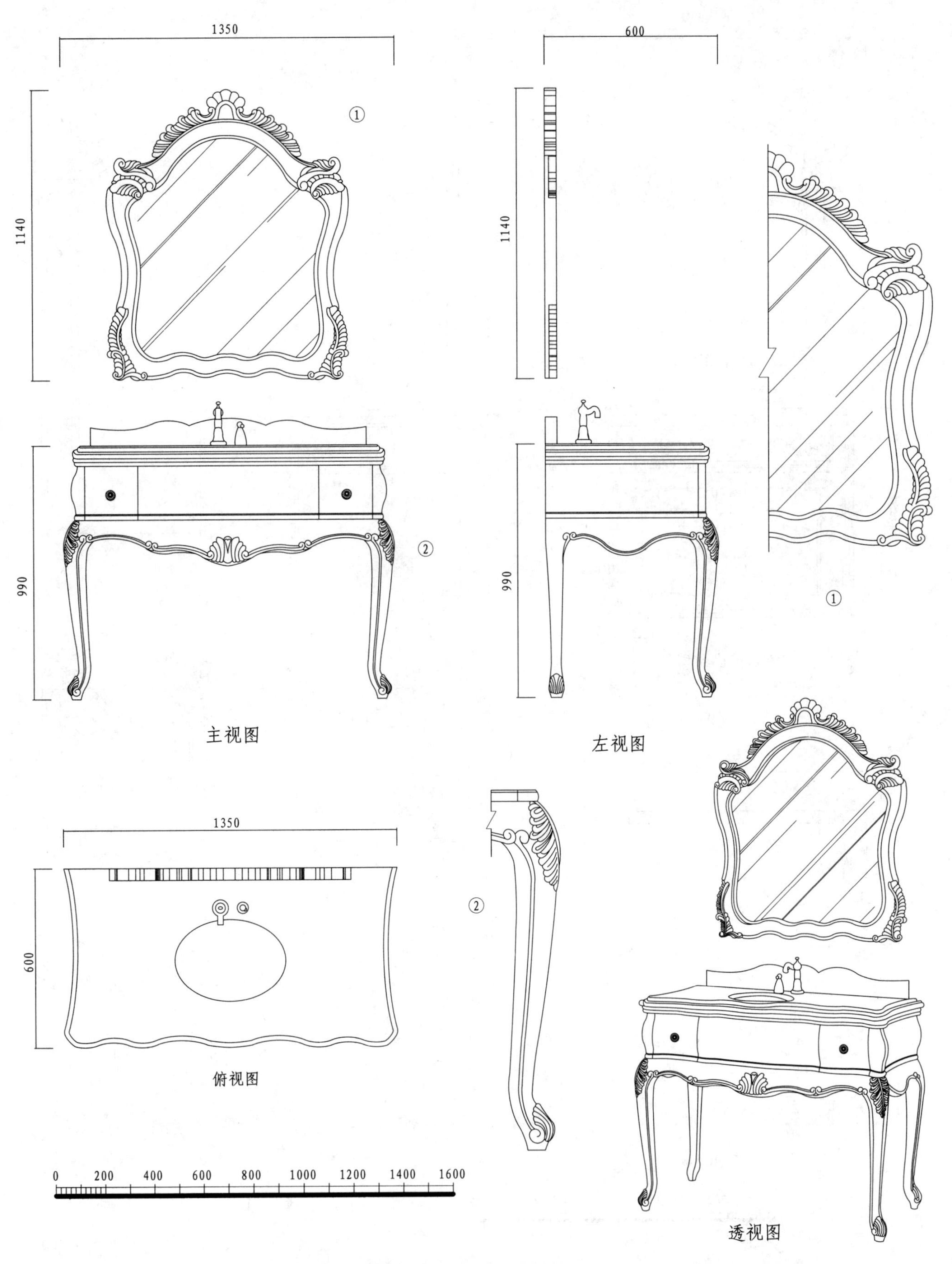
1350
600
1140
1140
990
990
①
②
①
1350
600
②
0 200 400 600 800 1000 1200 1400 1600

主视图

左视图

俯视图

透视图

卷叶花饰两扉弯腿凤冠足盥洗柜

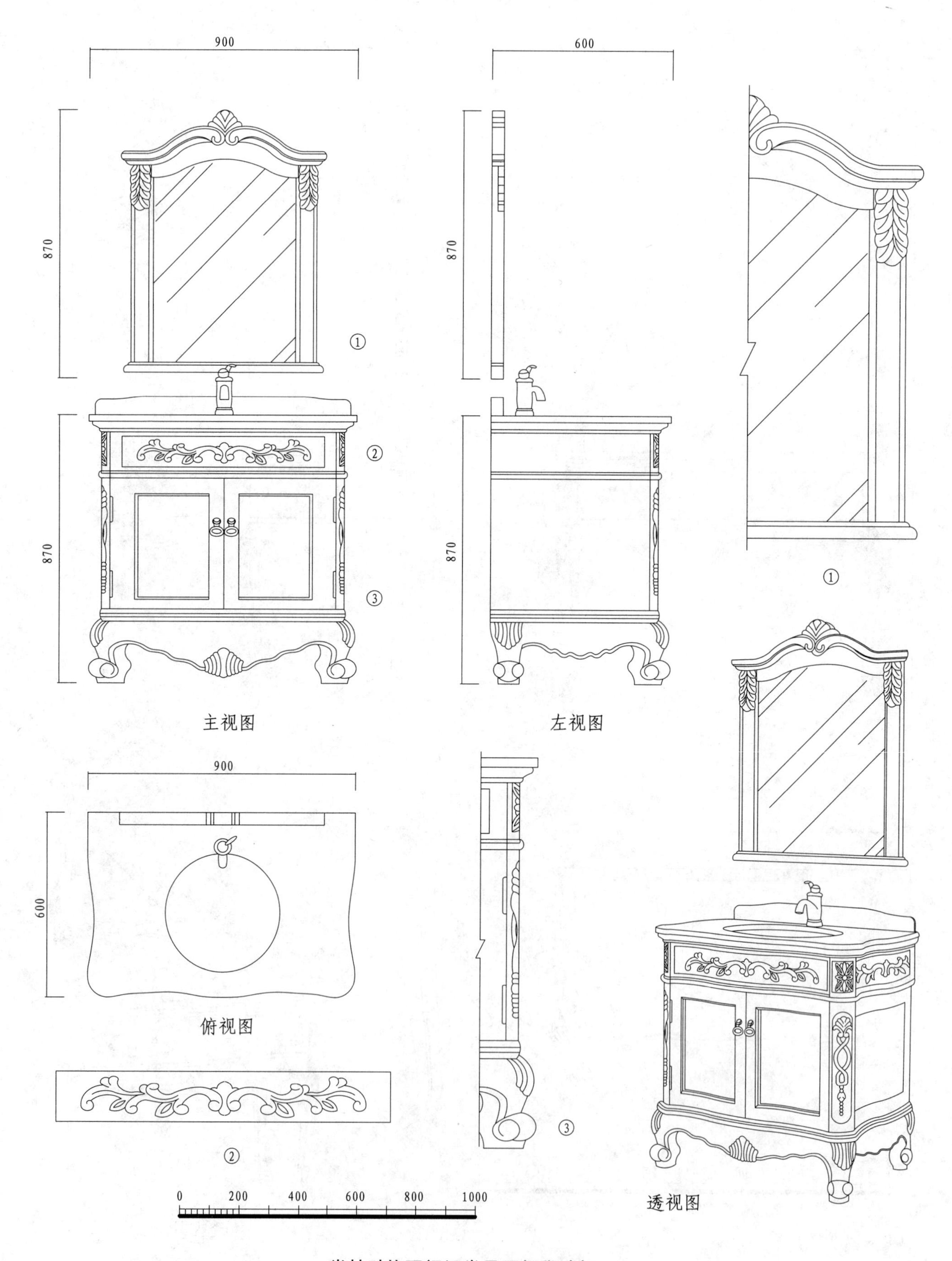
900
600
870
870
870
870
①
②
③
主视图
左视图
900
600
俯视图
②
③
①
透视图
0
200
400
600
800
1000

卷枝叶饰双门涡卷足双门盥洗柜

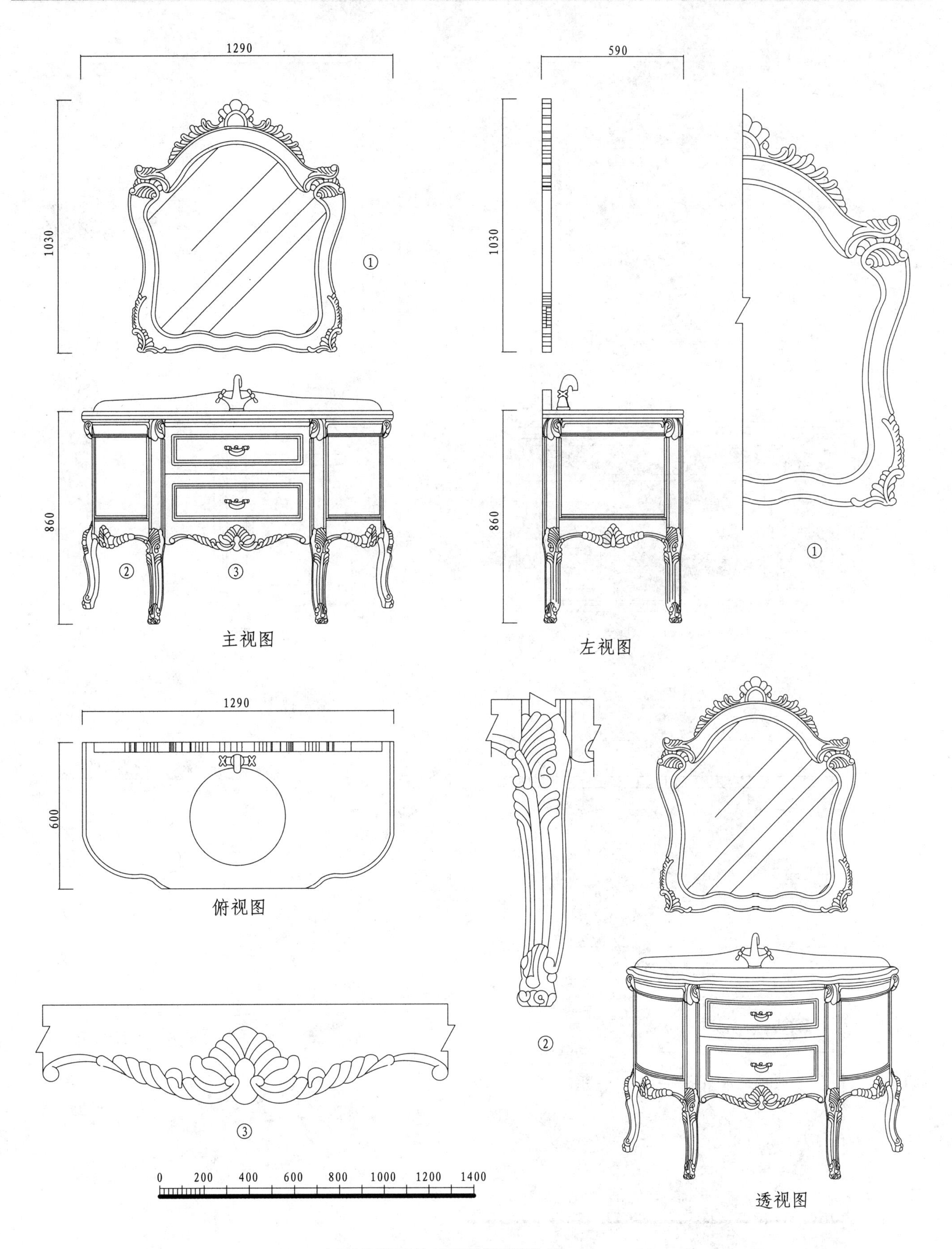
1290
1030
①
590
1030
860
②
③
主视图
860
左视图
①
1290
600
俯视图
②
③
0 200 400 600 800 1000 1200 1400
透视图

宝石花卷叶饰弯腿两扉盥洗柜

1350
600
920
920
870
870
①
②
③
④
⑤
主视图
左视图
1350
600
俯视图
0 200 400 600 800 1000 1200 1400
透视图

藤叶束花饰双门两屉鹅冠足盥洗柜

900
600
970
970
870
870
①
②
③
主视图
左视图
900
600
俯视图
①
②
③
透视图
0 200 400 600 800 1000

卷叶花饰三屉弯足盥洗柜

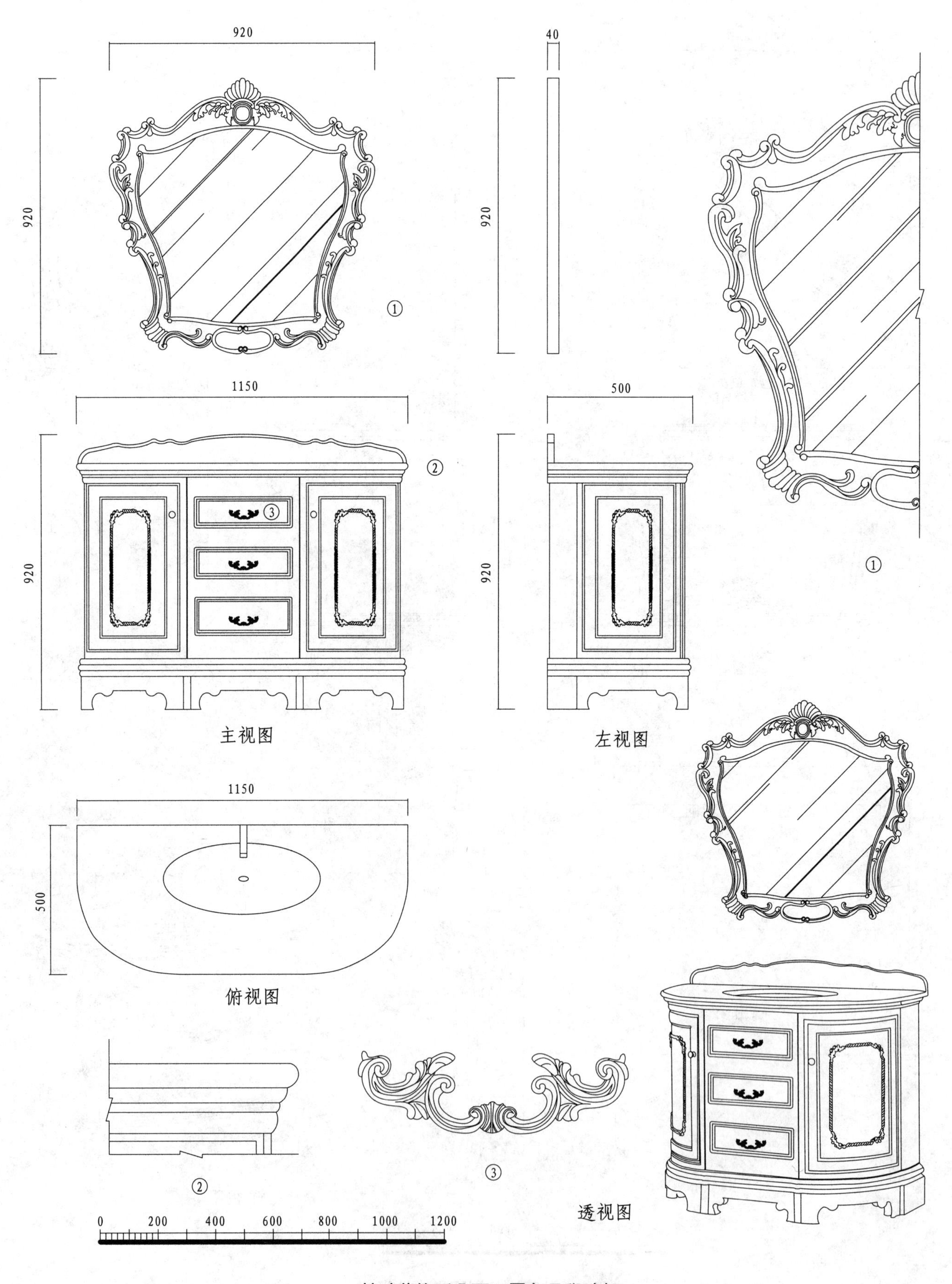
920
40
920
920
①
①
1150
500
②
③
920
920
主视图
左视图
1150
500
俯视图
②
③
透视图
0 200 400 600 800 1000 1200

枝叶花饰弧凸面三屉包足盥洗柜

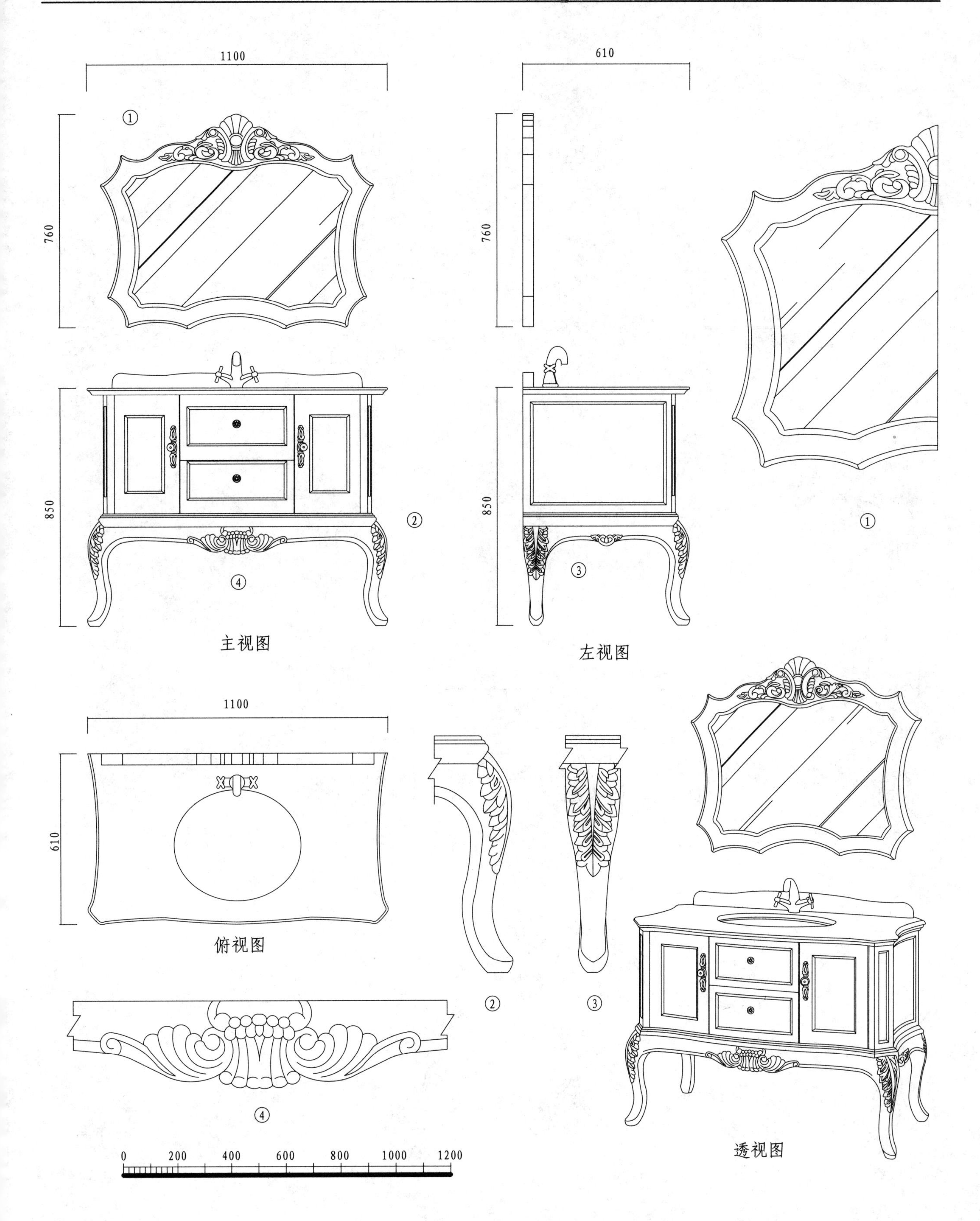
1100
610
760
760
850
850
①
②
③
④
①
主视图
左视图
1100
610
俯视图
②
③
④
透视图
0
200
400
600
800
1000
1200

卷叶束卷饰双门两屉弯足盥洗柜

单人沙发与双人沙发纹样

双人沙发与三人沙发纹样

双人沙发与三人沙发纹样

起居室美人榻床纹样

沙发活轮脚纹样

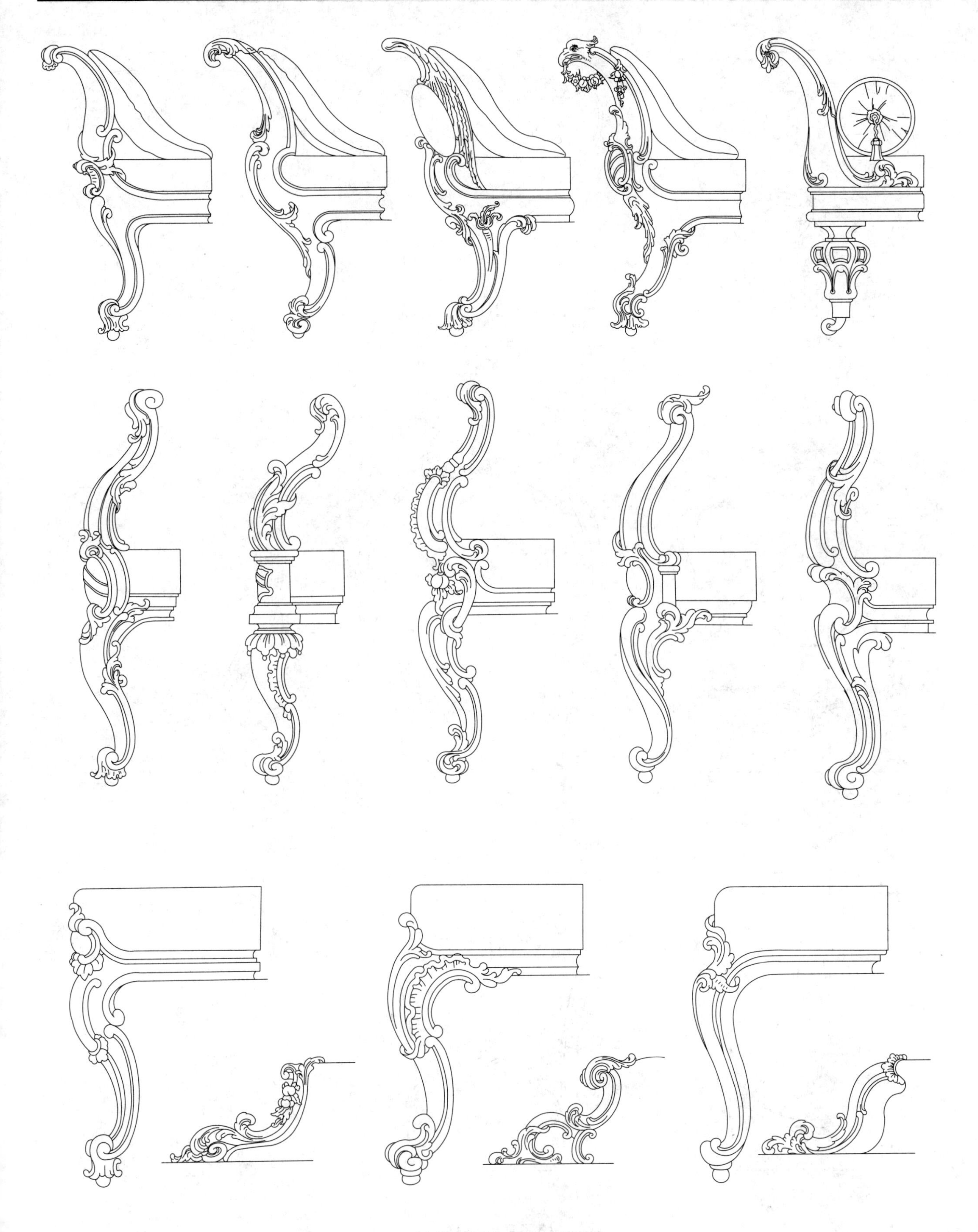

沙发扶手与坐凳脚纹样

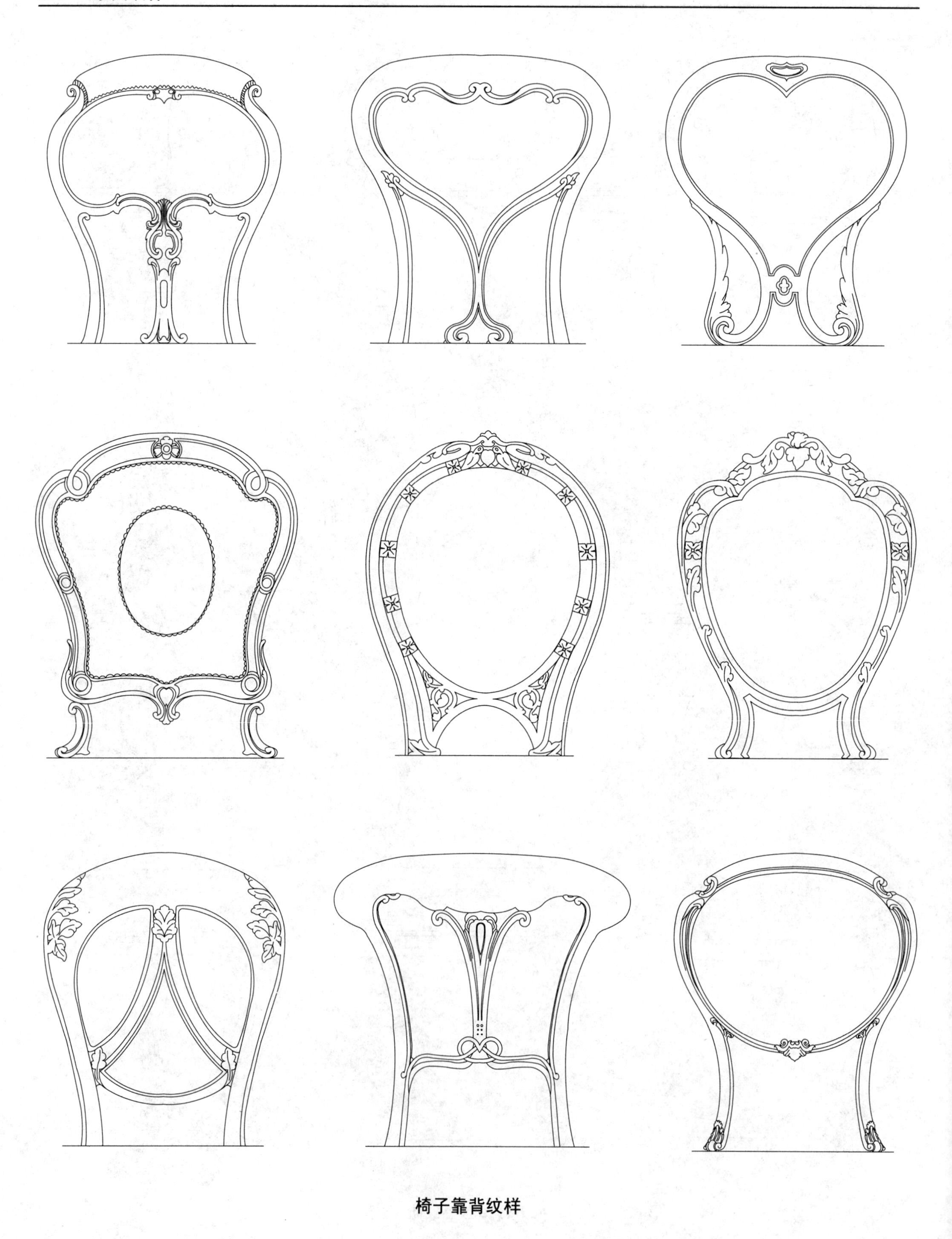

椅子靠背纹样

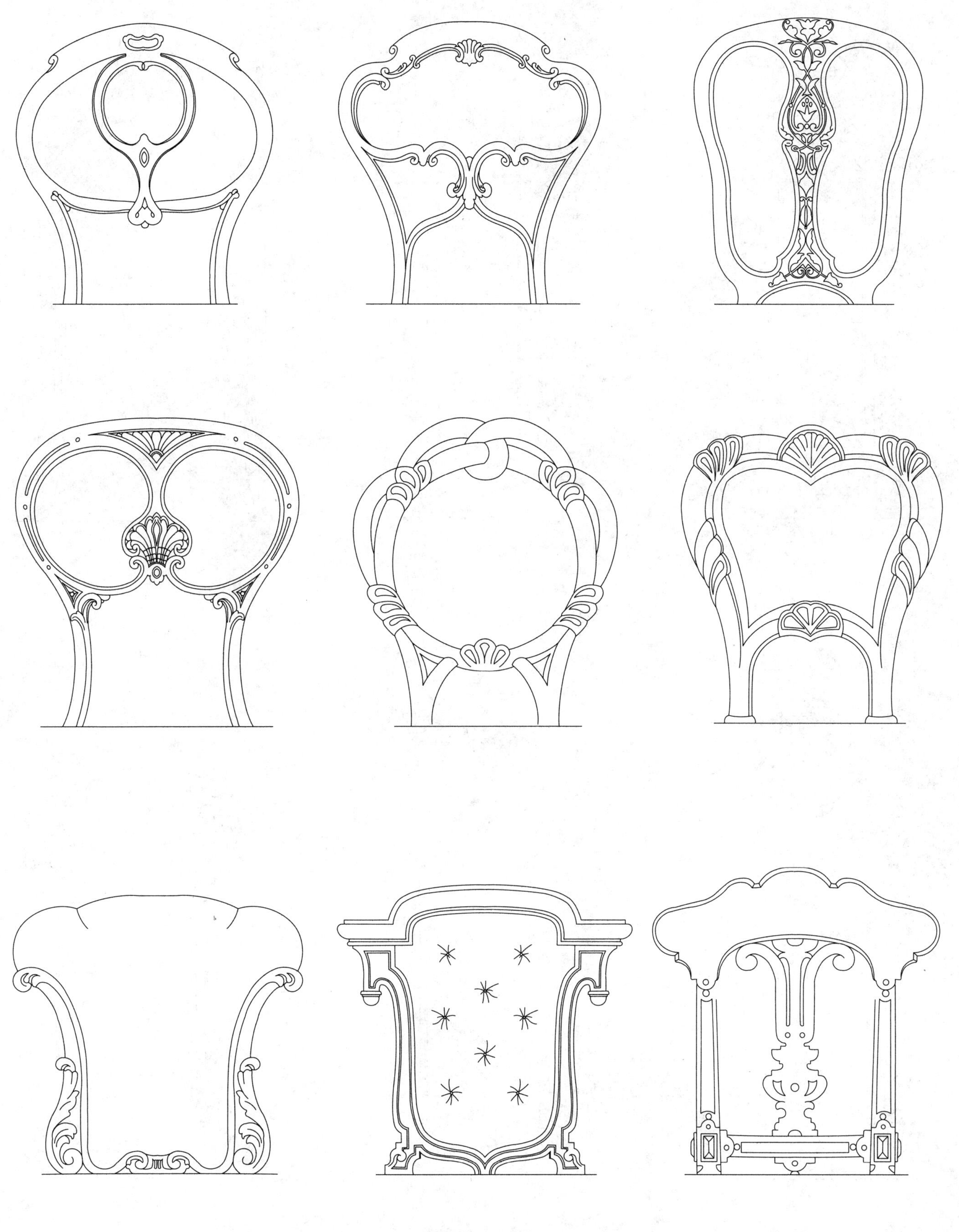

椅子靠背纹样

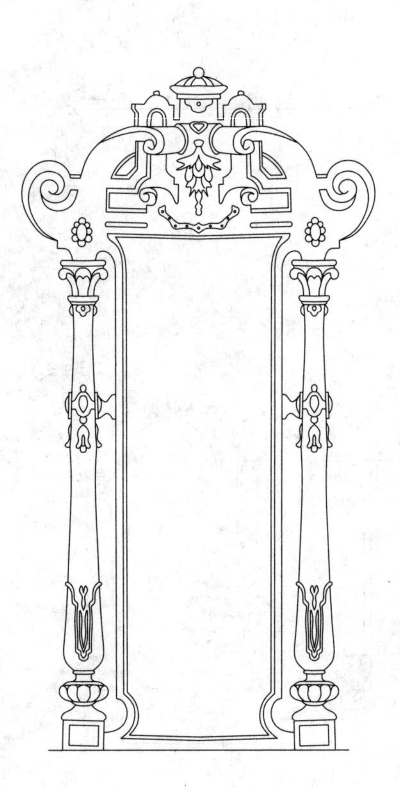

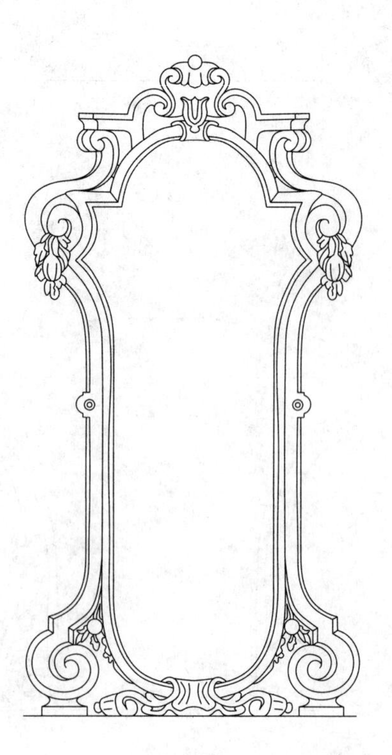

椅子靠背纹样

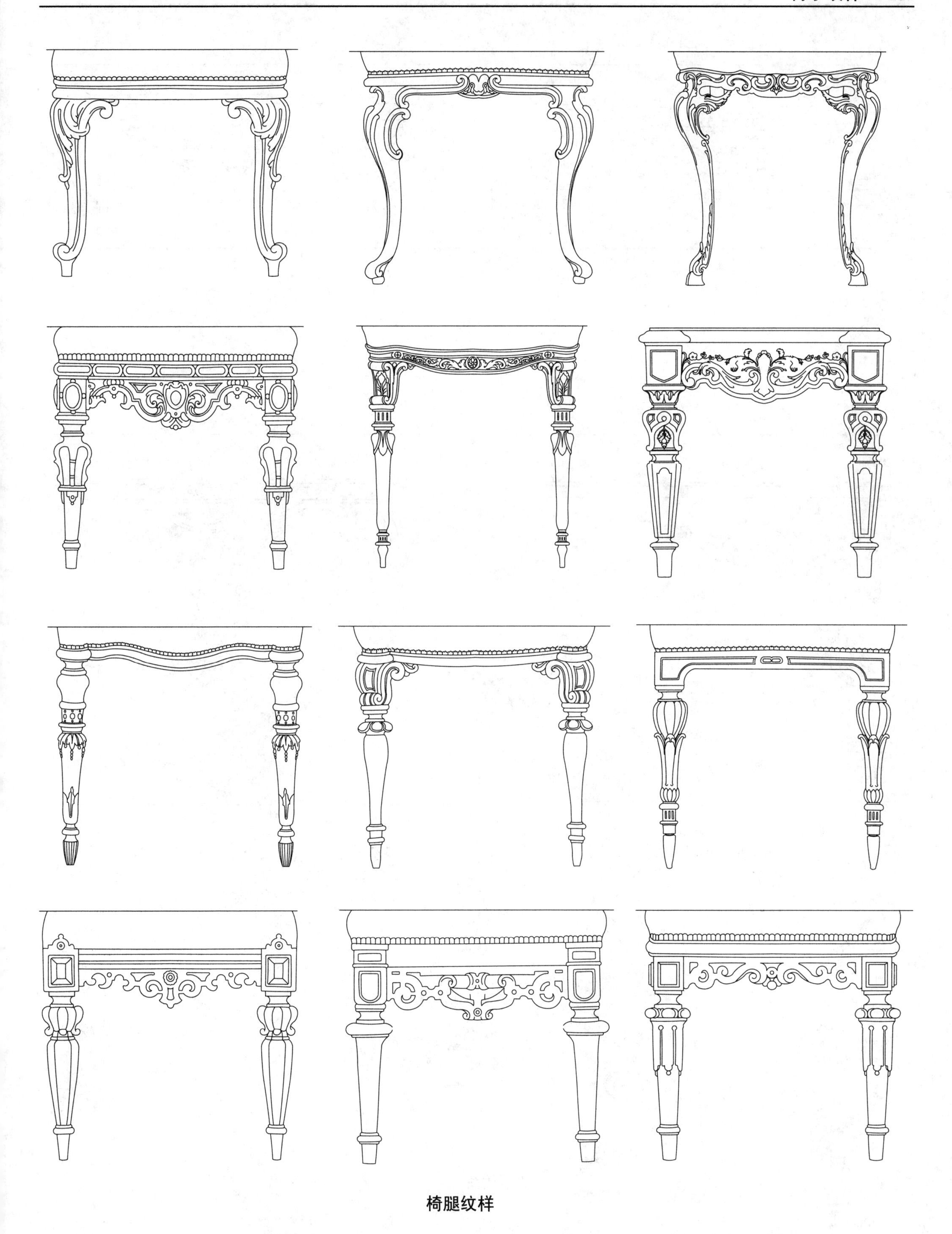

椅腿纹样

椅腿纹样

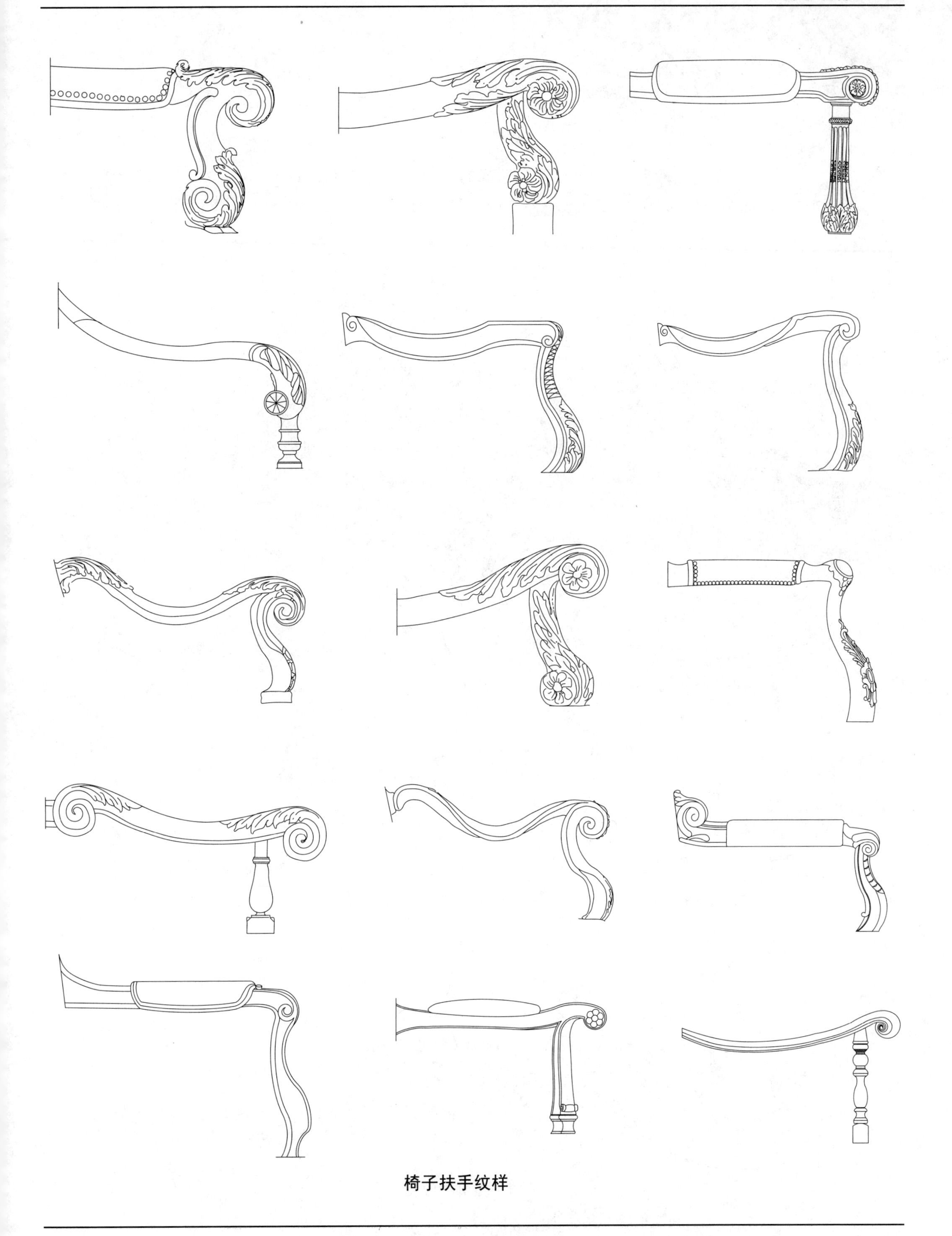

椅子扶手纹样

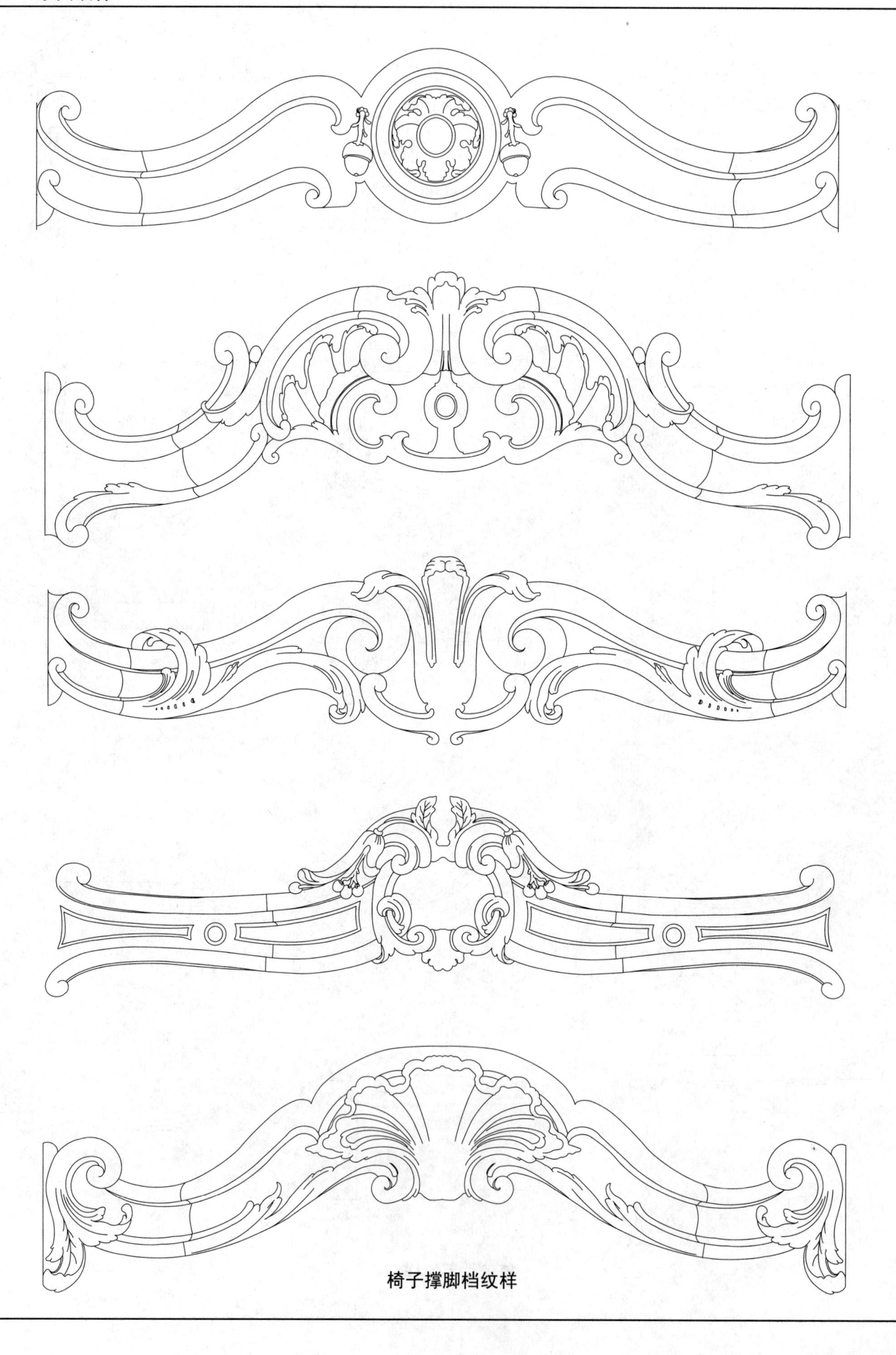

椅子撑脚档纹样

桌子纹样

桌子纹样

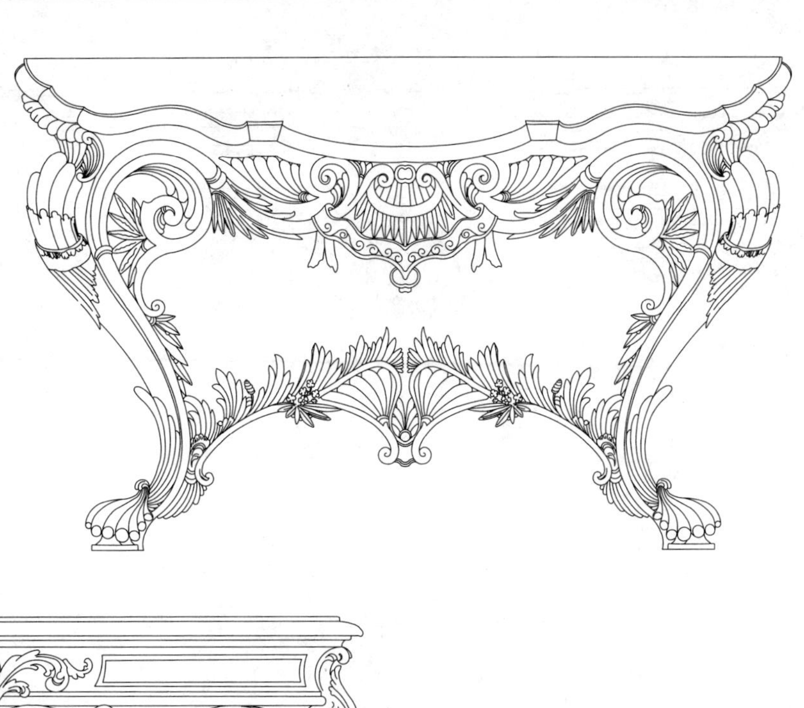

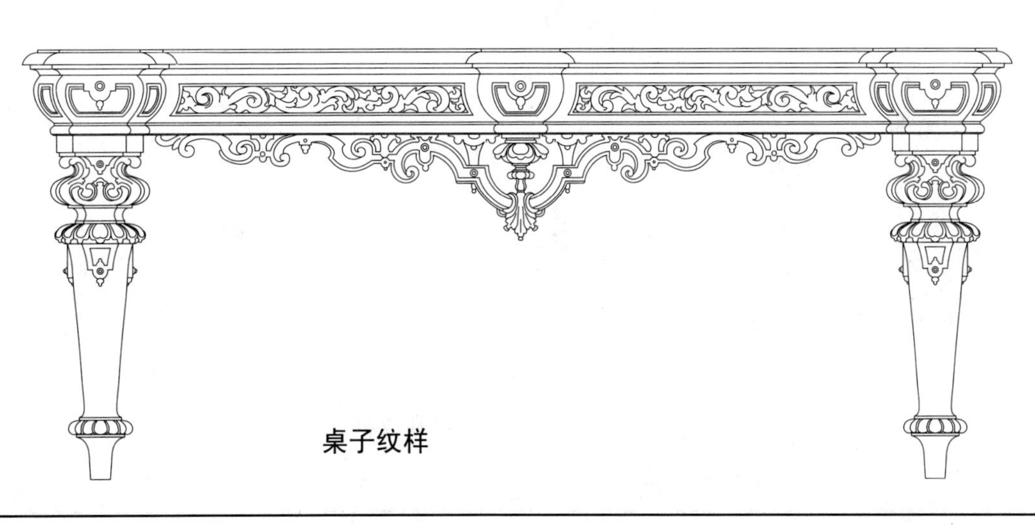

桌子纹样

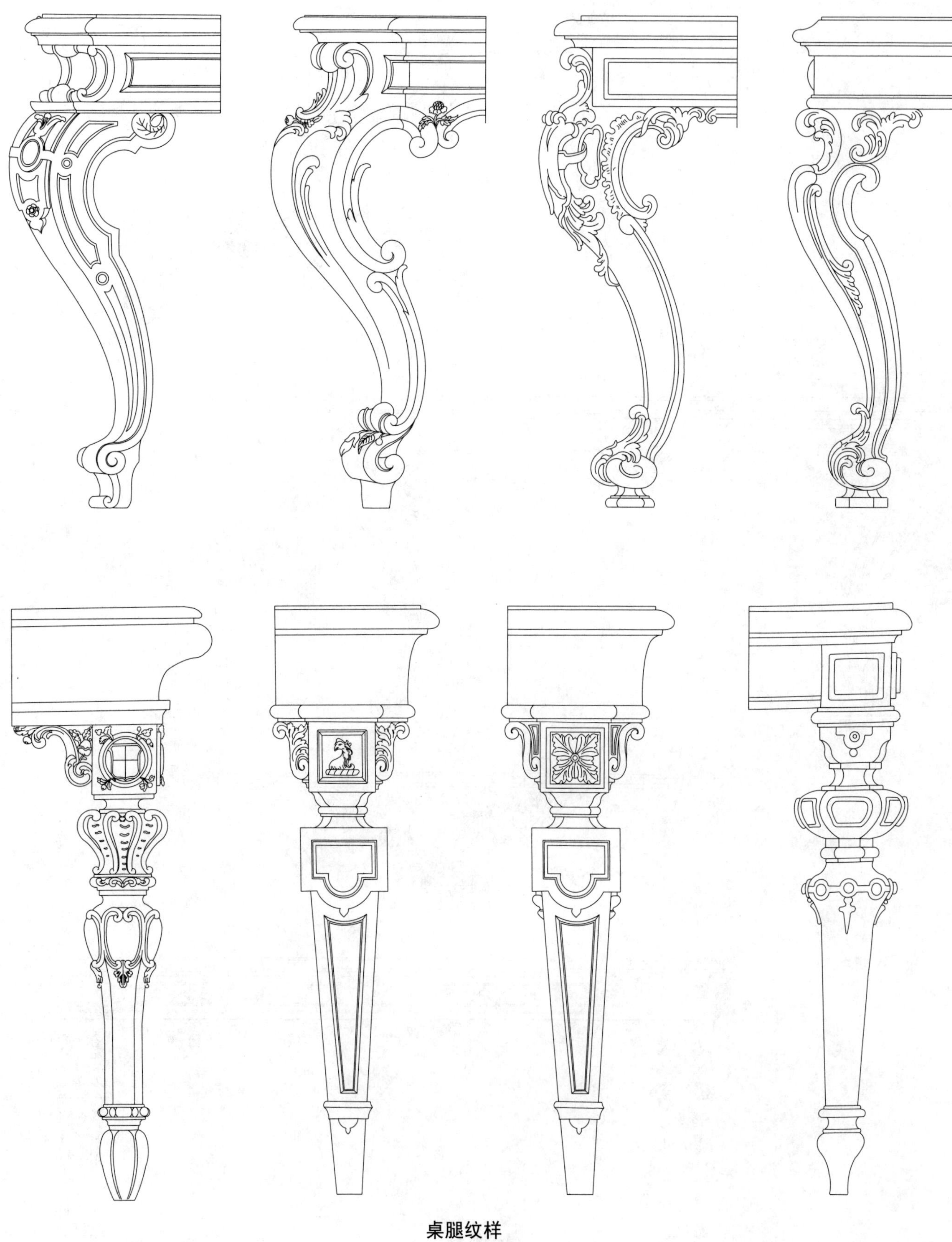

桌腿纹样

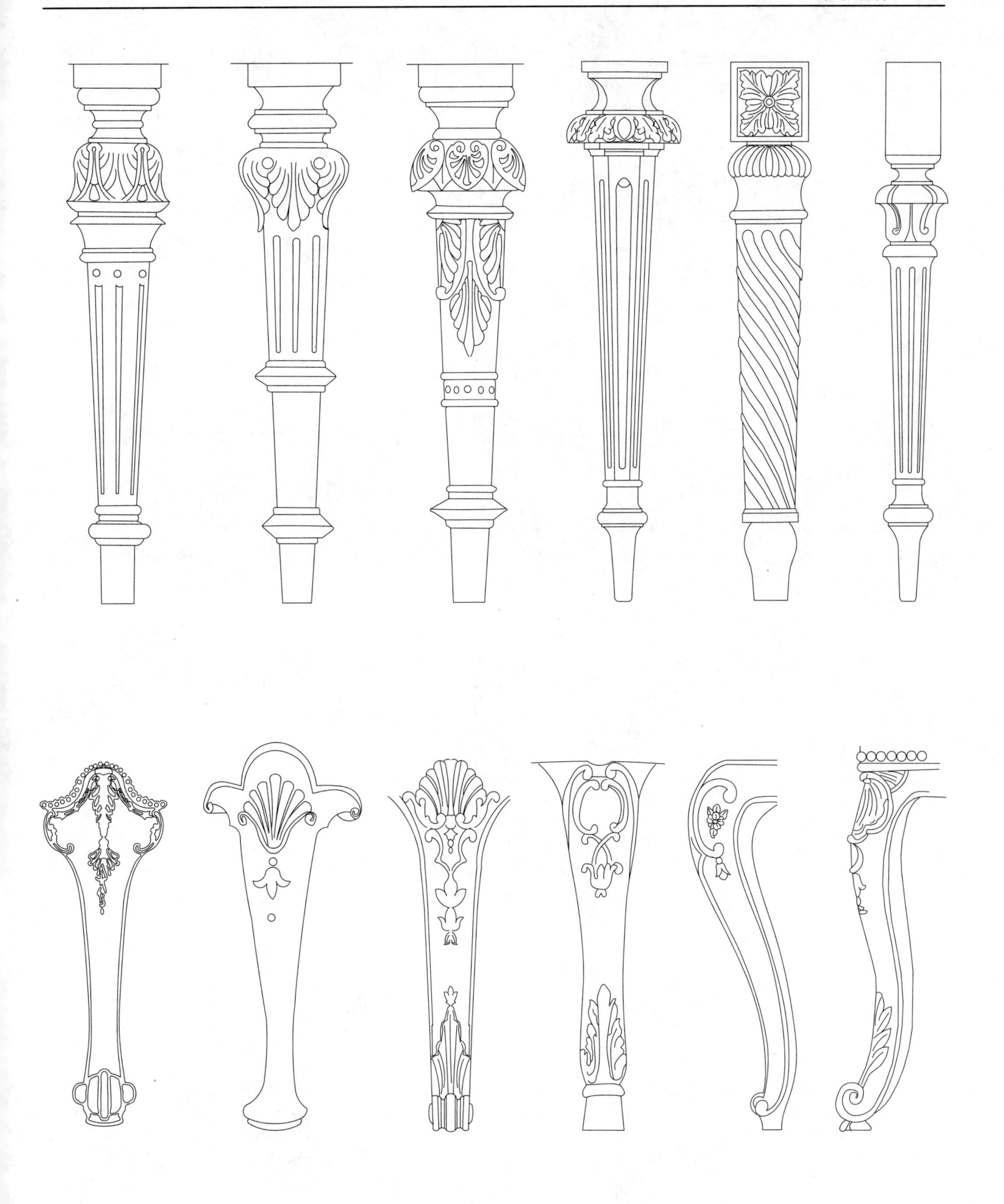

桌腿纹样

桌子撑脚架纹样

1853

橱柜门面纹样

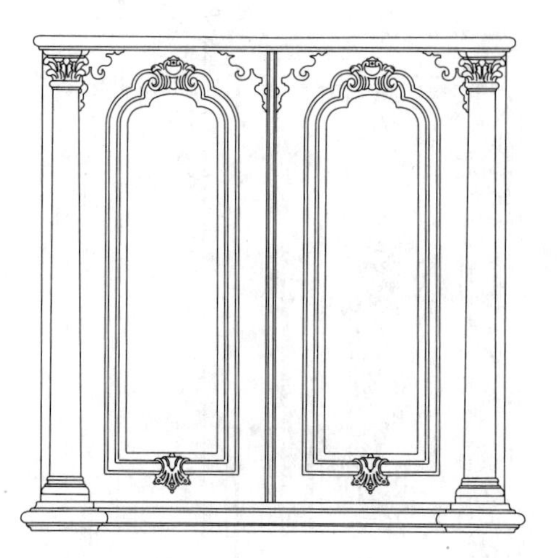

橱柜门面纹样

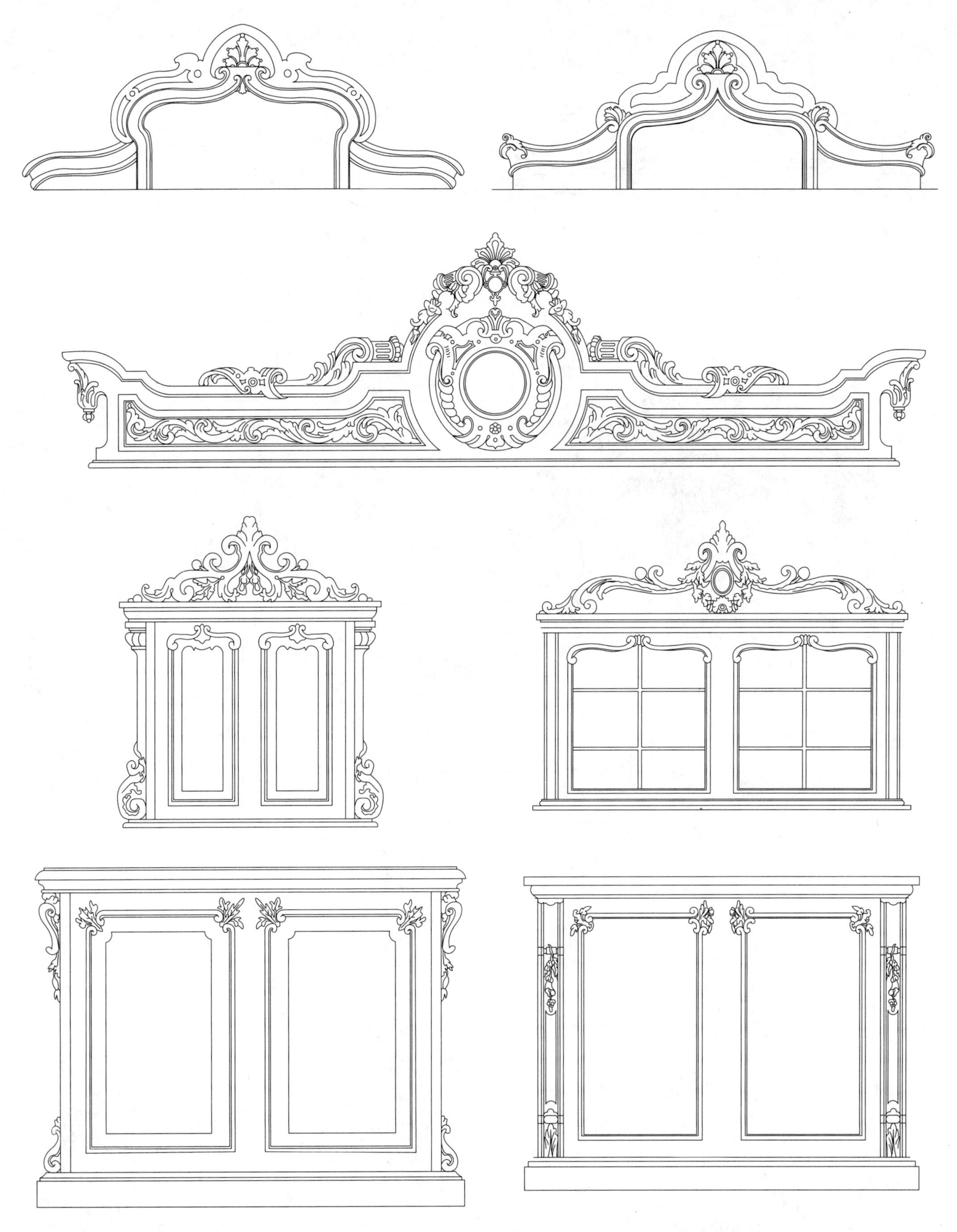

橱柜门面纹样

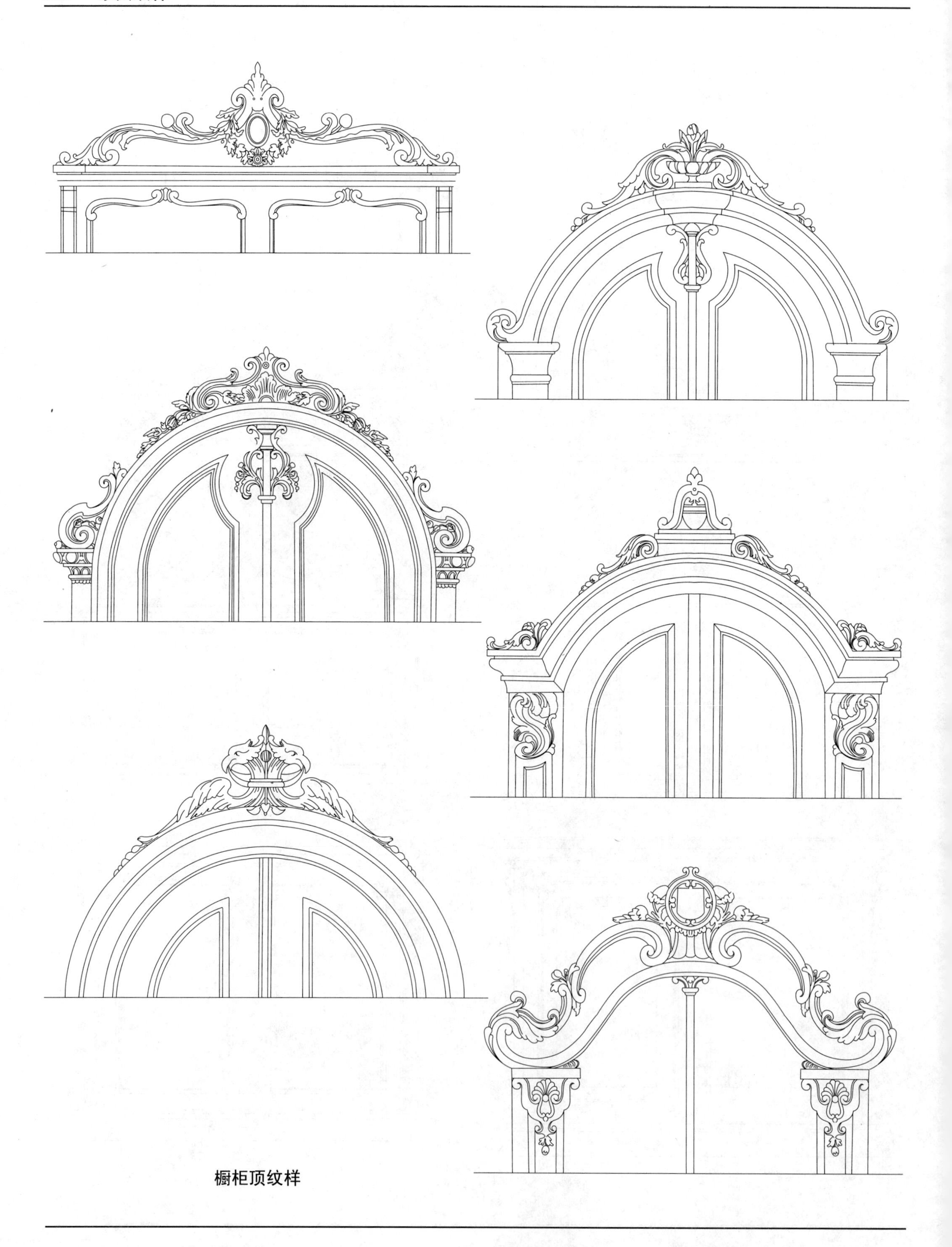

橱柜顶纹样

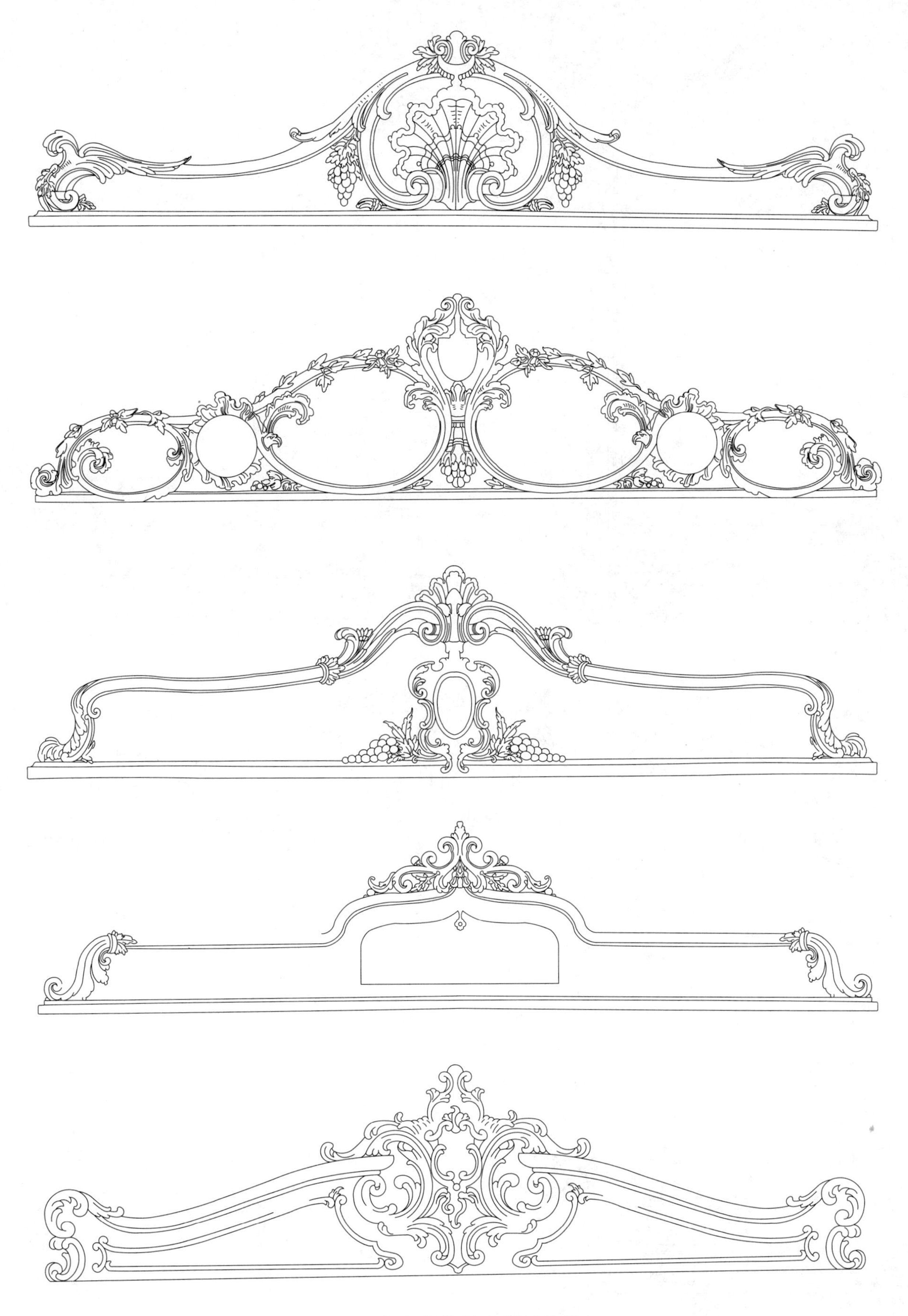

低柜与靠墙桌栏板纹样

落地穿衣镜纹样

镜架纹样

镜架纹样

架子床纹样

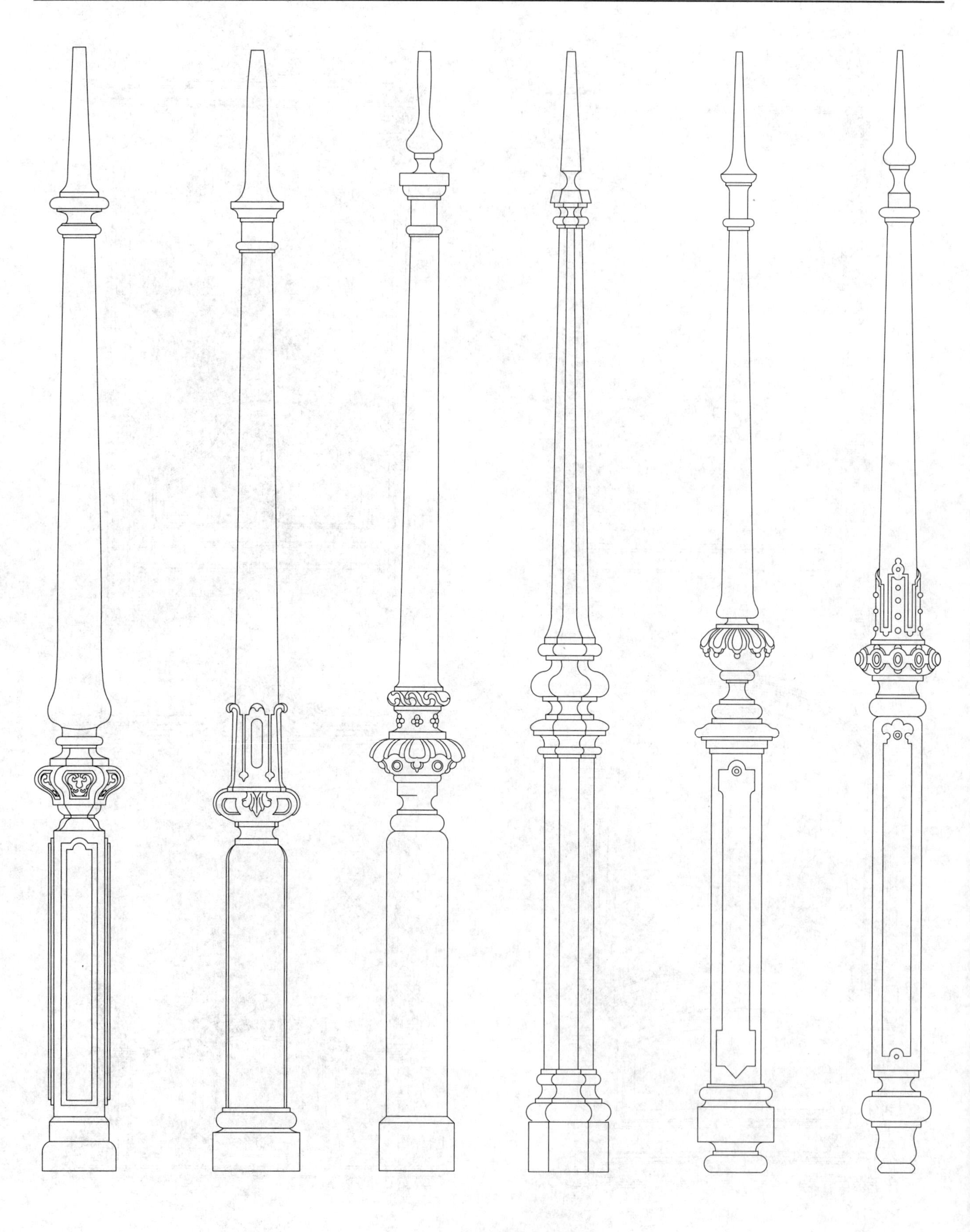

架子床立柱纹样

架子床立柱纹样

架子床立柱纹样

床顶纹样

围栏纹样

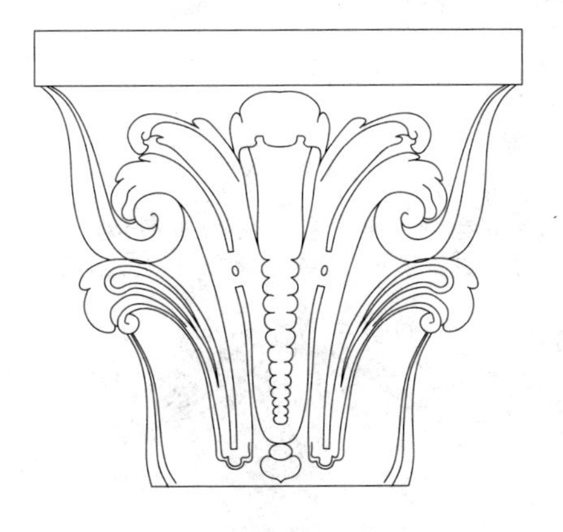

柱头纹样

垂饰纹样

垂饰纹样

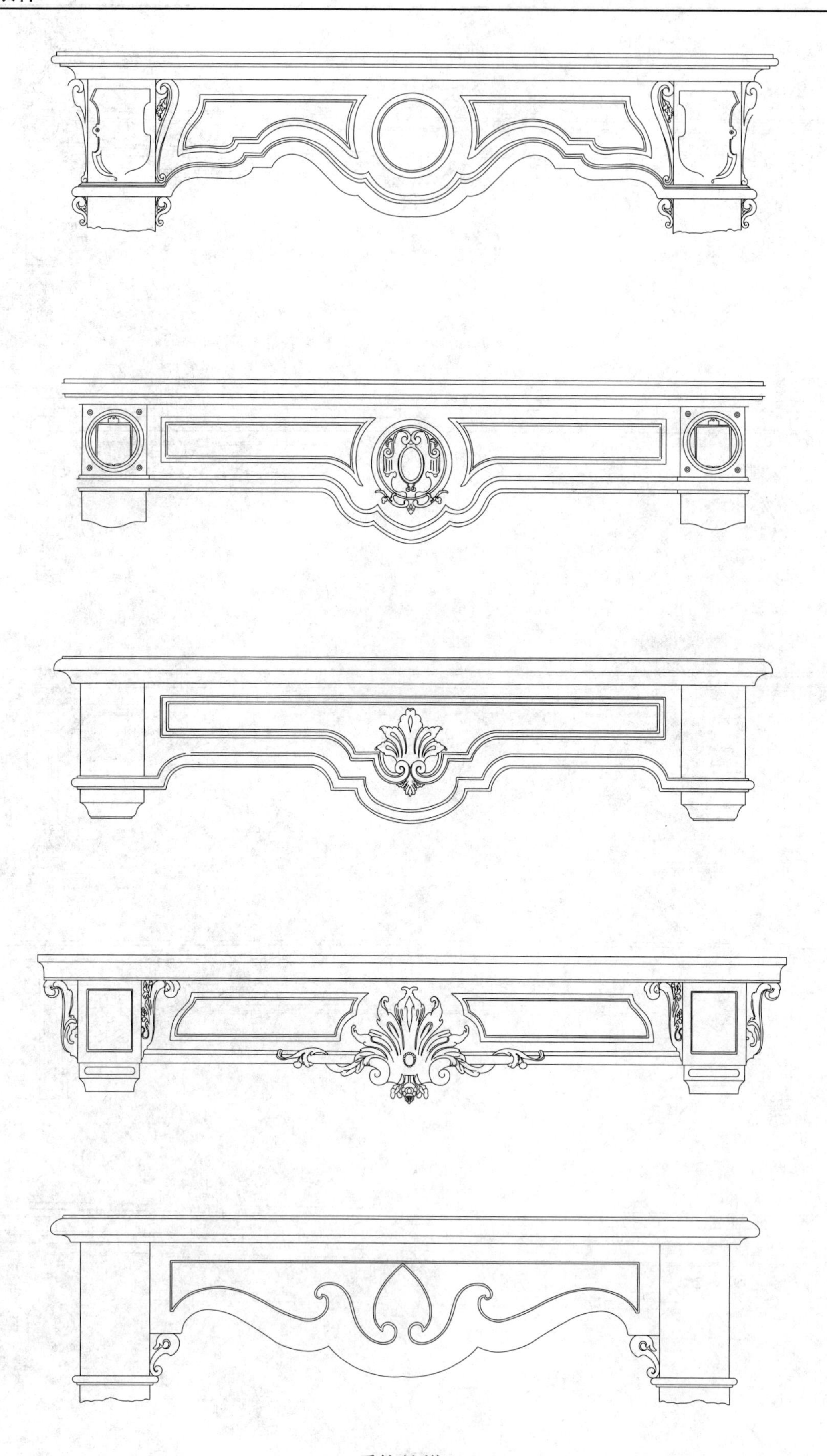

垂饰纹样

线条纹样

支撑纹样

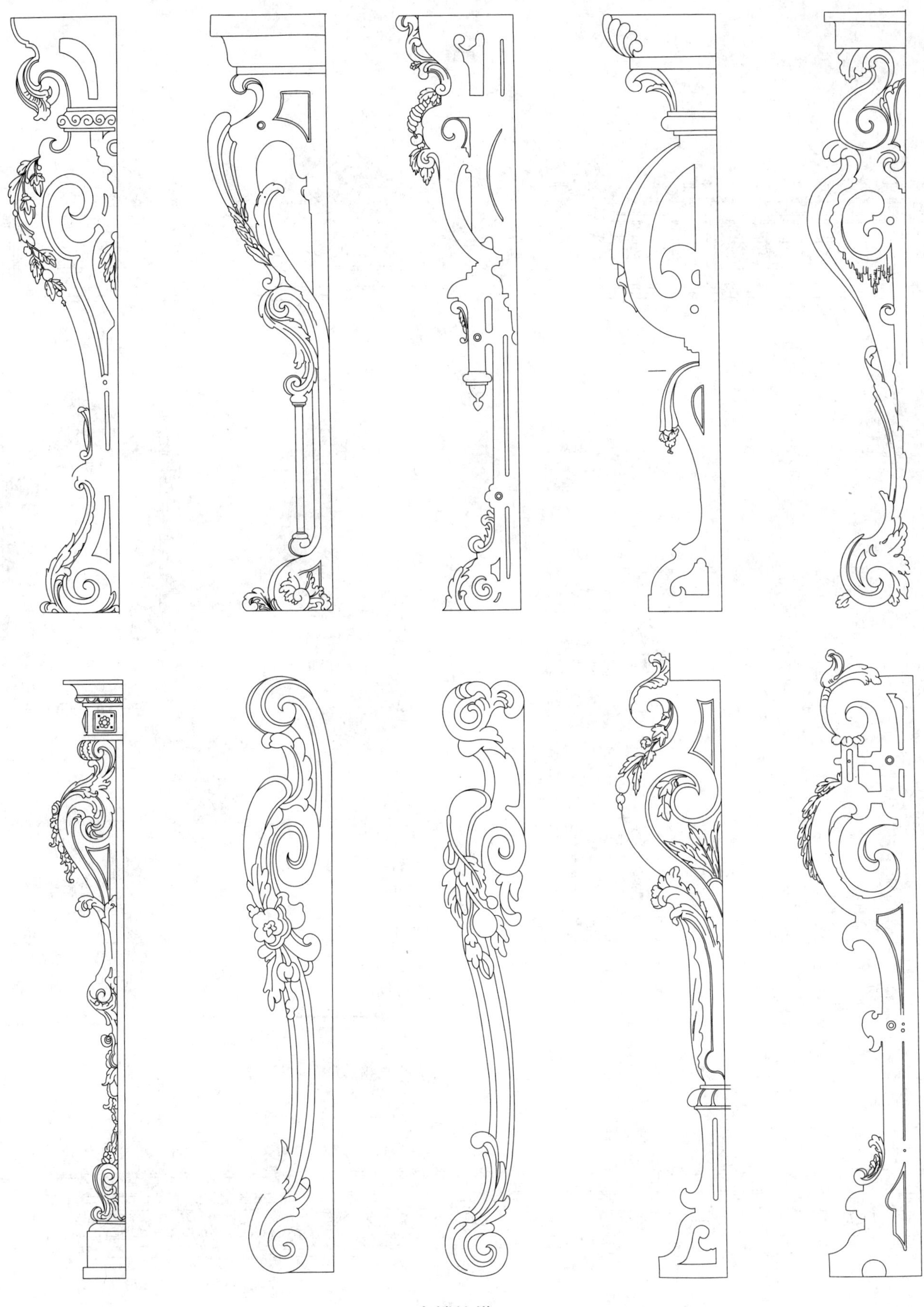

支撑纹样

落地钟架纹样

雕花装饰纹样

1751

雕花装饰纹样

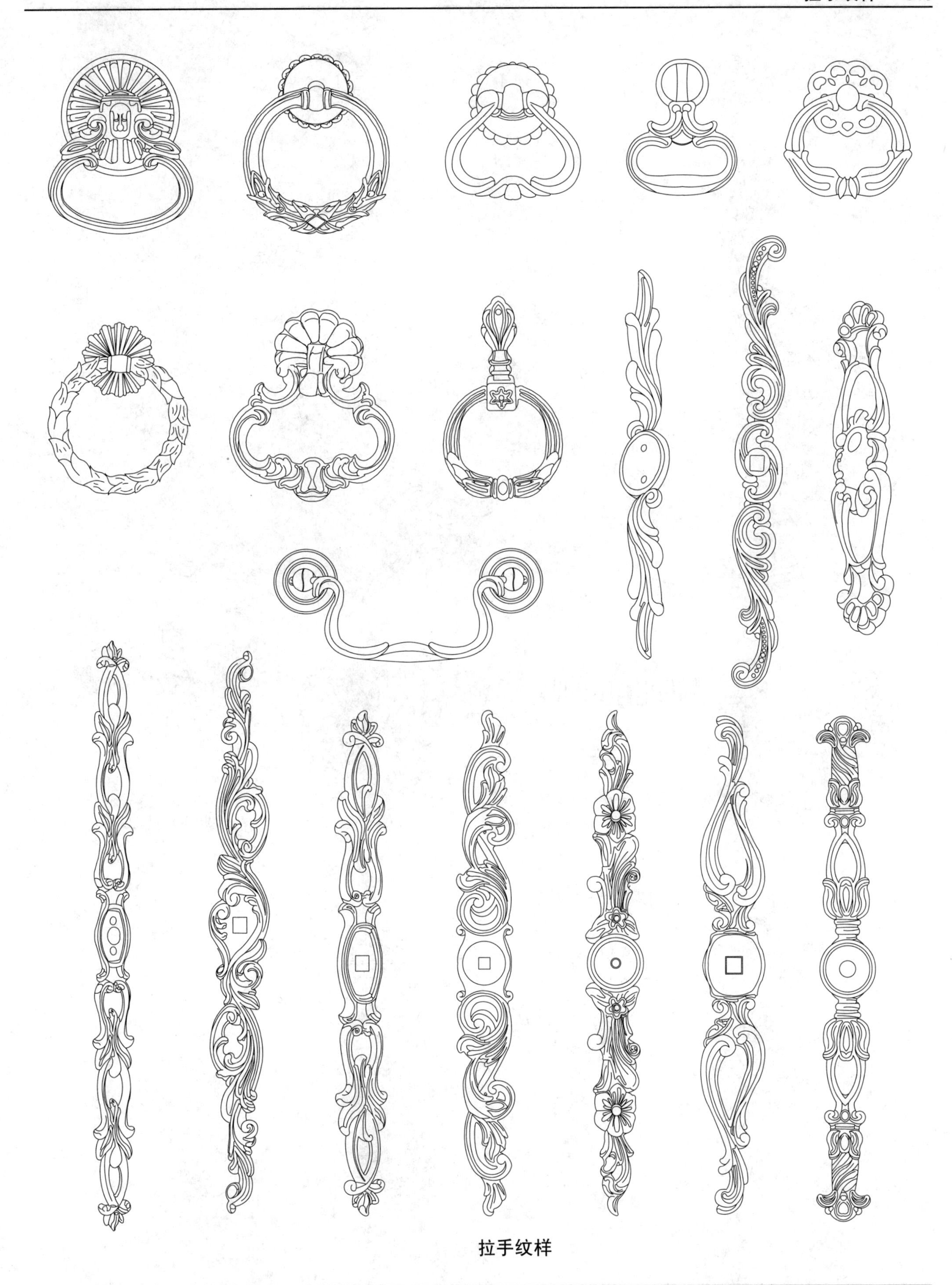

拉手纹样

拉手纹样